Henning Fouckhardt

Halbleiterlaser

Henning Fouckhardt

Halbleiterlaser

unter Verwendung Fourier-optischer Methoden

STUDIUM

Bibliografische Information der Deutschen Nationalbibliothek
Die Deutsche Nationalbibliothek verzeichnet diese Publikation in der
Deutschen Nationalbibliografie; detaillierte bibliografische Daten sind im Internet über
<http://dnb.d-nb.de> abrufbar.

Prof. Dr. rer. nat. Henning Fouckhardt
1959 in Hannover geboren. 1978 Abitur an der Humboldtschule Hannover. 1979 bis 1984 Physikstudium an der Universität Göttingen (Diplom bei Prof. Dr. Werner Lauterborn). Dazwischen von 1981 bis 1982 Studium 'Electrical Engineering and Computer Sciences' (EECS) an der University of California San Diego (UCSD), USA. 1984 bis 1985 wissenschaftlicher Mitarbeiter am Dritten Physikalischen Institut der Mathematisch-Naturwissenschaftlichen Fakultät der Universität Göttingen. 1985 bis 1988 wissenschaftlicher Mitarbeiter am Institut für Hochfrequenztechnik im Fachbereich Elektrotechnik der TU Braunschweig bei Prof. Dr. Karl Joachim Ebeling; Forschungsarbeit über zeitliche optische Schalter (Modulatoren) aus III-V-Halbleitern. 1987 Promotion in Physik an der Universität Göttingen. 1988 bis 1989 Postdoc bei Bell Communications Research (Bellcore) Inc. in Red Bank, New Jersey, USA; Forschungsarbeit über nichtlinear-optische, räumliche optische Schalter (Richtkoppler) in Zweikernglasfasern. 1989 bis 1991 Mitarbeiter im Bereich Forschung und Entwicklung der Division Analytische Messtechnik der Hewlett-Packard GmbH in Waldbronn bei Karlsruhe in der damaligen Projektgruppe von Fred Strohmeier; Arbeiten über optische Detektoren für die Kapillarelektrophorese. 1991 bis 1996 Professor am Institut für Hochfrequenztechnik im Fachbereich Elektrotechnik der TU Braunschweig; Leiter der Abteilung Optoelektronik. Seit 1996 Leiter der Arbeitsgruppe Integrierte Optoelektronik und Mikrooptik im Fachbereich Physik der TU Kaiserslautern und damit Inhaber einer der Lehrstühle für Experimentalphysik und Technische Physik.

1. Auflage 2011

Alle Rechte vorbehalten
© Vieweg+Teubner Verlag | Springer Fachmedien Wiesbaden GmbH 2011

Lektorat: Ulrich Sandten | Kerstin Hoffmann

Vieweg+Teubner Verlag ist eine Marke von Springer Fachmedien.
Springer Fachmedien ist Teil der Fachverlagsgruppe Springer Science+Business Media.
www.viewegteubner.de

Umschlaggestaltung: KünkelLopka Medienentwicklung, Heidelberg
Druck und buchbinderische Verarbeitung: AZ Druck und Datentechnik GmbH, Berlin
Gedruckt auf säurefreiem und chlorfrei gebleichtem Papier
Printed in Germany

ISBN 978-3-8348-1721-1

Fred Strohmeier gewidmet

Vorwort und Danksagung

Seit 1962 haben Halbleiterlaser für eine stille Revolution gesorgt und auf ihrem Siegeszug schon andere Laserarten verdrängt. Aber es bedurfte zahlreicher Verbesserungen der Halbleitertechnologie (Epitaxie) und im Verständnis der Halbleiterlaser-Physik ('double heterojunction', Satz von Bernard und Duraffourg), bevor Anfang der 70er-Jahre des letzten Jahrhunderts eine rasante und sehr erfolgreiche Entwicklung einsetzen konnte.

Gleichwohl darf nicht übersehen werden, dass unter der Überschrift „Halbleiterlaser" Laser mit sehr unterschiedlichen Kenndaten zusammengefasst werden - etwa so, als würde man einen Formel I^{TM}-Rennwagen und ein Bobby-Car^{TM} unter der Überschrift „Fahrzeug" in einem Atemzug nennen. Welches Materialsystem zur Herstellung eines Halbleiterlasers verwendet wird, wird oft von der gewünschten Emissionswellenlänge bestimmt. Und je nach dem Material sind die Laserqualitäten sehr unterschiedlich. So können zum Beispiel im Materialsystem AlGaAs (Aluminium-Gallium-Arsenid) selbst *einfache* Laserstrukturen durchaus Durchschnittsausgangsleistungen im hohen Milliwatt-Bereich bei Emissionswellenlängen um 800 nm zeigen, während im Antimonid-Materialsystem AlInGaAsSb (Aluminium-Indium-Gallium-Arsen(id)-Antimonid) Leistungen von einigen Milliwatt bei Emissionswellenlängen um 2 μm durchaus positiv zu sehen sind.

Die geringeren Qualitäten bei einigen Lasermaterialien haben einerseits mit Problemen der Technologie (instabile Materialzusammensetzungen, Schwierigkeiten in der Handhabung) sowie geringerer Erfahrung mit den Materialien zu tun. Andererseits sind sie auch auf prinzipielle physikalische Probleme zurück zu führen, wie zum Beispiel eine hohe Wahrscheinlichkeit für die Abgabe der Anregungsenergie der Ladungsträger *ohne* Aussendung von Licht (in nicht-strahlenden Rekombinationsprozessen).

Diese wenigen Erklärungen zeigen bereits, dass viele physikalische, aber auch zahlreiche technologische Aspekte die Thematik Halbleiterlaser bestimmen. Beide Seiten sollen im Teil II den Kern des vorliegenden Buches bilden. Unter Halbleiterlaser-Technologie sollen sowohl die epitaktische als auch die lithografische Präparation der Laser verstanden werden. Beispiele sind dabei nicht immer nur auf Halbleiterlaser, sondern manchmal auch auf andere Bauelemente der integrierten Optoelektronik, wie etwa Fotodioden, bezogen.

Innerhalb des Themenkomplexes dieses Buchs sowie innerhalb der gesamten Physik sind als oft unterschätzte Werkzeuge die Konzepte im Umfeld der Fourier-Transformation, Fourier-Optik, Raumfrequenzen, Raumfrequenzfilterung an vielen Stellen fast unerlässlich. Daher wird diese Thematik als Teil I vorangestellt.

Der vorliegende Text entstand im Wesentlichen aus den Notizen zu meiner vierstündigen Vorlesung „Fourier-Optik und integrierte Optoelektronik" und anderen meiner Spezialvorlesungen im Fachbereich Physik der Technischen Universität Kaiserslautern, wobei die Vorlesungen nicht vollständig abgebildet werden können. Manche Unterthemen werden im Buch vollständig oder fast vollständig ausgespart: etwa organische Halbleiter, die Herstellung von anorganischen Halbleitersubstraten aus Mineralien der Erdkruste, Halbleiter-Laserverstärker oder das dynamische Verhalten von Halbleiterlasern im GHz-Bereich, dessen Verständnis für die optische Nachrichtentechnik relevant ist, ein zwar wichtiges Anwendungsfeld, aber doch nur eines. Auch leuchtendes Silizium und Silizium-Raman-Laser finden keinen Eingang in dieses Buch. Der Autor hofft, durch diese „schlanke" Darstellungsweise auch Einsteigern in das Gebiet einen anschaulichen Weg zu ebnen.

Einige Textpassagen und von Andreas Schürmann angefertigte Abbildungen aus meinem früheren im Teubner-Verlag erschienenen Buch „Photonik" sind für das vorliegende Buch modifiziert übernommen worden.

Zahlreiche Menschen haben zu der Entstehung dieses Buches beigetragen. Ihnen allen sei sehr herzlich gedankt. Insbesondere möchte ich Udo Schmittat, Birgit Krupp, Dr. Roland Freye, Dr. Sandra Wolff, Dr. Christoph Döring, Dr. Goetz Hoffmann, Dr. Dirk Hoffmann, Dipl.-Phys. Thomas Löber (bei Drucklegung dieses Buchs im Endspurt seiner Promotionszeit), Dr. Sphen Paul und Dr. Jan Oliver Drumm für ihre Arbeiten danken, die teilweise in diesem Buch Erwähnung finden. Aber auch allen anderen ehemaligen und jetzigen Mitarbeitern/innen der Gruppe, deren Arbeiten nicht im Umfeld von Halbleiterlasern liegen, möchte ich für ihr Engagement danken. Es hat sich eine tolle Arbeitsgruppe gebildet, die 'team work' in jeder Hinsicht lebt.

Ganz besonders möchte ich mich bei Prof. em. Dr. Wolfgang Demtröder bedanken, der sich - trotz seiner zahlreichen Aktivitäten und Verpflichtungen - Zeit genommen hat, den Text dieses Buches korrekturzulesen.

Mein Dank gilt auch Kerstin Hoffmann und Ulrich Sandten vom Lektorat „Naturwissenschaften - Informatik - Energie&Umwelt" des Vieweg+Teubner-Verlags, Wiesbaden, sowie Ulrike Klein, freie Lektorin in Berlin, für ihre unbürokratische Abwicklung des Projekts und freundliche Unterstützung.

'And last, but by no means least': Meiner Familie, Barbara und Lea sowie Katze Lilly, möchte ich für die regelmäßige Erinnerung daran, dass es noch Wichtigeres als die Uni gibt, und für ihre Sicht der Welt und des Lebens danken.

Henning Fouckhardt
Kaiserslautern, 11.4.2011

Inhaltsverzeichnis

5. Kohärente Fourier-optische Filterung   **73**

II. HALBLEITERLASER   **85**

6. Überleitung von der Fourier-Optik zu Halbleiterlasern   **87**

7. Materialien, Verstärkung   **91**

8. Heteroübergänge und Doppelheterostrukturen, pn-Übergänge   **125**

Teil I.

FOURIER-OPTIK

1. Grundlagen der Wellenoptik

1.1. Hintergrund und Motivation, Huygenssches Prinzip und Fourier-Zerlegung

Die typischen physikalisch-optischen Phänomene an Grenzflächen etwa zwischen zwei Dielektrika, wie Brechung, Reflexion und Beugung, können auf die Ausbreitung der elektromagnetischen Wellen zurückgeführt werden. Die Phänomene entstehen unter anderem, weil die Brechzahlen[1] n und die Phasen-Ausbreitungsgeschwindigkeiten $v = c/n$ mit c als Vakuum-Lichtgeschwindigkeit der Welle vor und hinter der Grenzfläche unterschiedlich sein können. Denn zu jedem Zeitpunkt kann eine Wellenfront gedanklich (mathematisch) in so genannte Elementarwellen zerlegt werden, die sich je nach Brechungsindex unterschiedlich schnell und innerhalb eines kleinen Zeitintervalls Δt auch unterschiedlich weit, $\Delta z = v \cdot \Delta t$, ausbreiten. Beim schrägen Einfall des Lichts auf eine transparente optische Grenzfläche führt das im Allgemeinen zum Abknicken der Wellen-/Phasenfront an der Grenzfläche; das heißt, der Brechungswinkel (relativ zum Einfallslot auf die Grenzfläche) unterscheidet sich vom Einfallswinkel. Die Situation ist in Abb. 1.1 veranschaulicht. In zwei unterschiedlichen optischen Medien mit den Brechzahlen n_1 und n_2, exemplarisch $n_2 > n_1$, sind die Phasengeschwindigkeiten $v_1 = c/n_1$ und $v_2 = c/n_2$ mit $v_2 < v_1$ unterschiedlich. Während die Huygensschen Elementarwellen im Medium 1 mit der Brechzahl n_1 im Zeitraum Δt eine relativ große Strecke zurücklegen, ist der in einem gleich großen Zeitintervall zurückgelegte Weg im Medium mit der Brechzahl n_2 kleiner. Wenn die Welle auf dem Strahl rechts im Bild die Grenzfläche gerade erreicht hat, hat sich die Elementarwelle auf dem linken Strahl mit der Phasenfront schon ein Wegstück $\Delta s = v_2 \cdot \Delta t$ im Medium 2 ausgebreitet. Einzeichnen der neuen Wellen- oder Phasenfront verdeutlicht, dass sich die Ausbreitungsrichtung der Welle geändert hat; die Welle ist gebrochen worden. Brechung ist also kein eigenständiges physikalisches Phänomen, sondern hat mit der Ausbreitung der Welle und den unterschiedlichen Phasengeschwindigkeiten in unterschiedlichen Materialien zu tun.

Für die Zerlegung der Wellen nach Elementarwellen können unterschiedliche Wellenformen verwendet werden. Im Fall der Zerlegung nach Kugelwellen wird von Huygensschen Elementarwellen und dem Huygensschen Prinzip gesprochen. Im Fall der Zerlegung nach ebenen Wellen mit unterschiedlichen Ausbreitungswinkeln (in x- und in y-Richtung) relativ zur optischen Achse (z-Achse) handelt es sich um die Fourier-Optik; denn die Zerlegung nach ebenen Wellen bedeutet mathematisch eine zweidimensionale räumliche Fourier-Analyse (mit der x- und der y-Koordinate als den beiden Dimensionen). - Wenn sich eine Kugelwelle bereits genügend weit um ihre punktförmige Quelle ausgebreitet hat, ist der Krümmungsradius so groß, dass die Wellenfront fast eben erscheint. Hier

---

[1]In diesem Buch werden die Begriffe Brechzahl und Brechungsindex synonym verwendet.

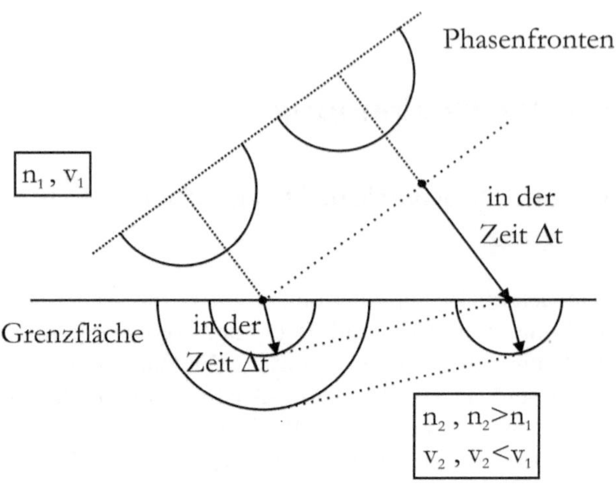

Abbildung 1.1.: Brechung ist ein Ausbreitungsphänomen. In zwei unterschiedlichen transparenten dielektrischen Materialien mit den Brechzahlen n_1 und $n_2 > n_1$ (exemplarisch) sind die Phasengeschwindigkeiten $v_1 = c/n_1$ und $v_2 = c/n_2$ mit $v_2 < v_1$ unterschiedlich. Dadurch wird die Ausbreitungsrichtung der Welle an der Grenzfläche verändert; die Welle wird gebrochen

geht das Huygenssche Prinzip in die Sichtweise der Fourier-Optik über. Weit ab vom Ursprung der Welle oder von einer beugenden Öffnung greift also die Fourier-Optik. Das ist der Bereich der Fernfeld- oder Fraunhofer-Beugung.

Wenn Wellen zum Beispiel durch eine *runde* Lochblende hindurchtreten, haben die Huygensschen Elementarwellen am Rand der Öffnung keine weiter außen (weiter entfernt von der optischen Achse) startenden Nachbar-Elementarwellen, wie in Abb. 1.2 skizziert. Dadurch kommt es zu Beugungserscheinungen, zu hellen und dunklen *Ringen* um die Öffnung herum.

Die Fourier-optische Sichtweise, die in den Kap. 2 und 3 näher erläutert werden wird und hier nur kurz umrissen werden soll, ist:
a) Eine räumliche zweidimensionale (2D) Fourier-Transformation der Verteilung $E(x, y)$ der elektrischen Feldstärke der elektromagnetischen Welle beschreibt die Beugung ins Fernfeld.
b) Eine räumliche 2D-Fourier-Transformation von $E(x, y)$ bedeutet auch die Zerlegung nach ebenen Wellen mit unterschiedlichem Ausbreitungswinkel zur optischen Achse.
c) Diese Ausbreitungswinkel können in Fourier-optischer Sichtweise wegen (a) als Beugungswinkel aufgefasst werden.
d) Jeder dieser Winkel muss auf eine bestimmte Periodizität/Gitterkonstante in der Objektfeldverteilung zurückzuführen sein. Das heißt, die Objektfeldverteilung wird gedank-

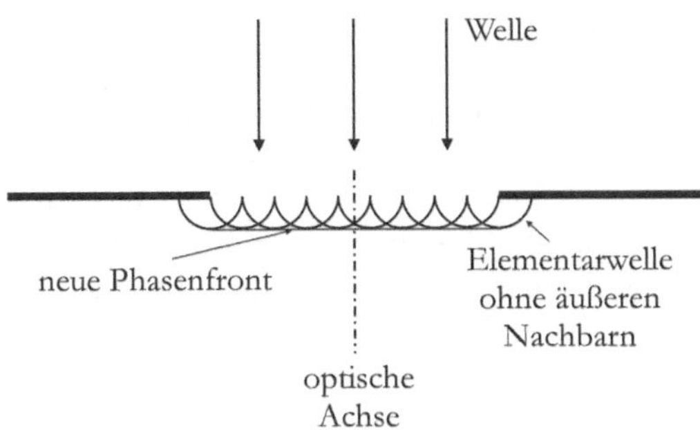

Abbildung 1.2.: Elementarwellen hinter Öffnung ohne außen liegende „Nachbarn"

lich in sehr viele (gegebenenfalls unendlich viele) Gitterstrukturen mit unterschiedlicher Gitterkonstante g und unterschiedlicher Orientierung zerlegt. Für den Kehrwert der Gitterkonstanten wird der Begriff der Raumfrequenz eingeführt.[2]

e) Die Ausbreitung längs der z-Achse wird gedanklich in viele kleine Teilschritte Δz zerlegt.[3] Durch die Ausbreitung der Wellen ein kleines Stück Δz erfahren die ebenen Teilwellen *untereinander* eine etwas andere Phasendrehung und werden dann wieder zusammengesetzt. Daraus ergibt sich eine etwas andere Feldverteilung/Phasenfront als vor diesem Δz-Ausbreitungsschritt. (Zum Beispiel ändert sich bei einer divergierenden Welle von Ebene z zu Ebene $z + \Delta z$ der Durchmesser der Feldverteilung etwas.)

f) Dieser letzte Gedanke entspricht der üblichen Vorstellung der Wellenausbreitung. Aber das ist der springende Punkt der Fourier-Optik: Die Winkel der ebenen Teilwellen sind Beugungswinkel. $\rightarrow$ Die Modifikation der Teilwellen führt zu einer neuen Phasenfront. $\rightarrow$ Diese Umwandlung in eine neue Phasenfront macht die Ausbreitung der Welle aus.

Viel Energie in einer Teilwelle mit großem Ausbreitungswinkel $\beta \approx \arcsin(\lambda_0/g)$ mit λ_0 als Vakuum-Wellenlänge - so die Denkweise der Fourier-Optiker/innen - ist eine Folge der Beugung an einer Struktur/Feldverteilung $E(x, y)$ mit feiner Periodizität (mit kleiner Gitterkonstante g, also großer räumlicher Wiederhol-Frequenz $\nu_{Raum} \propto 1/g$) in der Objektebene. Viel Energie in einer Teilwelle mit kleinem Ausbreitungs-/Beugungswinkel ist auf eine grobe Periodizät (mit großer Gitterkonstante, also kleiner Raumfrequenz in der Objektebene) zurückzuführen. Die Proportionalität zwischen Raumfrequenz ν_{Raum} und Kehrwert der Gitterkonstante g ist streng nur für kleine Ausbreitungs-/Beugungswinkel β gegeben; denn genauer gilt bei einer achsparallelen Welle:

$$\nu_{Raum} = \frac{\tan \beta}{\lambda_0} = \frac{\tan(\arcsin(\lambda_0/g))}{\lambda_0}. \tag{1.1}$$

---

[2] analog dazu wie bei der Fourier-Zerlegung einer Zeitfunktion von zeitlichen Periodizitäten und ihren Kehrwerten, den (zeitlichen) Frequenzen, gesprochen wird

[3] Das ist auch die Vorgehensweise bei der 'beam propagation method' (BPM), die in Abschnitt 9.2.2 erläutert werden wird.

Analog zum Konzept der Zeitfrequenzen ν bei Zeitfunktionen steht hier das der Raumfrequenzen $\nu_x \propto \frac{1}{g_x}$, $\nu_y \propto \frac{1}{g_y}$ bei Funktionen, die von den Quer-Ortskoordinaten x, y abhängen. Obwohl anfänglich gewöhnungsbedürftig, vereinfacht das Konzept der Raumfrequenzen das Verständnis der Wellenausbreitung sehr. Zum Beispiel muss bei der Beschreibung der Beugung von Röntgen-Strahlen an den Atomen oder Molekülen eines Festkörper-Kristallgitters eine (dreidimensionale) Fourier-Transformation zu Hilfe genommen werden. Das Beugungsmuster gibt Auskunft über die im Kristallgitter vorhandenen Raumfrequenzen, also auch über die Gitterkonstanten g_x, g_y, g_z (die gleichzeitig die Abstände der benachbarten Atome/Moleküle sind) und über die Anordnung der Teilchen im dreidimensionalen Raum.

1.2. Darstellung realer Wellen

Die Möglichkeiten zur mathematischen Darstellung von Wellen (hier elektromagnetischen Wellen, die oft durch ihre elektrische Feldstärke $\vec{E}(x, y, z, t)$ repräsentiert werden) sind vielfältig. Für mathematisch ideale *ebene* Wellen wird häufig die reelle Schreibweise

$$\vec{E}(x, y, z, t) \equiv \vec{E}(\vec{r}, t) = \vec{\hat{E}}'' \cdot \cos(\omega t - n\vec{k}_0 \cdot \vec{r} + \phi) \tag{1.2}$$

mit dem Ortsvektor $\vec{r} = (x, y, z)$ und den kartesischen Koordinaten x, y, z, der konstanten Amplitude $\vec{\hat{E}}''$, der Frequenz ν, der Kreisfrequenz $\omega = 2\pi\nu$, der Zeit t, der Brechzahl n, dem Vakuum-Ausbreitungsvektor $\vec{k}_0$ vom Betrag (der Wellenzahl) $k_0 \equiv \mid \vec{k}_0 \mid = 2\pi/\lambda_0$ und der Anfangsphase ϕ verwendet. Wenn bedacht wird, dass $\cos\rho' = (e^{i\rho'} + e^{-i\rho'})/2$ wird aus Gl. (1.2) die komplexe Darstellung:

$$\vec{E}(\vec{r}, t) = \vec{\hat{E}}' \cdot \exp\{i(\omega t - n\vec{k}_0 \cdot \vec{r} + \phi)\} + \text{c.c.}, \tag{1.3}$$

wobei „c.c." für den konjugiert-komplexen Term steht und der Faktor $1/2$ in der neuen Amplitude $\vec{\hat{E}}'$ aufgegangen ist. Wenn die Rechenregel $e^{\rho'_1 + \rho'_2} = e^{\rho'_1} \cdot e^{\rho'_2}$ für Exponentialfunktionen angewandt und der Term $\exp\{i\phi\}$ mit der Anfangsphase in eine neue Amplitude $\vec{\hat{E}}$ hineingesteckt wird, ergibt sich weiter:

$$\vec{E}(\vec{r}, t) = \vec{\hat{E}} \cdot \exp\{-in\vec{k}_0 \cdot \vec{r}\} \cdot \exp\{i\omega t\} + \text{c.c.} \tag{1.4}$$

In der komplexen Darstellung sind viele Rechenoperationen einfacher als das Jonglieren mit cos- und sin-Ausdrücken. Bei nichtlinearen Rechenoperationen, wie zum Beispiel der Multiplikation von Feldstärken, ist aber zu berücksichtigen, dass durch die konjugiert-komplexen Terme Mischterme entstehen. In vielen Büchern werden elektromagnetische Wellen wie in Gl. (1.4), aber ohne den „c.c."-Term, geschrieben. Diese Vereinfachung ist nur erlaubt, solange alle Rechenoperationen linear bleiben. Schon die Bildung der Intensität[4] $I_E \propto\mid E \mid^2 = EE^*$ bedeutet eine *nicht*lineare Operation.

---

[4]Das Symbol * steht im gesamten Buch für konjugiert-komplexe Größen.

Für die Schreibweise *nicht-ebener* Wellen seien drei Möglichkeiten angegeben; die erste geht davon aus, dass es sich quasi weiterhin um eine ebene Welle handelt. Alle Abweichungen von der Ebenheit werden in die Amplitude hineingesteckt, die somit keine Konstante mehr darstellt, sondern von x, y und gegebenenfalls z abhängig ist:

$$\vec{E}(\vec{r}, t) = \vec{\hat{E}}(x, y, (z)) \cdot \exp\{-in\vec{k}_0 \cdot \vec{r}\} \cdot \exp\{i\omega t\} + \text{c.c.} \tag{1.5}$$

Dabei wird durch die optionale z-Abhängigkeit gegebenenfalls eine Konvergenz oder Divergenz der Welle erfasst. Die zweite Möglichkeit entspricht der schon im vorherigen Unterkapitel angesprochenen zweidimensionalen räumlichen Fourier-Zerlegung nach idealen ebenen Wellen mit unterschiedlichem Ausbreitungswinkel zur optischen Achse:

$$\vec{E}(\vec{r}, t) = \sum_{i=0}^{\infty} \left(\vec{\hat{E}}_i \exp\{-in_{(i)}\vec{k}_{0i} \cdot \vec{r}\} \cdot \exp\{i\omega t\} + \text{c.c.} \right). \tag{1.6}$$

Es wird nach unendlich vielen Teilwellen zerlegt, deren Amplituden $\vec{\hat{E}}_i$ sich zwar unterscheiden, aber jede für sich wieder konstant ist. Der Ausbreitungswinkel steckt in dem Ausbreitungsvektor $\vec{k}_{0i}$. Je mehr Energie in den Teilwellen mit großem Winkel enthalten ist, desto mehr weicht die Welle von einer idealen ebenen Welle ab. Die Brechzahl wurde in Klammern mit dem Index $_i$ versehen, um anzudeuten, dass sich die Brechzahlen in unterschiedlichen Raumrichtungen voneinander unterscheiden können; man spricht dann von optisch anisotropen Medien. Die dritte Darstellungsmöglichkeit nicht-ebener Wellen entspricht der schon erwähnten Zerlegung nach Kugelwellen, also dem Huygensschen Prinzip:

$$\vec{E}(\vec{r}, t) = \sum_{i=0}^{\infty} \left(\vec{\hat{E}}_i \cdot \frac{1}{|\vec{r} - \vec{r}_{Q_i}|} \exp\{-ink_0 \cdot |\vec{r} - \vec{r}_{Q_i}|\} \cdot \exp\{i\omega t\} + \text{c.c.} \right). \tag{1.7}$$

Dabei stellen die $\vec{r}_{Q_i}$ die Ortsvektoren der Punkte (Quellen Q_i) dar, von denen die Huygensschen Elementar-Kugelwellen ausgehen.[5]

In anisotropen Medien sind die Phasenfronten der Huygensschen Elementarwellen im Allgemeinen ellipsoidförmig. Für die Betrachtungen in diesem Buch wird aber optisch isotropes Material angenommen, so dass Huygenssche Elementarwellen kugelförmig sind.

1.3. Maxwell-Gleichungen, Wellengleichung, Fresnelsche Formeln

1.3.1. Maxwellsche Gleichungen und Wellengleichung

In der geometrischen Optik werden Lichtstrahlen bei ihrem Verlauf durch optische Elemente betrachtet. Dies ist eine vereinfachende Beschreibung, da sie der Wellennatur des Lichts nicht voll gerecht wird. Beugungserscheinungen können mit der Vorstellung von Lichtstrahlen nicht beschrieben werden. Die genaue Theorie der elektromagnetischen Wellen geht von den Maxwellschen Gleichungen [ALO 83, GER 10] aus, die hier nicht

---

[5]Bei einer Betrachtung der Wellenausbreitung taucht noch ein Richtungskosinus auf; siehe Kap. 2.

plausibel gemacht werden sollen. Sie lauten in differenzieller Form für lineare, homogene, isotrope Medien:

$$\text{Ampère-Maxwell: } \operatorname{rot}\vec{B} \;\equiv\; \vec{\nabla}\times\vec{B} = \mu_0\mu_r\vec{j} + \mu_0\mu_r\epsilon_0\epsilon_r\frac{\partial\vec{E}}{\partial t} \tag{1.8}$$

$$\text{Faraday/Induktion: } \operatorname{rot}\vec{E} \;\equiv\; \vec{\nabla}\times\vec{E} = -\frac{\partial\vec{B}}{\partial t} \tag{1.9}$$

$$\text{Gauß, magnetisch: } \operatorname{div}\vec{B} \;\equiv\; \vec{\nabla}\cdot\vec{B} = 0 \tag{1.10}$$

$$\text{Gauß, elektrisch: } \operatorname{div}\vec{E} \;\equiv\; \vec{\nabla}\cdot\vec{E} = \frac{\varrho}{\epsilon_0\epsilon_r} \tag{1.11}$$

mit dem Nabla-Operator $\vec{\nabla} = (\partial/\partial x,\; \partial/\partial y,\; \partial/\partial z)$ in kartesischen Koordinaten sowie $\vec{E}$ und $\vec{B}$ als elektrischer und magnetischer Feldstärke der elektromagnetischen Welle, $\vec{j}$ als Stromdichte, ϱ als Ladungsdichte, ϵ_0 und ϵ_r als Dielektrizitätskonstante und Dielektrizitätszahl sowie μ_0 und μ_r als Permeabilitätskonstante und Permeabilitätszahl.

Aus den Maxwellschen Gleichungen folgt die Wellengleichung, was zur Vereinfachung für den Spezialfall des materie- ($\epsilon_r = 1$, $\mu_r = 1$) und quellenfreien ($\vec{j} = 0$, $\varrho = 0$) Raums gezeigt werden soll:

$$\vec{\nabla}\times\vec{B} - \mu_0\epsilon_0\frac{\partial\vec{E}}{\partial t} \;=\; 0 \tag{1.12}$$

$$\vec{\nabla}\times\vec{E} + \frac{\partial\vec{B}}{\partial t} \;=\; 0 \tag{1.13}$$

$$\vec{\nabla}\cdot\vec{B} \;=\; 0 \tag{1.14}$$

$$\vec{\nabla}\cdot\vec{E} \;=\; 0. \tag{1.15}$$

Auf Gl. (1.12) wird der $\operatorname{rot}(\equiv \vec{\nabla}\times)$-Operator angewendet:

$$\vec{\nabla}\times(\vec{\nabla}\times\vec{B}) - \mu_0\epsilon_0\frac{\partial}{\partial t}\vec{\nabla}\times\vec{E} = 0, \tag{1.16}$$

wobei im zweiten Ausdruck die Ableitung nach dem Ort mit der nach der Zeit vertauscht wurde, was möglich war, da die Ableitungen unabhängig voneinander sind. Da

$$\vec{\nabla}\times(\vec{\nabla}\times\vec{B}) = \vec{\nabla}(\vec{\nabla}\cdot\vec{B}) - \triangle\vec{B} \tag{1.17}$$

mit dem Laplace-Operator $\triangle = \vec{\nabla}\cdot\vec{\nabla} = \vec{\nabla}^2 = (\partial^2/\partial x^2) + (\partial^2/\partial y^2) + (\partial^2/\partial z^2)$ und Gl. (1.13) folgt:

$$\vec{\nabla}(\vec{\nabla}\cdot\vec{B}) - \triangle\vec{B} + \mu_0\epsilon_0\frac{\partial^2\vec{B}}{\partial t^2} = 0. \tag{1.18}$$

Da nach Gl. (1.14) $\vec{\nabla}(\vec{\nabla}\cdot\vec{B}) = \vec{\nabla}(0) = 0$, folgt mit c als Vakuum-Lichtgeschwindigkeit und $\mu_0\epsilon_0 = 1/c^2$:

$$\triangle\vec{B} - \frac{1}{c^2}\frac{\partial^2}{\partial t^2}\vec{B} \;=\; 0, \tag{1.19}$$

$$\text{analog: } \quad \triangle\vec{E} - \frac{1}{c^2}\frac{\partial^2}{\partial t^2}\vec{E} \;=\; 0. \tag{1.20}$$

Aus Gl. (1.20) wiederum folgt mit dem Ansatz

$$\vec{E} \propto \exp(i\omega t) \;=\; \exp(i\frac{2\pi}{\lambda_0}ct), \tag{1.21}$$

$$\text{wobei}\quad \omega \;=\; 2\pi\nu = 2\pi\frac{c}{\lambda_0} = \left(\frac{2\pi}{\lambda_0}\right)c = k_0 \cdot c\,, \tag{1.22}$$

die zeit*un*abhängige Wellengleichung (Helmholtz-Gleichung) für die elektrische Feldstärke im Vakuum:

$$\triangle \vec{E} + k_0^2 \vec{E} = 0. \tag{1.23}$$

Im Medium taucht noch die Brechzahl n auf:

$$\triangle \vec{E} + k_0^2 n^2 \vec{E} = \triangle \vec{E} + k^2 \vec{E} = 0 \tag{1.24}$$

$$\text{mit}\quad k = \frac{2\pi}{\lambda} = \frac{2\pi}{\lambda_0}n = k_0 n \tag{1.25}$$

als Wellenzahl im Medium (mit der Wellenlänge λ im Material).

1.3.2. Fresnelsche Formeln

Die Fresnelschen Formeln sind Schlussfolgerungen aus den Maxwellschen Gleichungen sowie aus Feldstetigkeitsbedingungen und beschreiben, wie sich eine einfallende Welle (Index $_e$) in einen reflektierten ($_r$) und einen transmittierten ($_t$) Anteil an einer *dielektrischen* optischen Grenzfläche in Abhängigkeit vom Einfallswinkel aufspaltet [HEC 03]. Ausgangspunkt der Beschreibung ist eine im mathematischen Sinne ideale ebene[6] Welle im Medium mit der Brechzahl n_e:

$$\vec{E}_e(\vec{r},t) = \vec{\hat{E}}_e \cos(n_e \vec{k}_{0e} \cdot \vec{r} - \omega_e t) = \vec{\hat{E}}_e \cos(\vec{k}_e \cdot \vec{r} - \omega_e t) \tag{1.26}$$

mit $\vec{\hat{E}}_e$ als Amplitude und $\vec{k}_e$ als Ausbreitungsvektor vom Betrag $(2\pi/\lambda_0)n_e$. Alle Größen wurden bereits definiert. Für die reflektierte und die transmittierte Welle gilt analog:

$$\vec{E}_r \;=\; \vec{\hat{E}}_r \cos(n_r \vec{k}_{0r} \cdot \vec{r} - \omega_r t + \phi_r) = \vec{\hat{E}}_r \cos(\vec{k}_r \cdot \vec{r} - \omega_r t + \phi_r), \tag{1.27}$$

$$\vec{E}_t \;=\; \vec{\hat{E}}_t \cos(n_t \vec{k}_{0t} \cdot \vec{r} - \omega_t t + \phi_t) = \vec{\hat{E}}_t \cos(\vec{k}_t \cdot \vec{r} - \omega_t t + \phi_t) \tag{1.28}$$

mit ϕ_r und ϕ_t als Phasenverschiebungen der beiden Wellen relativ zu $\vec{E}_e$.

In linear-optischen Medien müssen wegen der Energieerhaltung die genannten Kreisfrequenzen gleich sein:

$$\omega_e = \omega_r = \omega_t \equiv \omega. \tag{1.29}$$

Und die beiden Materialien im vorderen und im hinteren Halbraum (Indizes $_1$ und $_2$) seien isotrop; das heißt, für die Brechzahlen gilt:

$$n_e = n_r \;\equiv\; n_1, \tag{1.30}$$

$$n_t \;\equiv\; n_2. \tag{1.31}$$

---

[6]auch monochromatische, das heißt nur eine Wellenlänge enthaltende

Somit folgt für die drei Gleichungen der Feldstärken:

$$\vec{E}_e = \hat{\vec{E}}_e \cos(n_1 \vec{k}_{0e} \cdot \vec{r} - \omega t) = \hat{\vec{E}}_e \cos(\vec{k}_e \cdot \vec{r} - \omega t), \tag{1.32}$$

$$\vec{E}_r = \hat{\vec{E}}_r \cos(n_1 \vec{k}_{0r} \cdot \vec{r} - \omega t + \phi_r) = \hat{\vec{E}}_r \cos(\vec{k}_r \cdot \vec{r} - \omega t + \phi_r), \tag{1.33}$$

$$\vec{E}_t = \hat{\vec{E}}_t \cos(n_2 \vec{k}_{0t} \cdot \vec{r} - \omega t + \phi_t) = \hat{\vec{E}}_t \cos(\vec{k}_t \cdot \vec{r} - \omega t + \phi_t). \tag{1.34}$$

Für die Herleitung der Fresnelschen Formeln wird eine Beziehung zwischen dem $\vec{E}$- und dem $\vec{B}$-Feld benötigt. Dazu soll zunächst bewiesen werden, dass für transversal/lateral unendlich ausgedehnte mathematisch-ebene Wellen keine E_z-Komponente in Ausbreitungsrichtung existiert, dass es sich also um wirkliche TEM-Wellen handelt. Ausgangspunkt sei die vierte Maxwellsche Gleichung im quellen-, aber nicht unbedingt materiefreien Raum:

$$\vec{\nabla} \cdot \vec{E} = \frac{\partial E_x}{\partial x} + \frac{\partial E_y}{\partial y} + \frac{\partial E_z}{\partial z} = 0. \tag{1.35}$$

„Ebene Welle" bedeutet Konstanz der Feldstärke in der x-y-Quer-Ebene, wenn die z-Achse die Ausbreitungsrichtung angibt; das heißt:

$$\frac{\partial E_x}{\partial x} = 0 = \frac{\partial E_y}{\partial y} \tag{1.36}$$

Daraus folgt mit Gl. (1.35):

$$\frac{\partial E_z}{\partial z} = 0 \quad \Longrightarrow \quad E_z = \text{const.} \tag{1.37}$$

Jede konstante Lösung für E_z, die ungleich Null ist, würde einen Widerspruch zu der Existenz der Welle (einer dynamischen Erscheinung mit zeitlich veränderlicher Feldstärke) bedeuten, so dass die einzig sinnvolle Lösung in der Elektrodynamik

$$E_z = 0 \tag{1.38}$$

immer und überall lautet. Das bedeutet Transversalität der Welle. Die hier zwischenzeitlich genutzten *lokalen* Koordinatenkreuze (jeweils für die einfallende, die reflektierte und die transmittierte/gebrochene Welle) werden so gelegt, dass das elektrische Feld $\vec{E} = (E_x, 0, 0)$ nur eine Komponente in x-Richtung hat. Außerdem ist nach der zweiten Maxwellschen Gleichung, dem Induktionsgesetz, Gl. (1.9):

$$\vec{\nabla} \times \vec{E} = -\frac{\partial \vec{B}}{\partial t}, \tag{1.39}$$

$$\left(\frac{\partial E_z}{\partial y} - \frac{\partial E_y}{\partial z}, \frac{\partial E_x}{\partial z} - \frac{\partial E_z}{\partial x}, \frac{\partial E_y}{\partial x} - \frac{\partial E_x}{\partial y} \right) = -\left(\frac{\partial B_x}{\partial t}, \frac{\partial B_y}{\partial t}, \frac{\partial B_z}{\partial t} \right). \tag{1.40}$$

Wegen der Ebenheit der Welle gilt:

$$\frac{\partial E_x}{\partial y} = 0 \tag{1.41}$$

Vier der anderen Ableitungen in Gl. (1.40) sind wegen der speziellen Wahl der Feldrichtungen Null. Dadurch bleibt der folgende einfache Ausdruck übrig:

$$\frac{\partial E_x}{\partial z} = -\frac{\partial B_y}{\partial t}.$$
(1.42)

Deswegen können die Feldrichtungen *lokal* in folgender Weise sehr speziell festgelegt werden, ohne die Gültigkeit der Aussagen einzuschränken:

$$\vec{E} = E_x \cdot \vec{\hat{e}}_x, \quad \text{(siehe oben)}$$
(1.43)
$$\vec{B} = B_y \cdot \vec{\hat{e}}_y,$$
(1.44)
$$\vec{k} = k \cdot \vec{\hat{e}}_z \quad , \quad k \equiv k_z.$$
(1.45)

Dabei stellen $\vec{\hat{e}}_x$, $\vec{\hat{e}}_y$ und $\vec{\hat{e}}_z$ die Einheitsvektoren in jeweils dem *lokal* für die einfallende, die reflektierte oder die transmittierte/gebrochene Welle festgelegten Koordinatenkreuz[7] dar.[8] Mit Gl. (1.42) und der Brechzahl n sowie $k = k_0 n$ folgt weiter:

$$\begin{aligned}
B_y = -\int \frac{\partial E_x}{\partial z}\, dt &= -\int \frac{\partial}{\partial z}\left[\hat{E}_x \cos(k \cdot z - \omega t + \phi)\right] dt \\
&= +k\,\hat{E}_x \int \sin(kz - \omega t + \phi)\, dt \\
&= \frac{k}{\omega}\,\hat{E}_x \cos(kz - \omega t + \phi) + C' \\
&= \frac{n}{c}\,\hat{E}_x \cos(kz - \omega t + \phi) + C'.
\end{aligned}$$
(1.46)

C' ist eine Integrationskonstante, die im Folgenden vernachlässigt wird, da sie einem zeitlich konstanten Feldanteil entspricht, der bei elektromagnetischen Wellen ($\rightarrow$ Elektrodynamik) nicht von Bedeutung ist. Außerdem gilt, wie in Gl. (1.46) bereits verwendet, wegen Gln. (1.32) - (1.34):

$$E_x = \hat{E}_x \cos(kz - \omega t + \phi).$$
(1.47)

Aus den Beziehungen für B_y und E_x, Gln. (1.46) und (1.47), ergibt sich zusammen:

$$E_x = \frac{c}{n} B_y = v B_y \quad , \quad \hat{E}_x = \frac{c}{n} \hat{B}_y = v \hat{B}_y.$$
(1.48)

---

[7]Da es sich um lokale Koordinatenkreuze handelt, ist diese Herleitung nicht nur auf den Fall linear polarisierter Wellen beschränkt. Bei einer zirkular polarisierten Welle zum Beispiel drehen sich die *lokalen* Koordinatenkreuze um die Richtung des Vektors $\vec{k}$ (die lokale z-Richtung) mit, bezogen auf das *globale* Koordinatensystem.

[8] Die Indizierung der Vektoren mit x, y und z *jeweils* für die einfallende, die reflektierte und die gebrochene Welle wird gleich durch eine nur auf die Unterscheidung der drei Teilwellen oder der beiden Medien bezogene Indizierung (Index $_e$ für die einfallende Welle, $_r$ für die reflektierte und $_t$ für die transmittierte sowie $_1$ für das Medium, aus dem die Welle kommt, und $_2$ für das Medium, in das die Welle transmittiert/gebrochen wird) verdrängt, so dass dann auch keine Verwechslungsgefahr mit den *globalen* Koordinaten x, y und z, wie sie in Abb. 1.3 eingeführt werden, mehr bestehen wird.

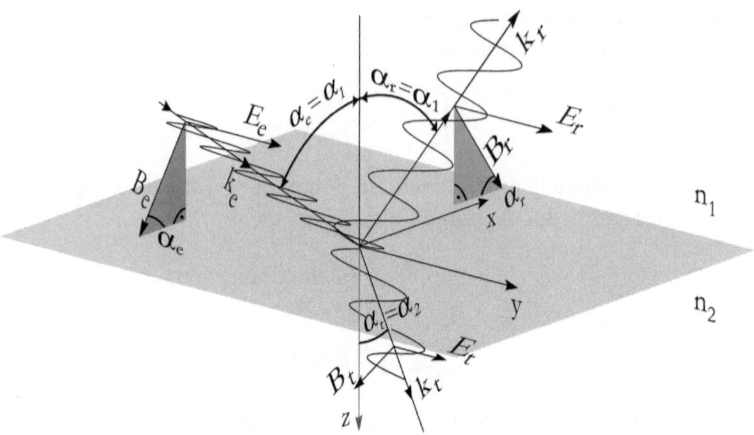

Abbildung 1.3.: Veranschaulichung der Notation im Zusammenhang mit der Herleitung der Fresnelschen Formeln (Fall $\vec{E} \perp$ zur Einfallsebene, also tangential zur optischen Grenzfläche). Das eingezeichnete Koordinatenkreuz ist das *globale*

Die Indizes $_x$ und $_y$ stehen hier immer noch und letztmalig für die *lokal* definierten Koordinaten für die einzelnen Wellen. Wenn nun aber - wie in Fußnote 8 versprochen - die lokalen Indizes entfallen, ergibt sich weiter:

$$E_e = v_e\, B_e \equiv v_1\, B_e \quad , \quad \hat{E}_e = v_e\, \hat{B}_e \equiv v_1\, \hat{B}_e \tag{1.49}$$

$$E_r = v_r\, B_r \equiv v_1\, B_r \quad , \quad \hat{E}_r = v_r\, \hat{B}_r \equiv v_1\, \hat{B}_r \tag{1.50}$$

$$E_t = v_t\, B_t \equiv v_2\, B_t \quad , \quad \hat{E}_t = v_t\, \hat{B}_t \equiv v_2\, \hat{B}_t \tag{1.51}$$

Zwei Fälle sind zu unterscheiden: $\vec{E}$ senkrecht ($\perp$) oder parallel ($\|$) zur Einfallsebene. Hier soll nur der Fall $\vec{E} \perp$ zur Einfallsebene explizit behandelt werden, wie in Abb. 1.3 skizziert; das in der Abbildung angegebene Koordinatenkreuz entspricht der *globalen* Notation. Dabei ist zu bedenken, dass die Tangentialkomponenten (tangential zur optischen Grenzfläche, senkrecht zur Einfallsebene) des $\vec{E}$-Felds und *mangels Oberflächenströmen in den beiden aneinander angrenzenden Dielektrika* auch des $\vec{H} = \vec{B}/(\mu_0\mu_r)$-Felds stetig sein müssen. So folgt:

$$\vec{E}_e + \vec{E}_r = \vec{E}_t \tag{1.52}$$

$$\vec{\hat{E}}_e \cos(\vec{k}_e\vec{r} - \omega t) + \vec{\hat{E}}_r \cos(\vec{k}_r\vec{r} - \omega t + \phi_r) = \vec{\hat{E}}_t \cos(\vec{k}_t\vec{r} - \omega t + \phi_t) \tag{1.53}$$

Dies muss für alle $\vec{r}$ und t gelten und kann daher nur erfüllt sein, wenn die cos-Ausdrücke identisch sind. Daraus folgt für die Amplituden:

$$\vec{\hat{E}}_e + \vec{\hat{E}}_r = \vec{\hat{E}}_t \tag{1.54}$$

$$\text{und wegen der Kollinearität:} \quad \hat{E}_e + \hat{E}_r = \hat{E}_t \tag{1.55}$$

und analog für das $\vec{H}$- beziehungsweise $\vec{B}/(\mu_0\mu_r)$-Feld:

$$\alpha_e = \alpha_r \;\equiv\; \alpha_1$$
$$\alpha_t \;\equiv\; \alpha_2$$
$$\mu_{r,e} \;\equiv\; \mu_{r,1}$$
$$\mu_{r,r} \;\equiv\; \mu_{r,1}$$
$$\mu_{r,t} \;\equiv\; \mu_{r,2}$$

$$-\frac{\hat{B}_e}{\mu_0\mu_{r,e}}\cos\alpha_e + \frac{\hat{B}_r}{\mu_0\mu_{r,r}}\cos\alpha_r = -\frac{\hat{B}_t}{\mu_0\mu_{r,t}}\cos\alpha_t, \tag{1.56}$$

$$-\frac{\hat{B}_e}{\mu_0\mu_{r,1}}\cos\alpha_1 + \frac{\hat{B}_r}{\mu_0\mu_{r,1}}\cos\alpha_1 = -\frac{\hat{B}_t}{\mu_0\mu_{r,2}}\cos\alpha_2. \tag{1.57}$$

Die Minuszeichen müssen für die Feldkomponenten hinzugefügt werden, die in die negative x-Richtung weisen (beachte dazu das linke dunkelgraue Dreieck in Abb. 1.3). Damit ergibt sich zusammen mit der zuvor hergeleiteten Beziehung (1.48) zwischen $\hat{E}$ und $\hat{B}$:

$$\frac{1}{\mu_0\mu_{r,1}}\cos\alpha_1 \cdot (\hat{B}_e - \hat{B}_r) = \frac{1}{\mu_0\mu_{r,2}}\cos\alpha_2 \cdot \hat{B}_t$$

$$\Longrightarrow \quad \frac{1}{\mu_0\mu_{r,1}\,v_1}\cos\alpha_1 \cdot (\hat{E}_e - \hat{E}_r) = \frac{1}{\mu_0\mu_{r,2}\,v_2}\cos\alpha_2 \cdot \hat{E}_t$$

$$\Longrightarrow \quad \frac{n_1}{\mu_0\mu_{r,1}\,c}\cos\alpha_1 \cdot (\hat{E}_e - \hat{E}_r) = \frac{n_2}{\mu_0\mu_{r,2}\,c}\cos\alpha_2 \cdot \hat{E}_t$$

$$\Longrightarrow \quad \frac{n_1}{\mu_0\mu_{r,1}}\cos\alpha_1 \cdot (\hat{E}_e - \hat{E}_r) = \frac{n_2}{\mu_0\mu_{r,2}}\cos\alpha_2 \cdot \hat{E}_t$$

$$\Longrightarrow \quad \frac{n_1}{\mu_0\mu_{r,1}}\cos\alpha_1 \cdot (\hat{E}_e - \hat{E}_r) = \frac{n_2}{\mu_0\mu_{r,2}}\cos\alpha_2 \cdot (\hat{E}_e + \hat{E}_r) \tag{1.58}$$

und nach Sortieren der Terme mit gleicher Teilwelle:

$$\hat{E}_e\left(\frac{n_1}{\mu_0\,\mu_{r,1}}\cos\alpha_1 - \frac{n_2}{\mu_0\,\mu_{r,2}}\cos\alpha_2\right) = \hat{E}_r\left(\frac{n_1}{\mu_0\,\mu_{r,1}}\cos\alpha_1 + \frac{n_2}{\mu_0\,\mu_{r,2}}\cos\alpha_2\right), \tag{1.59}$$

So folgt:

$$\left(\frac{\hat{E}_r}{\hat{E}_e}\right)_{\!\perp} = r_\perp = \frac{\dfrac{n_1}{\mu_0\,\mu_{r,1}}\cos\alpha_1 - \dfrac{n_2}{\mu_0\,\mu_{r,2}}\cos\alpha_2}{\dfrac{n_1}{\mu_0\,\mu_{r,1}}\cos\alpha_1 + \dfrac{n_2}{\mu_0\,\mu_{r,2}}\cos\alpha_2} \tag{1.60}$$

und, da oft überall $\mu_r = \mu_{r,1} = \mu_{r,2} \approx 1$ (dia- oder paramagnetische Materialien),

$$\left(\frac{\hat{E}_r}{\hat{E}_e}\right)_{\!\perp} = r_\perp = \frac{n_1\cos\alpha_1 - n_2\cos\alpha_2}{n_1\cos\alpha_1 + n_2\cos\alpha_2} \tag{1.61}$$

für den reflektierten Feldanteil mit $r_\perp$ als Amplitudenreflexionsfaktor oder -koeffizient. Ähnlich wird der transmittierte Anteil berechnet:

$$\left(\frac{\hat{E}_t}{\hat{E}_e}\right)_{\!\perp} = t_\perp = \frac{2\dfrac{n_1}{\mu_0\,\mu_{r,1}}\cos\alpha_1}{\dfrac{n_1}{\mu_0\,\mu_{r,1}}\cos\alpha_1 + \dfrac{n_2}{\mu_0\,\mu_{r,2}}\cos\alpha_2}, \tag{1.62}$$

$$\Longrightarrow \quad \text{mit } \mu_r \approx 1 \text{ überall:} \quad \left(\frac{\hat{E}_t}{\hat{E}_e}\right)_\perp = t_\perp = \frac{2n_1 \cos\alpha_1}{n_1 \cos\alpha_1 + n_2 \cos\alpha_2} \qquad (1.63)$$

mit $t_\perp$ als Amplitudentransmissionsfaktor oder -koeffizient.

Analog folgt, wenn der $\vec{E}$-Feld-Vektor parallel zur Einfallsebene liegt, für die entsprechenden Koeffizienten:

$$\left(\frac{\hat{E}_r}{\hat{E}_e}\right)_\parallel = r_\parallel = \frac{\frac{n_2}{\mu_0\,\mu_{r,2}} \cos\alpha_1 - \frac{n_1}{\mu_0\,\mu_{r,1}} \cos\alpha_2}{\frac{n_2}{\mu_0\,\mu_{r,2}} \cos\alpha_1 + \frac{n_1}{\mu_0\,\mu_{r,1}} \cos\alpha_2}, \qquad (1.64)$$

$$\Longrightarrow \quad \text{mit } \mu_r \approx 1 \text{ überall:} \quad \left(\frac{\hat{E}_r}{\hat{E}_e}\right)_\parallel = r_\parallel = \frac{n_2 \cos\alpha_1 - n_1 \cos\alpha_2}{n_2 \cos\alpha_1 + n_1 \cos\alpha_2}, \qquad (1.65)$$

$$\text{und} \quad \left(\frac{\hat{E}_t}{\hat{E}_e}\right)_\parallel = t_\parallel = \frac{2\frac{n_1}{\mu_0\,\mu_{r,1}} \cos\alpha_1}{\frac{n_2}{\mu_0\,\mu_{r,2}} \cos\alpha_1 + \frac{n_1}{\mu_0\,\mu_{r,1}} \cos\alpha_2}, \qquad (1.66)$$

$$\Longrightarrow \quad \text{mit } \mu_r \approx 1 \text{ überall:} \quad \left(\frac{\hat{E}_t}{\hat{E}_e}\right)_\parallel = t_\parallel = \frac{2n_1 \cos\alpha_1}{n_2 \cos\alpha_1 + n_1 \cos\alpha_2}. \qquad (1.67)$$

Unter Berücksichtigung des Brechungsgesetzes können mit $n_2 = n_1 \cdot \sin\alpha_1/\sin\alpha_2$ aus den Gleichungen der Amplitudenfaktoren für $\mu_r \approx 1$ folgende Beziehungen hergeleitet werden, was hier nicht vorgeführt werden soll:

$$r_\perp = -\frac{\sin(\alpha_1 - \alpha_2)}{\sin(\alpha_1 + \alpha_2)} \quad , \quad t_\perp = \frac{2 \cdot \sin\alpha_2 \cdot \cos\alpha_1}{\sin(\alpha_1 + \alpha_2)}, \qquad (1.68)$$

$$r_\parallel = \frac{\tan(\alpha_1 - \alpha_2)}{\tan(\alpha_1 + \alpha_2)} \quad , \quad t_\parallel = \frac{2 \cdot \sin\alpha_2 \cdot \cos\alpha_1}{\sin(\alpha_1 + \alpha_2) \cdot \cos(\alpha_1 - \alpha_2)}. \qquad (1.69)$$

Abbildung 1.4 nach [HEC 03] zeigt die Abhängigkeit der Amplitudenreflexions- und der -transmissionskoeffiziten r und t vom Einfallswinkel. Es handelt sich um den Einfall vom optisch dünneren ins optische dichtere Medium ($n_1 < n_2$) - und zwar von Luft mit $n_1 = 1$ auf Glas mit $n_2 = 1,5$. Für einen bestimmten Einfallswinkel $\alpha_e \equiv \alpha_1 = \alpha_B$ mit $\alpha_B + \alpha_2 = 90°$, den so genannten Brewster-Winkel, ist der Amplitudenreflexionskoeffizient $r_\parallel = 0$; in diesem Fall gibt es keine reflektierte Welle, was oft zur Vermeidung von Reflexionen genutzt wird.

In Abb. 1.5 nach [HEC 03] sind nur die Amplituden*reflexions*koeffizienten in Abhängigkeit vom Einfallswinkel $\alpha_e \equiv \alpha_1$ für den Einfall vom optisch dichteren ins optische dünnere Medium ($n_1 > n_2$) aufgetragen - und zwar von Glas auf Luft. Ab einem bestimmten Einfallswinkel α_g, dem Grenzwinkel der Totalreflexion, ist der Amplitudenreflexionskoeffizient $r = 1$; in diesem Fall gibt es keine transmittierte/gebrochene Welle. Der Winkel α_B' stellt wieder einen Brewster-Winkel dar, der mit dem früheren folgendermaßen zusammenhängt:

$$\alpha_B + \alpha_B' = 90°. \qquad (1.70)$$

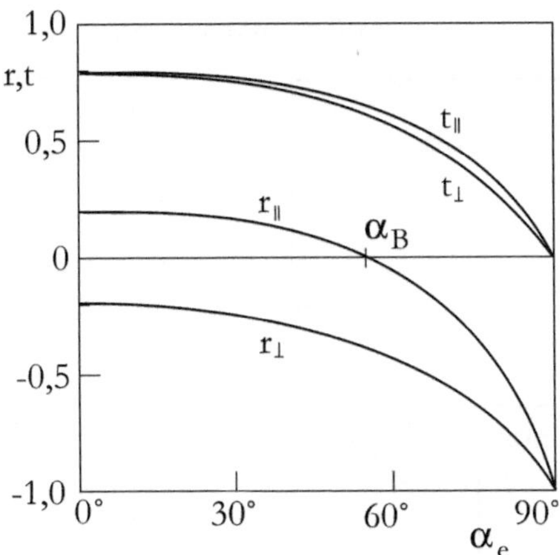

Abbildung 1.4.: Abhängigkeit der Amplitudenreflexions- und -transmissionskoeffizienten r und t vom Einfallswinkel $\alpha_e \equiv \alpha_1$ für den Fall des Einfalls vom optisch dünneren ins optische dichtere Medium ($n_1 < n_2$) - und zwar im Beispiel von Luft mit $n_1 = 1$ auf Glas mit $n_2 = 1,5$ nach [HEC 03]. α_B ist der Brewster-Winkel. Dass der Amplitudenreflexionskoeffizient negativ sein kann, ist eine Folge der bei der Reflexion auftretenden Phasensprünge

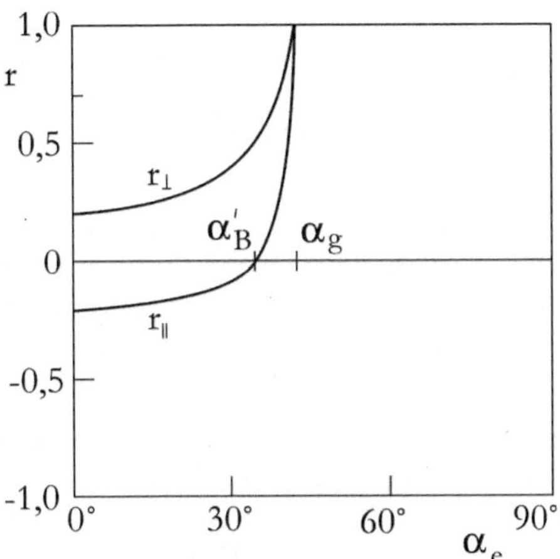

Abbildung 1.5.: Amplitudenreflexionskoeffizienten r in Abhängigkeit vom Einfallswinkel $\alpha_e \equiv \alpha_1$ für den Einfall vom optisch dichteren ins optische dünnere Medium ($n_1 > n_2$) - und zwar im Beispiel von Glas mit $n_1 = 1,5$ auf Luft mit $n_2 = 1$ nach [HEC 03]. α_g ist der Grenzwinkel der Totalreflexion. $\alpha'_B = 90° - \alpha_B$

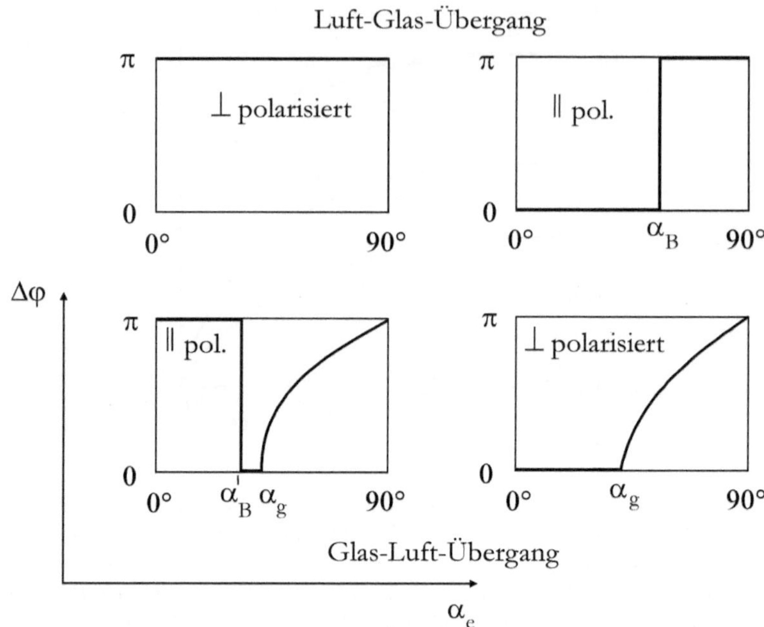

Abbildung 1.6.: Phasensprünge $\Delta\varphi$ bei der Reflexion einer Welle an einem Luft-Glas- beziehungsweise einem Glas-Luft-Übergang mit den Brechzahlen $n_{Luft} = 1$ und $n_{Glas} = 1,5$ für die beiden Polarisationsrichtungen senkrecht und parallel zur Einfallsebene nach [HEC 03]. Die Größen α_g und α_B beziehungsweise α_B' bezeichnen den Grenzwinkel der Totalreflexion, der nur beim Glas-Luft-Übergang existiert, und die beiden Brewsterwinkel; es gilt: $\alpha_B + \alpha_B' = 90°$

In Abb. 1.6 sind nach [HEC 03] die Phasensprünge $\Delta\varphi$ bei der Reflexion einer Welle an einem Luft-Glas- beziehungsweise einem Glas-Luft-Übergang mit den Brechzahlen $n_{Luft} = 1$ und $n_{Glas} = 1,5$ für die beiden Polarisationsrichtungen senkrecht und parallel zur Einfallsebene aufgetragen. Für den Fall $\alpha_e \geq \alpha_g$ wird der Kurvenverlauf im Unterkapitel 9.1 über Halbleiter-Wellenleitung durch Totalreflexion berechnet werden.

In den Abb. 1.7 und 1.8 nach [HEC 03] sind die Reflektivitäten $\mathcal{R}$ und die Transmissivitäten $\mathcal{T}$ (das sind Intensitätsreflexions- und -transmissionskoeffizienten) für die beiden Polarisationsrichtungen für den Einfall von Luft auf Glas in Abhängigkeit von dem Einfallswinkel $\alpha_e \equiv \alpha_1$ aufgetragen, wobei gilt [BOR 99]:

$$\mathcal{R} = |\,r\,|^2 \quad , \quad \mathcal{T} = \frac{n_2 \cos\alpha_2}{n_1 \cos\alpha_1}\,|\,t\,|^2 . \tag{1.71}$$

Hier wurde gleich die Betragsquadratschreibweise gewählt; denn die Amplitudenreflexions- und -transmissionskoeffizienten können komplexe Zahlen sein. Ohne Absorption gilt:

$$\mathcal{R} + \mathcal{T} = 1. \tag{1.72}$$

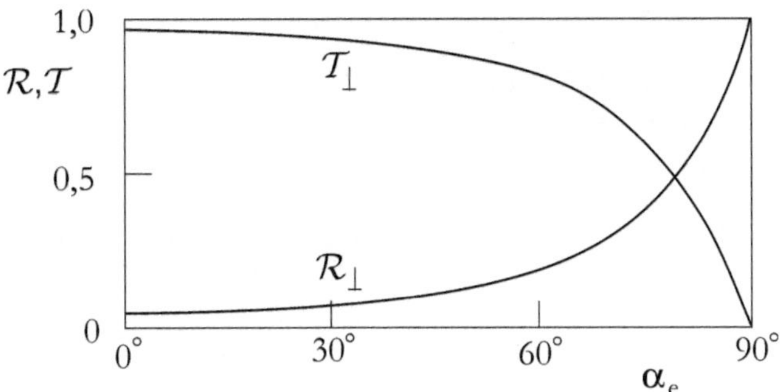

Abbildung 1.7.: Reflektivität $\mathcal{R}$ und Transmissivität $\mathcal{T}$ für den Einfall von Luft mit $n_1 = 1$ auf Glas mit $n_2 = 1,5$ in Abhängigkeit vom Einfallswinkel $\alpha_e \equiv \alpha_1$ für *senkrecht* zur Einfallsebene polarisiertes Licht nach [HEC 03]. Diese Abbildung ist mit Abb. 1.4 zu vergleichen

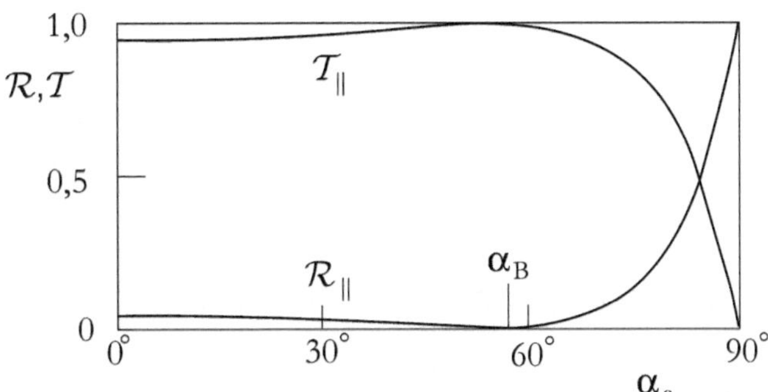

Abbildung 1.8.: Reflektivität $\mathcal{R}$ und Transmissivität $\mathcal{T}$ für den Einfall von Luft mit $n_1 = 1$ auf Glas mit $n_2 = 1,5$ in Abhängigkeit vom Einfallswinkel $\alpha_e \equiv \alpha_1$ für *parallel* zur Einfallsebene polarisiertes Licht nach [HEC 03]. Auch diese Abbildung ist mit Abb. 1.4 zu vergleichen

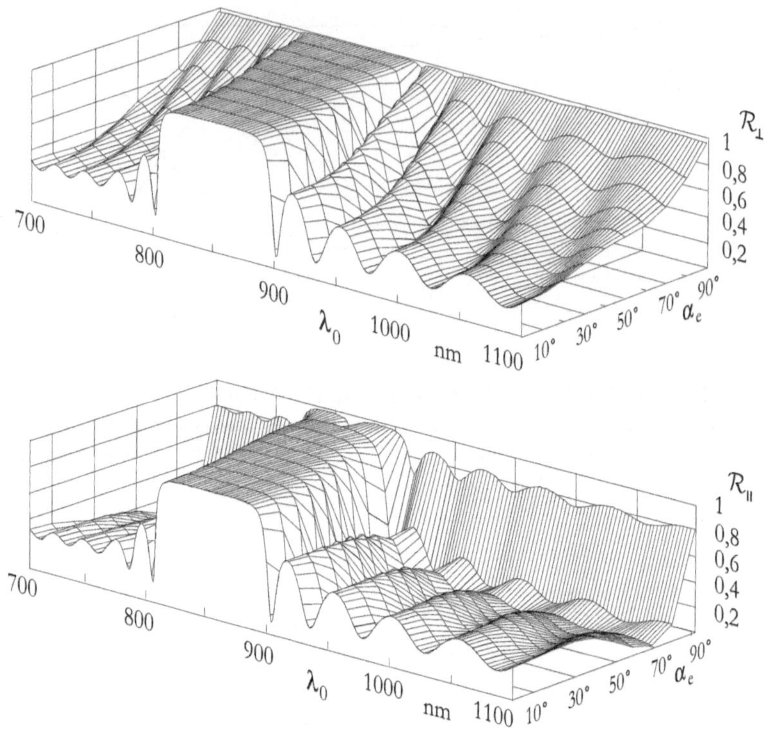

Abbildung 1.9.: Berechnete Reflektivität $\mathcal{R}$ einer $\lambda/4$-Vielschichtenfolge für die beiden Polarisationsrichtungen $\perp$ und $\parallel$ zur Einfallsebene in Abhängigkeit von der Vakuum-Wellenlänge λ_0 und dem Einfallswinkel $\alpha_e \equiv \alpha_1$. Die Schichtenfolge wird im Text angegeben

Oft ist der senkrechte Einfall ($\alpha_e = 0$) interessant; ohne Absorption gilt dann:

$$\mathcal{R} = \mathcal{R}_\parallel = \mathcal{R}_\perp = \left(\frac{n_2 - n_1}{n_2 + n_1}\right)^2 , \quad \mathcal{T} = \mathcal{T}_\parallel = \mathcal{T}_\perp = \frac{4n_2 n_1}{(n_2 + n_1)^2}. \tag{1.73}$$

Bei mehr als einer Grenzfläche wird die Situation kompliziert. Im Extremfall kann es sich um viele Grenzflächen handeln, die zum Beispiel durch Aufdampfen vieler Schichten erzeugt worden sind. Ein Spezialfall hiervon sind $\lambda/4$-Schichtpaarfolgen, die zum Beispiel als Verspiegelungsschichtstrukturen auf optische oder optoelektronische Elemente aufgebracht werden. Abbildung 1.9 zeigt die berechneten Gesamtintensitätsreflektivitäten $\mathcal{R}_\perp$ und $\mathcal{R}_\parallel$ einer typischen Schichtenfolge für die beiden Polarisationsrichtungen senkrecht und parallel zur Einfallsebene in Abhängigkeit von der Vakuum-Wellenlänge λ_0 und dem Einfallswinkel $\alpha_e \equiv \alpha_1$. (Bei der Folge handelt es sich um ein GaAs-Substrat und 20 Schichtenpaare aus - in dieser Reihenfolge - einer 71,1 nm dicken AlAs- und einer 60,4 nm starken $Al_{0,12}Ga_{0,88}$As-Schicht.) Die Abhängigkeit vom Einfallswinkel (bei Blick von rechts) zeigt dieselbe qualitative Abhängigkeit, wie wir sie schon aus den Abb. 1.7 und 1.8 kennen, nur dass die Gesamtreflektivitätswerte anders liegen, weil es sich hier um einen Übergang von Luft auf eine Halbleiterschichtenfolge mit Brechzahlen im Bereich um 3,5 handelt. - Für die Abhängigkeit von der Wellenlänge zeigt sich ein Bereich sehr hoher Reflektivität mit etwa 90 nm Breite ($\rightarrow$ dielektrische Spiegel).

1.4. Gaußsche Strahlenbündel/Wellen

Zunächst soll gezeigt werden, dass *reale* Wellen, wenn sie eine endliche Querausdehnung deutlich größer als die Wellenlänge haben, im freien Raum fast TEM-Wellen (transversal elektrisch und magnetisch) sind - aber nur fast. Das Folgende stellt eine grobe Abschätzung nach Verdeyen [VER 95] dar. Bei Zerlegung des Nabla-Operators in einen transversalen (Index $_{x,y}$) und einen longitudinalen (z-Koordinate) Anteil gilt nach der Maxwellschen Gl. (1.15) im quellenfreien Raum:

$$\vec{\nabla} \cdot \vec{E} = \vec{\nabla}_{x,y} \cdot \vec{E}_{x,y} + \frac{\partial}{\partial z} E_z = 0 \tag{1.74}$$

Die Hauptänderung des Feldes entlang der z-Richtung ergibt sich im materiefreien Raum aus dem Term $\exp\{-i(2\pi/\lambda_0)z\}$, so dass

$$\frac{\partial E_z}{\partial z} = -i\frac{2\pi}{\lambda_0} E_z. \tag{1.75}$$

Außerdem kann mit dem Durchmesser $D_{x,y}$ des Strahlenbündels abgeschätzt werden:

$$\vec{\nabla}_{x,y} \cdot \vec{E}_{x,y} \approx \frac{\text{max. Feldstärke}}{\text{Felddurchmesser}} = \frac{E_{x,y}}{D_{x,y}} \tag{1.76}$$

$$\text{wobei} \quad E_{x,y} = \sqrt{E_x^2 + E_y^2}. \tag{1.77}$$

So ergibt sich nach Gl. (1.74):

$$\frac{E_{x,y}}{D_{x,y}} \approx i\frac{2\pi}{\lambda_0} E_z \quad \Longrightarrow \quad |E_z| \approx \frac{\lambda_0}{2\pi D_{x,y}} |E_{x,y}|. \tag{1.78}$$

Mit $\lambda_0 = 633$ nm für rotes He-Ne-Laser-Licht und $D_{x,y} = 0,5$ mm folgt zum Beispiel $|E_z| / |E_{x,y}| \approx 1/5000$; das heißt, der Quotient $|E_z| / |E_{x,y}|$ ist sehr klein für sichtbare Wellenlängen und einigermaßen große Bündeldurchmesser. Die Annahme von TEM-Wellen für optische Strahlenbündel ist demnach meist gerechtfertigt. Wenn es sich aber um Lichtquerschnitte in der Größenordnung typischer Foki von einigen Mikrometern Durchmesser handelt, kann es sein, dass diese Annahmen nicht mehr gelten.

Oft sind Gaußsche Strahlenbündel (Wellen mit Wellenfronten, entlang derer die Amplitudenverteilung eine Gauß-Funktion darstellt - die Situation ist in Abb. 1.10 veranschaulicht) Lösungen der zeitunabhängigen Wellengleichung Gl. (1.24). Häufig wird ein Ansatz gewählt, der die Ausbreitung der Welle von der Amplitudenverteilung trennt [VER 95]:

$$E(x, y, z) = \hat{E} \cdot \varphi(x, y, z) \cdot \exp\{-ikz\}. \tag{1.79}$$

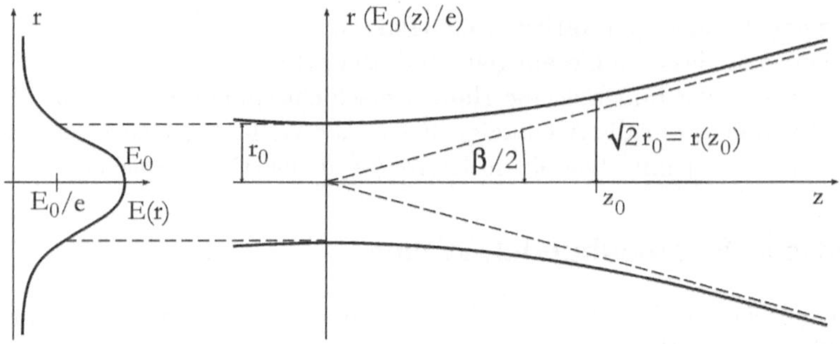

Abbildung 1.10.: Veranschaulichung der Begriffe Fleckradius und Strahltaille. Bei Betrachtung von „Fokuspunkten" gilt die geometrische Optik nicht mehr. Statt mathematischer Punkte existieren Strahltaillen. Je kleiner der Öffnungswinkel β, desto größer ist nach Gl. (1.81) der Radius r_0 der Strahltaille. Die Rayleigh-Länge z_0 wird im Text definiert

Der erste Term ist der Amplitudenfaktor zur Leistungsnormierung, der zweite die Abweichung von der „Ebenheit" der Welle; er ist auch z-abhängig, da sich die Amplitudenverteilung im Verlauf der Ausbreitung aufgrund möglicher Konvergenz oder Divergenz des Strahlenbündels noch ändern kann. Mit dem dritten Term, der die Ausbreitung beschreibt, wird implizit die Annahme einer ebenen Welle gemacht, das heißt einer Welle mit ebener Phasenfront und konstanter Amplitude entlang der Wellenfront. Nach Einsetzen dieses Ansatzes in die zeitunabhängige Wellengleichung und einer Rechnung in Zylinderkoordinaten $r = \sqrt{x^2 + y^2}$ und z, die hier nicht wiedergegeben werden soll, folgt:

$$\frac{E(r, z)}{\hat{E}} = \frac{1}{\sqrt{1 + \left(\frac{z}{z_0}\right)^2}} \cdot \exp\left\{-\frac{r^2}{r_0^2 \left[1 + \left(\frac{z}{z_0}\right)^2\right]}\right\}$$

$$\cdot \ \exp\left\{-i\left(kz - \arctan\frac{z}{z_0}\right)\right\} \cdot \exp\left\{-i\frac{kr^2}{2z\left[1 + \left(\frac{z_0}{z}\right)^2\right]}\right\} \tag{1.80}$$

$$\text{mit} \quad z_0 = \frac{\pi r_0^2}{\lambda} = \frac{2\pi}{\lambda} \cdot \frac{r_0^2}{2} = k\frac{r_0^2}{2} \quad \text{als Rayleigh-Länge}. \tag{1.81}$$

Die ersten beiden *Faktoren* bilden zusammen den Amplitudenfaktor der Lösung; darin stellt der Exponentialausdruck die Gauß-Funktion dar. Der zweite und der dritte *Exponentialausdruck* enthalten die Längsphase und die Radialphase. Damit gilt für $z = 0$ (da der Grenzwert des Radialphasenterms für $z \to 0$ Eins beträgt) und für $z = z_0$:

$$\frac{E(r, 0)}{\hat{E}} = 1 \cdot \exp\left\{-\frac{r^2}{r_0^2}\right\} \cdot 1 \cdot 1, \tag{1.82}$$

$$\frac{E(r, z_0)}{\hat{E}} = \frac{1}{2}\sqrt{2} \exp\left\{-\frac{r^2}{2r_0^2}\right\} \exp\left\{-i\left(kz_0 - \frac{\pi}{4}\right)\right\} \exp\left\{-i\frac{r^2}{2r_0^2}\right\}. \tag{1.83}$$

Der Fleckradius r_0 ist derjenige Radius, für den die Amplitude $\hat{E}$ des Felds auf $1/e$ abgefallen ist. Mit Gl. (1.82) für $z = 0$ wird deutlich, dass r_0 der minimale Fleckradius ist. Die Rayleigh-Länge z_0 ist eine Skalierungsgröße, für die der Fleckradius auf das $\sqrt{2}$-fache des Minimalwerts r_0 angewachsen ist. Der Winkel $\beta/2 = \lambda_0/(\pi r_0)$ in Abb. 1.10 ist der halbe Öffnungswinkel des Strahlenbündels.

Die Gln. (1.82) und (1.83) zeigen, dass sich die Strahlen des Bündels nicht in einem Punkt treffen; stattdessen existiert eine „Strahltaille" mit dem engsten Fleckradius > 0. Und je schwächer die Strahldivergenz, desto größer der minimale Fleckradius!

In dem Prinzip der Existenz einer Strahltaille ist implizit das Phänomen der Beugung enthalten.

2. Kirchhoffsches Beugungsintegral, Raumfrequenzen

Die Unterkapitel 2.2 bis 2.4 führen auf das Unterkapitel 2.5 mit seinen wichtigen Ergebnisse hin, sind aber stark theoretisch „angehaucht" und können beim (ersten) Lesen des Buches übersprungen werden. Sie wurden hier eingefügt, weil in keinem der gängigen Lehrbücher die Herleitungen komplett zu finden sind, wenn auch der gedankliche Faden dem Buch von Goodman [GOO 96] entstammt.

2.1. Von der skalaren zur vektoriellen Theorie, Helmholtz-Gleichung

Aus den Maxwellschen Gleichungen folgen für *lineare*[1], *homogene*[2], *isotrope*[3], *nicht-magnetische*[4] *und nicht-dispersive*[5] Medien die zeitabhängigen Wellengleichungen für das $\vec{E}$- und das $\vec{B}$-Feld der elektromagnetischen Welle:

$$\triangle \vec{E}(\vec{r},t) - \frac{n^2}{c^2}\frac{\partial^2}{\partial t^2}\vec{E}(\vec{r},t) \;=\; 0, \tag{2.1}$$

$$\triangle \vec{B}(\vec{r},t) - \frac{n^2}{c^2}\frac{\partial^2}{\partial t^2}\vec{B}(\vec{r},t) \;=\; 0 \tag{2.2}$$

mit dem Laplace-Operator $\triangle$, dem Ortsvektor $\vec{r}$, der Zeit t, der Vakuum-Lichtgeschwindigkeit c und der Brechzahl n. Für *solche* Medien gilt die Wellengleichung auch für jede einzelne Komponente mit dem Index $_i$ ($i \in \{x,y,z\}$) der elektrischen und magnetischen Feldstärke:

$$\triangle E_i(\vec{r},t) - \frac{n^2}{c^2}\frac{\partial^2}{\partial t^2}E_i(\vec{r},t) \;=\; 0, \tag{2.3}$$

$$\triangle B_i(\vec{r},t) - \frac{n^2}{c^2}\frac{\partial^2}{\partial t^2}B_i(\vec{r},t) \;=\; 0. \tag{2.4}$$

Das heißt, das Verhalten der Komponenten wird durch eine *skalare* Wellengleichung vollständig beschrieben. In diesem Fall ist die skalare Wellengleichung nicht nur eine Näherung, sondern exakt zutreffend.

Wenn aber *zum Beispiel die Homogenität nicht* gegeben ist, kann die skalare Wellengleichung bestenfalls nur eine Näherung sein. In diesem Beispiel der Inhomogenität ist

---

[1] keine Veränderungen der optischen Eigenschaften durch das elektromagnetische Feld
[2] Gleichverteilung des Materials und seiner Eigenschaften im betrachteten Probenvolumen
[3] Gleichheit der optischen Eigenschaften in allen Raumrichtungen
[4] Permeabilitätszahl $\mu_r \approx 1$
[5] Brechzahl *un*abhängig von der Frequenz und Wellenlänge des elektromagnetischen Felds

folgende Wellengleichung anzuwenden [TAM 95]:

$$\triangle \vec{E}(\vec{r},t) + 2\vec{\nabla}\left(\vec{E}\cdot\vec{\nabla}\ln\sqrt{\epsilon_r(\vec{r})}\right) - \frac{n^2}{c^2}\frac{\partial^2}{\partial t^2}\vec{E}(\vec{r},t) = 0 \tag{2.5}$$

mit der hier skalaren und ortsabhängigen Dielektrizitätszahl $\epsilon_r(\vec{r})$; diese Gleichung soll kurz hergeleitet werden. Im quellenfreien ($\varrho = 0$, $\jmath = 0$) unmagnetischen ($\mu_r \approx 1$) Raum gilt wegen dreier der vier Maxwellschen Gleichungen:

$$\vec{\nabla} \times \vec{B} = \frac{\partial(\mu_0\epsilon_0\epsilon_r\vec{E})}{\partial t}, \tag{2.6}$$

$$\vec{\nabla} \times \vec{E} = -\frac{\partial \vec{B}}{\partial t}, \tag{2.7}$$

$$\vec{\nabla} \cdot (\epsilon_0\epsilon_r\vec{E}) = \vec{E}\cdot\vec{\nabla}(\epsilon_0\epsilon_r) + \epsilon_0\epsilon_r\vec{\nabla}\cdot\vec{E} = 0 \tag{2.8}$$

$$\implies \vec{\nabla} \cdot \vec{E} = -\frac{1}{\epsilon_0\epsilon_r}\vec{E}\cdot\vec{\nabla}(\epsilon_0\epsilon_r). \tag{2.9}$$

Hierbei sind ϵ_0 und μ_0 wieder die Dielektrizitäts- und die Permeabilitätskonstante. Anwendung des Rotationsoperators auf Gl. (2.7) ergibt:

$$\vec{\nabla} \times (\vec{\nabla} \times \vec{E}) = \vec{\nabla}(\vec{\nabla}\cdot\vec{E}) - \triangle\vec{E} = -\frac{\partial}{\partial t}\vec{\nabla}\times\vec{B}$$

$$= -\frac{\partial}{\partial t}\left(\frac{\partial(\mu_0\epsilon_0\epsilon_r\vec{E})}{\partial t}\right) = -\mu_0\epsilon_0\epsilon_r\frac{\partial^2}{\partial t^2}\vec{E} = -\frac{n^2}{c^2}\frac{\partial^2}{\partial t^2}\vec{E} \tag{2.10}$$

$$\implies \triangle\vec{E} - \frac{n^2}{c^2}\frac{\partial^2}{\partial t^2}\vec{E} = \vec{\nabla}(\vec{\nabla}\cdot\vec{E}) = \vec{\nabla}\left(-\frac{1}{\epsilon_0\epsilon_r}\vec{E}\cdot\vec{\nabla}(\epsilon_0\epsilon_r)\right)$$

$$= \vec{\nabla}\left(-\frac{1}{\epsilon_r}\vec{E}\cdot\vec{\nabla}\epsilon_r\right) = \vec{\nabla}\left(-\vec{E}\cdot\frac{1}{\epsilon_r}\vec{\nabla}\epsilon_r\right). \tag{2.11}$$

Wegen $\int(\frac{df(x)}{dx}/f(x))\,dx = \ln|f(x)|$ [BRO 97] ist

$$\vec{\nabla}\ln\sqrt{\epsilon_r} = \frac{\frac{1}{2}(\sqrt{\epsilon_r})^{-1}}{\sqrt{\epsilon_r}}\vec{\nabla}\epsilon_r = \frac{1}{2\epsilon_r}\vec{\nabla}\epsilon_r, \tag{2.12}$$

und aus Gl. (2.11) folgt weiter:

$$\triangle\vec{E}(\vec{r},t) + 2\vec{\nabla}\left(\vec{E}\cdot\vec{\nabla}\ln\sqrt{\epsilon_r(\vec{r})}\right) - \frac{n^2}{c^2}\frac{\partial^2}{\partial t^2}\vec{E}(\vec{r},t) = 0, \tag{2.13}$$

was zu beweisen war. Im mittleren Term werden die drei Komponenten von $\vec{E}$ miteinander verknüpft; die skalare Wellengleichung reicht also nicht zur Beschreibung. Für die weiteren Betrachtungen soll im Normalfall aber von *linearen, homogenen, isotropen und nicht-magnetischen* Medien ausgegangen werden.

Bei Einsetzen eines Ansatzes mit harmonischer Zeitabhängigkeit $\exp\{i\omega t\}$ kann letztere abgespalten werden und es ergibt sich zum Beispiel für die Komponenten des $\vec{E}$-Felds die zeit*un*abhängige Wellengleichung, auch Helmholtz-Gleichung genannt:

$$\triangle E_i(\vec{r}) + k^2 E_i(\vec{r}) = 0 \quad \text{mit} \quad k = \mid \vec{k} \mid = \frac{2\pi}{\lambda_0} n \,. \tag{2.14}$$

2.2. Greensches Theorem, Helmholtz-Kirchhoff-Integraltheorem

Das Greensche Theorem kann als Hilfsmittel für zahlreiche Integralberechnungen herangezogen werden. In der skalaren Beugungstheorie, die wir hier gerade in Angriff nehmen, ist es ein fundamentales Werkzeug. Das Theorem besagt: wenn $E_i(\vec{r})$ als Feld und $G_F(\vec{r})$ als Hilfsfunktion komplexwertige Funktionen sind, wenn $A = A(V)$ eine geschlossene Oberfläche um ein Volumen V ist und wenn $\vec{\hat{n}}_\perp$ für die Einheits-Normalenvektoren (Einheitsvektoren senkrecht) auf die Fläche A steht, kann folgender Zusammenhang hergestellt werden:

$$\int\limits_V (E_i \cdot \triangle G_F - G_F \cdot \triangle E_i) \, dV = \oint\limits_{A(V)} \left(E_i \cdot \frac{\partial G_F}{\partial \vec{\hat{n}}_\perp} - G_F \cdot \frac{\partial E_i}{\partial \vec{\hat{n}}_\perp} \right) \, dA \tag{2.15}$$

wieder mit dem Laplace-Operator $\triangle$. Die partiellen Ableitungen stellen Ableitungen der Funktionen entlang der Normalen auf die Oberfläche nach außen dar. Die Wahl einer geeigneten Hilfsfunktion G_F, die Green-Funktion genannt wird, und einer geeigneten Integrationsfläche beziehungsweise eines geeigneten Integrationsvolumens ist für die erfolgreiche Nutzung des Theorems wichtig.

Die so genannte Kirchhoffsche Beugungstheorie basiert auf dem Integraltheorem nach Helmholtz und Kirchhoff. Es drückt die Lösung der Helmholtz-Wellengleichung an einem beliebigen Beobachtungspunkt P_0 (mit dem Ortsvektor $\vec{r}_0$) über die Werte der Lösung und ihrer Ableitung auf einer geschlossenen Fläche A um den Punkt herum aus. Als *Kirchhoffsche Freiraum-Green-Funktion* wird häufig eine in der Amplitude auf Eins normierte *Kugelwelle* um P_0 als Kugelmittelpunkt gewählt, was auch hier geschehen soll. Mit P_1 als einem bestimmten, aber beliebigen (bei der Integration variierenden) Punkt auf der Kugeloberfläche mit dem Ortsvektor $\vec{r}_1$ und $\vec{r}_{01} = \vec{r}_1 - \vec{r}_0$ sowie $r_{01} = \mid \vec{r}_{01} \mid$ hat die Greensche Funktion am Punkt P_1 den Wert

$$G_F(P_1) = \frac{\exp\{ik_0 n r_{01}\}}{r_{01}} \,. \tag{2.16}$$

Auch die Green-Funktion gehorcht der Helmholtz-Gleichung mit der Materialbrechzahl n; also gilt:

$$\triangle E_i + k_0^2 n^2 E_i = 0 \,, \quad \triangle G_F(\vec{r}) + k_0^2 n^2 G_F(\vec{r}) = 0 \,. \tag{2.17}$$

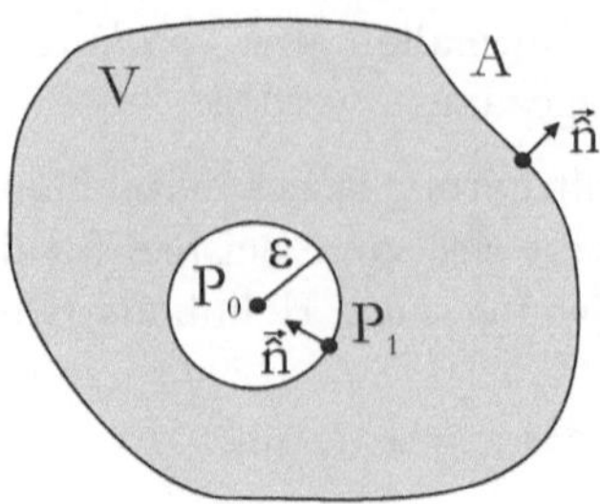

Abbildung 2.1.: Zweidimensionale Skizze zur relativen Lage von Beobachtungspunkt P_0 und verwendeter kugelförmiger Green-Funktion G_F

Bei der Integration im Greenschen Theorem mit einer Kugelwelle um P_0 als Green-Funktion existiert bei P_0 eine problematische Polstelle. Daher wird ein Trick angewendet: eine kleine Kugel um P_0 wird bei der Integration ausgespart - wie in Abb. 2.1 angedeutet - und der Radius ε dieser kleinen Kugel wird immer weiter verkleinert. Aus der Helmholtz-Gleichung ergibt sich mit Blick auf das Volumenintegral im Greenschen Theorem (2.15) bei Integration über das Volumen $V-V_{klKugel}$ (entsprechend der Oberfläche $A+A_{klKugel}$):

$$\int\limits_{V-V_{klKugel}} (E_i \triangle G_F - G_F \triangle E_i)\, dV = -\int\limits_{V-V_{klKugel}} \left(E_i G_F \cdot k_0^2 n^2 - G_F E_i \cdot k_0^2 n^2\right) dV$$

$$= -\int\limits_{V-V_{klKugel}} 0\, dV = 0. \tag{2.18}$$

Daraus folgt mit dem Greenschen Theorem selbst, dass auch das Flächenintegral verschwinden muss:

$$\int\limits_{A+A_{klKugel}} \left(E_i \frac{\partial G_F}{\partial \vec{\hat{n}}_\perp} - G_F \frac{\partial E_i}{\partial \vec{\hat{n}}_\perp}\right) dA = 0. \tag{2.19}$$

Bei Aufteilung der Integrationsfläche nach Abb. 2.1 folgt weiter:

$$\oint\limits_{A} \left(E_i \frac{\partial G_F}{\partial \vec{\hat{n}}_\perp} - G_F \frac{\partial E_i}{\partial \vec{\hat{n}}_\perp}\right) dA + \oint\limits_{A_{klKugel}} \left(E_i \frac{\partial G_F}{\partial \vec{\hat{n}}_\perp} - G_F \frac{\partial E_i}{\partial \vec{\hat{n}}_\perp}\right) dA = 0. \tag{2.20}$$

$$\implies -\oint\limits_{A_{klKugel}} \left(E_i \frac{\partial G_F}{\partial \vec{\hat{n}}_\perp} - G_F \frac{\partial E_i}{\partial \vec{\hat{n}}_\perp}\right) dA = \oint\limits_{A} \left(E_i \frac{\partial G_F}{\partial \vec{\hat{n}}_\perp} - G_F \frac{\partial E_i}{\partial \vec{\hat{n}}_\perp}\right) dA \tag{2.21}$$

Nach der Quotientenregel der Differenziation gilt mit Gl. (2.16):

$$\frac{\partial G_F(P_1)}{\partial \vec{\hat{n}}_\perp} = \cos(\vec{\hat{n}}_\perp, \vec{r}_{01}) \cdot \left(ik_0 n - \frac{1}{r_{01}}\right) \cdot G_F(P_1)$$

$$= \cos(\vec{\hat{n}}_\perp, \vec{r}_{01}) \cdot \left(ik_0 n - \frac{1}{r_{01}}\right) \cdot \frac{\exp\{ik_0 n r_{01}\}}{r_{01}} \tag{2.22}$$

mit einem Richtungskosinus, der bei der Differenziation längs des Normalenvektors auftaucht. Da aber bei der Volumenintegration gerade die kleine Kugel ausgespart wird und daher der Normalenvektor bei der Integration über die Oberfläche der kleinen Kugel nach innen weist, während $\vec{r}_{01}$ von P_0 nach außen zeigt, gilt:

$$\cos(\hat{\vec{n}}_\perp, \vec{r}_{01}) = -1. \tag{2.23}$$

Wenn der Radius der kleinen Kugel weiter verkleinert wird (in diesem Grenzübergang ε genannt), lässt sich schreiben:

$$
\begin{aligned}
\lim_{\varepsilon \to 0} \oint_{A_{klKugel}} & \left(E_i \frac{\partial G_F}{\partial \hat{\vec{n}}_\perp} - G_F \frac{\partial E_i}{\partial \hat{\vec{n}}_\perp} \right) dA \\
&= \lim_{\varepsilon \to 0} 4\pi\varepsilon^2 \left(-E_i \left(ik_0 n - \frac{1}{\varepsilon} \right) \frac{\exp\{ik_0 n\varepsilon\}}{\varepsilon} - \frac{\exp\{ik_0 n\varepsilon\}}{\varepsilon} \frac{\partial E_i}{\partial \hat{\vec{n}}_\perp} \right) \\
&= 4\pi E_i(P_0).
\end{aligned}
\tag{2.24}
$$

Durch den Grenzübergang ist es möglich, die Polstelle bei P_0 bei der Integration auszuschließen. Mit Gl. (2.21) folgt das Helmholtz-Kirchhoffsche Integraltheorem:[6]

$$
\begin{aligned}
-4\pi E_i(P_0) &= \oint_A \left(E_i \frac{\partial G_F}{\partial \hat{\vec{n}}_\perp} - G_F \frac{\partial E_i}{\partial \hat{\vec{n}}_\perp} \right) dA, \tag{2.25} \\
\implies E_i(P_0) &= \frac{1}{4\pi} \oint_A \left(G_F \frac{\partial E_i}{\partial \hat{\vec{n}}_\perp} - E_i \frac{\partial G_F}{\partial \hat{\vec{n}}_\perp} \right) dA, \tag{2.26} \\
&= \frac{1}{4\pi} \oint_A \left(\frac{\exp\{ik_0 n r_{01}\}}{r_{01}} \frac{\partial E_i}{\partial \hat{\vec{n}}_\perp} - E_i \frac{\partial}{\partial \hat{\vec{n}}_\perp} \left(\frac{\exp\{ik_0 n r_{01}\}}{r_{01}} \right) \right) dA,
\end{aligned}
$$

$$\tag{2.27}$$

2.3. Sommerfeldsche Strahlungsbedingung

Das Helmholtz-Kirchhoffsche Integraltheorem wird auf die Beugung an einem Hindernis nach Abb. 2.2 angewendet. Statt des Symbols E_i wird nun das einfachere Symbol E für eine Feldkomponente (ein skalares Feld) verwendet, und der Kreis am Integralsymbol für ein geschlossenes Integral wird der Einfachheit halber weggelassen:

$$
\begin{aligned}
E(P_0) &= \frac{1}{4\pi} \int_A \left(G_F \frac{\partial E}{\partial \hat{\vec{n}}_\perp} - E \frac{\partial G_F}{\partial \hat{\vec{n}}_\perp} \right) dA, \tag{2.28} \\
G_F(P_0) &= \frac{\exp\{ik_0 n r_{01}\}}{r_{01}}, \tag{2.29}
\end{aligned}
$$

---

[6]Ab jetzt steht der Ausdruck r_{01} nicht mehr speziell für den Radius der kleinen Kugel bei derjenigen Integration, die nur einmalig im Grenzübergang ($r_{01} \to \varepsilon \to 0$) durchgeführt wurde, um die Polstelle zu vermeiden; die Integration kann nun über beliebige Flächen A ausgeführt werden.

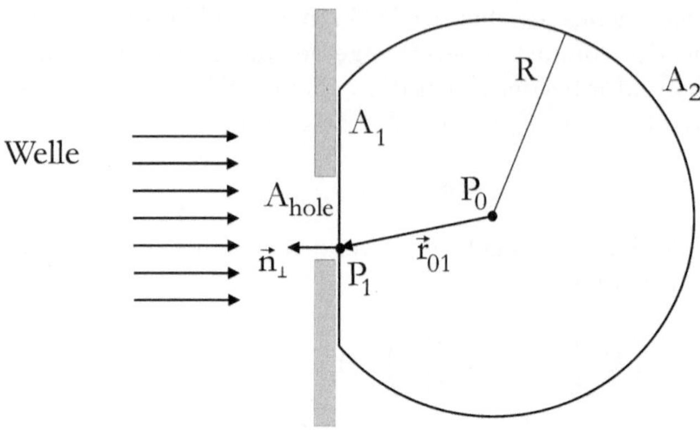

Abbildung 2.2.: Skizze in Seitenansicht zum Einfall einer Welle auf eine Blende

$$\implies E(P_0) \;=\; \frac{1}{4\pi} \int\limits_{A=A_1+A_2} \left(\frac{\exp\{ik_0 n r_{01}\}}{r_{01}} \frac{\partial E}{\partial \hat{\vec{n}}_\perp} - E \frac{\partial}{\partial \hat{\vec{n}}_\perp} \left(\frac{\exp\{ik_0 n r_{01}\}}{r_{01}} \right) \right) dA.$$

$$(2.30)$$

Der in Abb. 2.2 skizzierte Radius r_{01} werde nun (für wachsendes r_{01}) mit R bezeichnet. Die Funktionen E und G_F fallen zwar mit $1/R$ bei wachsendem R ab; dennoch muss näher betrachtet werden, ob und wann die Teiloberfläche A_2 aus Abb. 2.2 zur Integration beiträgt; denn A_2 nimmt mit R wie R^2 zu. Auf der Oberfläche A_2 gilt:

$$G_F \;=\; \frac{\exp\{ik_0 n R\}}{R}, \tag{2.31}$$

$$\implies \frac{\partial G_F}{\partial \hat{\vec{n}}_\perp} \;=\; + \left(ik_0 n - \frac{1}{R} \right) \cdot \frac{\exp\{ik_0 n R\}}{R}. \tag{2.32}$$

Für großes R ist: $\quad \dfrac{\partial G_F}{\partial \hat{\vec{n}}_\perp} \;\approx\; ik_0 n \dfrac{\exp\{ik_0 n R\}}{R} = ik_0 n G_F. \tag{2.33}$

Wegen $dA = R^2 \cdot d\Omega$ mit dem Raumwinkel Ω folgt weiter:

$$\int\limits_{A_2} \left(G_F \frac{\partial E}{\partial \hat{\vec{n}}_\perp} - E \cdot (ik_0 n G_F) \right) dA \;=\; \int\limits_{\Omega'} G_F \cdot \left(\frac{\partial E}{\partial \hat{\vec{n}}_\perp} - ik_0 n E \right) \cdot R^2 \, d\Omega$$

$$=\; \int\limits_{\Omega'} G_F R \cdot \left(\left(\frac{\partial E}{\partial \hat{\vec{n}}_\perp} - ik_0 n E \right) \cdot R \right) d\Omega. \tag{2.34}$$

Da G_F bei zunehmendem R mit $1/R$ gegen Null geht, bleibt das Produkt $G_F \cdot R$ dabei konstant. Der Betrag des Oberflächenintegrals über A_2 verschwindet daher, wenn

$$\lim_{R \to \infty} \left(\left(\frac{\partial E}{\partial \vec{\hat{n}}_\perp} - ik_0 nE \right) \cdot R \right) = 0. \tag{2.35}$$

Dies ist die Sommerfeldsche Strahlungsbedingung. Sie ist erfüllt, wenn es nur um auslaufende Wellen geht und wenn E mindestens so schnell wie bei einer auslaufenden Kugelwelle abnimmt.

2.4. Fresnel-Kirchhoffsche Beugungsgleichung

Wenn also die Sommerfeldsche Strahlungsbedingung erfüllt ist, kann die Integration über die Fläche A_2 aus Abb. 2.2 und Gl. (2.34) weggelassen werden. Dann gilt mit Gl. (2.28):

$$E(P_0) = \frac{1}{4\pi} \int_{A_1} \left(G_F \frac{\partial E}{\partial \vec{\hat{n}}_\perp} - E \frac{\partial G_F}{\partial \vec{\hat{n}}_\perp} \right) dA. \tag{2.36}$$

A_1 ist die Fläche, die die Kugel mit dem Radius R in der Ebene mit der beugenden Öffnung abdeckt; A_{hole} soll die Fläche der Öffnung selbst bezeichnen. Nach Kirchhoff werden folgende Randbedingungen als Annahmen vorgegeben:

- Über die Fläche A_{hole} sind E und $\partial E / \partial \vec{\hat{n}}_\perp$ exakt gleich den Funktionen, die sie ohne das Hindernis wären. (Das Hindernis darf zum Beispiel nicht elektrisch aufgeladen sein.)

- Im Bereich von A_1, aber außerhalb von A_{hole} sind E und $\partial E / \partial \vec{\hat{n}}_\perp$ identisch Null.

Mit diesen Randbedingungen muss nur über die Öffnung selbst integriert werden:

$$E(P_0) = \frac{1}{4\pi} \int_{A_{hole}} \left(G_F \frac{\partial E}{\partial \vec{\hat{n}}_\perp} - E \frac{\partial G_F}{\partial \vec{\hat{n}}_\perp} \right) dA. \tag{2.37}$$

Wenn der Beobachtungspunkt viele Wellenlängen von der beugenden Öffnung entfernt liegt, wenn also

$$k_0 n = \frac{2\pi}{\lambda_0} n \gg \frac{1}{r_{01}}, \tag{2.38}$$

gilt mit den Gln. (2.22) und (2.37):

$$\frac{\partial G_F(P_1)}{\partial \vec{\hat{n}}_\perp} = \cos(\vec{\hat{n}}_\perp, \vec{r}_{01}) \cdot \left(ik_0 n - \frac{1}{r_{01}} \right) \cdot \frac{\exp\{ik_0 nr_{01}\}}{r_{01}}$$

$$\approx ik_0 n \cdot \cos(\vec{\hat{n}}_\perp, \vec{r}_{01}) \cdot \frac{\exp\{ik_0 nr_{01}\}}{r_{01}} \quad \text{für } r_{01} \to \infty; \tag{2.39}$$

$$\implies E(P_0) = \frac{1}{4\pi} \int_{A_{hole}} \frac{\exp\{ik_0 nr_{01}\}}{r_{01}} \cdot \left(\frac{\partial E(P_1)}{\partial \vec{\hat{n}}_\perp} - ik_0 nE(P_1) \cdot \cos(\vec{\hat{n}}_\perp, \vec{r}_{01}) \right) dA. \tag{2.40}$$

2. Kirchhoffsches Beugungsintegral, Raumfrequenzen

Bisher haben wir uns nur um die prinzipielle Schreibweise der Ausdrücke hinter dem
Hindernis (hinter der Blende) gekümmert, ohne die *Form* der Welle E anzugeben. Nun
sei die einfallende Welle als *kugelförmig* angenommen (zur Notation siehe Abb. 2.3):

$$E(P_1) \;=\; \hat{E} \cdot \frac{\exp\{ik_0 n r_{21}\}}{r_{21}} \tag{2.41}$$

$$\frac{\partial E(P_1)}{\partial \vec{\hat{n}}_\perp} \;=\; \hat{E} \cdot \cos(\vec{\hat{n}}_\perp, \vec{r}_{21}) \cdot \exp\{ik_0 n r_{21}\} \cdot \left(i\frac{2\pi}{\lambda_0} n \frac{1}{r_{21}} - \frac{1}{r_{21}^2} \right). \tag{2.42}$$

Für $r_{21} \gg \lambda_0$ gilt:

$$\frac{\partial E(P_1)}{\partial \vec{\hat{n}}_\perp} \approx i\frac{2\pi}{\lambda_0} n \frac{1}{r_{21}} \hat{E} \cdot \cos(\vec{\hat{n}}_\perp, \vec{r}_{21}) \cdot \exp\{ik_0 n r_{21}\}. \tag{2.43}$$

Mit Gl. (2.40) und $i = i^2/i = -1/i$ folgt weiter:

$$
\begin{aligned}
E(P_0) \;&=\; \frac{1}{4\pi} \int_{A_{hole}} \frac{\exp\{ik_0 n r_{01}\}}{r_{01}} \cdot \left(\frac{\partial E(P_1)}{\partial \vec{\hat{n}}_\perp} - ik_0 n E(P_1) \cdot \cos(\vec{\hat{n}}_\perp, \vec{r}_{01}) \right) dA \\[2mm]
&=\; \frac{1}{2 \cdot 2\pi} \int_{A_{hole}} \frac{\exp\{ik_0 n r_{01}\}}{r_{01}} \cdot \\[2mm]
&\quad\; \cdot \left(i\frac{2\pi}{\lambda_0} n \frac{\hat{E}}{r_{21}} \cos(\vec{\hat{n}}_\perp, \vec{r}_{21}) \exp\{ik_0 n r_{21}\} - i\frac{2\pi}{\lambda_0} n \hat{E} \frac{\exp\{ik_0 n r_{21}\}}{r_{21}} \cos(\vec{\hat{n}}_\perp, \vec{r}_{01}) \right) dA \\[2mm]
&=\; \frac{\hat{E} n}{i\lambda_0} \int_{A_{hole}} \frac{\exp\{ik_0 n r_{01}\} \exp\{ik_0 n r_{21}\}}{r_{01} r_{21}} \cdot \frac{\cos(\vec{\hat{n}}_\perp, \vec{r}_{01}) - \cos(\vec{\hat{n}}_\perp, \vec{r}_{21})}{2} dA \tag{2.44} \\[2mm]
&=\; \int_{A_{hole}} E'(P_1) \cdot \frac{\exp\{ik_0 n r_{01}\}}{r_{01}} dA \tag{2.45}
\end{aligned}
$$

$$\text{mit} \quad E'(P_1) = \frac{n}{i\lambda_0} \cdot \hat{E} \frac{\exp\{ik_0 n r_{21}\}}{r_{21}} \cdot \frac{\cos(\vec{\hat{n}}_\perp, \vec{r}_{01}) - \cos(\vec{\hat{n}}_\perp, \vec{r}_{21})}{2}. \tag{2.46}$$

Dieses Ergebnis, das ja für den Fall einer einfallenden *Kugel*welle hergeleitet wurde, wird
Fresnel-Kirchhoffsche Beugungsgleichung genannt.

Bei Beleuchtung mit einer achsparallelen (senkrecht auf das Hindernis einfallenden) *ebenen* Welle sieht der letzte Teil der Herleitung (analog ab Gl. (2.41)) noch einfacher aus;
auch dabei bleibt die Greensche Funktion eine auf Eins normierte Kugelwelle:

$$E(P_1) \;=\; \hat{E} \exp\{ik_0 n r_{21}\}, \tag{2.47}$$

$$\cos(\vec{\hat{n}}_\perp, \vec{r}_{21}) \;=\; -1, \tag{2.48}$$

$$\frac{\partial E(P_1)}{\partial \vec{\hat{n}}_\perp} \;=\; -\hat{E} \cdot i\frac{2\pi}{\lambda_0} n \cdot \exp\{ik_0 n r_{21}\}. \tag{2.49}$$

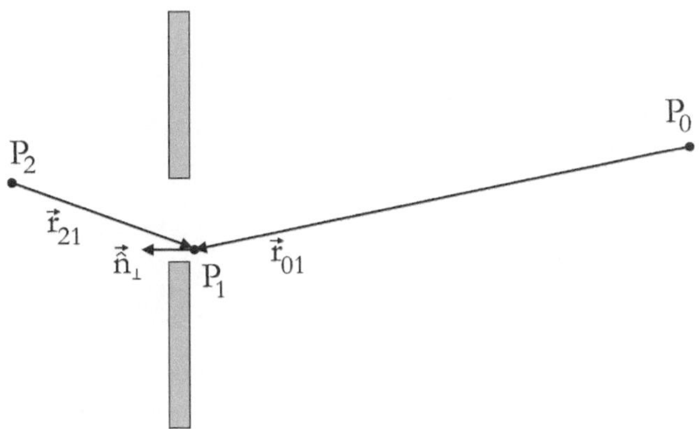

Abbildung 2.3.: Zweidimensionale Skizze zum Einfall einer Kugelwelle auf eine Blende als Hindernis

$$\implies E(P_0) \;=\; \frac{1}{4\pi} \int\limits_{A_{hole}} \frac{\exp\{ik_0 n r_{01}\}}{r_{01}} \cdot \left(\frac{\partial E(P_1)}{\partial \hat{\vec{n}}_{\perp}} - ik_0 n E(P_1) \cdot \cos(\hat{\vec{n}}_{\perp}, \vec{r}_{01}) \right) dA$$

$$= \; \frac{1}{2 \cdot 2\pi} \int\limits_{A_{hole}} \frac{\exp\{ik_0 n r_{01}\}}{r_{01}} \cdot$$

$$\cdot \; \left(-i\frac{2\pi}{\lambda_0} n \hat{E} \exp\{ik_0 n r_{21}\} - i\frac{2\pi}{\lambda_0} n \hat{E} \exp\{ik_0 n r_{21}\} \cos(\hat{\vec{n}}_{\perp}, \vec{r}_{01}) \right) dA$$

$$= \; \frac{\hat{E} n}{i\lambda_0} \int\limits_{A_{hole}} \frac{\exp\{ik_0 n r_{01}\} \cdot \exp\{ik_0 n r_{21}\}}{r_{01}} \cdot \frac{1 + \cos(\hat{\vec{n}}_{\perp}, \vec{r}_{01})}{2} \, dA \qquad (2.50)$$

$$= \; \int\limits_{A_{hole}} E'(P_1) \cdot \frac{\exp\{ik_0 n r_{01}\}}{r_{01}} \, dA \qquad (2.51)$$

$$= \; \frac{\hat{E} n}{i\lambda_0} \int\limits_{A_{hole}} E''(P_1) \cdot \frac{\exp\{ik_0 n r_{01}\}}{r_{01}} \, dA \qquad (2.52)$$

$$\text{mit} \quad E'(P_1) \;=\; \frac{n}{i\lambda_0} \cdot \hat{E} \cdot \exp\{ik_0 n r_{21}\} \cdot \frac{1 + \cos(\hat{\vec{n}}_{\perp}, \vec{r}_{01})}{2} = \frac{n}{i\lambda_0} \cdot \hat{E} \cdot E''(P_1), \quad (2.53)$$

$$E''(P_1) \;=\; \exp\{ik_0 n r_{21}\} \cdot \frac{1 + \cos(\hat{\vec{n}}_{\perp}, \vec{r}_{01})}{2}. \qquad (2.54)$$

2.5. Feldverteilung im Fernfeld

Wie folgt weiter, dass die Verteilung des elektrischen Felds einer elektromagnetischen Welle in einer Beobachtungsebene $(\tilde{x}, \tilde{y})$ in weitem Abstand hinter einer Objektfeldver-

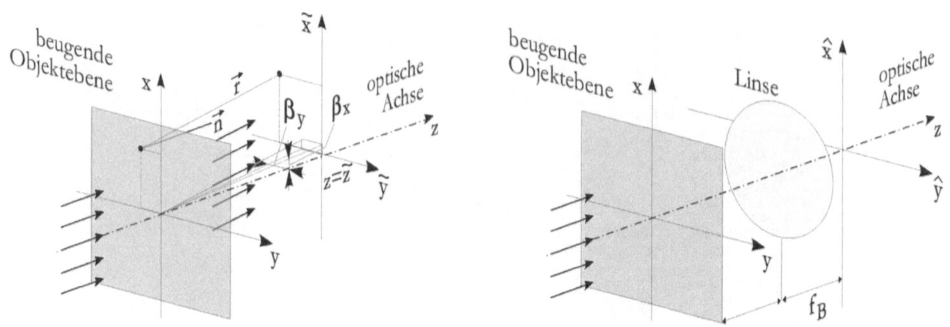

Abbildung 2.4.: Skizze zur Definition der Ebenen und Größen

teilung die Fourier-Transformierte der Feldverteilung in der Ebene (x, y) des Objekts ist? Und wo kommt der Begriff Raumfrequenz ins Spiel? Wir beginnen mit der Fresnel-Kirchhoffschen Beugungsgleichung (2.44) (das bedeutet auch eine sphärische Welle), für die folgenden Zwecke im Fall kleiner Ausbreitungswinkel, das heißt mit

$$\frac{\cos(\vec{\hat{n}}_\perp, \vec{r}_{01}) - \cos(\vec{\hat{n}}_\perp, \vec{r}_{21})}{2} \approx \frac{1 - (-1)}{2} = 1, \tag{2.55}$$

und $r \equiv r_{01}$ umgeschrieben; die elektrische Feldstärke in der Beobachtungsebene soll hier zur Sicherheit mit $\tilde{E}$ bezeichnet werden, obwohl dies bei Nennung der Ortskoordinaten ($\tilde{E}(\tilde{x}, \tilde{y}) \equiv E(\tilde{x}, \tilde{y})$) eigentlich unnötig wäre:

$$\tilde{E}(\tilde{x}, \tilde{y}) = \frac{n}{i\lambda_0} \int\limits_{(x,y)} E(x, y) \frac{\exp\{ik_0 nr\}}{r}\, dA \tag{2.56}$$

Um zu der Feldverteilung in der Beobachtungsebene (nach der Beugung) zu gelangen, müssen für jeden einzelnen Punkt $(\tilde{x}_0, \tilde{y}_0)$ der Beobachtungsebene die Beiträge aller Objektpunkte und damit aller sphärischen „Elementar"wellen - unter Berücksichtigung ihrer Phasen - aufaddiert werden. Hier wird davon ausgegangen, dass die Objektebene in einem zentralen Querschnittsbereich um die optische Achse herum mehr oder weniger transparent ist, während die Objektebene weiter weg von der optischen Achse die Transparenz Null zeigt. Deshalb kann über die gesamte Objektebene (x, y) integriert werden. Betrachtet werden eine Anordnung und Größen nach Abb. 2.4. Der Bezug zwischen der Objektebene (x, y) und der Beobachtungsebene $(\tilde{x}, \tilde{y})$ soll hergestellt werden. Die z-Richtung ist die Ausbreitungsrichtung.

Für die weitere Herleitung werden einige schon bekannte Annahmen gemacht. Die Betrachtung erfolgt im Fernfeld, so dass:

$$\frac{1}{r} \approx \frac{1}{z}, \tag{2.57}$$

wobei $z \equiv \tilde{z}$ die z-Koordinate der Beobachtungsebene $(\tilde{x}, \tilde{y})$ darstellt. (Die z-Koordinate der Objektebene sei Null.) Für r kann geschrieben werden:

$$\begin{aligned}
r &= \sqrt{z^2 + (\tilde{x} - x)^2 + (\tilde{y} - y)^2} \\
&= z \cdot \sqrt{1 + \frac{(\tilde{x} - x)^2}{z^2} + \frac{(\tilde{y} - y)^2}{z^2}}
\end{aligned} \tag{2.58}$$

Wegen der starken Drehung des komplexen Zeigers $\exp\{i \cdot \ldots\}$ gilt aber:

$$\exp\{ik_0 n r\} \not\approx \exp\{ik_0 n z\}. \tag{2.59}$$

Wegen der Betrachtung im Fernfeld gilt für r mit Gl. (2.58) und der Taylor-Entwicklung $\sqrt{1 + \rho'} \approx 1 + \frac{\rho'}{2}$ mit $\rho' \ll 1$:

$$\begin{aligned}
r &\approx z \cdot \left[1 + \frac{(\tilde{x} - x)^2}{2z^2} + \frac{(\tilde{y} - y)^2}{2z^2} \right] \\
&= z + \frac{\tilde{x}^2 - 2\tilde{x}x + x^2}{2z} + \frac{\tilde{y}^2 - 2\tilde{y}y + y^2}{2z}.
\end{aligned} \tag{2.60}$$

Bei Herausziehen aller von den Integrationsvariablen x und y unabhängigen Variablen aus dem Doppelintegral und ihrer Zusammenfassung in der Variablen $\tilde{A}(\tilde{x}, \tilde{y})$ folgt mit den genannten Näherungen aus dem Kirchhoffschen Beugungsintegral:

$$\begin{aligned}
\tilde{E}(\tilde{x}, \tilde{y}) &= \frac{n}{i\lambda_0 z} \cdot \exp\{ik_0 n z\} \cdot \exp\left\{ ik_0 n \frac{\tilde{x}^2 + \tilde{y}^2}{2z} \right\} \cdot \\
&\quad \cdot \int\limits_{-\infty}^{\infty} \int\limits_{-\infty}^{\infty} E(x,y) \exp\left\{ ik_0 n \frac{x^2 + y^2}{2z} \right\} \exp\left\{ -i\frac{k_0 n}{z}(\tilde{x}x + \tilde{y}y) \right\} \, dx \, dy \\
&= \tilde{A}(\tilde{x}, \tilde{y}) \cdot \\
&\quad \cdot \int\limits_{-\infty}^{\infty} \int\limits_{-\infty}^{\infty} E(x,y) \exp\left\{ ik_0 n \frac{x^2 + y^2}{2z} \right\} \exp\left\{ -i2\pi n \left(\frac{\tilde{x}x}{\lambda_0 z} + \frac{\tilde{y}y}{\lambda_0 z} \right) \right\} dx \, dy
\end{aligned} \tag{2.61}$$

$$\text{mit} \quad \tilde{A}(\tilde{x}, \tilde{y}) = \frac{n}{i\lambda_0 z} \cdot \exp\{ik_0 n z\} \cdot \exp\left\{ ik_0 n \frac{\tilde{x}^2 + \tilde{y}^2}{2z} \right\}. \tag{2.62}$$

Mit der Definition der so genannten Raumfrequenzen

$$\nu_x = \frac{\tilde{x}}{\lambda_0 z} = \frac{\tan \beta_x}{\lambda_0} \quad , \quad \nu_y = \frac{\tilde{y}}{\lambda_0 z} = \frac{\tan \beta_y}{\lambda_0} \tag{2.63}$$

(die Brechzahl n könnte auch in die Definition mit hineingesteckt werden) und der Umbenennung

$$F(\nu_x, \nu_y) \equiv \tilde{E}(\tilde{x}, \tilde{y}) \tag{2.64}$$

ergibt sich weiter:

$$F(\nu_x, \nu_y) = \tilde{A}(\tilde{x}, \tilde{y}) \cdot$$
$$\cdot \int_{-\infty}^{\infty} \int_{-\infty}^{\infty} E(x,y) \exp\left\{ik_0 n \frac{x^2 + y^2}{2z}\right\} \exp\left\{-2\pi i[(\nu_x n)x + (\nu_y n)y]\right\} dx\, dy.$$

$$(2.65)$$

Für den ersten Exponenzialterm wird erneut die Fernfeldnäherung herangezogen:

$$\exp\left\{ik_0 n \frac{x^2 + y^2}{2z}\right\} \approx 1,$$

$$(2.66)$$

$$\implies F(\nu_x, \nu_y) = \tilde{A}(\tilde{x}, \tilde{y}) \int_{-\infty}^{\infty} \int_{-\infty}^{\infty} E(x,y) \cdot \exp\left\{-2\pi i[(\nu_x n)x + (\nu_y n)y]\right\} dx\, dy.$$

$$(2.67)$$

Dies ist bis auf den Faktor $\tilde{A}(\tilde{x}, \tilde{y})$ gerade die zweidimensionale Fourier-Transformierte $\mathcal{F}$ der komplexen Feldverteilung $E(x,y)$,

$$\boxed{F(\nu_x, \nu_y) = \tilde{A}(\tilde{x}, \tilde{y}) \cdot \mathcal{F}\{E(x,y)\},}$$

$$(2.68)$$

was hier gezeigt werden sollte. *Im Fernfeld befindet sich im Wesentlichen das Raumfrequenzspektrum der komplexen Feldverteilung des beleuchteten Objekts.*

Parallele Strahlen treffen sich im Unendlichen. Bei Verwendung einer Sammellinse treffen sich parallel einfallende Strahlen in der hinteren Brennebene. Um im Experiment das Fernfeld betrachten zu können, wird das Unendliche mit der Sammellinse der Brennweite f in deren hintere Brennebene $(\hat{x}, \hat{y})$ geholt, was rechts in Abb. 2.4 ebenfalls angedeutet ist. Mit der Definition der Raumfrequenzen und aus der Geometrie der Anordnung folgt:

$$\lambda_0 \nu_x = \frac{\tilde{x}}{z} = \tan \beta_x \approx \sin \beta_x \approx \beta_x$$

$$(2.69)$$

$$\frac{\hat{x}}{f} = \tan \beta_x \approx \sin \beta_x \approx \beta_x$$

$$(2.70)$$

$$\implies \nu_x = \frac{\hat{x}}{\lambda_0 f} \quad, \quad \text{analog:} \quad \nu_y = \frac{\hat{y}}{\lambda_0 f}.$$

$$(2.71)$$

Die Raumfrequenzen ν_x und ν_y sind also direkt proportional zu den Koordinaten $\hat{x}$ und $\hat{y}$ in der hinteren Brennebene der Linse. Für einen so genannten $2f$-Aufbau, bei dem die Objektebene in die vordere Brennebene der Linse fällt, ergibt sich gerade:

$$\tilde{A}(\tilde{x}, \tilde{y}) = \frac{n}{i\lambda_0 z} \cdot \exp\{ik_0 nz\} \cdot \exp\left\{ik_0 n \frac{\tilde{x}^2 + \tilde{y}^2}{2z}\right\} = 1.$$

$$(2.72)$$

Die Erklärung kann der Herleitung von Goodman [GOO 96] entnommen werden. Für einen $2f$-Aufbau ist nach Gl. (2.68) also:

$$\boxed{F(\nu_x, \nu_y) = \mathcal{F}\{E(x,y)\}.}$$

$$(2.73)$$

Das heißt, eine Linse nimmt von ihrer vorderen in ihre hintere Brennebene exakt eine zweidimensionale räumliche Fourier-Transformation der Objektfeldverteilung vor. Es ist wichtig zu verstehen, dass dies nicht mit einer Abbildung gleichzusetzen ist, dass also durch die Linse keine Abbildung der Intensitätsverteilung der vorderen Brennebene in die hintere stattfindet. Denn die parallelen Lichtstrahlen, die sich jeweils in einem Punkt der hinteren Brennebene treffen, stammen nicht von je einem gemeinsamen Objektpunkt in der vorderen Brennebene. Vielmehr stellen sie Lichtstrahlen dar, die von verschiedenen Objektpunkten unter demselben Winkel zur optischen Achse ausgehen. Die vom Objekt kommende Welle wird auf diese Weise in unendlich viele ebene Wellen mit unterschiedlichen Ausbreitungswinkeln zerlegt; es handelt sich eben um eine zweidimensionale räumliche Fourier-Analyse.

Wie bei Fourier-Transformationen üblich führen die großen Strukturen im Objekt zur Feinstruktur der Fourier-Transformierten und umgekehrt. Dieser Sachverhalt wird durch den Skalierungssatz der Fourier-Transformation ausgedrückt:

$$\mathcal{F}\left\{E(a_x x, a_y y)\right\}(\nu_x, \nu_y) = \frac{1}{\mid a_x \mid \cdot \mid a_y \mid} \cdot \mathcal{F}\left\{E(x, y)\right\}\left(\frac{\nu_x}{a_x}, \frac{\nu_y}{a_y}\right) \tag{2.74}$$

mit a_x und a_y als reelle „Streckungsfaktoren" in x- und y-Richtung.

Eine ebene Welle führt in der hinteren Brennebene, das heißt in der Ebene der Fourier-Transformation, zu einem Lichtpunkt. Er liegt nur dann auf der optischen Achse, wenn die ebene Welle auch parallel zur optischen Achse (zur z-Achse) verläuft. Umgekehrt führt ein Lichtpunkt in der vorderen Brennebene zu einer ebene Welle hinter der Linse.

3. Beugung

3.1. Vorbemerkungen, Fern- und Nahfeld

Schon in Kap. 1 wurde auf Beugung eingegangen. In diesem Kapitel sollen genauere Betrachtungen an einigen Beispielen vorgenommen werden, etwa im Zusammenhang mit der Beugung am Spalt oder bei der Verschmierung eines Fokus zu einem Beugungsscheibchen bei der Fokussierung eines parallelen Strahlenbündels.

Beugungsphänomene sind eine spezielle Klasse von Interferenzphänomenen, die immer dann offenkundig werden, wenn Teile der Welle abgeblockt werden. Die Beugungserscheinungen kommen durch die Überlagerung/Interferenz der am Rand existierenden Elementarwellen zustande, wobei hier auch gerade das Zusammenwirken benachbarter Elementarwellen eine wichtige Rolle spielt. (Dies wird im Zusammenhang mit Abb. 3.5 erläutert werden.)

Es hat sich bewährt, bei Beugungserscheinungen zwischen der so genannten Nahfeld- oder Fresnel-Beugung einerseits und der Fernfeld- oder Fraunhofer-Beugung andererseits zu unterscheiden. Das Nahfeld ist der Bereich dicht (einige Wellenlängen) hinter einem beugenden Objekt beziehungsweise hinter der Objektebene; für das Fernfeld ist der Abstand zwischen der Objektebene und der Beobachtungsebene sehr viel größer als die Abmessungen des beugenden Objekts oder des Strahlenbündels und auch als der Abstand der Strahlen zur optischen Achse; die Strahlen verlaufen zu den Beobachtungspunkten unter kleinen Winkeln zur optischen Achse. Diese Annahmen wurden für die Herleitungen zur Beugung ins Fernfeld in Unterkapitel 2.5 verwendet.

In der modernen Optik gibt es eine weitere Verwendung des Begriffs Nahfeld. Zum Beispiel im Zusammenhang mit der so genannten Nahfeld-Mikroskopie ('scanning nearfield optical microscopy', SNOM) ist hiermit der Bereich unmittelbar in der Objektebene oder nur Bruchteile einer Wellenlänge dahinter gemeint, wo praktisch noch keinerlei Beugungseffekte zum Tragen kommen. Man müsste also eher von „Nahstfeld" sprechen; aber diesen Begriff gibt es nicht. Im Vergleich zum Nahstfeld liegt das Nahfeld der Beugung deutlich hinter der Objektebene.

Das Nahfeld kann betrachtet werden, indem es mit Hilfe einer Linse auf eine Beobachtungsebene abgebildet wird; dabei gilt natürlich die Abbildungsgleichung. Das Fernfeld liegt genau genommen erst im Unendlichen vor. Hier treffen sich jeweils die einzelnen in sich parallelen Strahlenbündel unterschiedlichen Ausbreitungswinkels. Da eine Sammellinse parallele Strahlen, die sich sonst erst im Unendlichen treffen würden, in ihrer hinteren Brennebene vereinigt, kann sie dazu dienen, „das Unendliche in eine bequeme Entfernung zu holen". Die Linse zerlegt die Welle in ebene Teilwellen mit unterschiedlichen Winkeln relativ zur optischen Achse. Die Linse führt eine Fourier-Transformation

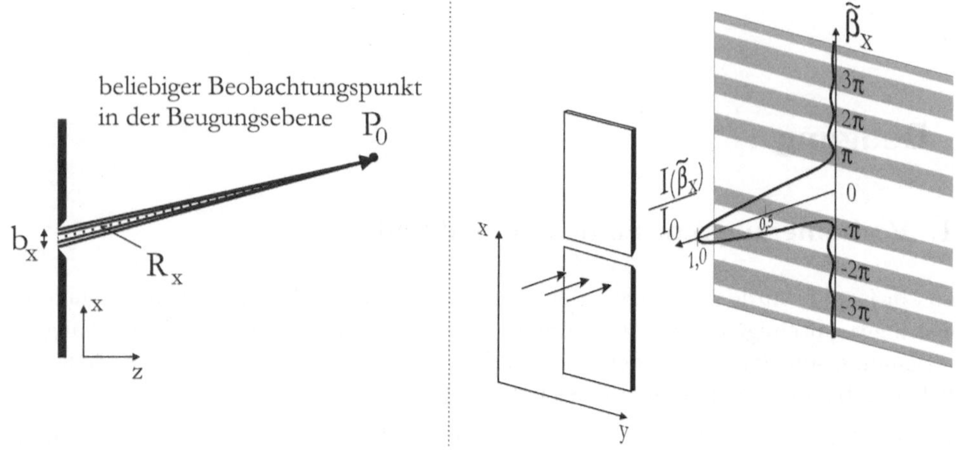

Abbildung 3.1.: Prinzipskizzen zur Beugung am Spalt (davon links in Seitenansicht) und sinc²-förmiges Beugungsmuster der Intensität

auf ihre hintere Brennebene durch (vergleiche Kap. 2). - Nahfeld-Beugung und Fernfeld-Beugung sind trotz der zwei Begriffe keine unterschiedlichen physikalischen Phänomene; es handelt sich in beiden Fällen um Beugung. Nur die Beobachtung der Intensitätsverteilung als Ergebnis der Beugung erfolgt im ersten Fall dicht hinter der Objektebene, im zweiten Fall sehr weit weg (oder aber in der hinteren Brennebene einer zu Hilfe genommenen Sammellinse). Der Übergang ist fließend; siehe auch das Beispiel in Unterkapitel 3.4.

3.2. Beugung am Spalt und an anderen Hindernissen

Zur Berechnung von Beugungsbildern werden in der Beobachtungsebene für jeden einzelnen Beobachtungspunkt P_0 alle Beiträge des Felds von allen Punkten der Objektfeldverteilung, zum Beispiel innerhalb einer beugenden Öffnung, unter Berücksichtigung der Phasenlagen addiert. Um zu veranschaulichen, wie es zu Beugungsbildern kommt, soll hier exemplarisch die Beugung am Spalt berechnet werden. Abbildung 3.1 enthält Skizzen zur Veranschaulichung der Verhältnisse. Der Spalt habe eine Breite b_x in x-Richtung und sei in der y-Richtung unendlich ausgedehnt. Von jedem Punkt des Spalts geht eine kugelförmige Elementarwelle aus (Huygenssches Prinzip). Für jeden Beobachtungspunkt P_0 müssen die Beiträge aller Elementarwellen, die von Punkten in der Spaltebene abgehen, unter Berücksichtigung von deren leicht unterschiedlicher Phasenlage aufaddiert werden, wie links in der Abb. 3.1 angedeutet. Für die Feldstärke des elektrischen Felds der elektromagnetischen Welle in einem Beobachtungspunkt P_0 gilt:

$$E_{P_0} \equiv E = \hat{E} \int_{-b_x/2}^{b_x/2} \frac{\sin[\omega t - kr(x)]}{r(x)} \, dx \tag{3.1}$$

mit $\hat{E}$ als Feldstärkeamplitude und $r = r(x)$ als Entfernung zwischen Objekt- und Beobachtungspunkt; dabei werden die Beiträge aller Elementarwellen aus der gesamten Spaltbreite aufintegriert. R_x sei der Abstand von der Spaltmitte zum jeweiligen Beobachtungspunkt. Für die Fernfeld-Beugung gilt:

$$R_x \gg b_x, \tag{3.2}$$

$$\implies \quad r(x) \approx R_x, \tag{3.3}$$

nicht aber im Argument des Sinus. Damit wird aus Gl. (3.1) für das Feld:

$$E = \frac{\hat{E}}{R_x} \int_{-b_x/2}^{b_x/2} \sin[\omega t - k r(x)]\, dx. \tag{3.4}$$

Diese Vereinfachung entspricht dem Übergang vom Huygensschen Prinzip (Zerlegung nach Kugelwellen) zur zweidimensionalen räumlichen Fourier-Analyse (Zerlegung nach ebenen Wellen mit unterschiedlichem Ausbreitungswinkel zur optischen Achse).

Im sin-Ausdruck darf nicht einfach r durch R_x ersetzt werden, da eine Phasendrehung um $\pi/2$ den Wert der sin-Funktion bereits um 100% verändern kann. Hier ergibt sich eine Vereinfachung über die Reihenentwicklung:

$$r(x) = R_x - x \sin \beta_x + \frac{x^2}{2R_x} \cos^2 \beta_x \ldots \tag{3.5}$$

mit dem Beugungswinkel β_x. Mit den ersten beiden Termen aus der Reihe folgt weiter:

$$
\begin{aligned}
E &= \frac{\hat{E}}{R_x} \int_{-b_x/2}^{b_x/2} \sin[\omega t - k(R_x - x \sin \beta_x)]\, dx \\[2mm]
&= -\frac{\hat{E}}{R_x} \left[\frac{1}{k \sin \beta_x} \cos(\omega t - kR_x + kx \sin \beta_x) \right]_{-b_x/2}^{b_x/2} \\[2mm]
&= -\frac{\hat{E}}{R_x} \frac{1}{k \sin \beta_x} \left[\cos\left(\omega t - kR_x + k\frac{b_x}{2} \sin \beta_x \right) - \cos\left(\omega t - kR_x - k\frac{b_x}{2} \sin \beta_x \right) \right]
\end{aligned} \tag{3.6}
$$

Und wegen $\cos \rho_1' - \cos \rho_2' = -2 \sin[(\rho_1' + \rho_2')/2] \sin[(\rho_1' - \rho_2')/2]$ gilt:

$$
\begin{aligned}
E &= +\frac{\hat{E}}{R_x} \cdot \frac{b_x}{b_x} \cdot \frac{1}{(1/2)k \sin \beta_x} \cdot \left[\sin\left(\frac{1}{2} 2(\omega t - kR_x) \right) \cdot \sin\left(\frac{1}{2} 2k \frac{b_x}{2} \sin \beta_x \right) \right] \\[2mm]
&= \frac{\hat{E} b_x}{R_x} \cdot \frac{\sin\left(k(b_x/2) \sin \beta_x \right)}{k(b_x/2) \sin \beta_x} \cdot \sin(\omega t - kR_x).
\end{aligned} \tag{3.7}
$$

Mit der Definition

$$\tilde{\beta}_x = k \frac{b_x}{2} \sin \beta_x \tag{3.8}$$

lässt sich Gl. (3.7) folgendermaßen schreiben:

$$E = \frac{\hat{E}b_x}{R_x} \frac{\sin \tilde{\beta}_x}{\tilde{\beta}_x} \sin(\omega t - kR_x).$$
(3.9)

Intensitätsbildung (inklusive der zeitlichen Mittelung) ergibt:

$$I_{E,Spalt}(\tilde{\beta}_x) \;=\; I_{E,0} \cdot \left(\frac{\sin \tilde{\beta}_x}{\tilde{\beta}_x}\right)^2 = I_{E,0} \cdot \mathrm{sinc}^2 \tilde{\beta}_x$$
(3.10)

$$\text{mit} \quad I_{E,0} \;=\; \frac{1}{2}c\epsilon_0 \left(\frac{\hat{E}b_x}{R_x}\right)^2.$$
(3.11)

In Gl. (3.10) ist implizit die Definition der sinc-Funktion (Spalt-Funktion) enthalten. Die entsprechende Intensitätsverteilung (sinc^2) ist in Abb. 3.1 dargestellt, eine mit $1/\tilde{\beta}_x^2$ modulierte $\sin^2$-Funktion von $\tilde{\beta}_x$. So ergeben sich helle und dunkle Streifen - typisch für die kohärente Überlagerung von Wellen.[1] Die sinc-Funktion stellt die Fourier-Transformierte der Rechteck-Funktion dar. Und tatsächlich zeigte schon die allgemeine Herleitung in Kap. 2, dass sich das Fernfeld-Beugungsmuster aus der Fourier-Transformation der Feldverteilung in der Objektebene (inklusive der Intensitätsbildung) ergibt.

Beim Beugungsmuster eines Doppelspalts kommt zu der Beugung an den Einzelspalten noch die Interferenz zwischen den Wellen aus den beiden Spalten hinzu ($\rightarrow$ Youngsche Doppelspaltanordnung). Mathematisch drückt sich dieser Sachverhalt durch eine $\cos^2$-Modulation des vom Einzelspalt bekannten Beugungsmusters aus:

$$I_{E,Doppelspalt}(\beta_x) \;=\; 4I_{E,0} \cdot \mathrm{sinc}^2 \tilde{\beta}_x \cdot \cos^2 \bar{\beta}_x,$$
(3.12)

$$\text{wobei} \quad (\tilde{\beta}_x \neq) \, \bar{\beta}_x \;=\; k\frac{g_x}{2}\sin \beta_x$$
(3.13)

mit g_x als Mittenabstand der beiden Spalte. Die Funktion ist in Abb. 3.2 dargestellt. Wie immer, wenn die Fourier-Transformation ins Spiel kommt, ist die Feinstruktur der „Wirkung" eine Folge der Grobstruktur der „Ursache" und umgekehrt nach dem Skalierungssatz der Fourier-Transformation, der hier für eine Dimension geschrieben wird, nämlich die x-Dimension, in der die beiden Spalte nebeneinander angeordnet sind:

$$\mathcal{F}\left\{E(a_x x)\right\}(\nu_x) = \frac{1}{\mid a_x \mid} \cdot \mathcal{F}\left\{E(x)\right\}(\frac{\nu_x}{a_x}).$$
(3.14)

Je größer der Abstand der beiden Spalte, desto feiner die Modulation des Beugungsmusters. Je geringer die Spaltbreiten, desto weiter sind die Extrema der Einhüllenden (der sinc^2-Funktion) auseinandergezogen.

---

[1] Intensitätsbildung nach Überlagerung (Summation) von Feldstärken unter Berücksichtigung von deren Phasenlagen

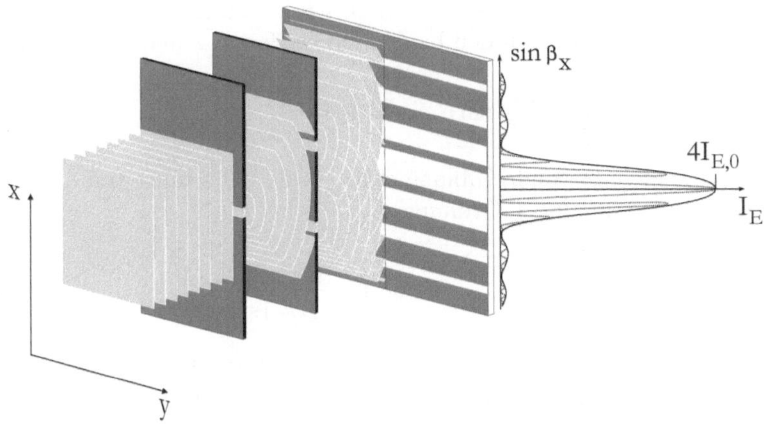

Abbildung 3.2.: Beugungsmuster der Beugung am Doppelspalt: dem sinc^2-förmigen Beugungsmuster der Beugung an den Einzelspalten ist eine $\cos^2$-förmige Struktur der
Interferenz zwischen den beiden Spalten überlagert. Anders formuliert: die
sinc^2-förmige Struktur stellt die Einhüllende für das $\cos^2$-förmige Beugungsmuster dar

Für das Beugungsmuster von $\check{M}$ äquidistanten Spalten im periodischen Abstand g_x ergibt sich folgende Funktion:

$$I_{E,\check{M}\,Spalte}(\beta_x) \;=\; \check{M}^2 \cdot I_{E,0} \cdot \frac{\sin^2 \tilde{\beta}_x}{\tilde{\beta}_x^2} \cdot \frac{\sin^2(\check{M}\hat{\beta}_x)}{\sin^2 \hat{\beta}_x} \tag{3.15}$$

$$\text{mit} \quad (\tilde{\beta}_x \neq)\,\hat{\beta}_x \;=\; (\sin \alpha_e \pm \sin \beta_x) \cdot \frac{g_x}{2} \cdot \frac{2\pi}{\lambda}, \tag{3.16}$$

wobei α_e den Einfallswinkel darstellt.[2] Das Pluszeichen gilt, wenn einfallender und ge-
beugter Strahl auf derselben Seite vom Einfallslot liegen, das Minuszeichen, wenn sie auf
unterschiedlichen Seiten liegen.

Der Übergang auf zwei Dimensionen ergibt für einen rechteckigen Einzelspalt der endli-
chen Breiten b_x in x-Richtung und b_y in y-Richtung:

$$I_{E,Rechteckloch}(\beta_x, \beta_y) = I_{E,0} \cdot \frac{\sin^2 \tilde{\beta}_x}{\tilde{\beta}_x^2} \cdot \frac{\sin^2 \tilde{\beta}_y}{\tilde{\beta}_y^2}, \tag{3.17}$$

---

[2]Bisher wurde in den Beispielen zur Beugung implizit ein Einfallswinkel $\alpha_e = 0$ angenommen; hier
wird allgemeiner auch ein Einfallswinkel $\alpha_e \neq 0$ zugelassen.

wobei die Größen $\tilde{\beta}_x$ und $\tilde{\beta}_y$ in analoger Weise wie im eindimensionalen Fall Gl. (3.8) über die Spaltbreiten b_x und b_y in den beiden Dimensionen x und y definiert sind:

$$\tilde{\beta}_x = k\frac{b_x}{2}\sin\beta_x \quad , \quad \tilde{\beta}_y = k\frac{b_y}{2}\sin\beta_y \, . \tag{3.18}$$

Der Übergang auf eine kreisrunde Öffnung statt eines Spalts führt von der sinc- auf die Bessel-Funktion J_1 (1. Gattung 1. Ordnung):

$$I_{E,Kreisloch}(\beta) = I_{E,0} \cdot \left(\frac{2J_1 \, |_{k(\hat{D}/2)\sin\beta}}{k(\hat{D}/2)\sin\beta} \right)^2 \tag{3.19}$$

mit $\hat{D}$ als Durchmesser der kreisrunden Öffnung und β wieder als Beugungswinkel. Bessel-Funktionen kommen bei zylindersymmetrischen Problemen ins Spiel; so wie bei der Beugung am Spalt in Gl. (3.10) die sinc-Funktion als Quotient aus sin-Funktion und ihrem Argument auftrat, ergibt sich hier als Ergebnis für das Intensitätsbeugungsmuster der Quotient aus (dem Zweifachen) der Bessel-Funktion J_1 und ihrem Argument. Die Funktion J_1 hat ihre erste Nullstelle bei

$$3,83 = 1,22 \cdot \pi, \tag{3.20}$$

so dass auch der Quotient hier seine erste Nullstelle besitzt. Sowohl für die sinc(ρ')-Funktion als auch für die Funktion $(2J_1 \, |_{\rho'})/\rho'$ ergibt sich im Grenzwert für gegen Null gehendes Argument ρ' ($\rho' \to 0$) ein endlicher Wert und keine Polstelle. Die Funktion nach Gl. (3.19) wird Airy-Funktion genannt.

3.3. Beugungsscheibchen, Beugungsbegrenzheit

Der Zahlenwert $1,22$ aus Gl. (3.20) taucht in Abschätzungen für den *Radius* des Beugungsscheibchens auf, der damit den Minimalradius $R_{min} \equiv r_0$ der Strahltaille bildet. Dieser Minimalradius stellt gleichzeitig ein Maß für die bestmögliche Auflösung bei einer Abbildung/Fokussierung dar:

$$R_{min} \approx 1,22 \cdot \frac{f\lambda}{\hat{D}}, \tag{3.21}$$

wobei f die Brennweite der Linse oder des Objektivs zur Fokussierung und $\hat{D}$ den Durchmesser der *beleuchteten* Objektivöffnung angibt. Hier kommt es also gar nicht auf den Objektivdurchmesser an sich an. Eine Verkleinerung des Strahldurchmessers, damit die Objektivbegrenzungen (Halterungen) nicht zu Beugung führen, bringt keine Verbesserung, sondern eine Verschlechterung, weil $\hat{D}$ kleiner geworden ist.

Ein fast paralleles und achsparalleles Lichtbündel des Durchmessers $\hat{D}$ falle auf ein Objektiv der Brennweite f ein und werde fokussiert. Es ergibt sich ein Airy-Beugungsscheibchen nach Gl. (3.19). Das Lichtbündel kommt in diesem Beispiel von einem weit entfernten Lichtpunkt (deswegen ist es fast parallel). Sitzen zwei Lichtpunkte in der Objektebene dicht nebeneinander, ist die Frage, ob die beiden Bildpunkte in der Fokusebene

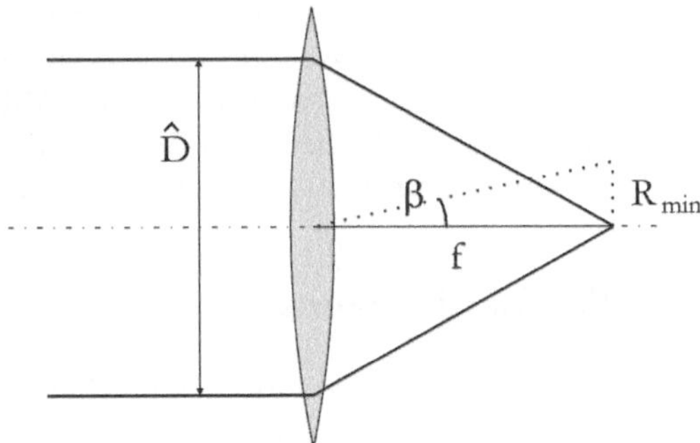

Abbildung 3.3.: Skizze zur Herleitung der Gl. (3.21) für den Radius R_{min} des Beugungsscheibchens und der Strahltaille

noch als getrennte Punkte wahrgenommen werden können. Dafür gibt es unterschiedliche Kriterien. Häufig wird das so genannte Rayleigh-Kriterium verwendet. Danach dürfen die Airy-Beugungsscheibchen der beiden dicht beieinander liegenden Objektpunkte sich gerade noch so nahe sein, dass das Maximum des einen auf dem ersten Minimum des anderen Scheibchens liegt. Dann ergibt sich in der Gesamtintensität beider Beugungsscheibchen nämlich gerade noch eine Einbuchtung, an der man erkennen kann, dass es sich um zwei Objektpunkte gehandelt haben muss ($\rightarrow$ Auflösungsvermögen).

Formel (3.21) soll kurz hergeleitet werden; Abb. 3.3 dient zur Veranschaulichung. Die Aussage „Maximum des einen auf Minimum des anderen Beugungsscheibchens" gibt eine Bedingung vor; betrachtet wird das Argument der Bessel-Funktion im 1. Minimum:

$$k \frac{\hat{D}}{2} \sin \beta = 1,22 \cdot \pi. \tag{3.22}$$

Bei kleinen Beugungswinkeln kann $\sin \beta \approx \beta \approx \tan \beta = R_{min}/f$ unter Zuhilfenahme der Abb. 3.3 genutzt werden und führt wegen Gl. (3.22) zu:

$$\frac{2\pi}{\lambda} \frac{\hat{D}}{2} \sin \beta \approx \frac{2\pi}{\lambda} \frac{\hat{D}}{2} \frac{R_{min}}{f} = 1,22 \cdot \pi \tag{3.23}$$

$$\implies R_{min} = 1,22 \cdot \frac{f\lambda}{\hat{D}}, \tag{3.24}$$

was zu beweisen war. Eine Verbesserung des Auflösungsvermögens kann danach durch Reduktion der Wellenlänge erzielt werden. Das ist zum Beispiel für die optische Informationsspeicherung wichtig. Audio-CD-Spieler arbeiten mit einer Vakuum-Wellenlänge von 780 nm (Nahinfrarot) bei einer Numerischen Apertur von $NA = 0,45$; der Spot-Durchmesser auf der CD beträgt $D_S = 2,1\,\mu$m, der Spurabstand $s = 1,6\,\mu$m. DVD™-Spieler haben eine Wellenlänge von 650 nm (rot) bei $NA = 0,6$, $D_S = 1,3\,\mu$m, $s =$

$0,74\,\mu$m. Blu-ray-Disc™-Spieler arbeiten mit einer Wellenlänge von 405 nm (blau) bei $NA = 0,85$, $D_S = 0,6\,\mu$m, $s = 0,32\,\mu$m. Weitere Verbesserungen können zum Beispiel durch Einsatz von Immersionsölen zwischen Objektiv und Abbildungsebene erzielt werden, unter anderem weil dadurch die Wellenlänge $\lambda = \lambda_0/n$ im Material mit der Brechzahl n kleiner ist als im Fall eines Objektivs in Luftumgebung ($\lambda \approx \lambda_0$).

3.4. Fernfeld- versus Nahfeld-Beugung

Nachdem nun für einige Spezialfälle die Beugungsmuster geläufig sind, sei ein kleiner Nachtrag zur bereits in Unterkapitel 3.1 angesprochenen Thematik des Übergangs zwischen Nah- und Fernfeld gemacht. Abbildung 3.4 nach [VOG 80] zeigt einen solchen Übergang an einem instruktiven Beispiel. An der Nahfeld-Intensitätsverteilung ist noch gut die „Form der Blende", eine Anzahl von kreisrunden Öffnungen, auf einer Kreislinie angeordnet, zu erkennen. Je weiter im Fernfeld, desto mehr macht sich der Skalierungssatz der Fourier-Transformation aus Unterkapitel 2.5 bemerkbar. Kleine Strukturen im Nahfeld werden zu groben Strukturen im Fernfeld und umgekehrt.

3.5. Kohärenz, Kontrast, partiell kohärentes Licht

Elektromagnetische Wellen werden kohärent genannt, wenn sie bei Überlagerung Interferenzerscheinungen (helle und dunkle Streifen beziehungsweise Ringe oder Ähnliches) ergeben. Die Kohärenz von Wellen wird grob über die Kohärenzlänge oder die Kohärenzzeit definiert. Zwei auseinander durch Strahlteilung hervorgegangene, sich überlagernde Wellenzüge sind kohärent/interferieren, wenn ihre Laufwegsdifferenz unterhalb einer Maximallänge, eben der Kohärenzlänge, oder ihre Zeitverzögerung gegeneinander unterhalb einer maximalen Zeitverzögerung, eben der Kohärenzzeit, liegt.

Die Kohärenzzeit Δt einer elektromagnetischen Welle ist umgekehrt proportional zur spektralen Bandbreite $\Delta \nu$ der Wellenzüge; das heißt, ein Wellenzug kann nur so lang sein, wie sein Spektrum schmal ist. Aus der Fourier-Analyse elektrischer Zeitfunktionen müsste diese Aussage geläufig sein. Umgekehrt gilt: je kürzer und steiler ein Puls ist, desto mehr sind höhere Frequenzen in ihm enthalten. Die Kohärenzzeit ist diejenige Zeitdauer, über die die Phasenlage einer Welle für einen Punkt im Raum vorhergesagt werden kann. (Man könnte auch von longitudinaler Kohärenz sprechen, weil es um Wegunterschiede und Zeitverzögerungen bei der Längsausbreitung der Wellen geht.) Ein geeignete Messanordnung zur Untersuchung der zeitlichen Kohärenz ist ein Michelson-Interferometer, bei dem der eine Interferometerarm in seiner Länge verändert wird. Die Kohärenzlänge entspricht dem doppelten maximalen Spiegel-Verschiebeweg, der noch Interferenzerscheinungen zulässt.

Etwas künstlich wird davon der Begriff der räumlichen Kohärenz abgegrenzt, die man auch transversale Kohärenz nennen könnte. Denn hierbei dreht es sich zum Beispiel um transversal nebeneinander liegende sekundäre Lichtquellen (Spalte oder Löcher), die von einer primären Lichtquelle beleuchtet werden. Die Frage ist, inwieweit von einer

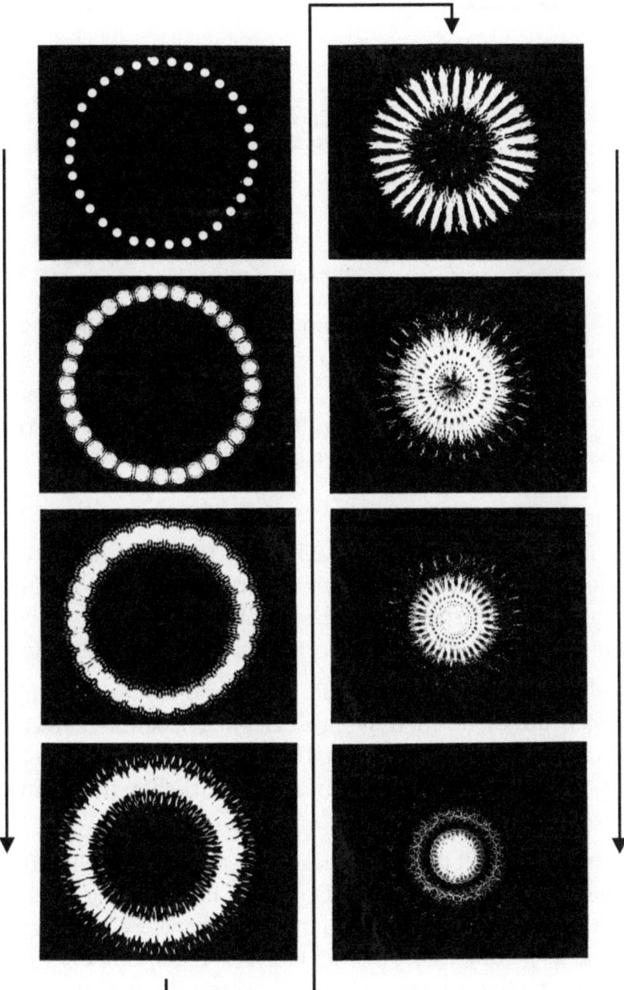

Abbildung 3.4.: Beugungsmuster bei anwachsendem Abstand der Beobachtungsebene hinter einer Objektebene mit kreisförmig angeordneten kleinen runden Löchern. Es zeigt sich ein allmählicher Übergang vom Nah- zum Fernfeld mit ihren Intensitätsbeugungsmustern. Nah- und Fernfeldbeugung ist ein und dasselbe physikalische Phänomen; das Beugungsmuster wird nur in verschiedenen Entfernungen hinter der Objektebene beobachtet, nach [VOG 80]

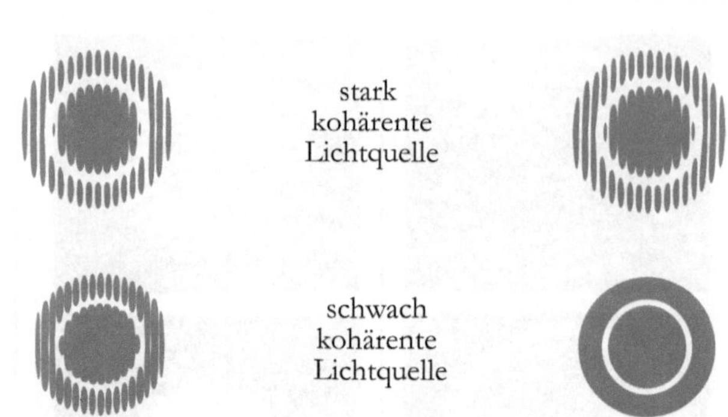

Abbildung 3.5.: Experimentelle Fernfeld-Intensitäts-Ergebnisse an einer Youngschen Doppellochanordnung zum Begriff der Kohärenz, nach [HEC 02]

bestimmten Stelle in der primären Lichtquelle emittierte Wellenanteile, die sich nach Durchlauf durch die eine oder die andere sekundäre Lichtquelle in einer Beobachtungsebene überlagern, zu Interferenzmustern führen können. Damit ist der Grundaufbau zur Vermessung der räumlichen Kohärenz die Youngsche Doppelspalt-/-lochanordnung.

Letztlich geht es aber auch hierbei um die Zeitverzögerungen τ durch unterschiedliche Laufwege der sich überlagernden Wellen. Deswegen können sowohl im Michelson-Interferometer als auch in der Youngschen Doppellochanordnung bei ausreichend aufgeweiteten Feldern Effekte als Folge beschränkter zeitlicher und räumlicher Kohärenz beobachtet werden.

Ein Experiment, das den Begriff der Kohärenz sehr schön veranschaulicht, ist in Abb. 3.5 nach [HEC 02] dargestellt. Eine Youngsche Doppellochanordnung wird beleuchtet. In der rechten Spalte der Abbildung ist vor einem der beiden Löcher eine Glasplatte angebracht. Die mittlere Bildzeile zeigt das Ergebnis für einen Versuch mit dem relativ stark kohärenten Licht eines Helium-Neon-Lasers (He-Ne-Lasers), die untere das Versuchsergebnis für schwach kohärentes Licht zum Beispiel von einer Quecksilberdampf-Lampe. Ohne die Glasplatte vor einem der beiden Löcher sind für beide Lichtquellen sowohl die kreisrunden Erscheinungen der Beugung an jedem einzelnen Loch als auch die streifenförmigen Interferenzerscheinungen beider Löcher zu sehen. Mit Glasplatte vor dem Loch ist dies nur noch für die stark kohärente He-Ne-Laser-Quelle der Fall. Für die *schwach kohärente* Quelle treten nur noch die Beugungserscheinungen auf, da sie durch das Zusammenwirken benachbarter Elementarwellen am Rand zustandekommen; *dafür reicht die Kohärenz aus.* Durch die Glasplatte werden aber die Wellen beider Öffnungen sehr stark gegeneinander verzögert; die Kohärenzzeit ist für Interferenzerscheinungen offenbar zu gering. Das heißt, die Kohärenzlänge ist geringer als die optische Dicke der Glasplatte.

Als Kriterium für die „Qualität" der Kohärenz wird die Durchmodulation eines Interferenzmusters zweier gleich intensiver Wellen genutzt. Dazu wird der Kontrast K (englisch: 'visibility') über den Maximalwert $I_{E,max}$ und den Minimalwert $I_{E,min}$ der Intensität im Beugungsmuster in Abhängigkeit von der Zeitverzögerung der Wellen definiert:

$$K(\tau) = \frac{I_{E,max}(\tau) - I_{E,min}(\tau)}{I_{E,max}(\tau) + I_{E,min}(\tau)}. \tag{3.25}$$

Der Kontrast kann über ein Interferenz- beziehungsweise Beugungsmuster variieren, da Maximal- und Minimalintensität variieren, etwa von einer Interferenzperiode zur nächsten. Eine für theoretische Betrachtungen hilfreichere gleichwertige Definition des Kontrasts wird sich später über den so genannten Selbstkohärenzgrad ergeben.

Hier soll berechnet werden, welche Intensität die Überlagerung einer *zunächst nicht näher spezifizierten* Welle E_1 mit sich selbst - nach einer Verzögerung τ - in Abhängigkeit von der Verzögerung τ ergibt, die ja einem entsprechenden Wegunterschied gleichzusetzen ist. Mathematisch lässt sich die Interferenz dadurch beschreiben, dass die elektrischen Feldstärkevektoren addiert werden, bevor die Intensitätsbildung erfolgt.[3] Dadurch ergeben sich zusätzliche Terme, die die Vielfalt der Interferenzphänomene ausmachen. Da der Begriff Interferenz implizit die Kollinearität der Feldstärkevektoren einschließt, können bei der mathematischen Beschreibung skalare komplexe Größen gewählt werden. E_1 und $E_2 = E_1(t + \tau)$ mit der Zeit t und der Verzögerung τ seien die komplexen elektrischen Feldstärken zweier interferierender elektromagnetischer Wellen derselben Kreisfrequenz ω. Dann ergibt sich für das Gesamtfeld E und die -intensität I_E mit dem Symbol $\Re$ für den Realteil:

$$
\begin{aligned}
E(t) &= E_1(t) + E_2(t) = E_1(t) + E_1(t + \tau) & (3.26)\\
I_E &= c\epsilon_0 \left\langle \mid E \mid^2 \right\rangle = c\epsilon_0 \langle EE^* \rangle \\
&= c\epsilon_0 < (E_1 + E_2)(E_1 + E_2)^* >= c\epsilon_0 < (E_1 + E_2)(E_1^* + E_2^*) > \\
&= c\epsilon_0 \left[< E_1 E_1^* > + < E_1 E_2^* > + < E_2 E_1^* > + < E_2 E_2^* > \right] \\
&= c\epsilon_0 \left[<\mid E_1 \mid^2> + < 2\Re\{E_1 E_2^*\} > + <\mid E_2 \mid^2> \right] \\
&= I_{E,1} + 2c\epsilon_0 < \Re\{E_1^* E_2\} > + I_{E,2} = 2I_{E,1} + 2c\epsilon_0 \Re \left\{ < E_1^* E_2 > \right\} & (3.27)
\end{aligned}
$$

mit dem so genannten Kreuzkohärenzterm $2c\epsilon_0\Re(< E_1 E_2^* >)$ und $I_{E,2} = I_{E,1}$ wegen $\mid E_1 \mid = \mid E_2 \mid$. Aus der Definition der komplexen Selbstkohärenzfunktion, das heißt:

$$
\begin{aligned}
\Gamma(\tau) &= c\epsilon_0 < E_1^*(t)E_2(t) >= c\epsilon_0 < E_1^*(t)E_1(t + \tau) > \\
&= c\epsilon_0 \cdot \lim_{T' \to \infty} \frac{1}{T'} \int_{-T'/2}^{T'/2} E_1^*(t)E_1(t + \tau)\, dt & (3.28)
\end{aligned}
$$

mit dem Integrationszeitraum T', der für die zeitliche Mittelung gegen Unendlich geht, folgt aus Gl. (3.27) weiter:

$$I_E = 2I_{E,1} + 2\Re\{\Gamma(\tau)\}. \tag{3.29}$$

---

[3]im Wesentlichen eine Betragsquadratbildung mit anschließender zeitlicher Mittelung, letztere im Folgenden durch die <>-Klammerung gekennzeichnet

Nun soll exemplarisch speziell die um τ zeitverzögerte Überlagerung einer *monochromatischen* (ω) *ebenen Welle* mit sich selbst behandelt werden:

$$E_1(t) = \hat{E}\, e^{-i\omega t}, \quad E_2(t) = E_1(t+\tau) = \hat{E}\, e^{-i\omega(t+\tau)}, \tag{3.30}$$

$$
\begin{aligned}
\Gamma(\tau) &= c\epsilon_0 \cdot \lim_{T'\to\infty} \frac{1}{T'} \int_{-T'/2}^{T'/2} E_1^*(t) E_1(t+\tau)\, dt \\
&= c\epsilon_0 \cdot \lim_{T'\to\infty} \frac{1}{T'} \int_{-T'/2}^{T'/2} \mid \hat{E} \mid^2 \underbrace{e^{+i\omega t} e^{-i\omega(t+\tau)}}_{=e^{i\omega(t-t-\tau)}}\, dt \\
&= c\epsilon_0 \mid \hat{E} \mid^2 e^{-i\omega\tau} \cdot \lim_{T'\to\infty} \frac{1}{T'} \underbrace{\int_{-T'/2}^{T'/2} 1\, dt}_{=T'} \\
&= c\epsilon_0 \mid \hat{E} \mid^2 e^{-i\omega\tau} \cdot \lim_{T'\to\infty} \frac{1}{T'} \cdot T' = c\epsilon_0 \mid \hat{E} \mid^2 e^{-i\omega\tau} \\
&= I_{E,1} \cdot e^{-i\omega\tau} = I_{E,1} \cdot [\cos(\omega\tau) - i\sin(\omega\tau)]\,, \tag{3.31}
\end{aligned}
$$

wobei $\hat{E}$ wieder die Feldamplitude jeder Teilwelle bezeichnet. Die Selbstkohärenzfunktion hängt also harmonisch von der Zeitverzögerung τ ab. $\Gamma(\tau)$ läuft für zunehmendes τ auf einem Kreis in der komplexen Ebene um; $\mid \Gamma(\tau) \mid\ =\text{const} = 1\ \ \forall \tau$. Für die Intensität I_E der Gesamtwelle ergibt sich nach Gl. (3.29) mit $I_{E,1}$ und $I_{E,2} = I_{E,1}$ als gleiche Einzelintensitäten der beiden Teilwellen:

$$
\begin{aligned}
I_E &= 2I_{E,1} + 2\Re\{\Gamma(\tau)\} = 2I_{E,1} + 2I_{E,1}\Re\{e^{-i\omega\tau}\} \\
&= 2I_{E,1} + 2I_{E,1}\cos(\omega\tau) = 2I_{E,1}[1 + \cos(\omega\tau)] \\
&= 2I_{E,1}\left[2\cos^2\left(\frac{\omega\tau}{2}\right)\right] = 4I_{E,1}\cos^2\left(\frac{\omega\tau}{2}\right). \tag{3.32}
\end{aligned}
$$

Die resultierende Interferenzintensität ist $\cos^2$-förmig von der Verzögerung τ abhängig. Die Selbstkohärenzfunktion wird an jedem Raumpunkt gebildet, ist also eine Funktion von (x, y, z). Wenn die beiden monochromatischen ebenen Wellen leicht gegeneinander verkippt sind, variiert die Zeitverzögerung in der (x, y)-Ebene linear. Dann ist auch das zweidimensional-räumliche Interferenzmuster $\cos^2$-förmig. Die Maximalintensität ist viermal so groß wie die Einzelintensität, die Minimalintensität Null. Im *räumlichen* Mittel ergibt sich die Intensität $I_{E,1} + I_{E,2} = 2I_{E,1}$, wie es nach dem Energiesatz sein muss.

Oft wird die Selbstkohärenzfunktion normiert:

$$\gamma(\tau) = \frac{\Gamma(\tau)}{\Gamma(0)} \quad \text{mit} \quad 0 \leq \mid \gamma(\tau) \mid \leq 1\,. \tag{3.33}$$

Diese Größe wird Selbstkohärenzgrad genannt. Mit ihr kann der Kontrast K einfach definiert werden, der dann ein Maß für die Kohärenz darstellt:

$$K(\tau) = \mid \gamma(\tau) \mid\,. \tag{3.34}$$

Das ist identisch mit der schon erwähnten Darstellung:

$$K(\tau) = \frac{I_{E,max}(\tau) - I_{E,min}(\tau)}{I_{E,max}(\tau) + I_{E,min}(\tau)}. \tag{3.35}$$

Diese Aussage soll *am Beispiel* der monochromatischen Welle *veranschaulicht* werden; wegen Gl. (3.31) ist:

$$\Re\{\Gamma(\tau)\} = |\Gamma(\tau)| \tag{3.36}$$

$$I_{E,max} = 2I_{E,1} + 2|\Gamma(\tau)| \quad , \quad I_{E,min} = 2I_{E,1} - 2|\Gamma(\tau)| \tag{3.37}$$

$$K(\tau) = \frac{2I_{E,1} + 2|\Gamma(\tau)| - (2I_{E,1} - 2|\Gamma(\tau)|)}{2I_{E,1} + 2|\Gamma(\tau)| + 2I_{E,1} - 2|\Gamma(\tau)|} = \frac{4|\Gamma(\tau)|}{4I_{E,1}} = \frac{|\Gamma(\tau)|}{I_{E,1}}$$

$$= \frac{|\Gamma(\tau)|}{\Gamma(0)} = |\gamma(\tau)| = |e^{-i\omega\tau}| \equiv 1 \tag{3.38}$$

im Fall gleich intensiver Teilwellen. Ideal monochromatisches Licht (wenn es dies denn gäbe) wäre auch vollständig kohärent.

Wie Abb. 3.6 beschreibt, wird - je nach der Art und Weise, wie sich der Kontrast K mit der Verzögerung τ verringert - von vollständig kohärentem (nicht realistisch), partiell kohärentem und vollständig inkohärentem Licht (ebenso wenig realistisch) gesprochen.

Für zwei monochromatische ebene Wellen unterschiedlicher Frequenz ω_1 und ω_2 (zum Beispiel zwei sehr schmalbandige Longitudinalmoden eines Lasers) ergibt sich:

$$E(t) = \hat{E}e^{-i\omega_1 t} + \hat{E}e^{-i\omega_2 t} \tag{3.39}$$

$$\Gamma(\tau) = c\epsilon_0 \cdot \lim_{T' \to \infty} \frac{1}{T'} \int_{-T'/2}^{T'/2} \left[\left(\hat{E}^* e^{+i\omega_1 t} + \hat{E}^* e^{+i\omega_2 t}\right) \cdot \left(\hat{E} e^{-i\omega_1(t+\tau)} + \hat{E} e^{-i\omega_2(t+\tau)}\right) \right] dt$$

$$= c\epsilon_0 |\hat{E}|^2 \lim_{T' \to \infty} \frac{1}{T'} \int_{-T'/2}^{T'/2} [e^{-i\omega_1\tau} + e^{-i\omega_2\tau} + \underbrace{e^{-i\omega_1\tau} e^{-i(\omega_1-\omega_2)t}}_{\to 0 \text{ (gemittelt)}} + \underbrace{e^{-i\omega_2\tau} e^{-i(\omega_2-\omega_1)t}}_{\to 0 \text{ (gemittelt)}}] dt$$

$$= c\epsilon_0 |\hat{E}|^2 \cdot \left[e^{-i\omega_1\tau} + e^{-i\omega_2\tau}\right] \tag{3.40}$$

$$\Gamma(0) = c\epsilon_0 2 |\hat{E}|^2 \tag{3.41}$$

$$\gamma(\tau) = \frac{1}{2}\left[e^{-i\omega_1\tau} + e^{-i\omega_2\tau}\right] \tag{3.42}$$

$$K(\tau) = |\gamma(\tau)| = \frac{1}{2}|e^{-i\omega_1\tau} + e^{-i\omega_2\tau}| = \frac{1}{2}\sqrt{(e^{-i\omega_1\tau} + e^{-i\omega_2\tau}) \cdot (e^{i\omega_1\tau} + e^{i\omega_2\tau})}$$

$$= \frac{1}{2}\sqrt{2 + 2\cos((\omega_1 - \omega_2)\tau)} = \frac{1}{2}\sqrt{4\cos^2\left(\frac{\omega_1 - \omega_2}{2}\tau\right)} = |\cos\left(\frac{\omega_1 - \omega_2}{2}\tau\right)| \tag{3.43}$$

Die Kontrastfunktion weist also bei der Überlagerung zweier ideal monochromatischer Wellen der Kreisfrequenzen ω_1 und ω_2 eine $|\cos|$-Form auf. Durch die in der Realität aber immer vorhandene (wenn auch vielleicht sehr geringe) Frequenzbandbreite

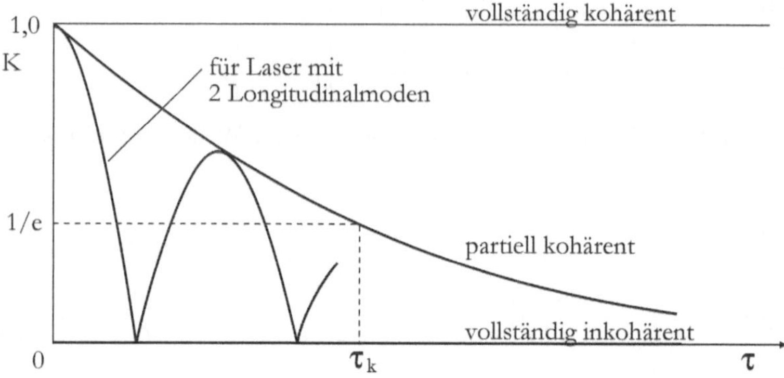

Abbildung 3.6.: Veranschaulichung der Begriffe vollständig kohärentes, partiell kohärentes und vollständig inkohärentes Licht mittels der Kontrastfunktion $K(\tau)$ in Abhängigkeit von der zeitlichen Verzögerung τ der beiden sich überlagernden Teilwellen gleicher Amplitude

kommt es zu einer exponentiell abklingenden Einhüllenden für die $|\cos|$-Funktion, wie in Abb. 3.6 dargestellt. Umgekehrt kann die Einhüllende als durch die $|\cos|$-Funktion als Folge der beiden Frequenzbereiche $(\omega_1 \pm \Delta\omega_1)$ und $(\omega_2 \pm \Delta\omega_2)$ moduliert verstanden werden. Durch diese Modulation ist der einfache Begriff der Kohärenzzeit beziehungsweise Kohärenzlänge nicht mehr sinnvoll, da die Kontrastfunktion mehrere Maxima enthält. Es gibt Anwendungen - zum Beispiel die Tiefenholografie -, bei denen auch höhere Kontrastfunktionsmaxima, für die ja tatsächlich wieder Interferenzfähigkeit des Lichts gegeben ist, verwendet werden.

3.6. Nanooptische Überwindung der Beugungsbegrenzheit

3.6.1. Einordnung der Möglichkeiten nach Beleuchtungs-/Detektionsort

In Unterkapitel 3.1 wurde bereits auf die Begriffe Fernfeld und Nahfeld und „Nahstfeld" (letzteren Ausdruck gibt es nur in diesem Buch) eingegangen. Das „Nahstfeld" (im Abstand von der Objektebene unterhalb etwa einer Wellenlänge) ist entlang der Ausbreitungsrichtung der Welle der Bereich in oder unmittelbar hinter der (beugenden) Objektebene, wo sich die Beugungsmuster genannten Interferenzphänomene der Elementarwellen noch nicht deutlich bemerkbar machen. (Die Elementarwellen hatten noch keine Gelegenheit, so große Phasendifferenzen zu entwickeln, dass Interferenz erkennbar wird.) Wenn zum Beispiel in diesen Bereich ein Sensor gebracht wird, der eine detektierende Öffnung mit einem Durchmesser von einigen 10 nm hat (der quasi nur in diesem Fenster das Feld „abschöpft"), kann die Ortsauflösung in dieser Größenordnung liegen, also deutlich unter dem beugungsbegrenzten Auflösungsvermögen nach Gl. (3.21).

Wenn dann die Sensorspitze Punkt für Punkt über die Objektebene gefahren wird, kann die Ebene abgerastert und so „abgebildet" werden. Mit einer optischen Abbildung im üblichen Sinne hat dies allerdings nichts zu tun; genau deswegen kann ja die Beugungsbegrenztheit des Auflösungsvermögens von den Abmessungen her unterschritten und damit umgangen werden. - Wegen der Auflösung dieser Verfahren im Nanometerbereich, gehört diese Thematik auch in das relativ neue, sehr breite und stark in der Entwicklung begriffene Forschungsgebiet der Nanooptik [NOV 06]. Dabei hat die Nanooptik sehr viele verschiedene Zielrichtungen, die zu erläutern den Rahmen dieses Buches überschreitet. *In diesem Zusammenhang soll das „Nahstfeld" nun auch Nahfeld genannt werden.*

Schon allein die zahlreichen nanooptischen Verfahren, die auf die Uberwindung der Beugungsbegrenztheit des Auflösungsvermögens abzielen, können nach sehr vielen Aspekten klassifiziert werden. Dieser Autor übernimmt die hilfreiche Klassifizierung von Novotny und Hecht [NOV 06], mit der unterschieden wird, ob der Beleuchtungsort im Nah- oder Fernfeld liegt und ob der Detektionsort im Nah- oder Fernfeld liegt. „Beleuchtungsort" im Nahfeld bedeutet nicht, dass eine primäre Lichtquelle in die Objektebene gebracht wird (wie sollte das auch möglich sein), sondern *beispielsweise*, dass das Ende einer zu einer Spitze ('taper') ausgezogenen Glasfaser in oder direkt vor die Objektebene gebracht wird; die Faserspitze ist dann quasi die Lichtquelle. Zu der Klassifizierung gehören einige wichtige Begriffe (in Klammern *Beleuchtungsort/Detektionsort*):

A) konfokale Mikroskopie (*Fernfeld/Fernfeld*),
B) 'scanning near-field optical microscopy' (SNOM) (*Nahfeld/Fernfeld*),
C) 'scanning tunneling optical microscopy' (STOM) (*Fernfeld/Nahfeld*),
D) [ohne festen Begriff] *Nahfeld*beleuchtung und Detektion im *Nahfeld*.

zu A) Abbildung 3.7 zeigt zeichnerisch eine optische Anordnung zur konfokalen Mikroskopie. Eine kleine Lochblende wird beleuchtet und auf die „zu mikroskopierende" Probe abgebildet. Von der Probe findet Rückstreuung statt, die zunächst auf demselben optischen Weg zurückläuft, ein Strahlteiler im Strahlengang lenkt die rücklaufende Welle teilweise auf einen Detekor um, der ebenfalls mit einer kleinen Blende versehen ist. Da nur eine Probenebene auf die Detektorblende scharf abgebildet wird, werden tiefer oder höher liegende Probenbereiche nur wenig Licht auf dem Detektor verursachen, da die entsprechenden Strahlenbündel auf der Detektorblende einen größeren Durchmesser haben. Bei Verwendung einer Detektorblende mit einem Durchmesser im 100 nm-Bereich und Verschiebung der Probe in den Querrichtungen x und y sowie gegebenenfalls auch in der z-Richtung kann die Probe mit einer Auflösung besser als beugungsbegrenzt zwei- bis dreidimensional abgerastert werden. - Eine weitere Verbesserung der Auflösung ist durch Einsatz nichtlinear-optischer Techniken erreichbar. Zum Beispiel kann die Zwei-photonenabsorption genutzt werden. Dabei werden Photonen mit einer Photonenenergie verwendet, die zu gering ist, um Fundamentalabsorption hervorzurufen. Bei hohen Lichtfeldstärken kann aber eine gleichzeitige Absorption zweier Photonen zu einer Absorption führen. Dies wird nur in einem Zentralbereich des Beleuchtungsfokus stattfinden, so dass auf diese Weise die Auflösung weiter verbessert wird. - Beleuchtung und Detektion werden durch übliche Optiken vorgenommen, also im Fernfeld (die gute Auflösung ist eine

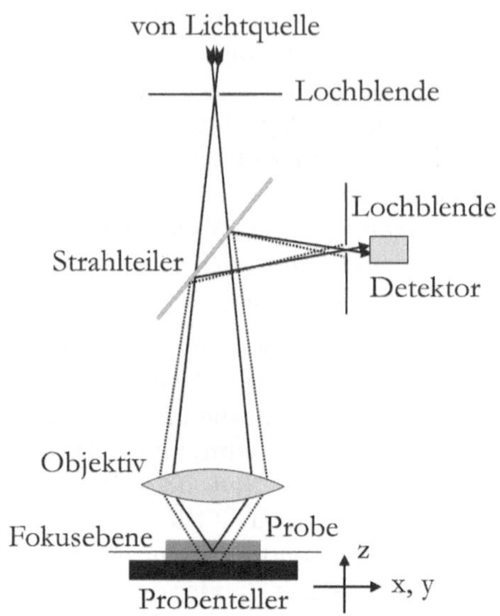

Abbildung 3.7.: Prinzipskizze einer optischen Anordnung zur konfokalen Mikroskopie

Folge der Blenden). Die konfokale Mikroskopie wird häufig für die Inspektion von biologischen Proben eingesetzt.

zu B) In der üblichen 'scanning near-field optical microscopy' (SNOM) findet die Beleuchtung im Nahfeld statt, die Detektion über Optiken im Fernfeld. Das Entscheidende für die SNOM-Technik sind die Beleuchtungs„elemente". Wie oben schon exemplarisch genannt, kann die Beleuchtung über einen Faser-Taper erfolgen, der unmittelbar vor die Probe (die Objektebene) gefahren wird. Der Detektionszweig sitzt entweder auf derselben Seite wie das Beleuchtungsmodul (es wird also in Reflexion gearbeitet) oder auf der anderen Seite der Probe (in Transmission). Wenn die Probe in der (x, y)-Ebene verschoben wird, kann sie durch diese Technik abgerastert werden; daher 'scanning' (S) in der Bezeichnung. Die Probe kann auch in z-Richtung verschoben werden; dazu muss aber das Beleuchtungsmodul mitbewegt und die Detektionsoptik nachjustiert werden. Die SNOM-Technik wurde hauptsächlich für die Untersuchung von feinsten Strukturen in der Halbleitertechnologie (auf den Belichtungsmasken oder auf den Chips) entwickelt.

zu C) Bei der 'scanning tunneling *optical* microscopy' (STOM) wird im Nahfeld zum Beispiel durch Aufnahme des von der Probe transmittierten Feldes mittels eines Faser-Tapers detektiert. Die Beleuchtung wird üblicherweise als Fernfeld-Beleuchtung betrachtet. Das ist aber eher verwirrend, weil häufig ein Trick angewendet wird: Die Probe sitzt auf der Basisfläche eines Prismas (siehe Abb. 3.8) und wird über eine andere Fläche des Prismas beleuchtet. Durch den großen Einfallswinkel des Lichts auf die Basisfläche

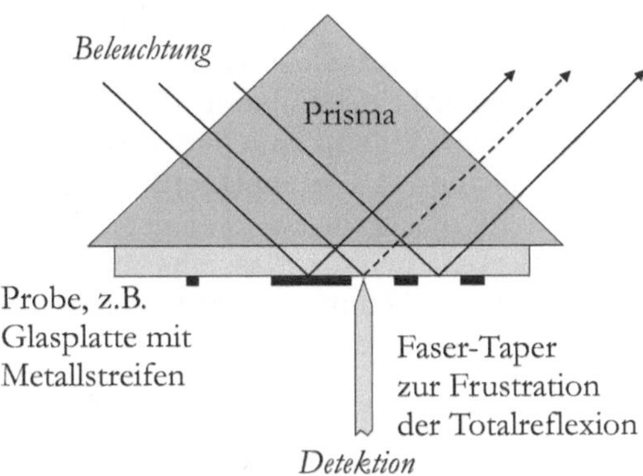

Abbildung 3.8.: Prinzipskizze einer STOM-Anordnung

findet Totalreflexion statt. Das heißt aber auch (wie im Zusammenhang mit Wellenleitung in Kap. 9 erläutert werden wird), dass es evaneszente (exponentiell abklingende) Feldanteile jenseits der Basisfläche gibt. Die Probe blockt Teile dieser evaneszenten Felder ab, so dass die Detektionsspitze nur dort, wo kein Probenelement liegt, ungestört die evaneszente Welle und so (quasi als Schatten) auch die Probenform aufnehmen kann. Das Heranfahren der Detektionsspitze an die Basisfläche des Prismas und an die Probe bedeutet das Herbeiführen der „Frustration der Totalreflexion". Das heißt, dass das evaneszente Feld bis zur und *in* die Detektionsspitze reicht, wo es nicht mehr exponentiell abklingt, sondern wieder Energietransport senkrecht zur Grenzfläche möglich ist.

Die Ausnutzung der evaneszenten Felder der Probenbeleuchtung könnte auch als Nahfeldbeleuchtung eingeordnet werden. Dass die beleuchtende Welle über eine übliche Optik an die Probe herangeführt wird, ist dabei eher zweitrangig. So gesehen, könnte die STOM-Technik auch zur folgenden Rubrik (D) gezählt werden.

zu D) Als letzte Rubrik in der genannten Klassifizierung bleibt Beleuchtung und Detektion im Nahfeld. In dieser Rubrik könnten Beleuchtung und Detektion *zum Beispiel* über je einen Faser-Taper (in Transmission) oder in beiden Fällen über ein und denselben Taper (in Reflexion) erfolgen.

3.6.2. Plasmonen-Sensorik

Im letzten Abschnitt wurde meistens sehr allgemein von „Proben" gesprochen. Im Zusammenhang mit der SNOM-Technik wurden exemplarisch Halbleiterproben oder Belichtungsmasken für die Halbleitertechnologie angenommen. Solche Proben sind im Normalfall nicht rein dielektrisch, sondern enthalten metallische Strukturen. So kann es bei Belichtung oder Detektion im Nah(st)feld zu bisher nicht erwähnten Effekten kommen.

Sie haben mit *kollektiven* Anregungen (quasi-) freier Ladungsgträger in diesen Metallen zu tun, die man mit dem Begriff Plasmonen kennzeichnet. Genauer sollte man bei Plasmonen von räumlichen Ladungsdichteoszillationen sprechen, die durch die Wechselwirkung mit elektromagnetischen Wellen zustande kommen [KRE 02]. Da die Wellen kaum in ein Metall eindringen, handelt es sich um Oberflächenplasmonen, also kollektive elektronische Anregungen an der Grenzfläche zwischen dem Metall und einem umgebenden Dielektrikum. Wegen der Begrenztheit des Plasmons auf den Bereich der Grenzfläche kann es zu einer erheblichen Feldüberhöhung an der Grenzfläche kommen, die für Detektionszwecke einen weiteren Vorteil darstellt.

Dass Oberflächenplasmonen auf die Grenzfläche Metall-Dielektrikum begrenzt und nur in der Grenzfläche ausbreitungsfähig sind, resultiert letztlich aus den Feld-Stetigkeitsbedingungen der Elektrodynamik. Beiderseits normal zur Grenzfläche fallen die Felder exponentiell ab; es handelt sich also um evaneszente Felder, die in der Richtung quer zur Grenzfläche keine Energie transportieren können.

Wegen der engen Verflechtung der elektromagnetischen Welle und der Anregung wird das Phänomen meistens im Polaritonen-Bild beschrieben [KLI 07]. Es wird von Oberflächen-Plasmon-Polaritonen ('surface plasmon polaritons', SPP) gesprochen.

Mit den Nahfeld-Techniken können zum einen Plasmonen selbst untersucht werden. Zum anderen können die Plasmonen für die Detektion metallischer Objekte im Nanometer-Maßstab genutzt werden. In Abschnitt 14.3.2 wird auch kurz darauf eingegangen werden, dass solche Plasmonen für spezielle Wellenleitungskonzepte zum Beispiel im Zusammenhang mit Quantenkaskadenlasern genutzt werden können.

4. Fourier-Transformation

4.1. Eindimensionale (1D-) Fourier-Transformation

4.1.1. Gleichungen

Die eindimensionale (1D) Fourier-Transformierte lautet, hier für das Beispiel einer Zeitfunktion $U(t)$ geschrieben:

$$\text{Fourier-Analyse:}\quad F(\nu) \equiv \mathcal{F}\left\{U(t)\right\}(\nu) = \int\limits_{-\infty}^{\infty} U(t) \cdot \exp\{-i2\pi\nu t\}\, dt \qquad (4.1)$$

mit der inversen Fourier-Transformierten:

$$\text{Fourier-Synthese:}\quad U(t) = \mathcal{F}^{-1}\left\{F(\nu)\right\}(t) = \int\limits_{-\infty}^{\infty} F(\nu) \cdot \exp\{+i2\pi\nu t\}\, d\nu, \qquad (4.2)$$

wobei in diesem Beispiel ν eine zeitliche Frequenz darstellt.

Einige Beispiele für 1D-Fourier-Transformierte wurden bereits in Kap. 3 im Zusammenhang mit der Beugung an einer Struktur (Spalt, Doppelspalt, $\check{M}$ Spalte, ...) gegeben. Hier seien einige Zusammenhänge ohne Formeln kurz aufgelistet:

- $\mathcal{F}\{\text{Rechteck}\} = \text{sinc}$,
- $\mathcal{F}\{\text{sinc}\} = \text{Rechteck}$,
- $\mathcal{F}\{\text{Gauß}\} = \text{Gauß}$,
- $\mathcal{F}\{\delta\text{-Peak}\} = \text{Konstante}$,
- $\mathcal{F}\{\text{Konstante}\} = \delta\text{-Peak}$,
- $\mathcal{F}\{\delta\text{-Peak-Kamm}\} = \delta\text{-Peak-Kamm}$.

4.1.2. Wiener-Khinchin-Theorem

Eine Funktion, mit der bestimmt werden kann, inwieweit sich eine Funktion $U(t)$ selbst ähnelt, ist die Autokorrelationsfunktion (AKF, Symbol $\otimes$) mit der zeitlichen Verzögerung τ:

$$\text{AKF}_{U(t)} = (U \otimes U)(\tau) = \int\limits_{-\infty}^{\infty} U(t) \cdot U^*(t - \tau)\, dt. \qquad (4.3)$$

Zwischen ihr und dem Leistungsspektrum

$$W(\nu) \equiv |\,\mathcal{F}\left\{U(t)\right\}(\nu)\,|^2 \qquad (4.4)$$

existiert ein interessanter Zusammenhang, der Wiener-Khinchin-Theorem genannt wird [HEC 03, LAU 02]:

$$\mathcal{F}\left\{\mathrm{AKF}_{U(t)}\right\}(\nu) = W(\nu). \tag{4.5}$$

Das heißt, dass man mindestens auf zwei Arten zum Leistungsspektrum gelangen kann: entweder durch Quadrierung der Fourier-Transformierten der betreffenden Zeitfunktion (Gl. (4.4)) oder durch Fourier-Transformation ihrer Autokorrelationsfunktion (Gl. (4.5)).

4.1.3. FTIR-Spektrometer

Das Wiener-Khinchin-Theorem wird in FTIR-Spektrometern (Fourier-Transformations-Infrarot-Spektrometer) genutzt. Die Bezeichnung enthält eine Eingrenzung auf den infraroten Spektralbereich. Denn zunächst wurde dieses Konzept in der Infrarot-Spektroskopie genutzt, wo bis mindestens 1990 im Wesentlichen nur leistungsschwache Lichtquellen extistierten. Sollte hier das Emissionsspektrum der Lichtquelle oder das Absorptionsspektrum einer Materialprobe mit Hilfe eines Gitterspektrometers aufgenommen werden, hieß das, die ohnehin schwache Gesamtleistung durch die spektrale Zerlegung noch weiter zu reduzieren, womit häufig die Detektionsgrenzen unterschritten wurden. Demgegenüber beinhaltet ein FTIR-Spektrometer einen Michelson-Interferometer-Aufbau wie in Abb. 4.1 - nicht etwa um Interferenzuntersuchungen vorzunehmen, sondern weil ein solcher Aufbau gleichzeitig die einfachste Versuchsanordnung darstellt, um die Autokorrelationsfunktion (AKF) aufzunehmen. Von links, gekennzeichnet durch den Pfeil, fällt eine Welle auf die optische Anordnung ein. Das erste Bauelement ist ein teildurchlässiger beispielsweise metallischer Spiegel als Strahlteiler S_t, der das Licht in zwei Teilwellen aufspaltet, die gegeneinander um $90°$ versetzt fortlaufen und von zwei Spiegeln S_1 und S_2 reflektiert werden, so dass sie erneut auf den Strahlteiler einfallen. Ein Teil jeder Teilwelle läuft in Richtung rechts unten im Bild weiter, der jeweils andere Teil zurück in Richtung der Lichtquelle.[1] Eine Veränderung der Länge eines der optischen Zweige bedeutet die Einführung einer bestimmten zeitlichen Verzögerung τ. Damit wird die AKF für den Zeitverlauf $E(t)$ der elektrischen Feldstärke der elektromagnetischen Welle wie folgt geschrieben:

$$(E \otimes E)(\tau) = \int\limits_{-\infty}^{\infty} E(t)E^*(t - \tau)\,dt\,; \tag{4.6}$$

die Ortsabhängigkeit ist dabei nicht wichtig, solange es sich um ebene Teilwellen handelt und nur auf der optischen Achse (mit einem geeigneten Photodetektor) gemessen wird. Um auf das Leistungsspektrum zu kommen, muss dann nur noch eine Fourier-Transformation der AKF durchgeführt werden, was üblicherweise auf elektronischem Wege (das heißt mit einem Computer) geschieht. Der Vorteil dieses Verfahrens ist, dass zu jedem Messzeitpunkt die gesamte Lichtleistung genutzt werden kann und nicht nur ein spektral begrenzter Ausschnitt. Damit ist die Empfindlichkeit dieser Methode größer als bei einem

---

[1]Um einen Wegabgleich zwischen den beiden Armen des Aufbaus zu erzielen, kann einer der Arme eine gekippte Glasplatte enthalten; durch sie wird der optische Weg ausgeglichen, den das Substrat des Strahlteilers S_t verursacht.

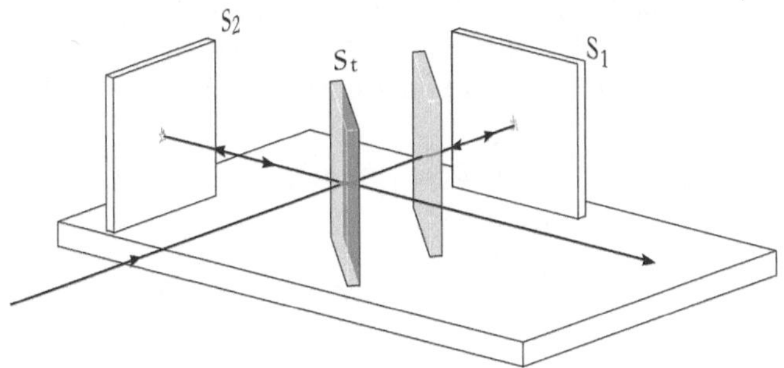

Abbildung 4.1.: Prinzipskizze eines Michelson-Interferometer-Aufbaus. Die Symbole S und S_t bezeichnen Spiegel und Strahlteiler (teildurchlässige Spiegel)

Gitterspektrometer.[2] - Das Verfahren kann genauso gut in anderen Spektralbereichen als dem Infraroten eingesetzt werden.

4.2. Zweidimensionale (2D-) Fourier-Transformation in der Optik

Zweidimensionale Fourier-Transformationen sollen hier gleich an Beispielen aus der Optik geschrieben werden, also in der Darstellung $E(x, y)$ der räumlichen Verteilung der elektrischen Feldstärke der elektromagnetischen Welle in der Querschnittsebene (x, y). Es kommt dabei nicht auf die Zeitabhängigkeit der Welle[3] an.

4.2.1. Gleichungen

Die 2D-Fourier-Transformation (Fourier-Analyse) bedeutet folgenden Zusammenhang:

$$
\begin{aligned}
F(\nu_x, \nu_y) &\equiv \mathcal{F}\left\{E(x, y)\right\}(\nu_x, \nu_y) \\
&= \int_{-\infty}^{\infty} \int_{-\infty}^{\infty} E(x, y) \cdot \exp\{-i2\pi(\nu_x x + \nu_y y)\}\, dx\, dy
\end{aligned}
\tag{4.7}
$$

mit der inversen Fourier-Transformation (Fourier-Synthese):

$$
\begin{aligned}
E(x, y) &= \mathcal{F}^{-1}\left\{F(\nu_x, \nu_y)\right\}(x, y) \\
&= \int_{-\infty}^{\infty} \int_{-\infty}^{\infty} F(\nu_x, \nu_y) \cdot \exp\{+i2\pi(\nu_x x + \nu_y y)\}\, d\nu_x\, d\nu_y,
\end{aligned}
\tag{4.8}
$$

wobei ν_x und ν_y die Raumfrequenzen in den beiden Querschnittsrichtungen sind (siehe auch Unterkapitel 2.5).

---

[2]um das Verhältnis aus spektraler Bandbreite der Lichtquelle und spektraler Auflösung des zum Vergleich herangezogenen Gitterspektrometers

[3]Man darf sich eine monochromatische Welle vorstellen.

Wenn es sich um eine ebene Welle und damit um eine räumlich konstante Feldverteilung $E(x,y) \equiv \hat{E}=$const in der Objektebene handelt, ist das Ergebnis der Fourier-Analyse ein „δ-Peak", also ein einziger Fokus - auf der optischen Achse bei achsparalleler Welle:

$$\hat{E} \cdot \delta(\nu_x, \nu_y) = \int\limits_{-\infty}^{\infty} \int\limits_{-\infty}^{\infty} \hat{E} \, \exp\{-i2\pi[\nu_x x + \nu_y y]\} \, dx \, dy \,, \qquad (4.9)$$

$$\hat{E} \cdot \delta(\nu_x - \nu_x', \nu_y - \nu_y') = \int\limits_{-\infty}^{\infty} \int\limits_{-\infty}^{\infty} \hat{E} \, \exp\{-i2\pi[(\nu_x - \nu_x')x + (\nu_y - \nu_y')y]\} \, dx \, dy \,.$$

$$(4.10)$$

Gleichung (4.9) kann als Definition der zweidimensionalen δ-Funktion gesehen werden. In Gl. (4.10) handelt es sich um eine schräg zur optischen Achse laufende ebene Welle und einen Fokus seitlich von der optischen Achse versetzt. Umgekehrt zu Gl. (4.9) gilt:

$$\hat{E} = \text{const} = \int\limits_{-\infty}^{\infty} \int\limits_{-\infty}^{\infty} \hat{E} \, \delta(\nu_x, \nu_y) \, \exp\{i2\pi[\nu_x x + \nu_y y]\} \, d\nu_x \, d\nu_y \,. \qquad (4.11)$$

4.2.2. Eigenschaften der 2D-Fourier-Transformation, wichtige Operationen

Am Beispiel der Situation in der Optik (zweidimensionale (2D) räumliche Feldverteilung $E(x,y)$) seien einige Eigenschaften der Fourier-Transformation und wichtige Operationen aufgelistet.

- Linearität:

$$\mathcal{F}\{a_1 E_2 + a_2 E_2\}(\nu_x, \nu_y) = a_1 \cdot \mathcal{F}\{E_1\}(\nu_x, \nu_y) + a_2 \cdot \mathcal{F}\{E_2\}(\nu_x, \nu_y) \qquad (4.12)$$

mit den im Allgemeinen komplexen Feldverteilungen $E_1(x,y)$ und $E_2(x,y)$ und Koeffizienten a_1 und a_2.

- Komplex-Konjugation[4]:

$$\mathcal{F}\{E^*(x,y)\}(\nu_x, \nu_y) = (\mathcal{F}\{E(x,y)\})^* (-\nu_x, -\nu_y) \,. \qquad (4.13)$$

- Verschiebungssatz:

$$\mathcal{F}\{E(x + \Delta x, y + \Delta y)\}(\nu_x, \nu_y) = \exp\{i2\pi(\nu_x \Delta x + \nu_y \Delta y)\} \cdot \mathcal{F}\{E(x,y)\}(\nu_x, \nu_y) \,.$$

$$(4.14)$$

- Skalierungssatz (Wiederholung):

$$\mathcal{F}\{E(a_x x, a_y y)\}(\nu_x, \nu_y) = \frac{1}{|a_x| \cdot |a_y|} \cdot \mathcal{F}\{E(x,y)\}\left(\frac{\nu_x}{a_x}, \frac{\nu_y}{a_y}\right) \qquad (4.15)$$

mit a_x und a_y als reelle „Streckungsfaktoren" in x- und y-Richtung.

---

[4]Das Superskript * wird im gesamten Buch als Symbol für Konjugiert-Komplexe verwendet.

o Definition - Auto- und Kreuzkorrelation (Operator-Symbol $\otimes$):

$$[E \otimes E](x,y) = [E(x',y') \otimes E(x',y')]\,|_{(x,y)} \quad \text{(heißt: „an der Stelle" (x,y))}$$

$$= \int_{-\infty}^{\infty} \int_{-\infty}^{\infty} E(x'+x, y'+y) \cdot E^*(x',y')\, dx'\, dy'. \tag{4.16}$$

Mit $x'' = x' + x$ und $y'' = y' + y$ ergibt sich noch eine andere Schreibweise:

$$[E \otimes E](x,y) = \int_{-\infty}^{\infty} \int_{-\infty}^{\infty} E(x'',y'') \cdot E^*(x''-x, y''-y)\, dx''\, dy''$$

$$= \int_{-\infty}^{\infty} \int_{-\infty}^{\infty} E(x',y') \cdot E^*(x'-x, y'-y)\, dx'\, dy' \tag{4.17}$$

$$[E_1 \otimes E_2](x,y) = (E_1(x',y') \otimes E_2(x',y'))\,(x,y)$$

$$= \int_{-\infty}^{\infty} \int_{-\infty}^{\infty} E_1(x',y') \cdot E_2^*(x'-x, y'-y)\, dx'\, dy' \tag{4.18}$$

- Korrelationssatz:

$$\mathcal{F}\{E_1^*(x,y) \cdot E_2(x,y)\}(\nu_x, \nu_y) = \mathcal{F}\{E_1(x,y)\}(\nu_x, \nu_y) \otimes \mathcal{F}\{E_2(x,y)\}(\nu_x, \nu_y) \tag{4.19}$$

$$\mathcal{F}\{E_1(x,y) \otimes E_2(x,y)\}(\nu_x, \nu_y) = \mathcal{F}\{E_1(x,y)\}(\nu_x, \nu_y) \cdot \mathcal{F}\{E_2^*(x,y)\}(\nu_x, \nu_y) \tag{4.20}$$

o Definition - Faltung (Operator-Symbol $*$):

$$[E_1 * E_2](x,y) = [E_1(x',y') * E_2(x',y')]\,|_{(x,y)}$$

$$= \int_{-\infty}^{\infty} \int_{-\infty}^{\infty} E_1(x',y') \cdot E_2(x-x', y-y')\, dx'\, dy' \tag{4.21}$$

- Faltungssatz:

$$\mathcal{F}\{E_1(x,y) \cdot E_2(x,y)\}(\nu_x, \nu_y) = \mathcal{F}\{E_1(x,y)\}(\nu_x, \nu_y) * \mathcal{F}\{E_2(x,y)\}(\nu_x, \nu_y) \tag{4.22}$$

$$\mathcal{F}\{E_1(x,y) * E_2(x,y)\}(\nu_x, \nu_y) = \mathcal{F}\{E_1(x,y)\}(\nu_x, \nu_y) \cdot \mathcal{F}\{E_2(x,y)\}(\nu_x, \nu_y) \tag{4.23}$$

Multiplikation im Ortsraum bedeutet Faltung im Raumfrequenzraum und umgekehrt.

- Differenziation:

$$\mathcal{F}\left\{\frac{\partial}{\partial x} E(x,y)\right\}(\nu_x, \nu_y) = i2\pi\nu_x \cdot \mathcal{F}\{E(x,y)\}(\nu_x, \nu_y), \tag{4.24}$$

$$\mathcal{F}\left\{\frac{\partial}{\partial y} E(x,y)\right\}(\nu_x, \nu_y) = i2\pi\nu_y \cdot \mathcal{F}\{E(x,y)\}(\nu_x, \nu_y). \tag{4.25}$$

- Parsevals Theorem (Energiesatz):

$$\int\limits_{-\infty}^{\infty} \int\limits_{-\infty}^{\infty} \mid E(x,y) \mid^2 \, dx \, dy = \int\limits_{-\infty}^{\infty} \int\limits_{-\infty}^{\infty} \mid \mathcal{F}\{E\}\,(\nu_x,\nu_y) \mid^2 \, d\nu_x \, d\nu_y \, . \tag{4.26}$$

4.2.3. Einige Beispiele für 2D-Fourier-Transformierte

- Eine ebene Welle parallel zur optischen Achse führt zu einem Fokus (δ-Funktion) auf der optischen Achse im Unendlichen (Fernfeld) (vergleiche Gl. (4.9)):

$$E(x,y) \;=\; \text{const} = \hat{E} \tag{4.27}$$
$$\Longrightarrow \quad F(\nu_x,\nu_y) \;=\; \hat{E} \cdot \delta(\nu_x,\nu_y). \tag{4.28}$$

- Ein Lichtpunkt auf der optischen Achse führt zu einer achsparallelen ebenen Welle:

$$E(x,y) \;=\; \hat{E} \cdot \delta(x,y) \tag{4.29}$$
$$\Longrightarrow \quad F(\nu_x,\nu_y) \;=\; \text{const} = \hat{E} \cdot \exp\{-i2\pi(\nu_x x + \nu_y y)\}. \tag{4.30}$$

- Eine schräg zur optischen Achse laufende ebene Welle (mit den Winkeln β_x und β_y zwischen der optischen Achse und der x- beziehungsweise der y-Achse) führt zu einem Brennpunkt jenseits der optischen Achse im Unendlichen (vergleiche Gl. (4.11)):

$$\begin{aligned}
E(x,y) \;&=\; \hat{E} \cdot \exp\{i[k_x x + k_y y]\} = \hat{E} \cdot \exp\{i\cdot \mid \vec{k} \mid \cdot [x \cdot \sin\beta_x + y \cdot \sin\beta_y]\} \\
&\equiv\; \hat{E} \cdot \exp\left\{i\frac{2\pi}{\lambda}[x \cdot \sin\beta_x + y \cdot \sin\beta_y]\right\}
\end{aligned} \tag{4.31}$$

$$\begin{aligned}
\Longrightarrow F(\nu_x,\nu_y) \;&=\; \hat{E} \int\limits_{-\infty}^{\infty} \int\limits_{-\infty}^{\infty} \exp\left\{i\frac{2\pi}{\lambda}[x \sin\beta_x + y \sin\beta_y]\right\} \exp\left\{-i2\pi[\nu_x x + \nu_y y]\right\} \, dx \, dy \\
&=\; \hat{E} \int\limits_{-\infty}^{\infty} \int\limits_{-\infty}^{\infty} \exp\left\{-i2\pi\left[\left(\nu_x - \frac{\sin\beta_x}{\lambda}\right) x + \left(\nu_y - \frac{\sin\beta_y}{\lambda}\right) y\right]\right\} \, dx \, dy \\
&=\; \hat{E} \cdot \delta\left(\nu_x - \frac{\sin\beta_x}{\lambda}, \nu_y - \frac{\sin\beta_y}{\lambda}\right) .
\end{aligned} \tag{4.32}$$

- Ein leuchtender Strich als Objekt auf einer der beiden Achsen (hier exemplarisch auf der x-Achse ($y = 0$)) führt zu einem um 90° gedrehten Strich im Unendlichen (Ebene der Fourier-Transformierten, Raumfrequenz-Ebene; hier auf der ν_y-Achse ($\nu_x = 0$)):

$$E(x,y) \;=\; \hat{E} \cdot \delta(y) \tag{4.33}$$

$$\begin{aligned}
\Longrightarrow \quad F(\nu_x,\nu_y) \;&=\; \hat{E} \int\limits_{-\infty}^{\infty} \int\limits_{-\infty}^{\infty} \delta(y) \cdot \exp\{-i2\pi(\nu_x x + \nu_y y)\} \, dx \, dy \\
&=\; \hat{E} \underbrace{\int\limits_{-\infty}^{\infty} \exp\{-i2\pi\nu_x x\} \, dx}_{=\delta(\nu_x)} \cdot \underbrace{\int\limits_{-\infty}^{\infty} \delta(y) \cdot \exp\{-i2\pi\nu_y y\} \, dy}_{=\exp\{-i2\pi\nu_y 0\}=1} \\
&=\; \hat{E} \cdot \delta(\nu_x).
\end{aligned} \tag{4.34}$$

Ist der Strich parallel um $\tilde{b}_y$ gegen die x-Achse versetzt, ergibt sich zusätzlich nur ein Phasenterm $(\exp\{-i2\pi\nu_y\tilde{b}_y\})$; das Raumfrequenzspektrum wird aber nicht verschoben:

$$E(x,y) = \hat{E}\cdot\delta(y-\tilde{b}_y) \tag{4.35}$$

$$\implies F(\nu_x,\nu_y) = \hat{E}\int\limits_{-\infty}^{\infty}\int\limits_{-\infty}^{\infty}\delta(y-\tilde{b}_y)\cdot\exp\{-i2\pi(\nu_x x+\nu_y y)\}\,dx\,dy$$

$$= \hat{E}\underbrace{\int\limits_{-\infty}^{\infty}\exp\{-i2\pi\nu_x x\}\,dx}_{=\delta(\nu_x)}\cdot\underbrace{\int\limits_{-\infty}^{\infty}\delta(y-\tilde{b}_y)\exp\{-i2\pi\nu_y y\}\,dy}_{=\exp\{-i2\pi\nu_y\tilde{b}_y\}}$$

$$= \hat{E}\cdot\exp\{-i2\pi\nu_y\tilde{b}_y\}\cdot\delta(\nu_x). \tag{4.36}$$

- Ein Amplituden-Cosinusgitter mit der Gitterkonstante g_x als Objekt führt zu drei Foki im Unendlichen, einer davon auf der optischen Achse:

$$E(x,y) = \hat{E}\cdot\left\{\frac{1}{2}+\frac{1}{2}\cos\frac{2\pi x}{g_x}\right\}$$

$$= \hat{E}\cdot\left\{\frac{1}{2}+\frac{1}{2}\left[\frac{1}{2}\left(\exp\left\{i\frac{2\pi x}{g_x}\right\}+\exp\left\{-i\frac{2\pi x}{g_x}\right\}\right)\right]\right\}$$

$$= \hat{E}\cdot\left\{\frac{1}{2}+\frac{1}{4}\exp\left\{i\frac{2\pi x}{g_x}\right\}+\frac{1}{4}\exp\left\{-i\frac{2\pi x}{g_x}\right\}\right\} \tag{4.37}$$

$$\implies F(\nu_x,\nu_y) = \hat{E}\cdot\left\{\underbrace{\frac{1}{2}\delta(\nu_x,\nu_y)}_{\text{0. Ordnung}}+\underbrace{\frac{1}{4}\delta(\nu_x-\frac{1}{g_x},\nu_y)}_{\text{+1. Ordnung}}+\underbrace{\frac{1}{4}\delta(\nu_x+\frac{1}{g_x},\nu_y)}_{\text{-1. Ordnung}}\right\}. \tag{4.38}$$

4.3. Dreidimensionale (3D-) Fourier-Transformation

Die Gleichungen seien hier für das Beispiel einer dreidimensionalen Verteilung $E(x,y,z)$ der elektrischen Feldstärke einer elektromagnetischen Welle geschrieben. Dies entspricht dem Fall der Röntgen-Beugung an einem Kristallgitter - etwa zur Strukturanalyse.

4.3.1. Gleichungen

Die 3D-Fourier-Transformation (Fourier-Analyse) bedeutet folgenden Zusammenhang:

$$F(\nu_x,\nu_y,\nu_z) \equiv \mathcal{F}\{E(x,y,z)\}(\nu_x,\nu_y,\nu_z)$$

$$= \int\limits_{-\infty}^{\infty}\int\limits_{-\infty}^{\infty}\int\limits_{-\infty}^{\infty}E(x,y,z)\cdot\exp\{-i2\pi(\nu_x x+\nu_y y+\nu_z z)\}\,dx\,dy\,dz$$

$$\tag{4.39}$$

mit der inversen Fourier-Transformation (Fourier-Synthese):

$$
\begin{aligned}
E(x,y,z) &= \mathcal{F}^{-1}\{F(\nu_x,\nu_y,\nu_z)\}\,(x,y,z) \\
&= \int\limits_{-\infty}^{\infty}\int\limits_{-\infty}^{\infty}\int\limits_{-\infty}^{\infty} F(\nu_x,\nu_y,\nu_z)\cdot\exp\{+i2\pi(x\nu_x+y\nu_y+z\nu_z)\}\,d\nu_x\,d\nu_y\,d\nu_z\,,
\end{aligned}
$$

$$(4.40)$$

wobei ν_x, ν_y und ν_z die Raumfrequenzen in den drei Richtungen x, y, z darstellen.

4.3.2. Der k-Raum in der Röntgen-Kristallgitter-Strukturanalyse

Der $\vec{k}$-Raum in der Röntgenstrukturanalyse von Kristallgittern (oder allgemeiner Festkörpern) ist der dreidimensionale Raum der Raumfrequenzen (ν_x,ν_y,ν_z) (jeweils näherungsweise proportional dem Kehrwert der Gitterkonstanten/-perioden g_x, g_y, g_z), die in der Struktur der untersuchten Festkörperprobe vorkommen. Im Fall eines Einkristalls, also einer in allen drei Raumrichtungen (in der Realität *fast*) periodischen Anordnung von Atomen/Molekülen, besteht die entsprechende Struktur im $\vec{k}$-Raum aus diskreten Gitterpunkten. Wegen der inversen Proportionalität von Raumfrequenzen und Gitterkonstanten wird auch die Bezeichnung „reziproker Raum" verwendet. Da $\vec{k}$ in der Quantenphysik mit einem Impuls

$$\vec{p}=\hbar\vec{k} \tag{4.41}$$

mit $h \equiv \hbar\cdot(2\pi)$ als Planckschem Wirkungsquantum verknüpft ist, wird auch der Ausdruck „Impulsraum" genutzt.

4.3.3. Laue- und Bragg-Beugungsbedingungen; Ewald-Kugel-Konstruktion

Der diskrete Charakter des reziproken Raums führt zusammen mit dem Impulserhaltungssatz dazu, dass nur bestimmte Impulsvektoren für eine Wechselwirkung der elektromagnetischen Welle mit dem Kristallgitter erlaubt sind. Um dies zu beschreiben, existieren zwei gleichwertige Bedingungen, graphisch durch Abb. 4.2 veranschaulicht, die Laue-Beugungsbedingung und die Braggsche Beugungsbedingung:

$$
\begin{aligned}
2d_\perp\cdot\sin\theta &= m\lambda_0 & (4.42) \\
\vec{k}_{vor}-\vec{k}_{nach} &= \vec{K}, & (4.43)
\end{aligned}
$$

wobei $d_\perp$ den Gitterebenenabstand im Ortsraum senkrecht zur Festkörperkristall-Oberfläche angibt, θ den Glanzwinkel (90°-Einfallswinkel) beim Röntgen-Strahlungs-Einfall auf die Oberfläche, m die Gitterbeugungsordnung und λ_0 die Röntgen-Strahlungs-Vakuum-Wellenlänge. Die Größen $\vec{k}_{vor}$ und $\vec{k}_{nach}$ sind die Impuls- beziehungsweise Ausbreitungsvektoren der Röntgen-Strahlung „vor" und „nach" der Wechselwirkung (dem Stoß des Photons mit dem Kristallgitter).

Der Vektor $\vec{K}$ als der Differenzvektor der Ausbreitungsvektoren der einfallenden und der gebeugten/reflektierten Strahlung unterliegt der Bedingung, ein erlaubter Vektor

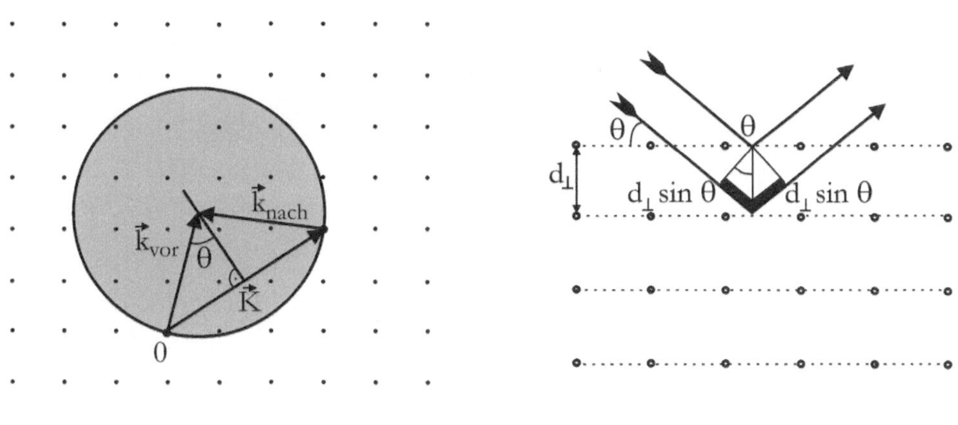

Abbildung 4.2.: Skizzen zur Laue-Beugungsbedingung (links - im reziproken Raum) und zur Braggschen Beugungsbedingung (rechts - im Ortsraum)

im reziproken Raum zu sein; das heißt, er muss in einem Punkt des reziproken Gitters starten und in einem anderen enden (und nicht etwa zwischen den Gitterpunkten).

Die Konstruktion nach Abb. 4.2 links, bei der der Ursprung des Vektors $\vec{k}_{vor}$ in den Ursprung des reziproken Raums gelegt wird, nennt man auch Ewald-Kugel, hier im zweidimensionalen Schnitt.

Die Gleichwertigkeit beider Bedingungen sei durch die Herleitung der Bragg-Bedingung aus der Laue-Bedingung gezeigt:

$$\vec{k}_{vor} - \vec{k}_{nach} = \vec{K} \quad \Longrightarrow \quad \vec{k}_{vor} - \vec{K} = \vec{k}_{nach}, \tag{4.44}$$

$$\text{wobei} \quad K \equiv |\,\vec{K}\,| = m \cdot \frac{2\pi}{d_\perp}, \tag{4.45}$$

wie in der Festkörperphysik (als Folge einer Fourier-Transformation) gezeigt wird. Für eine *elastische* Streuung geht keine Energie verloren; das heißt auch, dass die Wellenlänge der Röntgen-Strahlung unverändert bleibt und dass dadurch die Beträge der Vektoren $\vec{k}_{vor}$ und $\vec{k}_{nach}$ vor und nach der Wechselwirkung gleich sein müssen:

$$|\,\vec{k}_{vor} - \vec{K}\,| = |\,\vec{k}_{nach}\,| = |\,\vec{k}_{vor}\,| \equiv k_{vor} \tag{4.46}$$

$$\text{quadriert:} \quad k_{vor}^2 - 2\vec{k}_{vor} \cdot \vec{K} + K^2 = k_{vor}^2 \tag{4.47}$$

$$\Longrightarrow \quad \vec{k}_{vor} \cdot \vec{K} = \frac{1}{2}K^2 \tag{4.48}$$

$$\Longrightarrow \quad \vec{k}_{vor} \cdot \frac{\vec{K}}{K} = \frac{1}{2}\frac{K^2}{K} = \frac{1}{2}K, \tag{4.49}$$

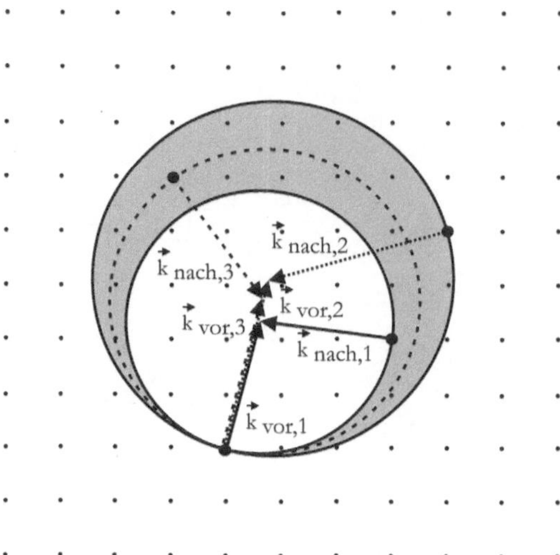

Abbildung 4.3.: Ewald-Kugel-Konstruktion für das Laue-Verfahren zur Röntgen-Kristallgitter-Strukturanalyse

was die linke Grafik in Abb. 4.2 darstellt; aus der Grafik und Gl. (4.45) folgt weiter:

$$\sin\theta \;=\; \frac{K/2}{|\,\vec{k}_{vor}\,|} \tag{4.50}$$

$$\implies \quad m\cdot\frac{2\pi}{d_\perp} = K \;=\; 2\cdot k_{vor}\cdot\sin\theta = 2\cdot\frac{2\pi}{\lambda_0}\cdot\sin\theta \tag{4.51}$$

$$\implies \quad m\lambda_0 \;=\; 2d_\perp\cdot\sin\theta, \tag{4.52}$$

was zu beweisen war. Die Herleitung verdeutlicht auch, dass die Braggsche Beugungsbedingung auf den Ortsraum bezogen ist, die Laue-Bedingung auf den reziproken.

4.3.4. Laue-, Drehkristall-, Pulververfahren und Röntgen-Diffraktometrie

In der Röntgen-Kristallgitter-Strukturanalyse gibt es drei Verfahrensklassen:

- das Laue-Verfahren mit breitbandiger Röntgen-Strahlung und fest stehender Probe,

- das Drehkristallverfahren mit monochromatischer Röntgen-Strahlung und sich drehender Probe sowie

- das Pulver- oder Debye-Scherrer-Verfahren mit monochromatischer Röntgen-Strahlung und einem Pulver als einer polykristallinen Probe; die Drehung aus dem Drehkristallverfahren wird durch die Vielzahl der Orientierungen der Kristallite im Pulver ersetzt.

Hinzu kommt die Röntgen-Diffraktometrie (XRD oder XDIFF abgekürzt), die aber auch als ein Drehkristallverfahren angesehen werden kann.

Exemplarisch sei in Abb. 4.3 noch die Ewald-Kugel-Konstruktion für das Laue-Verfahren gezeigt. Da die Röntgen-Strahlung breitbandig ist, überspannt $|\vec{k}_{vor}| = |\vec{k}_{nach}|$ einen gewissen Wertebereich. Daher gibt es unendlich viele Ewald-Kugeln mit unterschiedlichem Radius. Die größte und die kleinste Ewald-Kugel sind in Abb. 4.3 eingezeichnet. So wird die Laue-Beugungsbedingung vielfach erfüllt und es kommt im Experiment zu zahlreichen Röntgen-Beugungsreflexen. Für tiefer gehende Beschreibungen der Ewald-Kugel-Konstruktion sei auf [ASH 07] verwiesen.

Die Röntgen-Diffraktometrie soll ausführlicher behandelt werden, da sie gerne als Ex-situ-Verfahren nach der Epitaxie von Halbleiterlaser-Schichtenfolgen eingesetzt wird, um den Grad der Gitterverspannung beziehungsweise den Grad der Gitterrelaxation durch Messung der senkrechten Gitterebenenabstände zu messen. Dazu seien vor dem selben Anwendungshintergrund III-V-Halbleiter betrachtet, die zum Halbleiterlaser-Bau eingesetzt werden. Das sind häufig III-V-Halbleiter, wie GaAs (Galliumarsenid), Al-GaAs (Aluminiumgalliumarsenid), GaSb (Galliumantimonid) oder InAs (Indiumarsenid). Diese III-V-Halbleiter kristallisieren oft in der Zinkblende-Struktur, einem kubisch-flächenzentrierten Gitter mit einer zweiatomigen Basis aus dem Gruppe III-Atom und dem Gruppe V-Atom - an den Stellen $(0, 0, 0)$ und $(1/4, \ 1/4, \ 1/4)$ in der Elementarzelle. Man kann auch sagen, es handelt sich um zwei ineinander geschachtelte kubisch-flächenzentrierte Gitter, die um ein Viertel auf der Raumdiagonalen gegeneinander versetzt sind, eins für die Gruppe III-Atome, eins für die Atome des Gruppe V-Elements. Eine Atomlage aus Gruppe III-Atomen und eine Atomlage aus Gruppe V-Atomen wachsen immer gleichzeitig auf und bilden zusammen eine so genannte Monolage (ML). In der Zinkblende-Struktur enthält eine Gitterkonstante zwei Monolagen (Atom*doppel*lagen) und damit vier Atomlagen.

Abbildung 4.4 zeigt schematisch einen Aufbau zur Röntgen-Diffraktometrie, die möglichen Gitter-Situationen und eine so genannte 'rocking'-Kurve als Ergebnis einer Röntgen-Diffraktometrie-Messung, für die der Glanzwinkel der einfallenden Strahlung variiert wurde. Zur Präparation des Röntgen-Strahls dient ein Doppelkristall- (Vierfach-Beugungs-) Röntgen-Monochromator[5] ($Ge_{(220)}$-Kristalle), mit dem gleichzeitig, die Röntgen-Strahlung kollimiert (parallelisiert) und der deshalb auch 'beam conditioner' genannt wird. Die so vorbereitete Strahlung trifft auf die zu untersuchende Probe, im Fall von Halbleiterlasern üblicherweise ein III-V-Halbleiter-Substrat mit epitaktisch darauf gewachsenen III-V-Halbleiter-Schichten, beides in einer kubischen Kristallstruktur. Mit der Gitterkonstante des Substrats (a_S) und der natürlichen Gitterkonstante der aufzuwachsenden Schicht (a_L) wird die Gitterfehlanpassung (englisch: 'lattice mismatch') folgendermaßen definiert:

$$\frac{\Delta a}{a_S} = \frac{a_L - a_S}{a_S}. \tag{4.53}$$

Wenn die Gitterfehlanpassung nur wenige Prozent beträgt, wird die Schicht zunächst gezwungen, mit einer transversalen Gitterkonstanten zu entstehen (zu wachsen), die der

---

[5]Röntgen-Bragg-Beugung findet in diesem Aufbau an fünf verschiedenen Stellen statt; viermal im 'beam conditioner' und einmal an der Probe selbst.

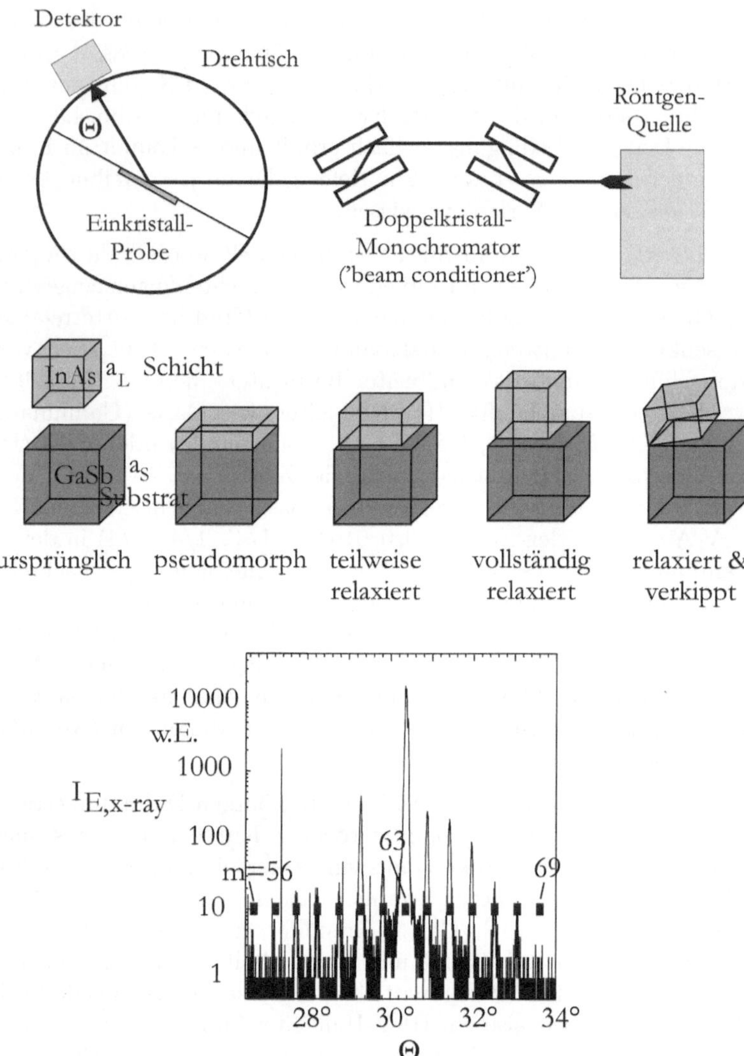

Abbildung 4.4.: Aufbau (oben), die möglichen Gitter-Situationen (Mitte, jeweils eine Elementarzelle gezeichnet) und eine so genannte 'rocking'-Kurve (unten) als Ergebnis einer Röntgen-Diffraktometrie (XDIFF)-Messung an einer Probe, in der sich eine Sequenz aus 11 ML (Monolagen) AlSb, 6 ML InAs, 7 ML GaSb und 6 ML InAs wiederholt. Wenn man noch 1,5 ML für die Grenzflächen ('interfaces') zwischen den Schichten innerhalb der Periode mitrechnet, besteht die Periode aus 31,5 ML oder 63 Atomlagen

Gitterkonstante des Substrats gleicht; man spricht dann von pseudomorphem Wachstum. Im Fall von InAs auf GaAs (in Abb. 4.4 für die Gitterkonstanten übertrieben unterschiedlich gezeichnet) beträgt die Gitterfehlanpassung stolze 7,1%. Die aus der Mechanik bekannte Tendenz zur Volumenerhaltung greift auch hier: Wenn das Schichtmaterial gezwungen wird, transversal mit einer größeren Gitterkonstante als seiner natürlichen zu wachsen, wird seine Gitterkonstante senkrecht dazu kleiner als seine übliche (und umgekehrt).

Mit der Gitterfehlanpassung ist eine mechanische Verspannung der Schicht verbunden. Wenn diese Verspannung durch Abkühlung der Probe oder Überschreitung einer kritischen Schichtdicke zu groß wird, ist es für die Schicht energetisch günstiger zu relaxieren. Das heißt, dass sie teilweise oder vollständig auf ihre eigentliche Gitterkonstante ('native grating constant') zurückspringt. Für eine nur teilweise Relaxation kann es viele Gründe geben, unter Umständen auch Gitterfehlstellen (Abweichungen vom idealen Einkristall), mit denen lokale Änderungen des Gitterpotenzials verbunden sind. Wie im letzten Teilbild der Sequenz in der Mitte von Abb. 4.4 gezeigt wird, gibt es sogar die Möglichkeit, dass sich die Schicht lokal unter einem Winkel vom Substrat abhebt und letztlich womöglich (aber nicht notwendigerweise) ganz abplatzt.

Um den genauen Zustand der Schicht relativ zum Substrat zu bestimmen, sind im Prinzip 16 verschiedene Röntgen-Diffraktometrie-Messungen notwendig. Meistens existiert über eine Probe aber Vorwissen, so dass weniger Messungen ausreichen.

Das untere Teilbild in Abb. 4.4 zeigt eine Rocking-Kurve für eine Probe, in der sich eine Sequenz aus 11 ML (Monolagen) AlSb, 6 ML InAs, 7 ML GaSb und 6 ML InAs wiederholt. Wenn man noch 1,5 ML für die Grenzflächen ('interfaces') zwischen den Schichten innerhalb der Periode mitrechnet, besteht die Periode aus 31,5 ML oder 63 Atomlagen. Die natürliche Gitterkonstante von AlSb ist etwas größer als die von GaSb, die von InAs etwas kleiner als die von GaSb; auf GaSb-Substrat sollte eine solche Schichtenfolge insgesamt eine geringe Gitterverspannung zeigen, weil sich die positiven und negativen mechanischen Verspannungen (mit Druck und Zug in der Wachstumsebene) nahezu kompensieren. Dann ist von „verspannungskompensiertem Wachstum" die Rede. Der zentrale Peak in der Rocking-Kurve (der fast genau auf dem „Substrat-Peak" liegt, was auf sehr gute Verspannungskompensation und im Mittel Gitteranpassung hindeutet) kann entweder als $(m=)$ 1. Ordnung der Bragg-Beugung an einer Struktur der Gitterkonstante $d_\perp$ oder aber in diesem Beispiel als $(m'=)$ 63. Beugungsordnung der Periodenstruktur der Ausdehnung $63 \cdot d_\perp$ verstanden werden, hier für seinen Beugungswinkel Θ geschrieben:

$$\begin{aligned} \Theta(1) &= \arcsin\left(\frac{\lambda}{2 \cdot d_\perp}\right) = \arcsin\left(\frac{m' \cdot \lambda}{2 \cdot (m' \cdot d_\perp)}\right) \\ &= \arcsin\left(\frac{m' \cdot \lambda}{2 \cdot d_{gesamt}}\right) = \arcsin\left(\frac{63 \cdot \lambda}{2 \cdot d_{gesamt}}\right). \end{aligned} \tag{4.54}$$

Um die Sache noch zu erschweren, wird der Zentralpeak in der Praxis weder mit 1, noch mit m' nummeriert, sondern mit 0 („0. Ordnung"). Und nach links und rechts auf der Achse des Beugungswinkels wird von den negativen Ordnungen $-1, -2, \ldots$ und den

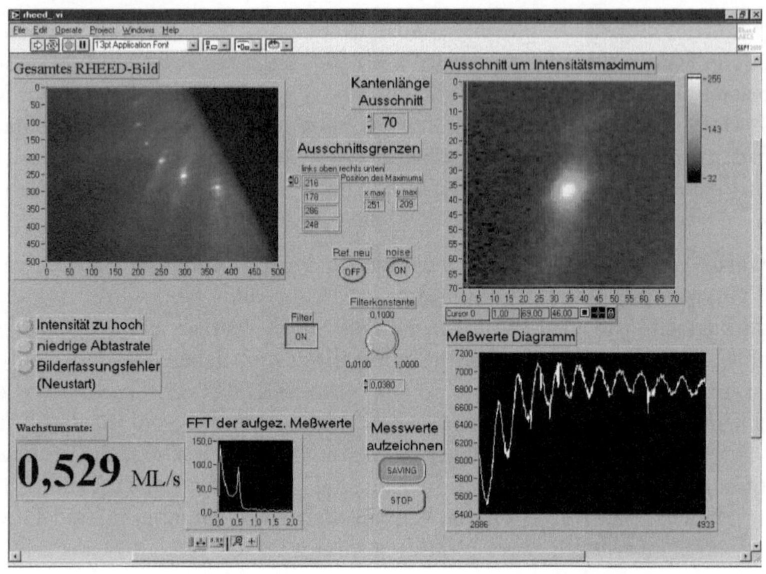

Abbildung 4.5.: MBE/RHEED-Computeroberfläche mit Beugungsmuster auf dem Fluoreszenzschirm

positiven Ordnungen $+1, +2, \ldots$ gesprochen, weil man auf diese Weise einfach abzählen kann und nicht rechnen muss.

In der Erklärung eben wurde vom Wachstum einer Schicht auf dem „Substrat" gespro-
chen. Im Allgemeinen ist hiermit aber nicht nur die erste Schicht auf einem (gekauften)
Halbleiter-Wafer gemeint, sondern irgendeine Schicht auf dem bis dahin existierenden
Untergrund; der Begriff Substrat ist also in einem allgemeineren Sinne zu verstehen.

4.3.5. Kristallstrukturanalyse durch Elektronenbeugung

Zur Kristallgitter-Strukturanalyse können statt Röntgen-Strahlen auch Elektronenstrah-len verwendet werden, wobei Elektronen mit geringer kinetischer Energie und großem Glanzwinkel (LEED) oder solche mit großer kinetischer Energie und meistens kleinem Glanzwinkel (RHEED) zum Einsatz kommen. Die beiden Abkürzungen stehen für 'low energy electron diffraction' und 'reflective high energy electron diffraction'. RHEED wird gerne als In-situ-Verfahren bei der Halbleiterepitaxie eingesetzt (also noch *vor* dem XDIFF-Verfahren, was ja *nach* der Epitaxie genutzt wird). Abbildung 4.5 zeigt die grafische Oberfläche des RHEED-Steuerprogramms einer Molekularstrahlepitaxie-Anlage. Zu erkennen ist links oben ein Fluoreszenzbild, das sich durch Auftreffen der an der epitaktischen Probenoberfläche gebeugten (Bragg-reflektierten) Elektronen auf einen Fluoreszenzschirm ergibt. Eines der Beugungsmaxima ist im Teilbild rechts oben herausgezoomt. Die zeitlichen Intensitätsschwankungen dieses Maximums während des

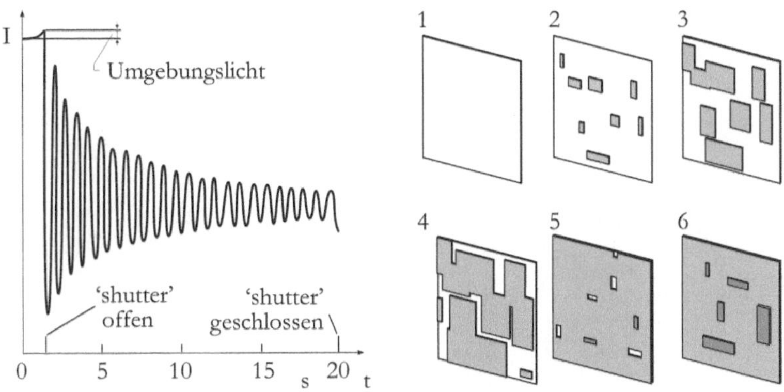

Abbildung 4.6.: RHEED-Oszillationen und Darstellung des Inselwachstums, das für die Oszillationen mit abfallender Amplitude verantwortlich ist, nach [HER 89]

epitaktischen Wachstums einer Halbleiterprobe sind im Teilbild rechts unten dargestellt und werden im Zusammenhang mit Abb. 4.6 erläutert werden. Aus den Oszillationen lässt sich 'on line' die Wachstumsrate berechnen, in diesem Beispiel 0,529 ML/s.

Die Beugungsmaxima im RHEED-Fluoreszenzbild sind in einer Richtung leicht gestreckt, weil die Beugung tatsächlich im Wesentlichen an wenigen oberflächennahen Kristallgitterebenen stattfindet und nicht etwa an einem größeren Volumenbereich der Probe. Denn Beugung an einem

- 1D-Gitter führt zu Beugungsmaxima, die Ebenen (2D) im Raum darstellen,
- 2D-Gitter führt zu linienförmigen (1D) Beugungsmaxima, die ins Fernfeld weisen,
- 3D-Gitter führt zu punktförmigen (0D) Beugungsmaxima.

Die genauen Zusammenhänge sind noch etwas komplizierter; denn das dreidimensionale Fernfeld kann wieder als Raum der Raumfrequenzen interpretiert werden. Letztlich kommt es auf die Frage an, wie die Ewald-Kugel relativ zu dem Fluoreszenzschirm (als Detektor im $\vec{k}$-Raum) liegt. Die Situation ist sehr gut in [HEN 07] beschrieben.

Da sich das RHEED-Muster auf dem Fluoreszenzschirm während des epitaktischen Wachstums sehr schnell ändern kann, wird häufig eine Kamera vor dem Schirm positioniert und mit einer Computer-Bildverarbeitung gekoppelt. Wird die Bildverarbeitung in einem Modus betrieben, in dem der zeitliche Intensitätsverlauf eines einzigen prominenten Maximums des RHEED-Musters auf dem Fluoreszenzschirm aufgezeichnet wird, entsteht ein Signalverlauf, wie links in Abb. 4.6 gezeichnet. Die Erklärung findet sich skizzenhaft rechts in Abb. 4.6. Für die Zeiten, zu denen eine Monolage fast vollständig ist, ist die RHEED-Intensität des entsprechenden Beugungsmaximums hoch. Wenn weiteres Material auf die epitaktische Oberfläche trifft, werden zunehmend auch Elektronen aus der Richtung des Maximums weggelenkt (weggebeugt) - durch Bragg-Reflexion an den Flanken der kleinen Materialinseln auf der Oberfläche. Die RHEED-Spot-Intensität

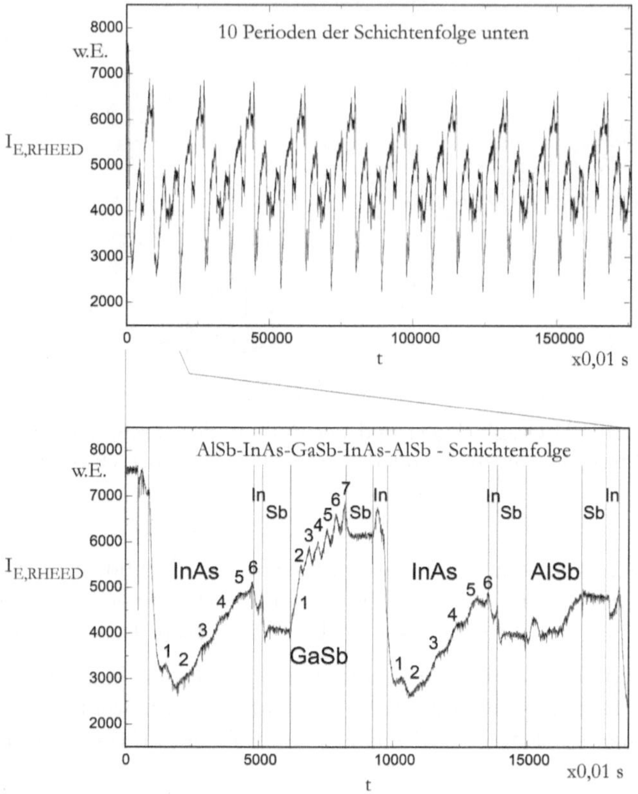

Abbildung 4.7.: RHEED-Spot-Intensitätsverläufe der Probe, die schon im Zusammenhang mit Abb. 4.4 konsultiert worden ist

ist minimal, wenn sich die neue Monolage zu etwa 50% gebildet hat; denn dann existiert eine Maximalzahl von Flanken, durch die die Elektronen weggelenkt werden können. Auf diese Weise kommt es über der Zeit zu den so genannten RHEED-Oszillationen. Eine Periode einer RHEED-Oszillation entspricht dem Wachstum einer Monolage (Atomdoppellage bei III-V-Halbleitern mit Zinkblende-Kristallstruktur). Hieraus kann während des Epitaxieprozesses (wenn das Substrat nicht rotiert) die Wachstumsrate einer Schicht berechnet und in die Steuerung des Wachstumsprozesses zurückgekoppelt werden. Die RHEED-Oszillationen erreichen beim Wachstum einer Schicht nie wieder ihre große Anfangsamplitude, weil es nie wieder dazu kommt, dass eine Monolage vollständig geschlossen ist, bevor die nächste anfängt sich zu bilden. Schlimmer noch: viele weitere Monolagen können bereits in Bildung begriffen sein, bevor eine bestimmte geschlossen ist.

Wenn das Detektionsfenster um den RHEED-Spot herum klein genug gewählt wird, kann die mehr oder weniger stattfindende Verschmierung des RHEED-Spots infolge von Gitterverspannungen genutzt werden, um noch genauere Informationen zum Wachstum einzelner Monolagen - zum Beispiel in komplexeren Schichtstrukturen - zu erhalten. Schon im Zusammenhang mit dem Röntgen-Diffraktometrie-Verfahren wurde als Probenbeispiel eine periodische Schichtenfolge aus 11 ML AlSb, 6 ML InAs, 7 ML GaSb und 6 ML InAs erwähnt. Die Abb. 4.7[6] zeigt oben RHEED-Spot-Intensitätsverläufe vom Wachstum von zehn Perioden dieser vier Schichten[7] und unten einen Ausschnitt aus dieser Folge, der sich über eine der Perioden erstreckt. An den schwachen lokalen Maxima (oder auch nur an den Änderungen in der Steigung des RHEED-Intensitätsverlaufs) lassen sich die gewachsenen Monolagen direkt abzählen.

---

[6]Die Abkürzung „w.E." steht im gesamten Buch für „willkürliche Einheiten".

[7]Zwischen dem Wachstum der InAs- und dem der GaSb-Schichten gibt es kurze Zeiträume, in denen dem Substrat nur In und dann nur Sb oder umgekehrt angeboten wird, um eine InSb-artige Grenzschicht zwischen den Schichten zu erzielen.

5. Kohärente Fourier-optische Filterung

5.1. Abbildung versus $4f$-Aufbau, Raumfrequenzfilterungen

Eine optische Abbildung ist gegeben, wenn sich von einem Punkt des betrachteten Objekts ausgehende Strahlen infolge des Einflusses optischer Elemente wieder in einem Punkt treffen, der dann Bildpunkt genannt wird. Vereinigen sich *alle* Strahlen von einem bestimmten Objektpunkt - falls sie nicht gerade zum Beispiel durch Blenden oder Ähnliches abgeblockt werden - wieder in dem entsprechenden Bildpunkt, handelt es sich um eine ideale Abbildung.[1] Aber es kommt immer zu einer Verschmierung der Bildpunkte, was zum einen auf Beugung ($\to$ beugungsbegrenztes Auflösungsvermögen), zum anderen auf Abbildungsfehler zurückzuführen ist.

Abbildungen gehorchen der Abbildungsgleichung, die mit Hilfe der Abb. 5.1 hergeleitet werden soll. Mit den Strahlensätzen ergibt sich:

$$\frac{B}{G} = \frac{b}{g} \quad \text{und} \quad \frac{B}{G} = \frac{b-f}{f}. \tag{5.1}$$

Hierbei sind g und b die Abstände des Objekts/Gegenstands und des Bildes von der Ebene, in der sich die Linse befindet, Gegenstands- und Bildweite genannt, und G und B die Gegenstandshöhe und die Bildhöhe. Die Größe f ist die Brennweite, derjenige Abstand, der der Gegenstandsweite für eine im Unendlichen liegende Bildebene entspricht, beziehungsweise der Abstand, der der Bildweite für eine im Unendlichen liegende Objektebene entspricht. Oder anders ausgedrückt: aus Strahlen, die aus einem Punkt auf der Brennebene (der Ebene im Abstand der Brennweite von der Linse) divergieren, werden parallele Strahlen und umgekehrt. Die Brennweite ist positiv bei Sammellinsen und negativ bei Zerstreuungslinsen. Im letzteren Fall ist auch entweder die Gegenstandsweite oder die Bildweite negativ, da es sich um ein virtuelles Objekt oder ein virtuelles Bild handelt. Bei zylindersymmetrischen optischen Anordnungen wird die Rotationssymmetrieachse als optische Achse (in Herleitungen oft die z-Achse) definiert.

Strahlenbündel, die zwar in sich parallel sind, aber nicht parallel zur optischen Achse verlaufen, treffen sich auf einer gekrümmten Fläche, zu der (in ihrem Kreuzungspunkt mit der optischen Achse) die Brennebene die Tangentialebene darstellt. - Mit den obigen Definitionen folgt aus den Aussagen und der Abbildungsgleichung, dass aus Brennpunktstrahlen (Strahlen, die durch den Brennpunkt gehen) Parallelstrahlen werden (Strahlen,

---

[1]In diese Definition der optischen Abbildung scheint zwar die Funktionsweise einer Sammellinse, nicht aber die einer Zerstreuungslinse hineinzupassen. Hier hilft die Einführung des Konzepts der virtuellen Punkte und Abbildungen. Es ist von virtuellen Objekt- oder Bildpunkten die Rede, wenn Strahlen durch die Wirkung optischer Elemente aus einem gemeinsamen Objektpunkt zu kommen scheinen oder sich ohne die optischen Elemente in einem gemeinsamen Bildpunkt treffen müssten. Mit dieser Vorstellung kann die Definition der Abbildung beibehalten werden.

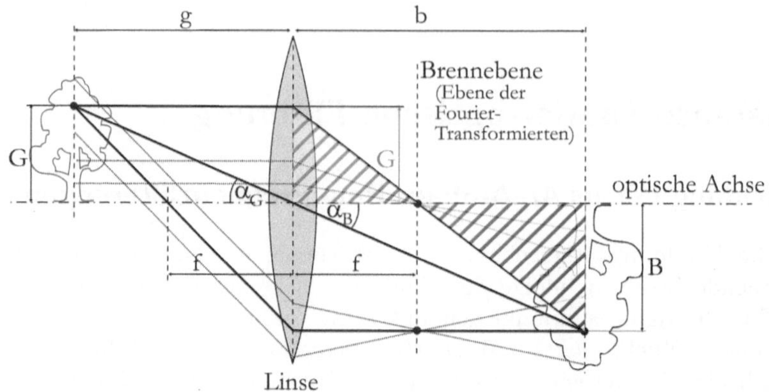

Abbildung 5.1.: Skizze zur optischen Abbildung, Definition der Größen Gegenstandshöhe G, Bildhöhe B, Gegenstandsweite g, Bildweite b und Brennweite f

die in sich parallel und parallel zur optischen Achse verlaufen) und umgekehrt. Das kann zur zeichnerischen Darstellung optischer Abbildungen ausgenutzt werden. Hinzu kommt der Mittelpunktstrahl, der in der Darstellung ohne Ablenkung durch das abbildende optische Element hindurchtritt und sehr einfach zur Konstruktion des Bildes genutzt werden kann. - Wegen der Gln. (5.1) ergibt sich die Abbildungsgleichung wie folgt:

$$\frac{b}{g} = \frac{b-f}{f} \tag{5.2}$$

$$\implies \frac{b}{g} = \frac{b}{f} - 1,$$

$$\implies \frac{1}{g} = \frac{1}{f} - \frac{1}{b},$$

$$\implies \frac{1}{f} = \frac{1}{g} + \frac{1}{b}. \tag{5.3}$$

Der Mittelpunktstrahl ist ein Hilfsstrahl, da er geradlinig durch die Linse hindurchgeht, eine Folgerung aus den Strahlensätzen. Denn für den Winkel α_G, den ein objektseitiger Mittelpunktstrahl mit der optischen Achse bildet, gilt nach den Gln. (5.1):

$$\tan \alpha_G = \frac{G}{g} = \frac{1}{g}\left(\frac{g}{b}B\right) = \frac{B}{b} = \tan \alpha_B \tag{5.4}$$

mit $\tan \alpha_B$ als Steigung des bildseitigen Mittelpunktstrahls. Objekt- und bildseitige Steigung sind also gleich; der Mittelpunktstrahl geht ungebrochen durch die Linse.[2]

---

[2]Diese Darstellung ist insofern vereinfachend, als ignoriert wird, dass die Strahlen sowohl an der vorderen als auch an der hinteren Oberfläche der Linse gebrochen werden; die Skizze fasst diese

Im Zusammenhang mit der Abbildungsgleichung (5.3) ist wichtig zu verstehen, dass es für ein bestimmtes Linsensystem und einen *festen* Abstand $d_{gb} = g + b$ zwischen Objekt und Bild entweder gar keine *oder* eine *oder* aber zwei mögliche Abbildungen gibt. Davon stellt eine eine Vergrößerung und die andere eine Verkleinerung dar. Dies ergibt sich folgendermaßen aus der Abbildungsgleichung:

$$\frac{1}{b} = \frac{1}{f} - \frac{1}{g} = \frac{g-f}{fg} \tag{5.5}$$

$$\implies b = \frac{fg}{g-f}$$
$$\implies b(g-f) = fg$$
$$\implies b(d_{gb} - b - f) = f(d_{gb} - b)$$
$$\implies b^2 - b(d_{gb} - f) = fb - fd_{gb}$$
$$\implies b^2 - bd_{gb} + fd_{gb} = 0 \tag{5.6}$$

Daraus ergibt sich nach dem Viëtarischen Wurzelsatz:

$$b_{1,2} = +\frac{d_{gb}}{2} \pm \sqrt{\frac{d_{gb}^2}{4} - fd_{gb}} = \frac{d_{gb}}{2} \pm \sqrt{\frac{d_{gb}}{4}(d_{gb} - 4f)}, \tag{5.7}$$

wobei der Ausdruck unter der Wurzel für eine physikalisch sinnvolle Lösung ≥ 0 sein muss. Im Fall eines positiven Radikanden ($d_{gb} > 4f$) existieren die beiden erwähnten Lösungen. Für die größere Lösung b_1 ist die Bildweite größer als die Gegenstandsweite; es handelt sich um eine Vergrößerung. Für den kleineren Wert b_2 der Bildweite liegt eine Verkleinerung vor. Wie sich aus Abb. 5.1 entnehmen lässt, besitzt die Abbildung nach den Strahlensätzen den Abbildungsmaßstab (die Vergrößerung)

$$M_V = \frac{B}{G} = \frac{b}{g}. \tag{5.8}$$

Wegen der hier angenommenen Vorgabe eines festen Abstands $d_{gb} = b + g$ gelten für die beiden Lösungen mit den Indizes $_1$ und $_2$ die Beziehungen:

$$b_1 = g_2 \quad , \quad b_2 = g_1. \tag{5.9}$$

Ist entweder g oder b (in dieser Reihenfolge) sehr groß, geht b oder g (in dieser umgekehrten Reihenfolge) gegen die Brennweite f. - Ist wegen $d_{gb} = 4f$ die Wurzel Null, ergibt sich nur eine Lösung, eine so genannte 1:1-Abbildung mit der Vergrößerung $M_V = 1$, wobei $g = b = 2f$. - Wird der Radikand negativ ($d_{gb} < 4f$), ist die Wurzel imaginär und es existiert keine sinnvolle physikalische Lösung, also keinerlei Abbildung.

Bei der Transformation der Feldverteilung $E(x,y)$ einer elektromagnetischen Welle durch eine Linse beziehungsweise ein Objektiv von der vorderen auf die hintere Brennebene

---

beiden Brechungsvorgänge in einem zusammen. Diese Annahme ist nur bei dünnen Linsen zulässig, bei denen die Dicke sehr viel geringer als ihre Brennweite ist.

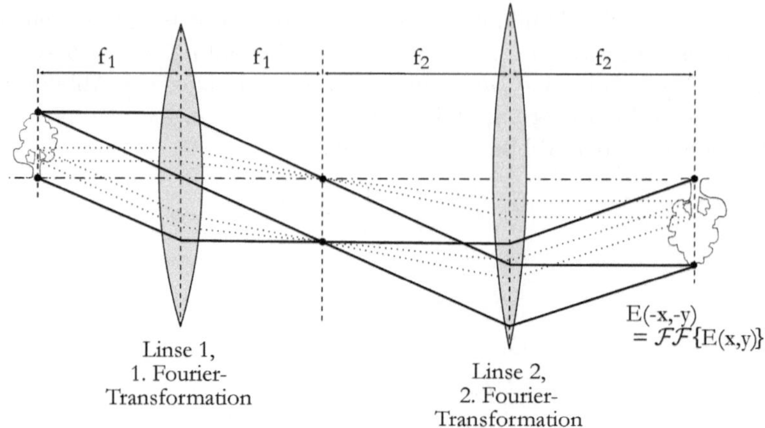

Abbildung 5.2.: 4f-Aufbau $(2f_1 + 2f_2)$ mit 2 Linsen für die erste und die zweite Fourier-Transformation

handelt es sich *nicht* um eine optische Abbildung, sondern um eine Fourier-Transformation, wie in Unterkapitel 2.5 ausgeführt worden ist.

Im Zusammenhang mit einer Brennebene kann es sich nur um eine Abbildung handeln, wenn ein paralleles Strahlenbündel zu einem Fokus in der hinteren Brennebene führt oder wenn Strahlen, die von einem Punkt in der vorderen Brennebene kommen, kollimiert (parallelisiert) werden und sich hinter der Linse erst im Unendlichen treffen.

Erst wenn eine zweite Fourier-Transformation durch eine zweite Linse hinzugefügt wird, kommt eine Abbildung zustande. Eine solche Anordnung wird 4f-Aufbau genannt, da vier Brennweiten aneinandergereiht werden, und ist in Abb. 5.2 skizziert. Mit einem einfachen 4f-Aufbau (ohne Raumfrequenzfilter) ergibt sich ein umgekehrtes und seitenverkehrtes Bild in der hinteren Brennebene der zweiten Linse:

$$\mathcal{F}\{\mathcal{F}\{E(x,y)\}\} = E(-x, -y). \tag{5.10}$$

In der hinteren Brennebene der ersten Linse, die gleichzeitig die vordere Brennebene der zweiten Linse darstellt, existiert die räumliche Fourier-Transformierte der (Objekt-) Feldverteilung der vorderen Brennebene der ersten Linse (siehe Unterkapitel 2.5).

Ähnlich wie bei der Filterung von elektrischen Zeitfunktionen durch Manipulation des Leistungsspektrums mit Tief- und Hochpassfiltern, Bandpässen und -sperren sowie Phasenfiltern können auch die räumlichen Feldverteilungen und die daraus resultierenden Intensitätsverteilungen durch Manipulation des Raumfrequenzspektrums verändert werden. Dazu können in die Fourier-Transformationsebene des Aufbaus (nach 2f) Blenden eingebracht werden. Ein kleiner Stopp auf der optischen Achse entspricht einer speziellen Hochpassfilterung (in der Optik Dunkelfeldverfahren genannt), eine Lochblende einem Tiefpassfilter, ein Kreisring einer Bandsperre und entsprechend weiter. Beispiele für kohärent-optische Filterungen zeigt Abb. 5.3 nach [VOG 80]. Die einzelnen Teilbilder sind im Bild und in der Bildunterschrift erklärt. Es ist zu erkennen, dass die hohen Raumfrequenzen für die scharfen Kanten und feinen Strukturen des Bildes zuständig sind. Deswegen treten bei einer Hochpassfilterung überwiegend diese Kanten in Erscheinung, während sie bei einer Tiefpassfilterung verschwinden und besonders die gleichmäßigen Flächen (mit großer Gitterkonstante) hervortreten. Bereits das „ungefilterte" Foto des Objekts (Abb. 5.3a) weist Verwaschungen der feinen Strukturen im Zentrum auf, da Kameraobjektiv, Filmauflösung und Seitendruck schon eine Tiefpassfilterung beinhalten. Weitere Beispiele für Raumfrequenzfilterungen finden sich in [LAU 02, STO 99].

5.2. Ergebnisse aus der Theorie linearer Systeme

Ein Übertragungssystem [STO 99] wird dann „linear" genannt, wenn es ein Eingangssignal unverzerrt überträgt. (Genau genommen ist das nie der Fall, weil bereits die endliche Bandbreite jedes Übertragungssystems zu einer Verzerrung führt.) Fourier-Analyse bedeutet die Zerlegung eines Signals nach harmonischen Anteilen, also in Sinus- und Cosinus-Funktionen (oder $\exp\{i\dots\}$-Funktionen im Fall der komplexen Darstellung). Weil in einem linearen System immer eine Fourier-Zerlegung des Eingangssignals erlaubt und möglich ist, beschäftigt sich die Theorie linearer (Übertragungs-) Systeme zu einem großen Teil mit harmonischen Signalen. Kompliziertere Signale können aus harmonischen Anteilen (linear) zusammengesetzt werden. Mit einem linearen Operator $\mathcal{L}$, den Funktionen $\tilde{f}_1$ und $\tilde{f}_2$ sowie den Koeffizienten a_1 und a_2 gilt dann:

$$\mathcal{L}\{a_1\tilde{f}_1 + a_2\tilde{f}_2\} = a_1 \cdot \mathcal{L}\{\tilde{f}_1\} + a_2 \cdot \mathcal{L}\{\tilde{f}_2\}. \tag{5.11}$$

Sinn und Zweck der Systemtheorie ist eine Beschreibung der Eigenschaften eines (unbekannten) Übertragungssystems „von außen", ohne „das Innere" des Systems zu kennen:

$$\mathcal{L}_{System}\{\text{Eingangssignal, Frage ans System}\} = \text{Ausgangssignal, Antwort des Systems,} \tag{5.12}$$

wobei $\mathcal{L}_{System}$ den Operator darstellt, der die Wirkung dieses linearen Systems beschreibt. Systemtheoretiker/innen möchten also aus bekannten charakteristischen Zusammenhängen Eingangssignal $\leftrightarrow$ Ausgangssignal (Frage $\leftrightarrow$ Antwort) den Operator $\mathcal{L}_{System}$ bestimmen, um für jedes beliebige Eingangssignal das Ausgangssignal berechnen zu können. - Unter dem Begriff Impulsantwort ist das Ausgangssignal (die Antwort) eines Übertragungssystems zu verstehen, wenn das Eingangssignal (die Frage) aus einer kurzen Rechteckfunktion (einem rechteckigen Impuls) besteht. Wenn konkret an Zeitfunktionen gedacht wird, ist für die Impulsantwort auch der Begriff Stoßantwort gebräuchlich. Hier sei für die Impulsantwort allgemein das Symbol $\tilde{h}(t)$ gewählt.

Wenn auf die Impulsantwort $\tilde{h}(t)$ eine Fourier-Transformation angewendet wird, gelangt man zur so genannten Übertragungsfunktion $H(\omega)$:

$$\mathcal{F}\{\tilde{h}(t)\} = \tilde{H}(\omega). \tag{5.13}$$

In Worten: Die Übertragungsfunktion ist die Fourier-Transformierte der Impulsantwort.

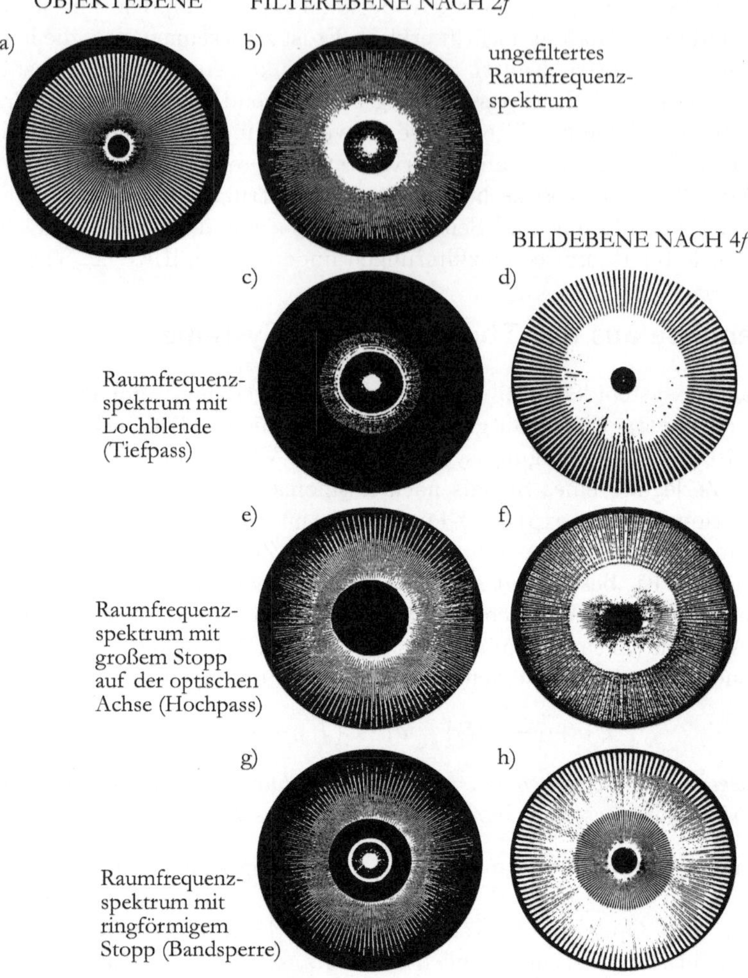

Abbildung 5.3.: Fotos zu kohärent-optischen Filterungen nach [VOG 80]:
a) (Foto der) Original-Keilstruktur,
b) ungefiltertes Raumfrequenzspektrum,
c/e/g) mit Tiefpass/Hochpass/Bandsperre gefilteres Spektrum,
d/f/h) entsprechende Bilder nach Tiefpass-/Hochpass-/Bandsperren-Filterung

Ein Ergebnis der Systemtheorie ist: Die Antwort eines linearen Systems auf ein harmonisches Eingangssignal $\tilde{f}(t)$ ist eine ebenfalls harmonische Funktion $\tilde{g}(t)$ derselben Frequenz, deren Amplitude und Phasenverschiebung durch die Impulsantwort beziehungsweise durch die Übertragungsfunktion des Systems bestimmt werden (siehe Gl. (4.23)):

$$\text{Faltung:} \quad \tilde{g}(t) \;=\; \tilde{h}(t) * \tilde{f}(t), \tag{5.14}$$

$$\tilde{G}(\omega) \;=\; \tilde{H}(\omega) \cdot \tilde{F}(\omega), \tag{5.15}$$

wobei $\tilde{G}(\omega)$ und $\tilde{F}(\omega)$ die Fourier-Transformierten von $\tilde{g}(t)$ beziehungsweise $\tilde{f}(t)$ sind. Im Zeitbereich wird die Eingangsfunktion mit der Impulsantwort gefaltet; im Frequenzbereich wird die Fourier-Transformierte mit der Übertragungsfunktion multipliziert. Man erhält das Spektrum der Antwort eines linearen Übertragungssystems, indem man das Spektrum des Eingangssignals mit der Übertragungsfunktion multipliziert.

Hierin steckt das wohl wichtigste Ergebnis der linearen Systemtheorie. Um die Antwort eines linearen Übertragungssystems auf ein x-beliebiges Eingangssignal zu bestimmen, muss man nur wissen, wie das System auf einen Eingangsimpuls reagiert. Wenn man die Impulsantwort des Systems kennt, kann man das Ausgangssignal für jedes beliebige Eingangssignal bestimmen. Das macht die Wichtigkeit von Impulsantwort beziehungsweise Übertragungsfunktion aus.

Das Konzept von Impulsantwort und Übertragungsfunktion, die durch eine Fouriertransformation verknüpft sind, gilt nicht nur im Fall eindimensionaler (meistens Zeit-) Funktionen und eindimensionaler Fourier-Transformationen, sondern zum Beispiel auch in der Optik mit ihren zweidimensionalen räumlichen Funktionen $E(x, y)$, also der elektrischen Feldstärke elektromagnetischer Wellen in ihrer räumlichen Verteilung über dem Querschnitt in der (x, y)-Ebene. Hierum geht es im nächsten Unterkapitel.

5.3. Optische Transferfunktion

Nur kurz soll hier das Thema Optische und Modulationstransferfunktion angerissen werden, welches in der Optik eine große Bedeutung hat, für die Anwendungen bei den Halbleiterlasern in der integrierten Optoelektronik aber nicht so wichtig ist, dass ihm viel Platz gewidmet werden müsste. - Die Optische Transferfunktion $OTF(\nu_x, \nu_y)$ stellt die zweidimensionale Übertragungsfunktion eines linearen optischen Systems dar. Da sie aus der zweidimensionalen Impulsantwort durch eine zweidimensionale räumliche Fourier-Transformation entsteht, ist die Übertragungsfunktion eine Funktion der Raumfrequenzen ν_x und ν_y. Im Allgemeinen ist die OTF eine komplexe Funktion und kann daher auch so geschrieben werden:

$$OTF(\nu_x, \nu_y) \;=\; |\,OTF(\nu_x, \nu_y)\,| \cdot e^{i \cdot \phi(\nu_x, \nu_y)} \tag{5.16}$$

$$=\; MTF(\nu_x, \nu_y) \cdot e^{i \cdot PTF(\nu_x, \nu_y)}, \tag{5.17}$$

womit auch gleich die Modulationstransferfunktion MTF und die Phasentransferfunktion $\phi \equiv PTF$ definiert sind [HEC 03]. Der Begriff Modulation ist eng verknüpft mit der in Kap. 3 eingeführten Größe Kontrast K (hier für eine Verzögerung $\tau = 0$). Die MTF ist folgendermaßen definiert:

$$MTF(\nu_x, \nu_y) = \frac{K_{Ausgang}}{K_{Eingang}}(\nu_x, \nu_y). \tag{5.18}$$

Wenn der Kontrast am Eingang des Systems konstant $= 1$ ist:

$$K_{Eingang}(\nu_x, \nu_y) = 1 \quad \Longrightarrow \quad MTF(\nu_x, \nu_y) = K_{Ausgang}(\nu_x, \nu_y). \tag{5.19}$$

Die MTF und manchmal auch die PTF werden zur Charakterisierung von Objektiven aller Art eingesetzt. Das heißt, die Objektive werden durch ihre Übertragungsfunktion beschrieben.[3] Nach der Übertragung durch das optische System sind Raumfrequenzspektrum und Kontrast verändert. So wirken sich Blenden oder auch Linsenfassungen als Tiefpassfilter aus, die die höheren Raumfrequenzanteile abschneiden.

Bestimmte Raumfrequenzbereiche können kaum durch das System von seinem Eingang an seinen Ausgang transportiert beziehungsweise im Bild aufgelöst werden. Dies spiegelt sich darin wider, dass der Kontrast K für diese Raumfrequenzen nicht seinen Maximalwert 1 erreicht. Ein Diagramm der Abhängigkeit des Kontrasts von den Raumfrequenzen (hier der Einfachheit halber nur eindimensional) zeigt Abb. 5.4 für zwei fiktive optische Systeme (zum Beispiel zwei verschiedene Objektive). Die Kurve beschreibt die Qualität der Übertragung der Raumfrequenzen durch ein optisches Sytem.

Abbildung 5.4 soll auch veranschaulichen, dass die Frage, welches optische System besser ist, von der betreffenden Anwendung abhängt. System 1 zeigt zwar bei höheren Raumfrequenzen als System 2 noch einen deutlichen Kontrast; bei dem gegebenen Detektor der Grenz-Raumfrequenz ν_{Det} (zum Beispiel der „gepixelten" Sensorfläche einer Fernsehkamera) können diese höheren Raumfrequenzen aber ohnehin nicht aufgelöst werden. Dadurch ist Objektiv 2 für die Anwendung geeigneter; denn es weist bis zu der gegebenen Grenz-Raumfrequenz des Detektors noch einen höheren Kontrast auf.

5.4. Dunkelfeld-, Phasenkontrast- und Schlierenverfahren

Die Abbesche Theorie der mikroskopischen Abbildung behandelt die Frage, wie ein optisches Bild entsteht, welche besonderen Ebenen in der optischen Anordnung vorliegen und wie es zu Informations- und Auflösungsverlusten kommt. Obwohl von Abbe diese Terminologie nicht verwendet wurde, ging es letztlich um die Frage, wie durch das abbildende System das Spektrum der Raumfrequenzen verändert wird, also um die Übertragungsfunktion. Umgekehrt können Begriffe, wie Dunkelfeld-, Phasenkontrast- und Schlierenverfahren, wie sie in der Mikroskopie geläufig sind, im Kontext der kohärent-optischen

---

[3]Hecht [HEC 03] erklärt in seinem Buch sehr anschaulich, dass die Optische Transferfunktion die Fourier-Transformierte der so genannten Punktbildfunktion (besser englisch: 'point spread function') ist. Die Punktbildfunktion gibt an, wie ein idealer Objektpunkt durch ein optisches System zu einem verschmierten Bildpunkt wird. In der Analogie mit der Situation bei Zeitfunktionen entspricht die Punktbildfunktion der Impulsantwort und die Optische Transferfunktion der Übertragungsfunktion.

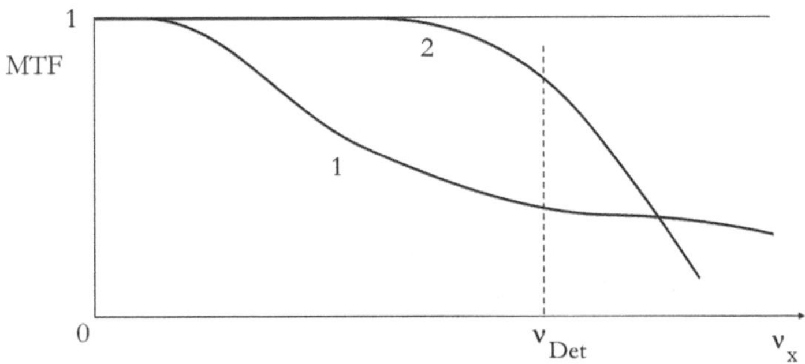

Abbildung 5.4.: Modulationstransferfunktion zweier fiktiver optischer Systeme. Die Größe ν_{Det} ist die obere Grenz-Raumfrequenz eines exemplarischen Detektors

Filterung beschrieben und verstanden werden. - Beim Dunkelfeldverfahren handelt es sich um eine Raumfrequenz-Hochpassfilterung, die am $4f$-Aufbau erläutert werden soll. Die Objektfeldverteilung sei exemplarisch ein Cosinus-Gitter mit einer Periodizität der Gitterkonstante g_x in x-Richtung (siehe auch Gln. (4.37) und (4.38)):

$$E(x,y) \;=\; \hat{E} \cdot \left(\frac{1}{2} + \frac{1}{2}\cos\frac{2\pi x}{g_x} \right) = \hat{E} \cdot \cos^2\left(\pi\frac{x}{g_x} \right) \tag{5.20}$$

$$\Longrightarrow \quad \mathcal{F}\{E(x,y)\}(\nu_x,\nu_y) \;\equiv\; F(\nu_x,\nu_y) \tag{5.21}$$

$$= \hat{E} \cdot \left(\underbrace{\frac{1}{2}\delta(\nu_x,\nu_y)}_{\text{0. Ordnung}} + \frac{1}{4}\delta(\nu_x - \frac{1}{g_x},\nu_y) + \frac{1}{4}\delta(\nu_x + \frac{1}{g_x},\nu_y) \right).$$

Ausblenden der 0. Ordnung ($\to$ Dunkelfeldverfahren) nach $2f$ bedeutet:

$$F_{gefiltert}(\nu_x,\nu_y) = \hat{E} \cdot \left(0 + \frac{1}{4}\delta(\nu_x - \frac{1}{g_x},\nu_y) + \frac{1}{4}\delta(\nu_x + \frac{1}{g_x},\nu_y) \right). \tag{5.22}$$

Die erneute Fourier-Transformation dieser Feldverteilung liefert in der Ebene nach $4f$:

$$\mathcal{F}\{F_{gefiltert}\} = \hat{E} \cdot \frac{1}{2}\cos\frac{2\pi x}{g_x} = \hat{E} \cdot \frac{1}{2}\cos\left(\pi\frac{x}{g_x/2} \right). \tag{5.23}$$

Nach der Filterung ist die Struktur also quasi doppelt so fein ($g_x/2$), weil nur die Information über das An- und Abschwellen der cos-Funktion bewahrt wird. Die Kanten werden betont, wie bei jeder Hochpassfilterung. - Das Dunkelfeldverfahren wird in der Lichtmikroskopie häufig verwendet, um dünne Phasenobjekte sichtbar zu machen:

$$E(x,y) = \hat{E} \cdot \exp\{i\phi(x,y)\} \approx \hat{E} \cdot [1 + i\varphi(x,y)] \tag{5.24}$$

(ohne nennenswerte Dämpfung, das heißt keine Amplituden-, nur eine Phasenverteilung)

$$\Longrightarrow \quad I_E(x,y) = c\epsilon_0 \mid E(x,y) \mid^2 = c\epsilon_0 \cdot E(x,y) \cdot E^*(x,y) = \text{const} \tag{5.25}$$

$$\mathcal{F}\{E(x,y)\}(\nu_x,\nu_y) \;=\; F(\nu_x,\nu_y) = \hat{E} \cdot \left[\; \underbrace{\delta(\nu_x,\nu_y)}_{0.\ \text{Ordnung}} \;+ i\mathcal{F}\{\varphi(x,y)\}(\nu_x,\nu_y) \right] \tag{5.26}$$

$$\implies \quad F_{gefiltert} \;=\; i\hat{E}\mathcal{F}\{\varphi(x,y)\} \tag{5.27}$$

$$\implies \quad \mathcal{F}\{F_{gefiltert}\} \;=\; i\hat{E}\mathcal{F}\{\mathcal{F}\{\varphi(x,y)\}\} = i\hat{E}\cdot\varphi(-x,-y) \tag{5.28}$$

$$\implies \quad I_{E,gefiltert}(x,y) \;=\; c\epsilon_0 \mid \mathcal{F}\{F_{gefiltert}\} \mid^2 = c\epsilon_0\hat{E}^2\cdot\varphi^2(-x,-y)$$

$$\propto \quad \underline{\varphi^2(-x,-y)}. \tag{5.29}$$

Die Intensitätsverteilung des gefilterten Bilds ist also quadratisch von der Phasenverteilung im Objekt abhängig.

Im Sinne der Empfindlichkeit und der Kenntnis des Vorzeichens der Phasenänderung wäre eine lineare Abhängigkeit besser. Diese liefert das Phasenkontrastverfahren. Implizit ist bisher bei einer Filterung angenommen worden, dass es sich um ein Amplitudenfilter mit völlig sperrenden Bereichen (Amplitudentransmissionskoeffizient 0) und durchlässigen Bereichen (Amplitudentransmissionskoeffizient > 0, oft sogar 1) handelt. Für eine Filterung kann aber auch ein Phasenfilter genutzt werden. Bei einem reinen Phasenfilter liegt der Amplitudentransmissionskoeffizient, den das Filter der Welle aufprägt, bei Eins. Eine reine Phasenfilterung wird beim Phasenkontrastverfahren genutzt. Dazu wird (statt des opaken Stopps auf der optischen Achse, der beim Dunkelfeldverfahren genutzt wird) ein transparenter „Stopp" eingesetzt, der das Feld auf der optischen Achse um $\pi/2$ in der Phase verschiebt. Es werde wieder von einem dünnen Phasenobjekt als ursprüngliche Feldverteilung ausgegangen und genutzt, dass $e^{i\pi/2} = i$:

$$E(x,y) \;=\; \hat{E} \cdot \exp\{i\phi(x,y)\} \approx \hat{E} \cdot [1 + i\varphi(x,y)] \tag{5.30}$$

$$\implies \mathcal{F}\{E(x,y)\}(\nu_x,\nu_y) \;=\; F(\nu_x,\nu_y) = \hat{E}[\delta(\nu_x,\nu_y) + i\mathcal{F}\{\varphi(x,y)\}(\nu_x,\nu_y)] \tag{5.31}$$

$$\implies \quad F_{gefiltert} \;=\; \hat{E} \cdot \left[\underbrace{\exp\{i\pi/2\}}_{=i}\delta(\nu_x,\nu_y) + i\mathcal{F}\{\varphi(x,y)\}(\nu_x,\nu_y) \right]$$

$$\;=\; i\hat{E} \cdot (\delta(\nu_x,\nu_y) + \mathcal{F}\{\varphi(x,y)\}(\nu_x,\nu_y)) \tag{5.32}$$

$$\implies \quad \mathcal{F}\{F_{gefiltert}\} \;=\; i\hat{E}[1 + \varphi(-x,-y)] \tag{5.33}$$

$$\implies \quad I_{E,gefiltert}(x,y) \;=\; c\epsilon_0 \mid \mathcal{F}\{F_{gefiltert}\} \mid^2$$

$$\;=\; c\epsilon_0\hat{E}^2[1 + 2\varphi(-x,-y) + \varphi^2(-x,-y)]$$

$$\;\approx\; c\epsilon_0\hat{E}^2[1 + 2\varphi(-x,-y)] \propto \underline{\varphi(-x,-y)}. \tag{5.34}$$

Die End-Intensitätsverteilung ist linear von der Objekt-Phasenverteilung abhängig.

Beim Schlierenverfahren, nur ganz kurz angesprochen, wird nach $2f$ ein Halbraum mit Hilfe einer Rasierklinge oder Ähnlichem abgedeckt. Es handelt sich also wieder um ein Amplitudenfilterverfahren. Letztlich ergibt sich eine Intensitätsverteilung nach $4f$:

$$I_{E,gefiltert}(x,y) \propto \mid \vec{\nabla}_{\perp Klingenkante}\, \phi(x,y) \mid . \tag{5.35}$$

Die Intensitätsverteilung ist also vom Gradienten der Phasenverteilung quer ($\perp$) zur Kante der Rasierklinge abhängig. So können zum Beispiel warme Luftströmungen in einer kühleren Umgebung sichtbar gemacht werden, da sich der Brechungsindex der Luft mit der Temperatur T ändert und so auch die Phasenverteilung $\phi(x, y, T)$.

Teil II.

HALBLEITERLASER

6. Überleitung von der Fourier-Optik zu Halbleiterlasern

6.1. Kurzer Überblick über die Thematik Halbleiterlaser

Das Akronym LASER steht für 'light amplification by stimulated emission of radiation' (Lichtverstärkung durch stimulierte Emission). Ein Laser besteht aus aktivem Material, einer „Pumpe", die die Ladungsträger im aktiven Material auf höhere Energieniveaus anhebt, und einem Laserresonator.

Abbildung 6.1 gibt einen (extrem) schematischen Überblick darüber, was ein Halbleiterlaser ist - genau genommen nur für die Variante der Kanten-/Facettenemitter mit elektrischer Pumpe, die aber noch die gängigste Form der Halbleiterlaser darstellt.

Halbleiterlaser bestehen aus einkristallinen Halbleiterschichten, üblicherweise aus III-V-Halbleitern wie zum Beispiel AlGaAs (Aluminiumgalliumarsenid) als aktivem Material. Der Kristall stellt auch gleichzeitig den Laserresonator dar. Die Schichten sind teilweise dotiert, um ihre intrinsische Ladungsträgerdichte zu steuern; dadurch wird (bei dieser Variante der Halbleiterlaser) ein pn-Übergang erzeugt, der es erlaubt, aus einer externen Stromquelle auf einfache Art Ladungsträger in die aktive Zone zu transportieren. Dort rekombinieren (bei dieser Variante) Elektronen und Löcher. Die dabei frei werdende Energie wird zumindest teilweise als Laserstrahlung abgegeben und zwar in der Achse der aktiven Zone - zu beiden Seiten. Die Beugung der Strahlung beim Austritt aus der aktiven Zone führt zur Divergenz des Strahlenbündels. Da die aktive Zone üblicherweise einen rechteckigen Querschnitt hat, ist die Divergenz der Strahlkeule in beiden Querschnittsdimensionen unterschiedlich groß. Die Öffnungswinkel der Strahlkeule betragen senkrecht zur Schichtenfolge etwa $2 \cdot 12°$ und in der Ebene der Schichten etwa $2 \cdot 5°$.

Da in der hier umrissenen gängigsten Variante Halbleiterlaser elektrisch gepumpt werden, müssen elektrische Drähte (oft aus Gold) an die Halbleiterstruktur herangeführt werden. Die Herstellung guter ohmscher Kontakte ist eine Wissenschaft für sich, soll in diesem Buch aber nicht weiter beschrieben werden.

Bei Kanten-/Facettenemittern liegen die typischen Kristall- und damit Laserresonatorlängen um 400 μm, können durchaus aber auch bis 10 μm hinunter- oder bis über 1 mm hinaufgehen.

Die Schichtenfolge und die seitliche Strukturierung der Schichten (beides in der groben Abb. 6.1 nicht verzeichnet, dafür aber später in Abb. 8.7) haben auch die Aufgabe, für eine Wellenleitung innerhalb der aktiven Zone in beiden Querschnittsdimensionen zu sorgen ($\rightarrow$ Streifenwellenleiter). Bei einfachen Lasern, das heißt Schmalstreifenlasern ('narrow stripe lasers'), liegt die Breite der aktiven Zone bei einigen Mikrometern, was transversale Monomodigkeit des Wellenleiters nach sich zieht. Bei Breitstreifenlasern liegt die typische Breite der aktiven Zone zwischen 50 und 100 μm. Die erhöhte Brei-

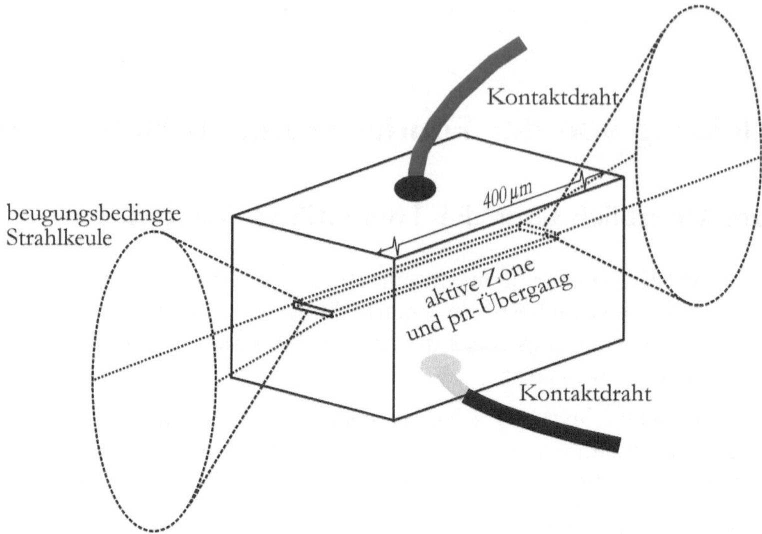

Abbildung 6.1.: Grobe Skizze zu kanten-/facettenemittierenden Laserdioden. Die Strahlkeulen sind eine Folge der Beugung beim Austritt der Strahlung aus der aktiven Zone

te führt zu deutlich erhöhten Ausgangsleistungen. - Die Dicke der aktiven Zone liegt zwischen 0,2 μm und einigen Mikrometern.

6.2. Was nützen Fourier-optische Methoden hier?

Circa ein Drittel dieses Buches ist mit Fourier-optischen Methoden befasst. Warum dieser Aufwand? An dieser Stelle sollen einige Beispiele genannt werden. Dabei werden Begriffe (wie zum Beispiel Epitaxie) verwendet, die erst im weiteren Verlauf des Buches ab Kap. 7 im Detail und präzise eingeführt werden werden.

Eben ist schon auf die Strahlkeule der Halbleiterlaser hingewiesen worden, eine Folge der Beugung. Hier kommt der Skalierungssatz (2.74) der Fourier-Transformation ins Spiel, da durch die Fourier-Transformation die Beugung des Strahlungsfelds beim Austritt aus dem Laserwellenleiter beschrieben wird. Daher ist die Strahlkeule auch in der Querdimension weiter geöffnet, in der die aktive Zone besonders schmal ist (es geht um die Dicke der aktiven Zone).

Bereits die Herstellung der Laser erfordert Fourier-optische Methoden. Nach einem epitaktischen Technologieprozess, mit dem die einkristallinen Halbleiterschichten erzeugt werden, wird typischerweise eine Röntgen-diffraktometrische Untersuchung der Schichtenfolge vorgenommen, um den Grad der Gitterfehlanpassung und Gitterverspannung festzustellen; siehe Abschnitt 4.3.4 sowie Unterkapitel 7.6, 10.1 und 13.9. Diese Größen entscheiden über die Qualität der Halbleiterschichten, aber teilweise auch über die Wellenlänge der emittierten Strahlung.

Bei der Einengung der Ladungsträger-Bewegungsfreiheit in nur einige Nanometer dünnen Schichten, so genannten Quantenfilmen, oder in anderen quantenmechanischen Strukturen ergeben sich für die quantenmechanischen Wellenfunktionen der Ladungsträger Einhüllende, die aus einer Fourier-Synthese von ebenen quantenmechanischen Wellenfunktionen hervorgehen; siehe Unterkapitel 13.1.

Und schließlich können Fourier-optische Methoden (die so genannte kohärente Fourier-optische Raumfrequenz-Filterung mit Hilfe eines $4f$-Aufbaus) zum Beispiel genutzt werden, um einen Breitstreifenlaser zu zwingen, den Großteil seiner optischen Leistung in der transversalen Grundmode zu emittieren. Sie lässt sich gut fokussieren, was für Anwendungen gewünscht wird. Über diese Filtertechnik wird in Unterkapitel 15.2 berichtet werden.

7. Materialien, Verstärkung

7.1. Vorbemerkungen

Je nach dem Anwendungsfeld und dessen historischer Entwicklung sind viele und sehr unterschiedliche Materialien zum Bereich der integrierten Optik zu zählen. Für integriert-optische Konzepte mit aktiven Bauelementen (zum Beispiel Laserdioden) sind an erster Stelle noch immer die anorganischen III-V-Halbleiter zu nennen, wie

- InGaAsP auf InP-Substrat oder
- AlGaAs auf GaAs oder
- AlGaInN auf Saphir beziehungsweise Siliziumkarbid oder
- AlGaInAsSb auf GaSb-Substrat.

Damit werden in dieser Reihenfolge

- der für die optische Langstrecken-Nachrichtenübertragung wichtige Spektralbereich zwischen $1{,}3\,\mu$m Wellenlänge (Dispersionsminimum von Quarzglasfasern) und $1{,}55\,\mu$m Wellenlänge (Dämpfungsminimum von Quarzglasfasern),
- der in der Kurzstreckenübertragung aus technologischen und Kostengründen übliche Bereich um 820 nm,[1]
- der unter anderem für die Datenspeicherung und für die Displaytechnik wichtige blaue Spektralbereich beziehungsweise
- der Mittelinfrarotbereich etwa zwischen 1,5 und $4{,}5\,\mu$m Emissionswellenlänge für die Molekülspektroskopie

abgedeckt. Aber auch IIB-VIA-Halbleiter, wie zum Beispiel ZnSe, sind wichtig als Materialien für Emission im grünen Spektralbereich. In typischen optoelektronischen Anwendungen sind aber auch Polymere auf dem Vormarsch - zumal sie sich überwiegend recht gut handhaben und strukturieren lassen. Des Weiteren sind organische Molekülkristallhalbleiter, wie zum Beispiel Perylen- oder Naphthalintetracarbonsäuredianhydrid (PTCDA und NTCDA), zu nennen, die sich durch van-der-Waalssche Bindungskräfte „quasi-epitaktisch" auf jedes Substrat aufbringen lassen. Sie zeigen für bestimmte Anwendungen wünschenswerte optische und Leitfähigkeitsanisotropien und sind auch für aktive Bauelemente geeignet [BRÜ 05].

Wenn bei den Anwendungen in Richtung optischer Nachrichtentechnik geschaut wird, sind wegen der Kompatibilität zu den optischen Fasern als Bauelementmaterialien natürlich auch transparente Medien wie Quarz selbst, bestimmte Kunststoffe und der künstliche Kristall Lithiumniobat $LiNbO_3$ (Lithiumniobat) ins Auge zu fassen.

---

[1]Wegen des zunehmenden Bedarfs an hohen Datenraten geht die Tendenz aber dahin, dass auch bei Kurzstreckenverbindungen die Wellenlänge $1{,}3\,\mu$m eingesetzt wird.

Wenn an Kompatibilität mit *dem* Material der Elektronik, Silizium (Si), gedacht wird, bieten sich Siliziumoxinitride als Wellenleitermaterialien an. Aber auch mit Germanium (Ge) dotiertes Si wird als Wellenleitermaterial auf Si-Substrat eingesetzt. Auch hetero-epitaktische Strukturen, wie InGaAsP auf Si oder GaAs auf Si, werden untersucht und eingesetzt - entweder mit einem dritten Material als Puffer zum Ausgleich der Gitterfehl-anpassungen, zum Beispiel GaAs-Ge/Si, oder mit verspannt aufgewachsenen Schichten. Die durch die Verspannung entstehenden Versetzungen müssen klein gehalten werden.

Die obige Nennung der Materialien soll und kann nicht vollständig sein. In diesem Buch liegt der Schwerpunkt auf den anorganischen Halbleitermaterialien und speziell auf den III-V-Halbleitern. Viele (nicht alle) für die integrierte Optoelektronik wichtigen anorgani-schen III-V-Halbleiter, wie (AlGa)As, (InGa)(AsP) und (AlGaIn)(AsSb), kristallisieren in der Zinkblende-Struktur.

7.2. Absorption, stimulierte und spontane Emission

Zunächst wurde Licht nur als Wellenerscheinung verstanden. Es handelt sich um elektro-magnetische Wellen, die durch die Maxwellschen Gleichungen beschrieben werden. Eine beschleunigte zum Beispiel oszillierende elektrische Ladung, ein so genannter Hertzscher Dipol, strahlt Energie in Form einer elektromagnetischen Welle ab.

Wie Planck und Einstein erkannt haben, muss aber schon zur Beschreibung der fun-damentalen Wechselwirkungen zwischen Licht und Materie von dem einfachen Oszilla-tormodell abgegangen werden. Das Konzept der Quantisierung der Energie ist zur Be-schreibung notwendig - oder um im Bild zu bleiben: aus dem klassischen ist ein quanten-mechanischer Oszillator geworden. Dieser kann nur diskrete Energieniveaus einnehmen und Energie nur gequantelt in Paketen, die den Energieniveauunterschieden entspre-chen, aufnehmen oder abgeben. Unter dieser Annahme leitete Einstein die Plancksche Strahlungsformel her [GER 10]:

$$u(\nu) = \frac{8\pi h\nu^3}{c^3} \cdot \frac{1}{\exp\{\frac{h\nu}{k_B T}\} - 1} \tag{7.1}$$

mit $h = 6,62620 \cdot 10^{-34}$ Js als Planckschem Wirkungsquantum, ν als Frequenz der Strah-lung, c als Lichtgeschwindigkeit im Vakuum, $k_B = 1,38062 \cdot 10^{-23}$ J/K als Boltzmann-Konstante und T als absoluter Temperatur. Hierbei hat u die Dimension 1 Js/m^3 und stellt eine spektrale Strahlungsenergiedichte (Energie pro Volumen und pro Frequenz-bandbreite) dar.[2]

Einstein machte bei seiner Herleitung einige wichtige Feststellungen. *Er ging von einem System mit nur zwei möglichen elektronischen Energieniveaus E_1 und $E_2 > E_1$ aus.* Nach Einstein kann elektromagnetische Strahlung auf drei verschiedene fundamentale

---

[2]Mit dieser Formel konnten das für große Frequenzen ν geltende Wiensche Strahlungsgesetz und das für kleine Frequenzen gültige Rayleigh-Jeans-Gesetz zusammengefasst und die so genannte, offenbar unphysikalische Ultraviolett (UV)-Katastrophe des Rayleigh-Jeans-Gesetzes (das heißt das Streben der Energiedichte gegen Unendlich für große Lichtfrequenzen) mathematisch vermieden werden.

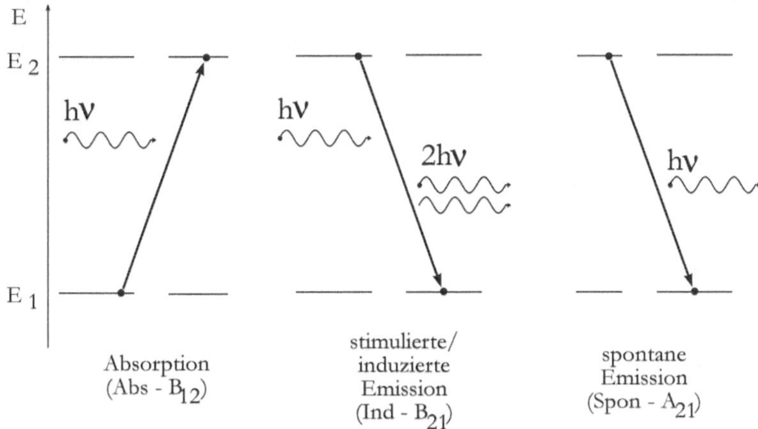

Abbildung 7.1.: Darstellung anhand eines 2-Niveau-Energieschemas der drei fundamentalen Wechselwirkungen zwischen Licht und Materie: Absorption, induzierte/stimulierte Emission und spontane Emission

Arten mit den Atomen in Wechselwirkung treten, durch:

- Absorption (B_{12})
- induzierte/stimulierte Emission (B_{21}) und
- spontane Emission (A_{21}).

B_{12}, B_{21} und A_{21} sind Einstein-Koeffizienten, die ein Maß für die Übergangswahrscheinlichkeit darstellen. In Abb. 7.1 sind die drei Phänomene skizziert. Bei der Absorption geht ein Atom unter Aufnahme eines Photons in einen anderen Zustand über - verbunden mit einer Erhöhung der elektronischen Energie von E_1 um die Photonenenergie $h\nu$ auf E_2. Dazu muss die Photonenenergie mit der Energiedifferenz zwischen den beiden Niveaus übereinstimmen. Der zur Absorption komplementäre Emissionsvorgang wird von der stimulierten beziehungsweise induzierten Emission gebildet; beide Begriffe sind synonym. Ein Photon geeigneter Energie $h\nu$ stimuliert das Atom, in den Grundzustand überzugehen, wobei die elektronische Energie abgesenkt wird. Bei der Emission wird die Energie $h\nu$, die dem Unterschied der Niveaus entspricht, frei und in Form eines Photons abgestrahlt. Stimulierendes und erzeugtes Photon besitzen dieselbe Photonenenergie. Auf der induzierten Emission basiert ganz wesentlich die Funktion jedes Lasers. Das Zurückfallen auf das Grundniveau kann aber auch ohne Triggerung durch ein externes Photon, nämlich spontan erfolgen. Natürlich wird auch hierbei ein Photon entsprechender Energie $h\nu$ frei.

Zur Herleitung der Planckschen Strahlungsformel nach Einstein wird ein System mit der Atomanzahl N betrachtet - davon N_1 mit Elektronen auf dem Energieniveau E_1

und N_2 auf E_2. Die Größen N_1 und N_2 sind also die Besetzungszahlen. Das System sei im thermodynamischen Gleichgewicht mit der Umgebung. Wechselwirkung mit dem Strahlungsfeld sei nur in Form einer der drei oben genannten Arten möglich. Für die Übergangsraten gelten folgende Beziehungen:

- Absorption:
$$\left(\frac{dN}{dt}\right)_{12}^{Abs} = B_{12} \cdot N_1 \cdot u(\nu), \tag{7.2}$$

- induzierte Emission:
$$\left(\frac{dN}{dt}\right)_{21}^{Ind} = B_{21} \cdot N_2 \cdot u(\nu), \tag{7.3}$$

- spontane Emission:
$$\left(\frac{dN}{dt}\right)_{21}^{Spon} = A_{21} \cdot N_2. \tag{7.4}$$

Für die spontane Emission ist das Strahlungsfeld unwichtig. Im thermodynamischen Gleichgewicht erfolgen pro Zeiteinheit gleich viele Übergänge in beiden Richtungen:

$$\left(\frac{dN}{dt}\right)_{12}^{Abs} = \left(\frac{dN}{dt}\right)_{21}^{Ind} + \left(\frac{dN}{dt}\right)_{21}^{Spon}. \tag{7.5}$$

Bei Einsetzen der Gln. (7.2) - (7.4) in Gl. (7.5) folgt:

$$\frac{N_2}{N_1} = \frac{B_{12} \cdot u(\nu)}{A_{21} + B_{21} \cdot u(\nu)}. \tag{7.6}$$

Im thermodynamischen Gleichgewicht kann das Verhältnis der Besetzungszahlen der Energieniveaus mit Hilfe der Boltzmann-Verteilung angegeben werden, das heißt:

$$\frac{N_2}{N_1} = \frac{\exp\{-\frac{E_2}{k_B T}\}}{\exp\{-\frac{E_1}{k_B T}\}} = \exp\{-\frac{E_2 - E_1}{k_B T}\} = \exp\{-\frac{h\nu}{k_B T}\}. \tag{7.7}$$

Damit folgt mit Gl. (7.6) weiter:

$$\frac{B_{12} \cdot u(\nu)}{A_{21} + B_{21} \cdot u(\nu)} = \frac{1}{\exp\{\frac{h\nu}{k_B T}\}} \tag{7.8}$$

$$\implies \frac{A_{21} + B_{21} \cdot u(\nu)}{B_{12} \cdot u(\nu)} = \exp\{\frac{h\nu}{k_B T}\}$$

$$\implies \frac{A_{21}}{u(\nu)} + B_{21} = B_{12} \cdot \exp\{\frac{h\nu}{k_B T}\}$$

$$\implies \frac{A_{21}}{u(\nu)} = B_{12} \cdot \exp\{\frac{h\nu}{k_B T}\} - B_{21}$$

$$\implies u(\nu) = \frac{A_{21}}{B_{12} \cdot \exp\{\frac{h\nu}{k_B T}\} - B_{21}} \tag{7.9}$$

Für $T \rightarrow \infty$ muss $u(\nu) \rightarrow \infty$ gelten. Deswegen folgt aus dem dann gegen Null gehenden Nenner mit Gl. (7.9):

$$B_{12} = B_{21}. \tag{7.10}$$

Dies ist eine wichtige Aussage über die Einstein-Koeffizienten, die die Komplementarität von Absorption und induzierter Emission widerspiegelt. Damit folgt weiter:

$$u(\nu) = \frac{A_{21}}{B_{12} \cdot \left(\exp\left\{\frac{h\nu}{k_B T}\right\} - 1\right)}. \tag{7.11}$$

Mit der Exponenzialreihenentwicklung $\exp(\rho') \approx 1 + \rho'$ für kleine ρ' ergibt sich für kleine Photonenenergien $h\nu \ll k_B T$ weiter:

$$u(\nu) = \frac{A_{21}}{B_{12}} \cdot \frac{k_B T}{h\nu}. \tag{7.12}$$

Da diese Gleichung mit dem experimentell für relativ geringe Photonenenergien $h\nu$ bestätigten Rayleigh-Jeans-Gesetz,

$$u(\nu) = \frac{8\pi\nu^2}{c^3} k_B T, \tag{7.13}$$

übereinstimmen muss, folgt aus einem Koeffizientenvergleich der Gln. (7.12) und (7.13):

$$A_{21} = \frac{8\pi h\nu^3}{c^3} \cdot B_{12} = \frac{8\pi h\nu^3}{c^3} \cdot B_{21} \tag{7.14}$$

$$\implies \frac{A_{21}}{B_{12}} = \frac{8\pi h\nu^3}{c^3}, \tag{7.15}$$

die zweite wichtige Aussage über die Einstein-Koeffizienten. Nach dem erwähnten Koeffizientenvergleich ergibt sich aus Gl. (7.11) endgültig:

$$u(\nu) = \frac{8\pi h\nu^3}{c^3} \cdot \frac{1}{\exp\left\{\frac{h\nu}{k_B T}\right\} - 1}, \tag{7.16}$$

was zu beweisen war. Im Vorgriff auf die Ausführungen über Laser sei angemerkt: Wegen der Bedingung des thermodynamischen Gleichgewichts wurde in der obigen Herleitung die Boltzmann-Verteilung für die Ladungsträgerdichten der Energiezustände angewendet. Das heißt, dass im thermodynamischen Gleichgewicht nie mehr Atome im angeregten Zustand E_2 als im Grundzustand E_1 sein können. Inversion[3] ist unmöglich. Das bedeutet, dass ein Ensemble von Atomen im thermodynamischen Gleichgewicht eine Lichtwelle nur schwächen und niemals verstärken kann. Um Lasertätigkeit hervorzurufen, muss im Normalfall der Zustand des thermodynamischen Gleichgewichts verlassen und Inversion erzeugt werden.[4]

---

[3]Überbesetzung des höheren gegenüber dem tieferen Energieniveau
[4]Der Sonderfall „Lasertätigkeit ohne Inversion" soll hier nicht behandelt werden.

7.3. Absorption und Brechung, Kramers-Kronig-Relationen

Absorption und Brechung lassen sich im Bild erzwungener Schwingungen der Hertzschen Dipole verstehen, wobei die einfallende elektromagnetische Strahlung den Erreger darstellt. Die erregende Primärwelle und die erzwungene Sekundärwelle überlagern sich zu der resultierenden Welle. Die Energieaufnahme aus der Primärwelle durch den Sekundärstrahler - also die Absorption - ist maximal, wenn die zeitliche Ableitung der Auslenkung (die „Schnelle") des Oszillators mit der der Primärwelle in Phase ist. Das ist der Fall für Gleichheit der Kreisfrequenzen der erregenden Schwingung und des Oszillators (Schnelleresonanz) [MEY 74]. In diesem Fall ist die Auslenkung der Sekundärwelle gegenüber der Primärwelle um $-90°$ phasenverschoben. Die Amplituden und die Phasenbeziehungen zwischen den sich überlagernden Wellen führen zu einer Gesamtverzögerung der resultierenden gegenüber der Primärwelle. Diese Phasenverzögerung drückt sich makroskopisch in der Brechzahl n beziehungsweise in dem Realteil ϵ_r' der Dielektrizitätszahl aus.

Absorption und Brechung sind Ausdruck desselben Phänomens der Wechselwirkung zwischen den elektromagnetischen Wellen und der Materie. Die enge Verflechtung von Absorption und Brechung drückt sich in den Kramers-Kronig-Relationen aus, nach denen die Brechzahl aus dem Absorptionskoeffizienten durch eine spezielle Transformation über der Photonenenergie hervorgeht - und umgekehrt. Die Kramers-Kronig-Beziehungen werden in Abschnitt 7.3.2 behandelt werden.

Da es im Material verschiedene Oszillatoren gibt, sind auch mehrere Resonanzen und deren Auswirkungen auf Absorptionskoeffizient und Brechzahl vorhanden. Die mikroskopischen Einflüsse werden durch die verschiedenen Formen der so genannten dielektrischen Polarisierbarkeit erfasst.

7.3.1. Dielektrische Polarisierbarkeiten

Bei Materialien, die viele quasi-freie Ladungsträger im Leitungsband besitzen, das heißt bei Metallen und hochdotierten Halbleitern, werden externe elektrische Felder durch interne elektrische Felder, die durch makroskopische Verschiebungen der Ladungsträger zustande kommen, kompensiert und abgeschirmt. Da in Dielektrika, das sind Isolatoren, keine freien Ladungsträger zur Verfügung stehen, dringen die äußeren Felder in das Innere der Probe ein und treten mit den Teilchen des Dielektrikums in Wechselwirkung. Zwar dreht sich dieses Buch überwiegend um Halbleiter; doch soll hier kurz auf diese Wechselwirkungen äußerer elektrischer Felder, beispielsweise einer elektromagnetischen Welle, mit Dielektrika eingegangen werden. Bei geringer Ladungsträgerdichte sind solche Wechselwirkungen auch bei Halbleitern festzustellen.

Die Wechselwirkung des in die Probe eindringenden externen elektrischen Felds mit den Atomen/Molekülen des Dielektrikums äußert sich üblicherweise in einer Ladungsverschiebung innerhalb der Atome/Moleküle oder zwischen benachbarten Ionen. Die Ladungen sind immer noch lokalisiert; die Ladungsverschiebung kann zum Beispiel als Verzerrung der Elektronenorbitale verstanden werden.

Die dielektrischen Eigenschaften von Isolatoren werden makroskopisch durch

$$\epsilon_0 \epsilon_r(\omega) = \epsilon_0(\epsilon_r'(\omega) - i\epsilon_r''(\omega)) \tag{7.17}$$

beschrieben, was bei Berücksichtigung von Verlusten (das heißt bei Aufnahme von Energie aus dem äußeren Feld durch die Oszillatoren) in isotropen Medien eine komplexe skalare Größe darstellt;[5] $\epsilon_0 = 8,8542 \cdot 10^{-12}\,\mathrm{As/(Vm)}$ ist wieder die elektrische Feldkonstante, $\epsilon_r(\omega)$ die Dielektrizitätszahl, eine anregungsfrequenzabhängige Materialkonstante. Sie gibt an, wie durch die inneren Ladungsverschiebungen das externe Feld im Material modifiziert wird. Eine weitere elektrische Feldgröße ist die dielektrische Verschiebungsdichte $\vec{D}$, in der der Einfluss des Materials wegnormiert ist,

$$\vec{D} = \epsilon_0 \epsilon_r \vec{E} \quad \text{mit} \quad \vec{E} = \frac{\vec{E}_{Vakuum}}{\epsilon_r}; \tag{7.18}$$

denn das elektrische Feld $\vec{E}$ ist nicht gleich dem Feld $\vec{E}_{Vakuum}$ im Vakuum.

Im optischen Spektralbereich wird üblicherweise nicht mit der Dielektrizitätszahl, sondern mit der Brechzahl[6] operiert:

$$\eta = n - i\kappa. \tag{7.19}$$

Die Größe n ist die reelle Brechzahl, die sonst einfach als Brechzahl bezeichnet wird; η ist die komplexe Brechzahl, die auch Verluste berücksichtigt. Und κ stellt den Extinktionskoeffizienten mit $\kappa = \alpha \cdot \lambda_0/(4\pi)$ dar, wobei α der Intensitätsabsorptionskoeffizient und λ_0 die Vakuum-Wellenlänge ist.

Für nicht-magnetische Stoffe ($\mu_r \approx 1$) gilt im gesamten Spektralbereich, also auch über Resonanzstellen hinweg:

$$
\begin{aligned}
\eta(\omega) &= \sqrt{\epsilon_r(\omega)} & (7.20)\\
\Leftrightarrow \quad (n - i\kappa)^2 &= \epsilon_r' - i\epsilon_r'' &\\
\Leftrightarrow \quad (n^2 - i2n\kappa + \kappa^2) &= \epsilon_r' - i\epsilon_r'' &\\
\Leftrightarrow \quad (n^2 + \kappa^2) - i(2n\kappa) &= \epsilon_r' - i\epsilon_r''. & (7.21)
\end{aligned}
$$

Frequenzmäßig weit weg von einer Resonanzstelle, also ohne starke Dämpfung ($\kappa \approx 0$) ergibt sich damit:

$$n(\omega) = \sqrt{\epsilon_r'(\omega)}. \tag{7.22}$$

Die oben erwähnte Modifikation des externen elektrischen Felds innerhalb des Dielektrikums wird durch die so genannte dielektrische Polarisation $\vec{P}_{diel}$ pauschal erfasst, die nichts mit dem Begriff der Polarisation in der Optik (Ausrichtung des $\vec{E}$-Feld-Vektors

---

[5]In *an*isotropen Medien ist ϵ_r nicht, wie hier geschrieben, ein komplexer Skalar, sondern eine komplexe Matrix, weil in verschiedenen Raumrichtungen verschiedene Werte vorliegen.

[6]Es sei daran erinnert, dass in diesem Buch die Begriffe Brechzahl und Brechungsindex synonym verwendet werden.

der elektromagnetischen Welle) zu tun hat. Die dielektrische Polarisation $\vec{P}_{diel}$ setzt sich aus den induzierten zusätzlichen Dipolmomenten

$$\vec{p}_{dip} = Q \cdot \vec{a} \qquad (7.23)$$

mit Q als Ladungsbetrag jeder der beiden Ladungen[7] des Dipols und $\vec{a}$ als Abstandsvektor[8] zwischen den beiden Ladungen des Dipols zusammen:

$$\vec{P}_{diel} = \frac{\sum \vec{p}_{dip}}{V} \qquad (7.24)$$

mit V als Volumen. Die dielektrische Verschiebungsdichte kann so geschrieben werden:

$$\vec{D} = \epsilon_0 \vec{E} + \vec{P}_{diel} = \epsilon_0 \epsilon_r \vec{E}. \qquad (7.25)$$

$\vec{P}_{diel}$ ist in vielen relevanten Fällen proportional zu der elektrischen Feldstärke $\vec{E}$:

$$\vec{P}_{diel} = \epsilon_0 \cdot \chi \cdot \vec{E} \qquad (7.26)$$

mit χ als komplexer dielektrischer Suszeptibilität. Daraus folgt mit Gl. (7.25):

$$\vec{D} = \epsilon_0 \vec{E} + \epsilon_0 \chi \vec{E} = \epsilon_0 \vec{E}(1 + \chi), \qquad (7.27)$$

$$\text{das heißt:} \quad \epsilon_r = 1 + \chi \quad \text{(komplexe Größen).} \qquad (7.28)$$

Die Proportionalität, Gl. (7.26), resultiert aus der mikroskopischen Proportionalität zwischen $\vec{p}_{dip}$ und $\vec{E}$:

$$\vec{p}_{dip} = \tilde{A} \cdot \vec{E} \qquad (7.29)$$

mit der so genannten Polarisierbarkeit $\tilde{A}$ als komplexe Proportionalitätskonstante. Sie setzt sich aus drei Beiträgen zusammen:
- der atomaren Polarisierbarkeit $\tilde{A}_a$ bei großen Kreisfrequenzen ω des externen Felds (entsprechend des Resonanzverhaltens der geringmassigen Elektronen als Oszillatoren),
- der Verschiebungspolarisierbarkeit $\tilde{A}_d$ bei mittleren Frequenzen (entsprechend des Resonanzverhaltens von Ionen) und
- der Orientierungspolarisierbarkeit $\tilde{A}_o$ bei kleinen Frequenzen (entsprechend der langsamen Ausrichtung von Dipol-Molekülen oder kurzzeitig Dipol-behafteten Molekülen):

$$\tilde{A} = \tilde{A}_a + \tilde{A}_d + \tilde{A}_o. \qquad (7.30)$$

- Die atomare Polarisierbarkeit ist anschaulich auf eine Verschiebung der Elektronenschale gegenüber dem Atomkern zurückzuführen.
- Die Verschiebungspolarisierbarkeit tritt bei Kristallen mit zumindest teilweise ionischem Bindungscharakter auf und ist eine Folge der Verschiebung der Ionen gegeneinander im elektrischen Feld.
- Die Orientierungspolarisierbarkeit folgt aus der Ausrichtung zum Beispiel permanenter

---

[7]mit unterschiedlichem Ladungsvorzeichen
[8]von der negativen zur positiven Ladung gerichtet

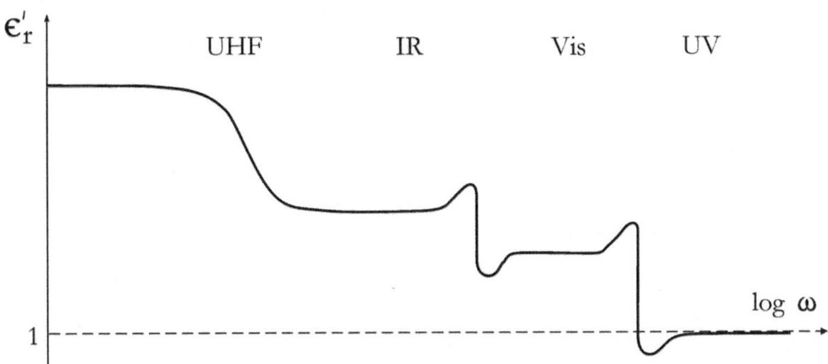

Abbildung 7.2.: Abhängigkeit des Realteils ϵ'_r der Dielektrizitätszahl von der Kreisfrequenz $\omega = 2\pi\nu$ des anregenden externen elektrischen Felds einer elektromagnetischen Welle

molekularer Dipolmomente im elektrischen Feld, die ohne äußeres Feld regellos im Raum verteilt wären und sich damit gegenseitig ausmitteln würden. Für die Bewegungen der Teilchen im Zusammenhang mit der Orientierungspolarisierbarkeit existiert keine übliche Rückstellkraft, so dass in diesem Zusammenhang der Begriff Oszillator in einem abstrakteren Sinne als sich bewegende Einheiten zu verstehen ist. Als Ursache für die Rückstellung wirkt hier die thermische Bewegung und „Desorientierung" der Dipole.

Der Zusammenhang zwischen den mikroskopischen Polarisierbarkeiten und der Dielektrizitätszahl ϵ_r, die die Einflüsse makroskopisch zusammenfasst, wird durch die Clausius-Mossotti-Gleichung [KOW 94] mit n_{dip} als Dipol(anzahl)dichte hergestellt:

$$\frac{\epsilon_r - 1}{\epsilon_r + 2} = \frac{n_{dip} \cdot \tilde{A}}{3\epsilon_0}. \tag{7.31}$$

Entsprechend der an diesen drei Polarisierbarkeiten beteiligten Oszillatoren und ihrer Massen finden die Resonanzphänomene bei unterschiedlichen Kreisfrequenzen ω des externen elektrischen Felds statt [SCHA 90, KOW 94], wie es in Abb. 7.2 für den Realteil von ϵ_r ($\Re\{\epsilon_r\} = \epsilon'_r$) angedeutet ist. Die Orientierungspolarisierbarkeit geht mit Bewegungen einher, die mit Frequenzen im Ultrahochfrequenz (UHF)-Bereich erfolgen. Die Verschiebungspolarisierbarkeit hat ihre Resonanzen im Infrarot (IR)-Bereich, und die atomare Polarisierbarkeit mit den Elektronen als Oszillatoren zeigt Resonanzen im Bereich des sichtbaren ('visible', Vis-) bis ultravioletten (UV-) Spektralbereichs. (An den Resonanzstellen hat der Imaginärteil ϵ''_r der Dielektrizitätszahl, der auf Dämpfung hinweist, Absorptionspeaks, die in Abb. 7.2 nicht gezeigt werden.)

Das heißt zum Beispiel, dass eine im sichtbaren Spektralbereich gemessene reelle Brechzahl entsprechend Gl. (7.22) nicht mit einer im UHF-Bereich vermessenen reellen Dielektrizitätszahl verglichen werden darf. Auch die zur Verdeutlichung der Situation oft eingeführten Größen ϵ'_{r0} und $\epsilon'_{r\infty}$, bei denen der zweite Index den Grenzfall der Frequenz angeben soll, sind ohne weitere Erläuterungen nicht eindeutig. Denn es bleibt unklar, ob frequenzmäßig nur unmittelbar unterhalb und oberhalb von der betrachteten Resonanz gemeint ist oder auch jeweils die am weitesten außen auf der Frequenzskala liegende Resonanz mitgenommen wird.

7.3.2. Kramers-Kronig-Relationen

In diesem Abschnitt soll der enge Zusammenhang zwischen der Absorption und der Brechung durch Erläuterung des roten Fadens der Herleitung der Kramers-Kronig-Relationen in der Version nach Stern [STE 63] dokumentiert werden. $\vec{E}$ und $\vec{D}$ seien wieder die elektrische Feldstärke einer elektromagnetischen Welle der Kreisfrequenz ω und die dielektrische Verschiebungsdichte, $\epsilon_r(\omega)$ die frequenzabhängige komplexe Dielektrizitätszahl und ϵ_0 die Dielektrizitätskonstante:

$$\vec{D}(\omega) = \epsilon_0 \epsilon_r(\omega) \vec{E}(\omega). \tag{7.32}$$

Die Integration über alle Frequenzanteile ergibt in einer Fourier-Synthese die entsprechenden zeitabhängigen Größen, hier - aus Gründen der Übersichtlichkeit bei der Unterscheidung von Größen im Zeit- und im Frequenzbereich - klein geschrieben:[9]

$$\vec{d}(t) \;=\; \frac{1}{\sqrt{2\pi}} \int_{-\infty}^{\infty} \vec{D}(\omega) \exp\{i\omega t\}\, d\omega\,, \tag{7.33}$$

$$\vec{e}(t) \;=\; \frac{1}{\sqrt{2\pi}} \int_{-\infty}^{\infty} \vec{E}(\omega) \exp\{i\omega t\}\, d\omega\,. \tag{7.34}$$

Wenn $\vec{D}$ und $\vec{E}$ physikalisch sinnvolle Größen sein (und der Kausalität und dem Gerichtetsein der Zeit genügen) sollen, muss außerdem gelten:

$$\vec{D}(-\omega) = \vec{D}^*(\omega) \quad , \quad \vec{E}(-\omega) = \vec{E}^*(\omega). \tag{7.35}$$

Daraus folgt mit Gl. (7.32):

$$\epsilon_r(-\omega) = \epsilon_r^*(\omega). \tag{7.36}$$

Die Realteile von $\vec{D}$, $\vec{E}$ und ϵ_r müssen also symmetrische und die Imaginärteile antisymmetrische Funktionen über ω sein. Die dielektrische Polarisation[10] $\vec{p}(t) \equiv \vec{P}_{diel}$ beschreibt die Modifikation des externen elektrischen Felds durch das Material:

$$\vec{p}(t) = \vec{d}(t) - \epsilon_0 \vec{e}(t) = \frac{1}{\sqrt{2\pi}} \int_{-\infty}^{\infty} \epsilon_0 \left(\epsilon_r(\omega) - 1\right) \cdot \vec{E}(\omega) \cdot \exp\left\{i\omega t\right\} d\omega\,. \tag{7.37}$$

---

[9] $1/\sqrt{2\pi}$, weil die Transformation über ω statt über ν gebildet wird
[10] hier in der zeitabhängigen Darstellung aus Gründen der Konsistenz mit obiger Bezeichnungsweise auch klein geschrieben

Für $\vec{E}(\omega)$ kann die Fourier-Transformation (Fourier-Analyse) angesetzt werden:

$$\vec{p}(t) \;=\; \frac{1}{\sqrt{2\pi}} \int\limits_{-\infty}^{\infty} \epsilon_0\,(\epsilon_r(\omega) - 1) \cdot \frac{1}{\sqrt{2\pi}} \int\limits_{-\infty}^{\infty} \vec{e}(\hat{t}) \cdot \exp\{-i\omega(\hat{t} - t)\}\, d\hat{t}\, d\omega \qquad (7.38)$$

$$\;=\; \frac{1}{2\pi} \int\limits_{-\infty}^{\infty} \vec{e}(\hat{t}) \left[\int\limits_{-\infty}^{\infty} \epsilon_0\,(\epsilon_r(\omega) - 1) \cdot \exp\{\underbrace{-i\omega(\hat{t} - t)}_{=+i\omega(t-\hat{t})}\}\, d\omega \right] d\hat{t}. \qquad (7.39)$$

Daraus folgt bei Definition der [ ]-Klammer als $p_a(\hat{t} - t)$:

$$\vec{p}(t) = \frac{1}{2\pi} \int\limits_{-\infty}^{\infty} p_a(\hat{t} - t) \cdot \vec{e}(\hat{t})\, d\hat{t}. \qquad (7.40)$$

$p_a(\hat{t} - t)$ kann als *Impulsantwort* der dielektrischen Polarisation aufgefasst werden; es ist gleichzeitig nach der Definition der eckigen Klammer in dem Schritt von Gl. (7.39) zu Gl. (7.40) die inverse Fourier-Transformierte von $\epsilon_0(\epsilon_r(\omega) - 1)$. Deswegen kann mit $\tilde{t} \equiv \hat{t} - t$ geschrieben werden:

$$\epsilon_0\,(\epsilon_r(\omega) - 1) = \frac{1}{2\pi} \int\limits_{-\infty}^{\infty} p_a(\tilde{t}) \exp\{-i\omega\tilde{t}\}\, d\tilde{t}. \qquad (7.41)$$

Die Kausalitätsbedingung der Physik besagt, dass es keine Antwort der dielektrischen Polarisation auf das Feld geben kann, bevor das Feld angeschaltet ist. Daraus folgt:

$$p_a(\tilde{t}) = 0 \qquad \text{für } \tilde{t} < 0. \qquad (7.42)$$

Das bedeutet, es muss über $\tilde{t} \geq 0$ integriert werden. Mathematisch lässt sich dies durch eine Multiplikation der Impulsantwort mit einer Sprungfunktion ausdrücken, die für $\tilde{t} < 0$ Null ist und für $\tilde{t} \geq 0$ Eins. Im Frequenzbereich bedeutet dies eine Faltung von $\mathcal{F}\{p_a\}$ mit der Fourier-Transformierten der Sprungfunktion. Das führt zu einem Faltungsintegral, das auch eine Hilbert-Transformierte darstellt. Mit

$$\epsilon_r(\omega) = \epsilon_r'(\omega) - i\epsilon_r''(\omega) \qquad (7.43)$$

kann daher nach [STE 63] weiter geschrieben werden:

$$\epsilon_0\,(\epsilon_r(\omega) - 1) \;=\; \epsilon_0\,(\epsilon_r'(\omega) - 1 - i\epsilon_r''(\omega)) \qquad (7.44)$$

$$\;=\; \frac{1}{i\pi}\mathcal{H} \int\limits_{-\infty}^{\infty} \frac{\epsilon_0 \cdot (\epsilon_r(\tilde{\omega}) - 1)}{\tilde{\omega} - \omega}\, d\tilde{\omega}. \qquad (7.45)$$

$\mathcal{H}$ bedeutet den Cauchyschen Hauptwert des Integrals, das heißt den Grenzwert des Integrals für gleichzeitig gegen Unendlich gehende Integralgrenzen. Wird Gl. (7.45) nach

Real- und Imaginärteil aufgeschlüsselt, ergibt sich:

$$\epsilon_0\left(\epsilon_r'(\omega) - 1\right) \;=\; -\frac{1}{\pi}\mathcal{H}\int\limits_{-\infty}^{\infty} \frac{\epsilon_0\epsilon_r''(\tilde{\omega})}{\tilde{\omega} - \omega}\,d\tilde{\omega}, \tag{7.46}$$

$$\epsilon_0\epsilon_r''(\omega) \;=\; \frac{1}{\pi}\mathcal{H}\int\limits_{-\infty}^{\infty} \frac{\epsilon_0\left(\epsilon_r'(\tilde{\omega}) - 1\right)}{\tilde{\omega} - \omega}\,d\tilde{\omega}. \tag{7.47}$$

Dabei ist zu beachten, dass der Faktor $1/i = i/i^2 = -i$ auf der rechten Seite in Gl. (7.45) den Real- mit dem Imaginärteil in Beziehung setzt und umgekehrt. Da allgemein für reelle Funktionen $\hat{f}(\rho')$ gezeigt werden kann, dass

$$\mathcal{H}\int\limits_{-\infty}^{\infty} \frac{\hat{f}(\rho')}{\rho' - a}\,d\rho' = \mathcal{H}\int\limits_{0}^{\infty} \frac{\rho'[\hat{f}(\rho') - \hat{f}(-\rho')] + a[\hat{f}(\rho') + \hat{f}(-\rho')]}{\rho'^2 - a^2}\,d\rho', \tag{7.48}$$

und wegen
$$\epsilon_r''(-\tilde{\omega}) \;=\; -\epsilon_r''(\tilde{\omega}), \tag{7.49}$$
$$\epsilon_r'(-\tilde{\omega}) \;=\; +\epsilon_r'(\tilde{\omega}), \tag{7.50}$$

folgt nach Gl. (7.36):

$$\begin{aligned}
\tilde{\omega}[\epsilon_r''(\tilde{\omega}) - \epsilon_r''(-\tilde{\omega})] \;+\;& \omega[\epsilon_r''(\tilde{\omega}) + \epsilon_r''(-\tilde{\omega})] \\
=\;& \tilde{\omega}[\epsilon_r''(\tilde{\omega}) + \epsilon_r''(\tilde{\omega})] + \omega[\epsilon_r''(\tilde{\omega}) - \epsilon_r''(\tilde{\omega})] \\
=\;& 2\tilde{\omega}\epsilon_r''(\tilde{\omega}), \\
\tilde{\omega}[\epsilon_r'(\tilde{\omega}) - \epsilon_r'(-\tilde{\omega})] \;+\;& \omega[\epsilon_r'(\tilde{\omega}) + \epsilon_r'(-\tilde{\omega})] \\
=\;& \tilde{\omega}[\epsilon_r'(\tilde{\omega}) - \epsilon_r'(\tilde{\omega})] + \omega[\epsilon_r'(\tilde{\omega}) + \epsilon_r'(\tilde{\omega})] \\
=\;& 2\omega\epsilon_r'(\tilde{\omega}).
\end{aligned} \tag{7.51, 7.52}$$

Damit ergibt sich mit (hier nicht hergeleitet) $\mathcal{H}\int\limits_{0}^{\infty}(\tilde{\omega}^2 - \omega^2)^{-1}\,d\tilde{\omega} = 0$ weiter:

$$\epsilon_r'(\omega) - 1 \;=\; -\frac{2}{\pi}\mathcal{H}\int\limits_{0}^{\infty} \frac{\tilde{\omega}\epsilon_r''(\tilde{\omega})}{\tilde{\omega}^2 - \omega^2}\,d\tilde{\omega}, \tag{7.53}$$

$$\epsilon_r''(\omega) \;=\; \frac{2\omega}{\pi}\mathcal{H}\int\limits_{0}^{\infty} \frac{\epsilon_r'(\tilde{\omega})}{\tilde{\omega}^2 - \omega^2}\,d\tilde{\omega}. \tag{7.54}$$

Die Gln. (7.53) und (7.54) sind die Kramers-Kronig-Relationen für ϵ_r', den Realteil der Dielektrizitätszahl, der mit der Brechzahl verknüpft ist, und für ϵ_r'', den Imaginärteil, der mit der Absorption zusammenhängt. Für den Absorptionskoeffizienten und die Brechzahl ergibt sich entsprechend:

$$n(\omega) - 1 \;=\; -\frac{c}{2\pi}\mathcal{H}\int\limits_{0}^{\infty} \frac{\alpha(\tilde{\omega})}{\tilde{\omega}^2 - \omega^2}\,d\tilde{\omega}, \tag{7.55}$$

$$\alpha(\omega) \;=\; \frac{4\omega^2}{c\pi}\mathcal{H}\int\limits_{0}^{\infty} \frac{n(\tilde{\omega})}{\tilde{\omega}^2 - \omega^2}\,d\tilde{\omega}. \tag{7.56}$$

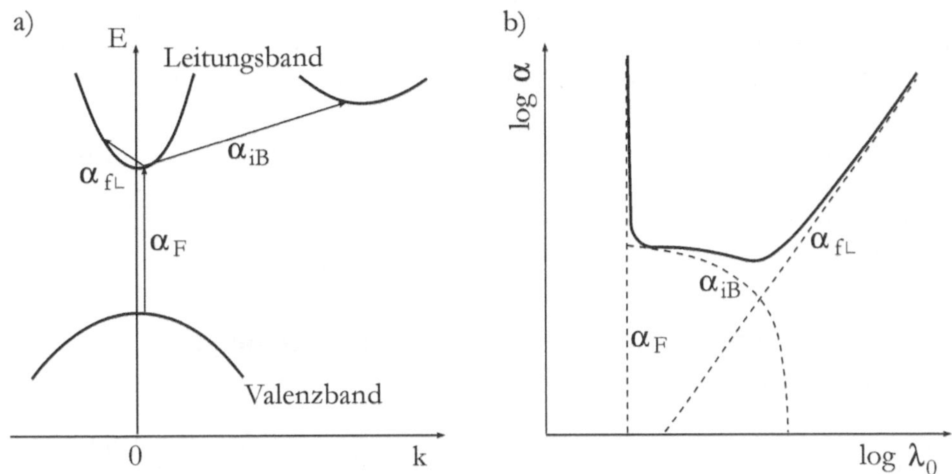

Abbildung 7.3.: Qualitative Darstellung zur Fundamentalabsorption (Index $_F$), Intrabandabsorption ($_{iB}$) und Absorption freier Ladungsträger ($_{fL}$): a) elektronische Energien E schematisch über dem Phononen-/Kristallimpuls k, b) Intensitätsabsorptionskoeffizient α über der Vakuum-Wellenlänge λ_0 in doppeltlogarithmischer Auftragung

7.3.3. Absorption in Halbleitern

Zumindest bei stark dotierten Halbleitern werden die genannten Polarisierbarkeiten von Ladungsträgereffekten überdeckt. Die Ladungsträger wandern im äußeren elektrischen Feld, bauen dadurch ein Gegenfeld auf und schirmen damit das äußere elektrische Feld ab. Im Prinzip können die von Dielektrika bekannten Polarisierbarkeiten dennoch auftreten, solange die Dichte freier Ladungsträger nicht zu hoch ist.

Die wichtigsten (linearen) Resonanzphänomene in Halbleitern sind mit der Absorption bei Photonenenergien im Bereich der Bandlückenenergie oder weitere Absorption durch bereits in das Leitungsband angeregte Elektronen verbunden. Hier sind drei wichtige Formen der Absorption zu unterscheiden, die in Abb. 7.3 schematisch dargestellt sind:

- die Fundamentalabsorption mit dem Absorptionskoeffizienten α_F findet unter Anregung von Elektronen vom Valenz- in das Leitungsband ohne Austausch eines Impulses statt (wenn von dem kleinen Impuls der Photonen abgesehen wird); in Abb. 7.3 entspricht dies einem senkrechten Übergang; die Fundamentalabsorption begründet die so genannte Absorptionskante in der Darstellung des Gesamtabsorptionskoeffizienten α über der Wellenlänge λ_0 bei relativ kleinen Wellenlängen,

- die Intrabandabsorption mit dem Absorptionskoeffizienten α_{iB} bedeutet Absorption freier Ladungsträger aus einem in ein anderes „Tal" (ein Satellitental) innerhalb des Leitungsbands in der Darstellung $E = E(\vec{k})$ unter Austausch eines relativ starken Phononenimpulses,

- die Absorption freier Ladungsträger mit dem Absorptionskoeffizienten α_{fL} betrifft wie die Intrabandabsorption auch freie Ladungsträger; nun sind aber sowohl die dem Strahlungsfeld entzogenen Energien als auch die ausgetauschten Impulse gering, so dass die freien Ladungsträger ihr $E(\vec{k})$-Tal nicht verlassen.

7.4. Energiebänder, Zustandsdichte, Fermi-Verteilung, Ladungsträgerdichte

Halbleiter lassen sich in zwei Klassen unterteilen: direkte und indirekte Halbleiter. In Abb. 7.4 ist der Verlauf der Bandkantenenergien für Si als indirektem Halbleiter und GaAs als direktem Halbleiter über dem Phononenimpuls für jeweils zwei verschiedene Kristallrichtungen schematisch wiedergegeben. Im Fall der direkten Halbleiter liegt das Minimum des Leitungsbands oberhalb des Maximums des Valenzbands (bei $\vec{k} = 0$). Dadurch sind strahlende Übergänge zwischen den Extrema, für die ja kein Impulsaustausch notwendig ist (wenn von dem Impuls des Photons abgesehen wird), sehr wahrscheinlich. Bei indirekten Halbleitern liegen die entsprechenden Extrema nicht an derselben Stelle im $\vec{k}$-Raum, so dass für die strahlenden Übergänge immer auch ein Impulsaustausch zwischen dem Elektron und dem Kristall notwendig ist und die strahlenden Übergänge damit relativ selten werden.[11]

Wichtige Halbleiter in der Optoelektronik sind die Materialsysteme $Al_xGa_{1-x}As/GaAs$ (Aluminiumgalliumarsenid auf Galliumarsenid-Substrat) und $In_xGa_{1-x}As_yP_{1-y}/InP$ (Indiumgalliumarsen(id)phosphid auf Indiumphosphid-Substrat). In diesem Buch wird exemplarisch häufig das System AlGaAs behandelt. - Die Kristallstruktur von GaAs, die so genannte Zinkblende-Struktur, ist in Abb. 7.5 dargestellt. Es handelt sich um zwei ineinander geschachtelte kubisch-flächenzentrierte Gitter, die jeweils von einer der beiden Atomsorten besetzt sind. Beide Gitter sind gegeneinander um 1/4 (nicht um 1/2!) auf der Hauptdiagonalen versetzt. Daher zeigt die Zinkblende-Struktur keine Inversionssymmetrie; solche Kristalle weisen den Pockels-Effekt auf.

Im ternären System $Al_xGa_{1-x}As$ wird ein Bruchteil x von Ga-Atomen durch Al-Atome ersetzt. Mit der Zusammensetzung ändern sich im Prinzip verschiedene Größen, wie zum Beispiel die Kristallgitterkonstante a. Im AlGaAs-Materialsystem fällt diese Änderung im gesamten Bereich des Bruchteils x mit <0,2% allerdings sehr gering aus. Damit ist für jede Zusammensetzung die Gitteranpassung an das GaAs-Substrat sehr gut und führt zu keinen technologischen Schwierigkeiten beim epitaktischen Wachstum. In Abb. 7.6a ist die Veränderung auch für andere Materialsysteme aufgetragen. - Mit der Materi-

---

[11] Allgemeiner sind unter direkten Übergängen auch solche zu verstehen, die ohne Impulsaustausch stattfinden, aber durchaus auch bei nicht verschwindendem, festem $|\vec{k}|$ erfolgen.

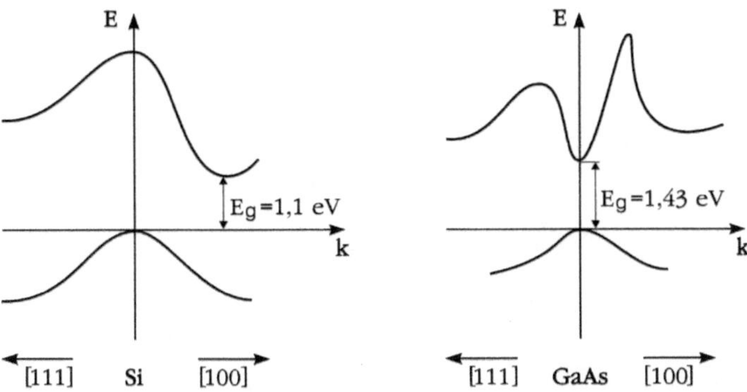

Abbildung 7.4.: Bandverlauf für zwei Richtungen im $\vec{k}$-Raum für den *in*direkten Halbleiter Si und den direkten Halbleiter GaAs (schematisch)

alzusammensetzung wird auch die Bandlückenenergie - genau genommen der gesamte Bandverlauf im $\vec{k}$-Raum - verändert. In Abb. 7.6b ist der Verlauf der Bandlückenenergie E_g für das Materialsystem $Al_xGa_{1-x}As$ über dem Aluminium-Bruchteil x wiedergegeben. Ab $x \approx 42\%$ findet bei wachsendem x ein Übergang von einem direkten zu einem indirekten Halbleitermaterial statt. Die Darstellung gilt für Raumtemperatur.

Halbleiter zeichnen sich dadurch aus, dass sie im reinen Zustand relativ wenige quasi-freie Ladungsträger besitzen. Bei Dotierung, das heißt bei Zugabe von Fremdatomen, kann die Anzahl der freien Ladungsträger mit einfachen Mitteln um Größenordnungen verändert werden; das macht Halbleiter für Anwendungen so interessant. - In Abb. 7.7 sind - hier noch für den Fall ohne Dotierung (den intrinsischen Fall) - drei eng zusammen-hängende Größen in ihrer Abhängigkeit von der elektronischen Energie E aufgetragen: die Zustandsdichte D', die Fermi-Verteilung

$$f'(E) = \frac{1}{\exp\left\{\frac{E-E_F}{k_BT}\right\} + 1}, \tag{7.57}$$

(die die potenzielle Besetzungswahrscheinlichkeit von Energieniveaus angibt) mit der Fermi-Energie E_F und die Ableitungen der Ladungsträgerdichten n' für Elektronen und p' für Löcher nach der Energie, die so genannten spektralen Ladungsträgerdich-ten dn'/dE und dp'/dE. Die Größen hängen folgendermaßen miteinander zusammen:

$$n' = \int_{Leitungsband} f'(E) \cdot D'(E)\,dE \quad , \quad p' = \int_{Valenzband} (1 - f'(E)) \cdot D'(E)\,dE. \tag{7.58}$$

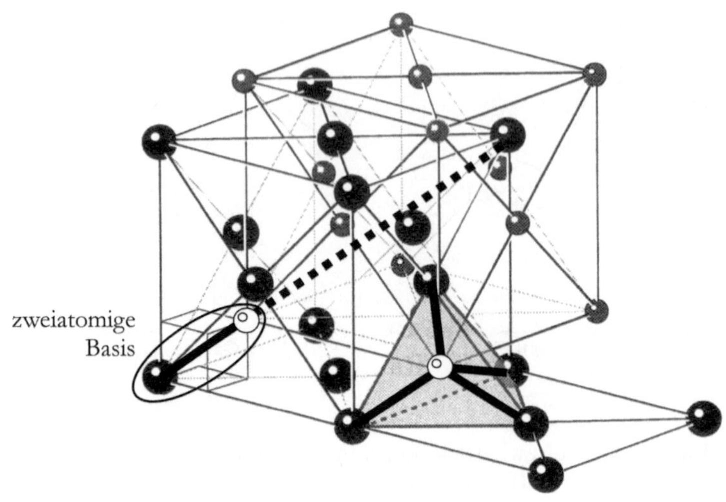

Abbildung 7.5.: Kristallstruktur von GaAs, die so genannte Zinkblende-Struktur, das heißt zwei ineinander geschachtelte kubisch-flächenzentrierte Gitter, die auf der Hauptdiagonalen um 1/4 gegeneinander versetzt und jeweils mit den Atomen einer Sorte besetzt sind. Man könnte die Zinkblende-Struktur auch als *ein* kubisch-flächenzentriertes Gitter mit einer Basis aus einem Gruppe III-Atom und einem Gruppe V-Atom auffassen. In der Zeichnung wird an einer anderen Stelle die tetraedrische Bindung hervorgehoben

Eine vereinfachte Schreibweise ergibt sich mit einer auf die Bandkante (im Fall der Elektronen auf die Leitungsbandkante E_L) bezogenen effektiven Zustandsdichte $D'_\bullet$:

$$n' = f'(E_L) \cdot D'_L \quad , \quad p' = (1 - f'(E_V)) \cdot D'_V, \tag{7.59}$$

wobei die Ausdrücke für die effektiven Zustandsdichten hier nicht hergeleitet werden sollen [STR 05]. Bei undotiertem Material liegt die Fermi-Energie fast genau in der Mitte des verbotenen Bandes bei der so genannten intrinsischen Energie $E_F \equiv E_{Fi}$ - nur „fast" weil die auf die Bandkanten effektiven Zustandsdichten von Valenz- und Leitungsband wegen der unterschiedlichen effektiven Massen (der Krümmung der Bandkanten im $\vec{k}$-Raum) nicht ganz gleich sind. Für die Flächen unter den spektralen Ladungsträgerdichten, das heißt für die Ladungsträgerdichten n' und p' von Elektronen und Löchern, ergeben sich im intrinsischen (undotierten) Fall gleiche Werte.

7.5. Ladungsträgerverluste in Halbleitern

Mit dem Begriff „Ladungsträgerverluste" in Halbleitern ist nicht das spurlose Verschwinden von Ladungsträgern gemeint, sondern im Wesentlichen die Rekombination von an-

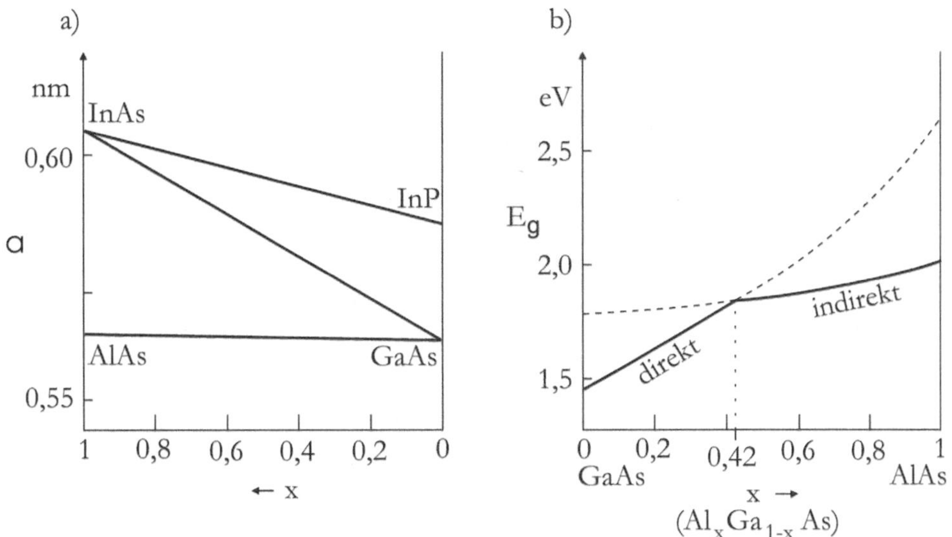

Abbildung 7.6.: Veränderung a) der Kristallgitterkonstante a und b) der Bandlückenenergie E_g mit der Materialzusammensetzung

geregten Ladungsträgern, also das Zurückfallen von Elektronen aus dem Leitungs- in das Valenzband. Noch dazu kann dieses Zurückfallen erwünscht sein, zum Beispiel wenn strahlungsbehaftete Rekombination für den Bau und die Funktion einer Leuchtdiode oder eines Halbleiterlasers genutzt werden soll. Das Wort „Verluste" ist hier also im Sinne einer Reduktion der Besetzung von Anregungsniveaus zu verstehen. - Generell werden Änderungen in der Besetzung elektronischer Zustände über der Zeit als „Raten" bezeichnet und in „Ratengleichungen" beschrieben. Dabei ist eine Potenzreihenentwicklung nach Potenzen der Dichte n' angeregter Ladungsträger sinnvoll:

$$\frac{dn'}{dt} = A \cdot n' + B \cdot n'^2 + C \cdot n'^3 + \ldots \tag{7.60}$$

Die drei Koeffizienten A, B und C sind Einstein-Koeffizienten und haben offensichtlich unterschiedliche Dimensionen: $1/s$, $1\,m^3/s$ beziehungsweise $1\,m^6/s$.

Den Koeffizienten A nennt man auch den Shockley-Read-Hall-Koeffizienten. Im engeren Sinne werden unter Shockley-Read-Hall-Rekombinationen Prozesse verstanden, bei denen die angeregten Ladungsträger über Defektzustände (durch Gitterfehlstellen oder Dotierungen) in der Bandlücke größtenteils nicht-strahlend (ohne Abgabe der Energie in Form elektromagnetischer Strahlung) rekombinieren. In einem allgemeineren Sinne werden hierunter die meisten nicht-strahlenden Rekombinationskanäle zusammengefasst, also zum Beispiel auch die nicht-strahlende Rekombination nach Stoß der Elektronen mit dem Kristallgitter (Phononen-Streuung ohne Nutzung eines Defektzustands).

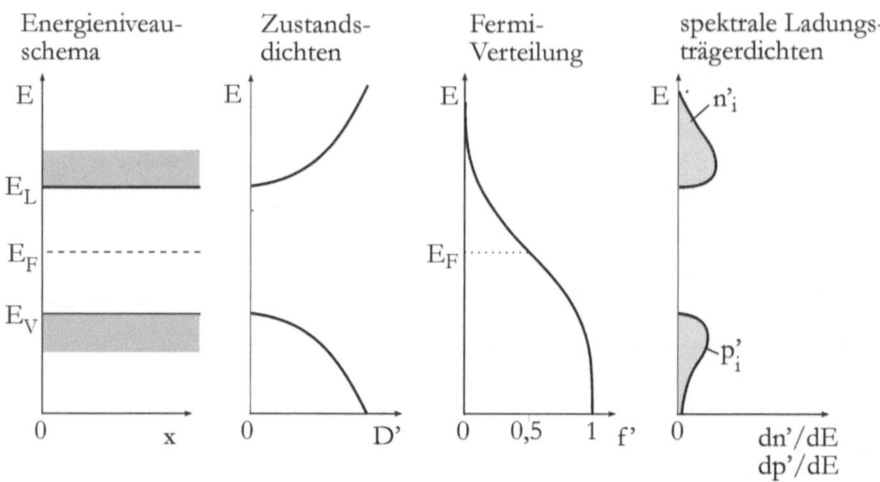

Abbildung 7.7.: Energiebandschema sowie Zustandsdichte D', Fermi-Verteilung f', die die Besetzungswahrscheinlichkeit von erlaubten Energieniveaus angibt, und die Ableitungen der intrinsischen Ladungsträgerdichten n'_i für Elektronen & p'_i für Löcher nach der Energie E jeweils in Abhängigkeit von der Energie E, die entlang der vertikalen Achse aufgetragen ist. Dabei ist E_F die Fermi-Energie, bis zu der hinauf die Energieniveaus bei der absoluten Temperatur $T = 0$ besetzt wären und für die für $T > 0$ eines Besetzungswahrscheinlichkeit von $1/2$ besteht ($f'(E_F) = 1/2$). E_V und E_L sind die Valenz- und die Leitungsbandkante. E_F ist die Fermi-Energie ohne Dotierung, also im so genannten intrinsischen Fall, später im Buch auch E_{Fi} genannt, um den intrinsischen Fall zu betonen

Der zweite Term beinhaltet die bei Halbleiterlasern gewünschte Rekombination unter Abgabe der elektronischen Energie in Form von elektromagnetischer Strahlung (strahlende Rekombination).

Der kubische Term mit dem Koeffizienten C wird gerne Auger-Term wegen der damit erfassten Auger-Rekombinationen genannt. Sie haben mit vier elektronischen (inklusive Loch-) Niveaus zu tun, zum Beispiel drei im Leitungsband und einer im Valenzband ('carrier carrier carrier hole' - CCCH) - siehe auch Abb. 7.8. In diesem Beispiel gibt ein erstes angeregtes Elektron seine Energie durch Stoß an ein zweites Elektron im Leitungsband ab, fällt dabei selbst ins Valenzband zurück und treibt das zweite Elektron weiter hoch in das Leitungsband auf ein noch höheres Niveau.

Die Abb. 7.8 zeigt Skizzen zur Veranschaulichung der hauptsächlichen Auger-Rekombinationsprozesse, wobei elektronische Energien im $\vec{k}$-Raum dargestellt sind. Bei den Übergängen müssen immer gleichzeitig Energie- und Impulserhaltungssatz erfüllt sein, so dass die korrespondierenden Pfeile in jeder Skizze sowohl in vertikaler als auch in horizontaler Richtung jeweils gleich lang sein müssen. In der Notation des Prozesses steht das C für 'carrier', gemeint sind Elektronen, das H für 'heavy hole' (schweres Loch), das S für 'split-

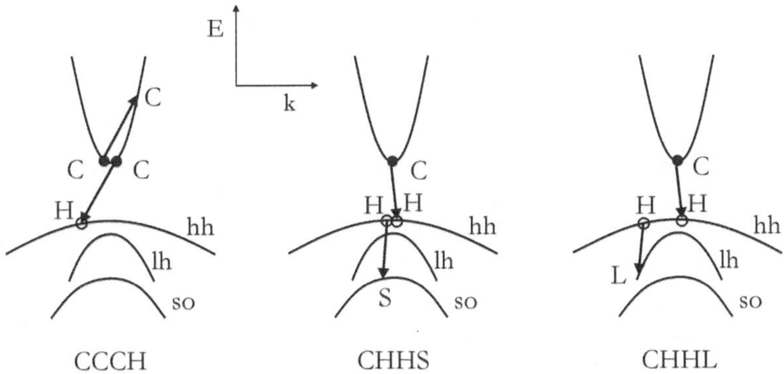

Abbildung 7.8.: Schematische Auftragung der elektronischen Energien im $\vec{k}$-Raum zur Veranschaulichung der Haupt-Auger-Rekombinationsprozesse

off hole' (Loch in einem Valenzsubband, das durch die Spin-Bahn-Kopplung zustande gekommen ist), das L für 'light hole' (leichtes Loch). Der CCCH-Prozess wurde oben schon beschrieben. Beim CHHL-Prozess sind die Hauptbeteiligten Loch-Zustände. Ein angeregtes (erstes) Elektron gibt seine Energie durch Stoß und damit nicht-strahlend an ein schweres Loch (im Valenzband) ab. Dabei besetzt das Elektron selbst einen Schwerlochplatz und treibt das andere Loch noch tiefer (zu höheren Loch-Energien) in das Leichtloch-Valenz*subb*and.

Auger-Koeffizienten sind Materialkonstanten. Obwohl sie sehr kleine Größen darstellen ($\approx 10^{-35}\,m^6 s^{-1}$), kann der Auger-Rekombinationsterm in der Ratengleichung (7.60) die Größe der anderen Terme annehmen ($\approx 10^{34}\,s^{-1} m^{-3}$), wegen der dritten Potenz. Dies ist insbesondere bei Halbleiterlasern, bei denen die Bandlückenenergie E_g im Bereich der 'split-off'-Energie ΔE_{so} zwischen 'heavy hole'- und 'split-off'-Band bei $\vec{k} = 0$ liegt, ein Problem. Wie in [DRU 05] gezeigt wird, können absichtlich bei der Epitaxie eingebrachte Gitterverspannungen genutzt werden, um das Energiebandschema zu „verzerren", Auger-Prozesse seltener und den Laser so effizienter zu machen.

Jenseits der erwähnten Ladungsträger-„Verlustmechanismen" gibt es weitere. Zum Beispiel können in Quantenfilm-Halbleiterlasern Ladungsträger durch thermische Anregung den Quantenfilm verlassen und stehen so für den gewünschten strahlenden Rekombinationsvorgang nicht mehr zur Verfügung.

7.6. Verspannte Halbleiter

In Unterkapitel 4.3 wurde im Zusammenhang mit der Röntgen-Diffraktometrie zur Ex-situ-Röntgen-Kristallgitter-Strukturanalyse bereits kurz auf die Gitterfehlanpassung und die damit verbundenen mechanischen Gitterverspannungen eingegangen. Mit der Gitterkonstante des Substrats (a_S) und der natürlichen Gitterkonstante der aufzuwachsenden

Schicht (a_L) wird die Gitterfehlanpassung folgendermaßen definiert:

$$\frac{\Delta a}{a_S} = \frac{a_L - a_S}{a_S}.$$

(7.61)

Mit den mechanischen Verspannungen als Folge der Gitterfehlanpassung sind Veränderungen des elektronischen Energiebandschemas im Ortsraum und im reziproken Raum verbunden. Diese Veränderungen können bei der Realisierung von Halbleiterlasern stören, gegebenenfalls aber auch nützlich sein.

Wenn die natürliche Gitterkonstante a_L einer epitaktischen Schicht kleiner als die Gitterkonstante a_S des Untergunds (hier Substrat genannt) ist, also $a_L < a_S$, wird die Schicht gezwungen, transversal mit der größeren Gitterkonstante des Substrats zu wachsen. Das führt zu einer *Zug*verspannung in den beiden Richtungen der Wachstumsoberfläche ('biaxial tensile strain'). Dabei kommt es auf Grund der Tendenz zur Volumenerhaltung in der Wachstumsrichtung zu einer *Druck*verspannung. Im umgekehrten Fall $a_L > a_S$ entsteht in der Wachstumsoberfläche eine zweiachsige *Druck*verspannung ('biaxial compressive strain') und in der Wachstumsrichtung eine *Zug*verspannung.

Die Beschreibung von Gitterverspannungen ist nicht trivial und soll hier unterbleiben. Die Auswirkungen auf das Energiebandschema (bei $\vec{k} = 0$, also am Γ-Punkt im $\vec{k}$-Raum) sind qualitativ in Abb. 7.9 zusammengefasst. Die Entartung von Schwerloch-Band (HH) und Leichtloch-Band (LH) am Γ-Punkt wird aufgehoben. Je nach Vorzeichen der Verspannung kann das Schwer- oder das Leichtloch-Band energetisch näher am Leitungsband liegen. Auch die Bandlückenenergie wird durch Gitterverspannungen verändert.

7.7. AlGaAs, InGaAsP, AllnGaN, AlGaInAsSb, GaInNAs(Sb)

Bei III-V-Halbleitern mit *einem* Element der Gruppe III und *einem* Element der Gruppe V wird wegen der zwei Komponenten von binären Halbleitern gesprochen. Bei Materialsystemen mit drei Komponenten (zum Beispiel AlGaAs) ist von ternärem Material die Rede. Für vier- und fünfkomponentige Systeme finden sich die Bezeichnungen quaternär und quinternär. Im Zusammenhang mit III-V-Halbleitern der Optoelektronik ist oft interessant, welche Gitterkonstante a und welche Bandlückenenergie E_g sich für eine bestimmte Zusammensetzung einstellt. Daher finden sich häufig Diagramme, in denen diese Parameter als Funktion der Zusammensetzung oder in Abhängigkeit voneinander (ähnlich einem Phasendiagramm) dargestellt werden.

GaN und damit verwandte III-V-Halbleiter ohne Antimon, wie AlGaInN, die als aktives Material für Halbleiterlaser in Frage kommen, haben keine Zinkblende- (ZnS), sondern eine Wurtzit- (β-ZnS) Kristallstruktur, also ein hexagonales Gitter. Die Gitterkonstanten liegen bei etwa 3,2 nm in der Ebene der Hexagons sowie 4,8 nm senkrecht dazu und die Bandlückenenergien je nach Zusammensetzung bei 2,0 bis 6,2 eV, entsprechend 620 bis 200 nm Vakuum-Wellenlänge. Diese Materialien eignen sich insbesondere für Leucht- und Laserdioden mit Emission im blauen Spektralbereich. Da es noch ein Problem dar-

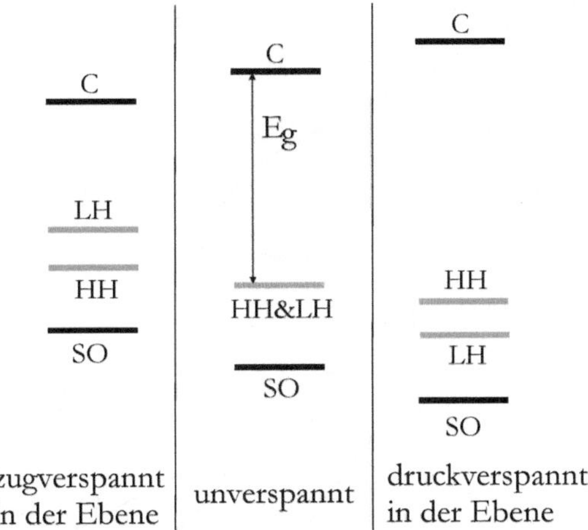

Abbildung 7.9.: Schematische qualitative Darstellung der Bandverschiebungen (am Γ-Punkt im $\vec{k}$-Raum) infolge von Kristallgitterverspannungen

stellt, große defektarme GaN-Einkristalle herzustellen, werden die Materialien üblicherweise epitaktisch auf Saphir (Al_2O_3)- oder Siliziumcarbid (SiC)-Substrat gewachsen. Im ersten Fall beträgt die Gitterfehlanpassung 13,9%, im zweiten 3,5%. Die Wärmeleitfähigkeit von SiC ist deutlich höher als die von Al_2O_3, so dass auch diesbezüglich SiC vorne liegt. Erste kommerziell erhältliche Leuchtdioden, die im Blauen emittierten, gab es 1993, erste Laserdioden 1997 [NAK 00].

Halbleiterlaser für den mittleren infraroten (MIR) Spektralbereich ab etwa $4\,\mu$m Emissionswellenlänge aufwärts werden heute häufig als Quantenkaskadenlaser konzipiert. Hierbei kommt es nicht vorrangig auf die Bandlückenenergie des Wirtsmaterials an, was in Kap. 14 näher erläutert werden wird. Aber ohne Einsatz von Quantenkaskadenstrukturen sind für den MIR-Bereich etwa zwischen 1,5 und $4,5\,\mu$m Emissionswellenlänge „die Antimonide" (darunter wird meistens das Materialsystem AlGaInAsSb verstanden) geeignet. Mit Abb. 7.10 wird der Zusammenhang zwischen Bandlückenenergie E_g und Gitterkonstante a im quaternären Material(sub)system GaInAsSb dargestellt. (Auch einige andere Materialsysteme sind zum Vergleich gezeigt.) Die Darstellung verdeutlicht zunächst, warum das Antimonid-haltige Materialssystem (insbesondere im As-freien Fall) auch „die 6,1er" genannt wird; diese Sprechweise bezieht sich auf die ungefähre Gitterkonstante in Nanometer. Die Linien im Diagramm zwischen den binären „Eck"punkten entsprechen ternären Zusammensetzungen, die Flächen dem quaternären System. An einzelnen Stellen wird auch Aluminium (Al) als fünfte Komponente des Systems berücksichtigt. Manche Arbeitsgruppen verwenden noch Phosphor (P) als sechsten Bestandteil. Das Materialsystem wird häufig einfach nur „die Antimonide" genannt, weil die Komponente Sb (Stibium, Antimon) die Bandlückenenergie stark bestimmt; sie führt dazu,

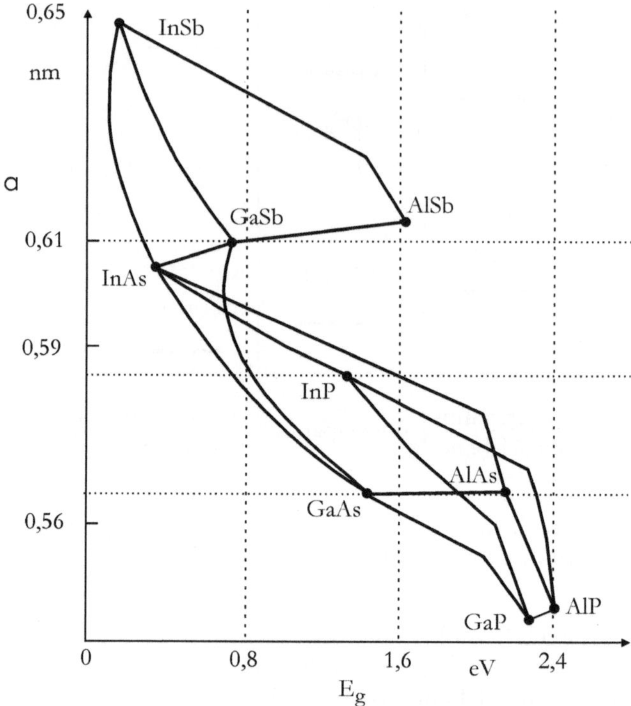

Abbildung 7.10.: Darstellung des Zusammenhangs zwischen Bandlückenenergie E_g und Gitterkonstante a beim Materialsystem (Al)GaInAsSb(P)

dass die zugehörigen Wellenlängen im Mittelinfrarot liegen. Antimonide können also als aktive Materialien für Mittelinfrarot-Halbleiterlaser eingesetzt werden. Das System wird häufig auf GaSb-, aber auch auf InAs-Substrat, bisweilen sogar auf GaAs-Substrat epitaktisch „aufgewachsen". InAs oder AlSb auf GaSb-Substrat zeigt jeweils einen relativen Unterschied in der Gitterkonstante (Gitterfehlanpassung) von betragsmäßig etwa $0,74\%$. Dünne Schichten dürfen dann eine Dicke von ca. 100 nm nicht überschreiten, damit die mechanischen Verspannungen so gering bleiben, dass ein Schichtwachstum möglich ist. InAs oder AlSb oder GaSb auf GaAs-Substrat bedeuten eine Gitterfehlanpassung von mehr als $7,0\%$. Damit können kaum noch Quantenfilme (siehe Unterkapitel 13.3) epitaktisch gewachsen werden. Vielmehr kommt es zur spontanen Ausbildung von dreidimensionalen Strukturen (Quantenpunkten, siehe Unterkapitel 13.8 und 13.9).

Mit Antimonid-Schichtenfolgen ist es nicht einfach, unter etwa $1,6\,\mu$m Emissionswellenlänge zu gelangen. Hier müsste schon eher mit Quantenpunkten gearbeitet werden. Für die Emissionswellenlängen von 1,3 und $1,55\,\mu$m wird nach wie vor das Materialsystem InGaAsP auf InP-Substrat verwendet, das aber Schwierigkeiten aufwirft und so zu teuren Bauelementen führt. Um auch die Wellenlänge von $1,3\,\mu$m kostengünstig abdecken zu können, die zunehmend auch für Kurzstrecken-Nachrichtenübertragung eingesetzt wird, sollte auf andere Materialtechnologien ausgewichen werden. Deswegen wird an GaIn-NAsSb auf GaAs-Substrat gedacht, also ein Antimonidnitrid, wobei der Sb-Anteil auch sehr gering sein oder verschwinden kann und der Stickstoff-Anteil bei wenigen Atomprozent liegt, weshalb im Vergleich zu den AlGaInN-Nitriden für den blauen Spektralbereich auch von „verdünnten Nitriden" ('dilute nitrides') die Rede ist. Durch das Fehlen von Al liegen relativ kleine Bandlücken vor. - Nachteile des bisher für die Wellenlänge von 1,3 μm verwendeten InGaAsP-Systems sind unter anderem seine schlechte Wärmeleitfähigkeit und relativ geringe optische Ausgangsleistungen; letzteres ist hauptsächlich auf die geringen Diskontinuitäten in den Bandkanten zwischen InGaAsP und InP zurückzuführen, die zu einem Auslecken der angeregten Ladungsträger beitragen, was eine relativ schwache Inversion nach sich zieht. Hinzu kommt, dass dieses Materialsystem auf Grund seiner geringen Brechzahlunterschiede kaum für oberflächenemittierende Strukturen (VCSEL) geeignet ist, bei denen die Bragg-Spiegel als dielektrische Schichtenfolgen möglichst aus demselben Materialsystem epitaktisch gleich mit realisiert werden sollten (siehe Unterkapitel 11.5). Alle diese Nachteile zeigt GaInNAs(Sb) nicht; es ist aber technologisch ebenfalls nicht ganz einfach zu beherrschen.

7.8. Fabry-Perot-Resonator und Verstärkung

Häufig besitzen Halbleiterlaser Fabry-Perot-Resonatoren. Ein solcher Resonator besteht im einfachsten Fall aus zwei planparallelen Spiegeln (metallisch oder dielektrisch) mit dem Abstand d. Wie in Abb. 7.11 veranschaulicht, findet beim Auftreffen einer ebenen, kohärenten Welle senkrecht auf den ersten Spiegel teilweise Reflexion und teilweise Transmission statt, wobei die Amplitudenreflexions- und -transmissionskoeffizienten r_1 und t_1 zur Beschreibung herangezogen werden. Entsprechendes gilt für die Verhältnisse am zweiten Spiegel mit den Koeffizienten r_2 und t_2. Alle Amplitudenreflexions- und -transmissionskoeffizienten können komplexe Zahlen sein, wenn Dämpfung (auch Verstärkung) bereits in den Spiegeln zu berücksichtigen ist. Durch die reflektierten und transmittierten Teilwellen sind in Vorwärts- und in Rückwärtsrichtung kohärente Überlagerungen (Additionen der Feldstärken) zu betrachten. Die Zeitabhängigkeit wird hier nicht geschrieben, da sie sich durch alle Gleichungen hindurchzieht und letztlich ohnehin bei der zeitlichen Mittelung, die in der Intensitätsbildung steckt, herausfällt. Bei der mathematischen Beschreibung sind aber die Phasenterme $\exp(-i\breve{\gamma}\ldots d)$, die die Phasendrehung infolge der Ausbreitung längs des Weges $\ldots d$ innerhalb des Resonators beschreiben, zu berücksichtigen, wobei der komplexe Ausbreitungskoeffizient

$$\breve{\gamma} = \frac{2\pi}{\lambda_0}\eta = \frac{2\pi}{\lambda_0}(n - i\kappa) = \frac{2\pi}{\lambda_0}n - i\frac{2\pi}{\lambda_0}\kappa = \frac{2\pi}{\lambda_0}n - i\frac{\alpha}{2} \tag{7.62}$$

lautet - mit η, n, κ und α in dieser Reihenfolge als die komplexe Brechzahl, die reelle Brechzahl, der Extinktionskoeffizient und der (Intensitäts-) Dämpfungskoeffizient. Wie schon aus der obigen Gleichungsfolge zu entnehmen ist, gilt der Zusammenhang $\alpha = (4\pi/\lambda_0)\kappa$. Für die kohärente Überlagerung der Teilwellen in Transmission (E_t) und in

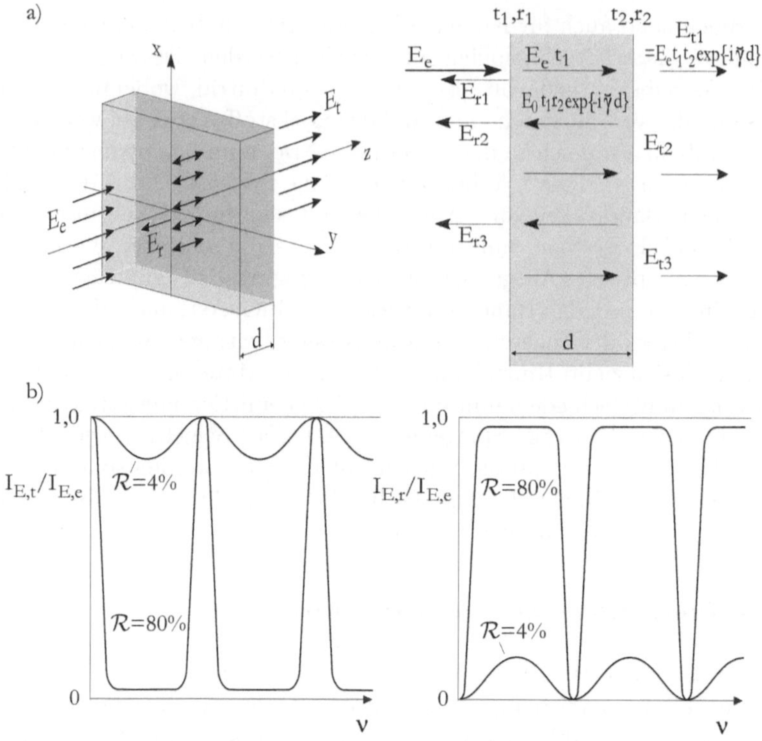

Abbildung 7.11.: Fabry-Perot-Resonator beziehungsweise -Interferometer: a) Prinzipskizzen; b) Transmissivität $\mathcal{T}_{FP} = I_{E,t}/I_{E,e}$ und Reflektivität $\mathcal{R}_{FP} = I_{E,r}/I_{E,e}$ des Fabry-Perot-Resonators in Abhängigkeit der Lichtfrequenz $\nu = c/\lambda_0$ für zwei verschiedene Einzelspiegelreflektivitäten $\mathcal{R} = |\, r\,|^2$ (für beide Spiegel). Deutlich ist die Kammfiltercharakteristik mit ihren ausgeprägten Resonanzen in Transmission und Antiresonanzen in Reflexion zu erkennen

Reflexion (E_r) ergeben sich die folgenden geometrischen Reihen:

$$
\begin{aligned}
E_t &= E_e t_1 t_2 \exp(-i\breve{\gamma}d) \sum_{l=0}^{\infty} r_1^l r_2^l \exp(-i\breve{\gamma}l2d) \\
&= E_e t_1 t_2 \exp(-i\breve{\gamma}d) \frac{1}{1 - r_1 r_2 \exp(-2i\breve{\gamma}d)}, \\
E_r &= E_e \left(-r_1 + t_1^2 r_2 \exp(-i\breve{\gamma}2d) \sum_{l=0}^{\infty} r_1^l r_2^l \exp(-i\breve{\gamma}l2d) \right) \\
&= E_e \left(-r_1 + t_1^2 r_2 \exp(-i\breve{\gamma}2d) \frac{1}{1 - r_1 r_2 \exp(-2i\breve{\gamma}d)} \right).
\end{aligned}
$$

$$(7.63)$$

$$(7.64)$$

Das Minuszeichen vor dem Amplitudenreflexionskoeffizient r_1 in den Gleichungen für E_r ergibt sich aus dem Phasensprung von 180° bei der Reflexion.

Für den Spezialfall ohne Dämpfung ($\alpha = 0$) und mit $r_1 = r_2 = r$ sowie $t_1 = t_2 = t$ folgt für die Transmissivität $\mathcal{T}_{FP}$ und die Reflektivität $\mathcal{R}_{FP}$ des Fabry-Perot-Resonators:

$$\mathcal{T}_{FP} = \frac{I_{E,t}}{I_{E,e}} \;=\; 1 \Big/ \left(1 + \frac{4r^2}{(1-r^2)^2} \sin^2\left(\frac{2\pi}{\lambda_0} nd\right) \right) \tag{7.65}$$

$$\mathcal{R}_{FP} = \frac{I_{E,r}}{I_{E,e}} \;=\; 1 - \mathcal{T}_{FP}, \tag{7.66}$$

wobei $I_{E,e}$, $I_{E,t}$ und $I_{E,r}$ die Intensitäten der einfallenden, der transmittierten und der reflektierten Welle sind. In Abb. 7.11 sind Transmissivität und Reflektivität des Fabry-Perot-Resonators in Abhängigkeit der Lichtfrequenz $\nu = c/\lambda_0$ für zwei verschiedene Einzelspiegelreflektivitäten $\mathcal{R} = \mid r \mid^2$ für jeden der beiden Spiegel aufgetragen. Wegen des Energieerhaltungssatzes $\mathcal{T}_{FP} + \mathcal{R}_{FP} = 1$ (im Fall ohne Dämpfung) sind die Transmissivitäts- und die entsprechenden Reflektivitätskurven komplementär zueinander. Für die Transmissivität zeigt sich eine Kammfilterstruktur. Es gibt Frequenzen, für die die Welle vollständig durch den Fabry-Perot-Resonator hindurchtritt, obwohl die Einzelspiegelreflektivität der beiden Spiegel $\neq$ 100% ist! Dies ist ein bemerkenswertes Resultat. Ein einzelner Spiegel schwächt das Licht in Transmission drastisch ab, zwei solche Spiegel (in geeignetem Abstand) scheinen unter Umständen überhaupt keinen Einfluss auf die Welle zu haben. Diese Frequenzen sind die Resonanzen des Fabry-Perots; jetzt wird erst die Bezeichnung Fabry-Perot-*Resonator* klar. Für diese Frequenzen sind alle Teilwellen in Transmission genau in Phase und überlagern sich konstruktiv. Es ist falsch, die einzelnen Spiegel zu betrachten; das ganze System „Fabry-Perot-Resonator" muss berücksichtigt werden. Bei kohärenter Überlagerung sind die Feldstärken unter Berücksichtigung der Phasenlage der Welle zu addieren, bevor die Intensitätsbildung stattfindet. Dadurch kommt es zu den ausgeprägten Resonanzphänomenen. Die Bereiche minimaler Transmissivität (maximaler Reflektivität) werden Antiresonanzen genannt.

Der Abstand zwischen zwei Resonanzen eines Fabry-Perots wird als freier Spektralbereich bezeichnet und ergibt sich aus der Tatsache, dass sich das Argument der $\sin^2$-Funktion von Resonanz zu Resonanz um π weiterdrehen muss:

$$\frac{2\pi\Delta\nu}{c} nd \;=\; \pi \tag{7.67}$$

$$\Longrightarrow \quad \Delta\nu \;=\; \frac{c}{2nd} \tag{7.68}$$

mit c wieder als Vakuum-Lichtgeschwindigkeit und n als Brechzahl. Fabry-Perot-Resonatoren können als sehr empfindliche Spektrometer genutzt werden, die allerdings nur in einem relativ kleinen Spektralbereich, dem freien Spektralbereich, eindeutige Ergebnisse liefern. Ein Maß für ihr Auflösungsvermögen ist die so genannte Finesse:

$$\breve{F} = \frac{\Delta\nu}{\nu_h}, \tag{7.69}$$

wobei ν_h die Halbwertsbreite ('full width half maximum', FWHM) der Resonanzen ist. Sie soll der Einfachheit halber für die 0. Resonanz (bei der Frequenz $\nu = 0$) berechnet werden. Die Halbwertsbreite ergibt sich aus dem Argument der $\sin^2$-Funktion für den Fall, dass die Fabry-Perot-Transmissivität nach Gl. (7.65) 1/2 ist, dass also der Term mit dem $\sin^2$-Ausdruck Eins ergibt:[12]

$$\left(\frac{2r}{1-r^2}\right)^2 \sin^2\left(\frac{2\pi\nu_h/2}{c}nd\right) = 1, \tag{7.70}$$

$$\implies \frac{2r}{1-r^2}\sin\left(\frac{2\pi\nu_h/2}{c}nd\right) = 1,$$

$$\implies \sin\left(\frac{2\pi\nu_h/2}{c}nd\right) = \frac{1-r^2}{2r}. \tag{7.71}$$

Bei hoher Spiegelreflektivität ist die Resonanz schmal, so dass $\sin(\text{Argument}) \approx$ Argument angenommen werden darf. Damit ergibt sich weiter:

$$\frac{2\pi\nu_h/2}{c}nd = \frac{1-r^2}{2r}, \tag{7.72}$$

$$\implies \nu_h = 2\cdot\frac{c}{2\pi nd}\cdot\frac{1-r^2}{2r}. \tag{7.73}$$

(Die Berechnung hätte auch für irgendeine andere Resonanz erfolgen können; die Halbwertsbreite ist für alle Resonanzen gleich.) Damit folgt für die Finesse:

$$\breve{F} = \frac{c}{2nd}\cdot\left(2\frac{c}{2\pi nd}\frac{1-r^2}{2r}\right)^{-1} = \frac{\pi r}{1-r^2}. \tag{7.74}$$

Eine Finesse von 100 entspricht bereits einer sehr hohen Resonatorgüte. - Im Fall eines aktiven Fabry-Perot-Resonators (eines Lasers) enthält der Dämpfungskoeffizient α einen Verstärkungskoeffizienten g_V:

$$\alpha = \alpha_i - g_V \tag{7.75}$$

mit dem Koeffizienten α_i der intrinsischen Verluste. Der Verstärkungs-/Gewinnkoeffizient g_V ist per Definition positiv ($g_V > 0$).

7.9. Ladungsträgergeneration/-rekombination in der aktiven Zone

In Unterkapitel 7.5 über Verluste angeregter Ladungsträger in Halbleitern wurde eine Ratengleichung angegeben, mit der die Abnahme der Dichte angeregter Ladungsträger (Elektronen im Leitungsband) beschrieben wird:

$$\frac{dn'}{dt} = A\cdot n' + B\cdot n'^2 + C\cdot n'^3 + \ldots \; < 0, \tag{7.76}$$

$$R_{Rek} \equiv \left|\frac{dn'}{dt}\right| > 0, \tag{7.77}$$

---

[12]Man beachte, r ist der *Amplituden*reflexionskoeffizient, nicht die Einzelspiegelreflektivität $\mathcal{R} = |\,r^2\,|$.

womit die Rekombinationsrate R_{Rek} definiert ist. Die Terme der Potenzreihenentwicklung sind jeweils nicht einem einzelnen physikalischen Phänomen zuzuordnen. Das heißt, jeder Term kann mehrere relevante physikalische Gründe haben. Und umgekehrt: ein physikalisches Phänomen kann Auswirkungen auf mehrere Terme der Reihenentwicklung haben. (Zum Beispiel spiegelt sich die Auger-Rekombination nicht nur in dem kubischen Term wider, der nach ihr benannt ist, sondern bildet auch einen Anteil am linearen Term, wie in [DRU 05] gezeigt wird). Für Halbleiterlaser kann die Rekombinationsrate prinzipiell in vier Teilraten aufgeteilt werden:

- $R_{sp} > 0$, die Rate der spontanen Emission,

- $R_{nstr} > 0$, die Rate der nicht-strahlenden ('non-radiative') Rekombinationskanäle,

- $R_l > 0$, die Rate durch „Auslecken" von Ladungsträgern (zum Beispiel durch thermische Anregung aus den Quantenfilmen einer aktiven Zone) sowie

- $R_{st} > 0$, die Rate durch stimulierte/induzierte Emission,

$$\implies \quad R_{Rek} = (R_{sp} + R_{nstr} + R_l) + R_{st}. \tag{7.78}$$

Manchmal wird die Größe n' in Gl. (7.76) einfach als Besetzungsinversion oder Inversion bezeichnet. Bei genauerem Hinsehen muss, um zur Besetzungsinversion zu gelangen, von n' die Dichte der besetzten Zustände im Valenzband beziehungsweise an der Valenzbandkante abgezogen werden; denn diese Zustände sind als potenzielle Zustände des unteren Laserniveaus blockiert. Die Inversion soll ab jetzt mit $\tilde{N}$ bezeichnet werden, um sie von n' zu unterscheiden; sie stellt eine Ladungsträgerdichte dar und hat die Dimension $1/m^3$. Und die Gleichung soll für die Inversion geschrieben werden.

Die ersten drei Summanden in Gl. (7.78) können, da kein stimulierendes elektromagnetisches Feld benötigt wird, mit drei entsprechenden Lebensdauern beziehungsweise einer Gesamtlebensdauer τ verknüpft werden:

$$\begin{aligned} R_{Rek} &= (R_{sp} + R_{nstr} + R_l) + R_{st} \\ &= \tilde{N}\left(\frac{1}{\tau_{sp}} + \frac{1}{\tau_{nstr}} + \frac{1}{\tau_l}\right) + R_{st} = \frac{\tilde{N}}{\tau} + R_{st}. \end{aligned} \tag{7.79}$$

Die Gesamtlebensdauer τ hat etwas mit dem Materialien der aktiven Zone des Lasers zu tun und nicht etwa mit dem Resonator, darf also nicht mit der Photonenlebensdauer τ_{Photon} im Resonator durch Resonatorverluste verwechselt werden. - Im Fall eines Lasers wird die Inversion zwar durch die Rekombinationsrate R_{Rek} reduziert, aber durch eine Generationsrate R_{Gen} infolge der „Pumpe" des Lasers vergrößert:

$$\frac{d\tilde{N}}{dt} = R_{Gen} - R_{Rek}. \tag{7.80}$$

Nun werde angenommen, dass der Halbleiterlaser elektrisch gepumpt wird. Dann kann die Generationsrate mit dem Pumpstrom I, der Elementarladung $q = |e|$, dem aktiven

Volumen V_{aktiv} und dem internen Quantenwirkungsgrad η_i so geschrieben werden:

$$R_{Gen} = \eta_i \frac{I}{qV_{aktiv}}. \tag{7.81}$$

Der interne Quantenwirkungsgrad η_i ist der Anteil des Pumpstroms, der Ladungsträger in der aktiven Zone hervorruft. Insgesamt ergibt sich bisher:

$$\frac{d\tilde{N}}{dt} = R_{Gen} - [(R_{sp} + R_{nstr} + R_l) + R_{st}] = \eta_i \frac{I}{qV_{aktiv}} - \frac{\tilde{N}}{\tau} - R_{st}. \tag{7.82}$$

7.10. Spontane Photonenerzeugung und Leuchtdioden

Nun sollen Halbleiterlaser unterhalb oder an der Laserschwelle betrachtet werden, so dass die Rekombinationsrate R_{st} in Gl. (7.82) noch vernachlässigt werden kann:

$$R_{st} \approx 0. \tag{7.83}$$

Halbleiterlaser unterhalb der Schwelle können als Leuchtdioden ('light emitting diodes', LED) aufgefasst werden, so dass die folgende Betrachtung auch allgemein für Leuchtdioden gilt. - Im stationären Zustand verändert sich die Inversion nicht:

$$\begin{aligned}
\frac{d\tilde{N}}{dt} = 0 &= R_{Gen} - [(R_{sp} + R_{nstr} + R_l) + R_{st}] \\
&\approx R_{Gen} - (R_{sp} + R_{nstr} + R_l) \tag{7.84} \\
\implies R_{Gen} = \eta_i \frac{I}{qV_{aktiv}} &\approx R_{sp} + R_{nstr} + R_l \tag{7.85}
\end{aligned}$$

Die spontan emittierte Lichtleistung ist:

$$P_{sp} = R_{sp} \cdot h\nu \cdot V_{aktiv} \tag{7.86}$$

mit der Photonenenergie $h\nu$. Die Effizienz der spontanen strahlenden ('radiative') Rekombination lässt sich folgendermaßen schreiben:

$$\eta_r = \frac{R_{sp}}{R_{sp} + R_{nstr} + R_l} = \eta_r(\tilde{N}), \tag{7.87}$$

eine Funktion der Inversion $\tilde{N}$. Weiter folgt nach Gl. (7.85):

$$\begin{aligned}
P_{sp} &= R_{sp} \cdot h\nu \cdot V_{aktiv} \\
&= \eta_r \cdot (R_{sp} + R_{nstr} + R_l) \cdot h\nu \cdot V_{aktiv} \\
&\approx \eta_r \cdot R_{Gen} \cdot h\nu \cdot V_{aktiv} \tag{7.88} \\
&= \eta_r \cdot \eta_i \cdot \frac{I}{q} \cdot h\nu = (\eta_r \eta_i) \cdot \frac{h\nu}{q} \cdot I. \tag{7.89}
\end{aligned}$$

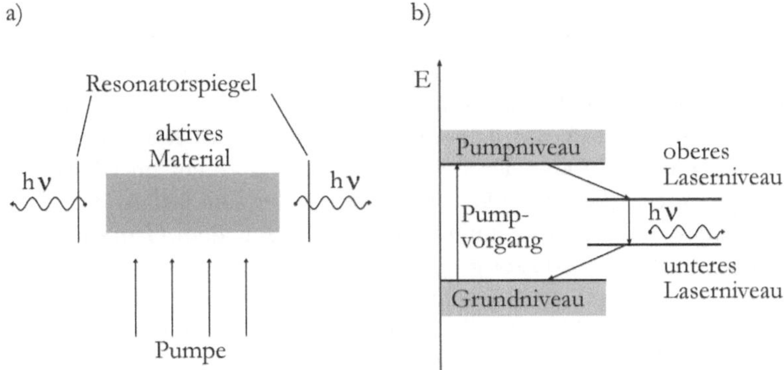

Abbildung 7.12.: Laserprinzip: a) die drei Baugruppen (abstrakt) und b) die für Lasertätigkeit
wichtigen prinzipiellen Energieniveaus eines 4-Niveau-Lasers

Die von der Leuchtdiode (LED) nutzbare abgegebene Leistung P_{LED} ist nicht so hoch,
da nur etwa 10% der Strahlung die Diode in der gewünschten Richtung verlassen; dieser
Sachverhalt drückt sich im Einfangwirkungsgrad η_c ('collection efficiency') aus:

$$P_{LED} = \eta_c \cdot P_{sp} = (\eta_c \eta_i \eta_r) \cdot \frac{h\nu}{q} \cdot I = \eta_{ex} \cdot \frac{h\nu}{q} \cdot I \,. \tag{7.90}$$

Die hier eingeführte Größe η_{ex} wird externer LED-Quantenwirkungsgrad genannt. Da
er nur schwach vom Pumpstrom abhängig ist, bedeutet Gl. (7.90), dass die emittierte
Leistung in erster Näherung linear mit dem Pumpstrom wächst:

$$P_{LED} \propto I \,. \tag{7.91}$$

7.11. Die Laserratengleichungen allgemein

Jeder Laser besteht prinzipiell aus drei Baugruppen, wie in Abb. 7.12 links skizziert:
- der Pumpe, die für eine Anregung der Atome des aktiven Materials sorgt, was mit
einer Energieänderung der Ladungsträger einhergeht,
- dem aktiven Material selbst, in dem beim „Übergang der Elektronen" vom Anregungsniveau auf ein tieferes mittels stimulierter Emission Lichtverstärkung stattfindet,
- dem Resonator, der die Aufenthaltsdauer der Photonen im aktiven Material erhöht,
damit sie mehr stimulierte Emissionsprozesse triggern.

In Abb. 7.12 rechts sind die prinzipiellen für die Lasertätigkeit wichtigen Energieniveaus
der Elektronen dargestellt. Die Pumpe sorgt für eine Anregung aus dem Grundniveau
auf ein so genanntes Pumpniveau, das ein Energieband sein kann. Von diesem Pumpniveau finden bei den meisten aktiven Materialien strahlungslose Übergänge auf das tiefer
gelegene obere Laserniveau statt. Von dort erfolgt der gewünschte Laserübergang auf

das untere Laserniveau unter Emission von elektromagnetischer Strahlung. Der Übergang in das Grundniveau vollzieht sich in den meisten Fällen wieder strahlungslos. - Die Pumpe kann auf ganz verschiedenen Prinzipien beruhen. Es kann sich um eine optische Pumpe handeln, bei der Elektronen durch Photonen-Absorption auf das Pumpniveau gebracht werden. Es kann sich um Anregung durch Stöße mit freien Elektronen aus einer Gasentladung handeln. Oder der Injektionsstrom an einem pn-Übergang kann die Pumpe darstellen, wie es bei Halbleiterlaser-Dioden der Fall ist. Andere Pumpmechanismen sind denkbar. - Oft ist das untere Laserniveau mit dem Grundniveau identisch; dann wird von einem 3-Niveau-Laser gesprochen. Liegt das untere Laserniveau oberhalb des Grundniveaus, ist von einem 4-Niveau-Laser die Rede. Die 3-Niveau-Laser sind ungünstiger, da man mehr als 50% der Besetzung in das obere Niveau bringen muss, um Inversion zu erzielen; beim 4-Niveau-Laser liegt Inversion sofort beim Pumpen vor.

Obwohl das Akronym LASER nur auf *stimulierte* Emission hindeutet, ist die *spontane* Emission für das Anschwingen eines Lasers genauso wichtig. Denn zur Triggerung stimulierter Emission müssen genügend geeignete Photonen verfügbar sein, das heißt Photonen, die in ihrer Energie genau dem Laserübergang entsprechen und in Längsrichtung des Resonators laufen. Die *spontane* Emission mit einem Elektronenübergang vom oberen zum unteren Laserniveau ist der Prozess, der diese geeigneten Photonen erzeugt. Liegt die Pumpe in Form einer optischen Quelle vor, ist neben der stimulierten und der spontanen Emission auch die dritte Grundform der linearen Wechselwirkungen zwischen Licht und Materie notwendig: die Absorption. Die Laserratengleichungen lauten [LAU 02, SAR 74]:

$$\text{Feldgleichung:} \quad \frac{d\tilde{Q}}{dt} = -\tilde{Q} + \tilde{N}\tilde{Q}, \tag{7.92}$$

$$\text{Materialgleichung 3-Niveau-Laser:} \quad \frac{d\tilde{N}}{dt} = \tilde{p} - \tilde{b}\tilde{N} - 2\tilde{N}\tilde{Q}, \tag{7.93}$$

$$\text{Materialgleichung 4-Niveau-Laser:} \quad \frac{d\tilde{N}}{dt} = \tilde{p} - \tilde{b}\tilde{N} - \tilde{N}\tilde{Q}, \tag{7.94}$$

wobei $\tilde{Q}$ der Photonendichte in einer Mode des Resonators proportional ist; $\tilde{N}$ ist der Besetzungsinversion, also der Differenz der Besetzungszahldichten von oberem und unterem Laserniveau, proportional; $\tilde{p}$ ist ein Maß für die Pumpleistungsdichte, $\tilde{b}$ ein Maß für die Verluste pro Volumen. - Nun sollen weiter 4-Niveau-Laser betrachtet werden. Die aus dem Laser wünschenswerterweise austretende Lichtleistung ist für den Resonator als Verlust zu werten. Die Gln. (7.92) und (7.94) beschreiben ein nichtlineares Gleichungssystem ($\tilde{N} \cdot \tilde{Q}$ ist das nichtlineare Produkt), das ein sehr komplexes Verhalten zeigen kann. Aber bereits die stationären Lösungen, die die Lösungen des Gleichungssystems

$$\frac{d\tilde{Q}}{dt} = 0 \;=\; -\tilde{Q} + \tilde{N}\tilde{Q}, \tag{7.95}$$

$$\frac{d\tilde{N}}{dt} = 0 \;=\; \tilde{p} - \tilde{b}\tilde{N} - \tilde{N}\tilde{Q}, \tag{7.96}$$

darstellen, geben zusammen mit den sinnvollen Randbedingungen und Forderungen

$$\tilde{Q} \geq 0 \quad , \quad \tilde{b} > 0 \quad , \quad \tilde{p} \geq 0 \tag{7.97}$$

wertvolle Aufschlüsse über Lasertätigkeit. Die *beiden* stationären Lösungen, hier *mit den Superskripten* $^{(1)}$ und $^{(2)}$ gekennzeichnet, lauten:

$$\tilde{Q}^{(1)} = 0 \quad \Longrightarrow \quad \tilde{N}^{(1)} = \frac{\tilde{p}}{\tilde{b}} \quad \text{unterhalb der Schwelle,} \tag{7.98}$$

$$\tilde{N}^{(2)} = 1 \quad \Longrightarrow \quad \tilde{Q}^{(2)} = \tilde{p} - \tilde{b} \quad \text{oberhalb der Schwelle.} \tag{7.99}$$

Die erste Lösung ist trivial: der Laser ist aus; aber die Inversion nimmt mit der Pumpleistung $\tilde{p}$ zu. Die zweite Lösung führt wegen $\tilde{Q} \geq 0$ zu $\underline{\tilde{p} \geq \tilde{b}}$, der so genannten Schawlow-Townesschen Anschwingbedingung, die 1958 veröffentlicht wurde. Sie besagt einfach, dass nur genügend stark gepumpt werden muss, um Lasertätigkeit zu erreichen. Allerdings muss erwähnt werden, dass die Schawlow-Townessche Theorie andere Effekte, wie etwa die Aufheizung und etwaige Zerstörung des aktiven Materials, unberücksichtigt lässt. Viele Stoffe werden aufschmelzen, bevor sie „lasern".

In Abb. 7.13a sind die stationären Lösungen der Laserratengleichungen schematisch dargestellt. Bis zu einem bestimmten Pumpleistungswert, dem Schwellwert, der der Gesamtverlustleistung entspricht, findet keine Laseremission statt ($\tilde{Q} = 0$). Oberhalb der Laserschwelle $\tilde{p} = \tilde{b}$ bleibt in dieser einfachen Theorie die Besetzungsinversion konstant, und die Photonenzahl steigt linear mit der Pumpleistung. Typisch für Laser ist diese nach oben abknickende $\tilde{Q}(\tilde{p})$-Kennlinie.

Es wurde schon erwähnt, dass für das Anschwingen des Lasers die spontane Emission notwendig ist. In dieser einfachen Theorie wird sie allerdings bei der Zählung der Photonen außer Acht gelassen, so dass unterhalb der Laserschwelle $\tilde{Q} = 0$ gilt. Eine genauere Theorie müsste die spontan emittierten Photonen berücksichtigen. In dem Fall hätte die Kurve $\tilde{Q}(\tilde{p})$ unterhalb der Schwelle eine leichte von Null verschiedene positive Steigung, entsprechend der Proportionalität (7.91). - Abbildung 7.13b verdeutlicht die Bedingungen für das Anschwingen - unter Berücksichtigung verschiedener Longitudinalmoden. Die einfache Theorie zu den Laserratengleichungen geht davon aus, dass sich in dem Fabry-Perot-Laserresonator in Längsrichtung nur eine einzige stehende Welle ausbilden kann, eine Longitudinalmode. Üblicherweise fallen bei Lasern aber mehrere Longitudinalmoden in den Verstärkungsbereich des aktiven Materials. Denn er besitzt immer eine gewisse Breite; das heißt, es können meistens mehrere stehende Wellen existieren. Von diesen stehenden Wellen haben aber nur einige so geringe Verluste, dass sie im Sinne des Überwindens der Verlustschwelle anschwingen können - im gezeichneten Beispiel drei. Diese anschwingenden Lasermoden konkurrieren innerhalb eines kurzen Einschwingvorgangs um die Inversion und Verstärkung miteinander. Die Longitudinalmode mit der größten Netto-Verstärkung $g_V - \alpha_i$ wird in einer Kaskade von stimulierten Emissionsprozessen die Inversion zu ihren Gunsten abräumen und die anderen anschwingfähigen Longitudinalmoden unterdrücken. Allerdings zeigt sich, dass die Sekundärmodenunterdrückung wegen der immer auch für die Nebenmoden vorhandenen spontanen Emission

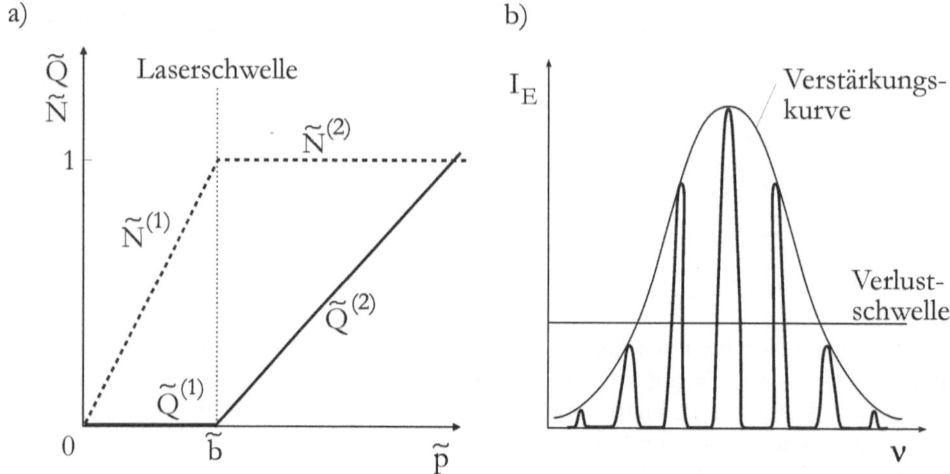

Abbildung 7.13.: Anschwingen des Lasers: a) Diagramm zu den stationären Lösungen der Laserratengleichungen - normierte Photonendichte $\widetilde{Q}$ und normierte Inversion $\widetilde{N}$ in Abhängigkeit von der normierten Pumpleistungsdichte $\widetilde{p}$; b) Longitudinalmoden des Laserresonators mit der Intensität I_E als Funktion der Lichtfrequenz ν

nie beliebig stark wird. Für viele Anwendungen sind Werte für die Sekundärmodenunterdrückung von $-30\,\mathrm{dB}$ zufriedenstellend.

Die Longitudinalmoden des Lasers sind also ein (mehr oder weniger) unerwünschter Nebeneffekt des Laserresonators. In den meisten Fällen erwünscht ist hingegen die bei vielen Lasern übliche starke Ausrichtung der Strahlung längs einer bestimmten Achse. Sie ist eine Folge der Ausrichtung des Laserresonators. Denn die verstärkte Emission ist in der Längsrichtung des Resonators besonders ausgeprägt.

Bei Lasern mit breiter oder auch hoher aktiver Zone kann es in der transversalen beziehungsweise lateralen Dimension auch mehrere stehende Wellen geben. In diesem Zusammenhang ist von Transversalmoden die Rede.

Bisher wurde nur von der stationären Lösung der Laserratengleichungen gesprochen. Zum Beispiel für Anwendungen in der optischen Nachrichtentechnik ist auch das dynamische Verhalten der Größen wichtig. Für den Fall, dass zum Zeitpunkt $t = 0$ der Strom sprunghaft auf einen konstanten Wert oberhalb der Schwelle angeschaltet wird, zeigt Abb. 7.14 nach [EBE 92] das (für typische Halbleiterlaser-Parameter) berechnete Zeitverhalten der (auf den Schwellwert normierten) Inversion $\widetilde{N}$ und der (auf ihr Maximum normierten) Photonendichte $\widetilde{Q}$. Durch die Kopplung der beiden Laserratengleichungen kommt es zu einer zeitlichen gedämpften Oszillation der beiden Größen, die auch Relaxationsoszillation genannt wird.

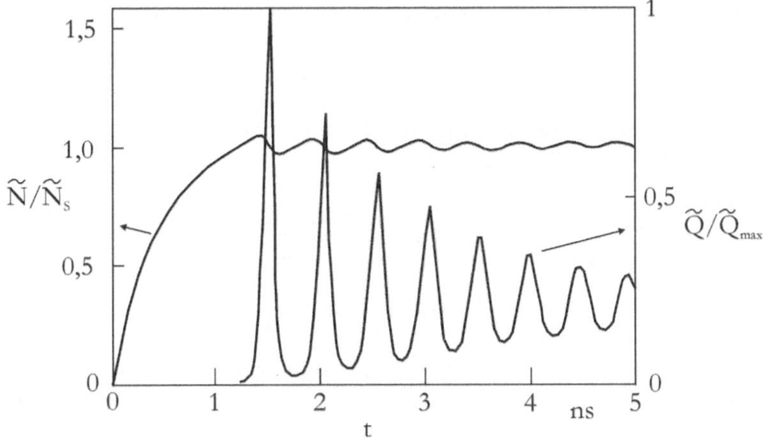

Abbildung 7.14.: Für typische Laserparameter berechnete Relaxationsoszillationen der auf den Schwellwert normierten Inversion $\tilde{N}$ und der auf ihr Maximum normierten Photonendichte $\tilde{Q}$ beim Anschalten des Pumpstroms von Null auf einen konstanten Wert oberhalb der Schwelle zum Zeitpunkt $t = 0$, nach [EBE 92]

7.12. Halbleiterlaser-Ratengleichungen und Verstärkungskoeffizient

In Unterkapitel 7.9 wurde bereits eine Laserratengleichung hergeleitet.

$$\frac{d\tilde{N}}{dt} = \eta_i \frac{I}{qV_{aktiv}} - \frac{\tilde{N}}{\tau} - R_{st}. \tag{7.100}$$

Da die Inversion $\tilde{N}$ den Materialzustand beschreibt, wird von der Materialgleichung gesprochen. Mit dem Füllfaktor $\tilde{\Gamma}$, der das Verhältnis aus den Volumina des von der Welle durchdrungenen aktiven Materials und der elektromagnetischen Welle beschreibt, (siehe auch Unterkapitel 11.3) kann sofort die zweite Ratengleichung, die Feldgleichung für die Photonendichte N_{Photon}, hingeschrieben werden:

$$\frac{dN_{Photon}}{dt} = \tilde{\Gamma}R_{st} + \tilde{\Gamma}\beta_{sp}R_{sp} - \frac{N_{Photon}}{\tau_{Photon}}. \tag{7.101}$$

Hierbei wurde ein Faktor β_{sp} eingeführt, der berücksichtigt, dass nur ein Bruchteil der Spontanemission in die bestimmte aktuell betrachtete Mode des Lasers emittiert wird. Die so geschriebene Feldgleichung bezieht sich also nur auf eine Mode des Lasers (longitudinal und transversal). Die Terme zur strahlenden Rekombination tauchen in der Feldgleichung mit positivem Vorzeichen auf, weil sie die Photonendichte erhöhen, in der Materialgleichung aber mit negativem Vorzeichen, weil sie die Inversion abbauen.

In der Feldgleichung stellt der Term zur stimulierten Emission einen Verstärkungsterm dar und kann daher mit dem Verstärkungs- oder Gewinnkoeffizienten g_V verknüpft werden; Δz ist die Strecke, auf der die Verstärkung stattfindet (Verstärkungslänge):

$$N_{Photon} + \Delta N_{Photon} = N_{Photon} \cdot e^{g_V \cdot \Delta z} \approx N_{Photon} \cdot (1 + g_V \cdot \Delta z) \qquad (7.102)$$

für kleine $g_V \cdot \Delta z$. Für die Änderungsrate der Photonendichte, die *nur durch stimulierte Emission* zustande kommt, gilt somit:

$$\left(\frac{dN_{Photon}}{dt} \right)_{stimuliert} = \tilde{\Gamma} \cdot R_{st} = \tilde{\Gamma} \cdot \frac{\Delta N_{Photon}}{\Delta t}$$

$$= \tilde{\Gamma} \cdot N_{Photon} \cdot g_V \cdot \frac{\Delta z}{\Delta t} = \tilde{\Gamma} \cdot N_{Photon} \cdot g_V \cdot v_g \qquad (7.103)$$

mit der Gruppengeschwindigkeit v_g der Welle. Damit folgt für die Rate der Photonendichte insgesamt:

$$\frac{dN_{Photon}}{dt} = \tilde{\Gamma} v_g g_V N_{Photon} + \tilde{\Gamma} \beta_{sp} R_{sp} - \frac{N_{Photon}}{\tau_{Photon}}. \qquad (7.104)$$

Für den Gewinnkoeffizienten g_V ('gain') gibt es verschiedene Näherungen; die einfachste ist die lineare:

$$g_V \propto (\tilde{N} - \tilde{N}_{Tr}), \qquad (7.105)$$

$$g_V = \frac{\partial g_V}{\partial \tilde{N}} \cdot (\tilde{N} - \tilde{N}_{Tr}). \qquad (7.106)$$

Die Größe $\tilde{N}_{Tr}$ stellt die Transparenz-Ladungsträgerdichte dar, die notwendig ist, um intrinsische Ladungsträgerverluste auszugleichen. Sie ist nicht gleich der Ladungsträgerdichte $\tilde{N}_S$ an der Laserschwelle (mit $\tilde{N}_S > \tilde{N}_{Tr}$), in der zum Beispiel auch noch die Verluste infolge der Reduktion der Inversion durch stimulierte Emission Berücksichtigung finden. - Der Gewichtsfaktor $\partial g_V / \partial \tilde{N}$ in der obigen Gleichung heißt differenzielle Verstärkung und gibt an, wie effektiv das Pumpen ist: wieviel Änderung ∂g_V in der Verstärkung erhält man, wenn man eine bestimmte kleine Änderung $\partial \tilde{N}$ in der Inversion durch Pumpen „spendiert"?

Wenn angenommen wird, dass $g_V > 0$, also $\tilde{N} > \tilde{N}_{Tr}$, wird auch eine logarithmische Näherung für g_V verwendet:

$$g_V = g_0 \cdot \ln \frac{\tilde{N}}{\tilde{N}_{Tr}}. \qquad (7.107)$$

Die differenzielle Verstärkung $\partial g_V / \partial \tilde{N}$ wird auf dem Weg von Volumenmaterial für die aktive Zone über Quantenfilme, Quantendrähte hin zu Quantenpunkten immer größer; die entsprechenden Laser dadurch (zumindest potenziell) immer effizienter. Das ist einer der Hauptgründe für die Verwendung von Quantenfilmen oder auch Quantenpunkten in aktiven Zonen von Halbleiterlasern.

8. Heteroübergänge und Doppelheterostrukturen, pn-Übergänge

8.1. Heteroübergänge

Werden zwei kristalline Halbleitermaterialien zusammen gebracht, die unterschiedliche Bandlückenenergien E_{g1} und E_{g2} haben, kommt es zu Sprüngen im Bandkantenverlauf, so genannten Banddiskontinuitäten. Inwieweit sich der Gesamtsprung

$$\Delta E_g =\mid E_{g1} - E_{g2} \mid= \Delta E_L + \Delta E_V \tag{8.1}$$

auf das Leitungsband und das Valenzband aufteilt (ΔE_L und ΔE_V), hängt von den speziellen Bindungsverhältnissen in beiden Wirtskristallen ab.

In Abb. 8.1 werden die wesentlichen Typen von Heteroübergängen skizziert:

- Typ I ('straddling gap' - gespreizte Bandlücke),
- Typ IIa ('staggered gap' - gestufte Bandlücke) und
- Typ IIb ('broken gap' - unterbrochene Bandlücke).

Die Zeichnungen entsprechen so genannten Flachbandbedingungen ('flat-band conditions'); das heißt, dass Bandverbiegungen infolge der Fermi-Niveau-Angleichung im thermodynamischen Gleichgewicht nicht berücksichtigt sind.

In Abb. 8.2 sind die Banddiskontinuitäten einiger III-V-Halbleiter *bei Raumtemperatur und ohne etwaige mechanische Verspannungen nach epitaktischem Wachstum* relativ zueinander dargestellt; die hellen Balken stellen die Bandlücken dar. Dabei gelten die Bandkantensprünge nicht nur zwischen den Materialien zu nebeneinander gezeichneten Balken. Die Sprünge können *in erster Näherung* linear über die Materialien aufaddiert werden. Zum Beispiel setzt sich der Valenzbandkantensprung von AlAs zu InAs aus den beiden Sprüngen von AlAs zu GaAs und von GaAs zu InAs zusammen.

8.2. Dotierung und pn-Übergänge

In Unterkapitel 7.4 wurde der Zusammenhang zwischen der elektronischen Zustandsdichte, der Fermi-Verteilung als Maß für die Besetzungswahrscheinlichkeit und der Ladungsträgerdichte erläutert; siehe Abb. 7.7. Dabei wurde von so genannten intrinsischen Halbleitern ausgegangen. In den meisten Fällen könnte man diese Bezeichnung mit „reine Halbleiter" gleichsetzen. - Wenn Fremdatome, also Atome eines anderen Materials eingebracht werden, wird von dotierten Halbleitern gesprochen. Da mit Dotierungen üblicherweise die Ladungsträgerdichte und damit die elektrische Leitfähigkeit des Wirtshalbleiters vergrößert werden soll, werden ganz bestimmte Fremdatomsorten eingesetzt:

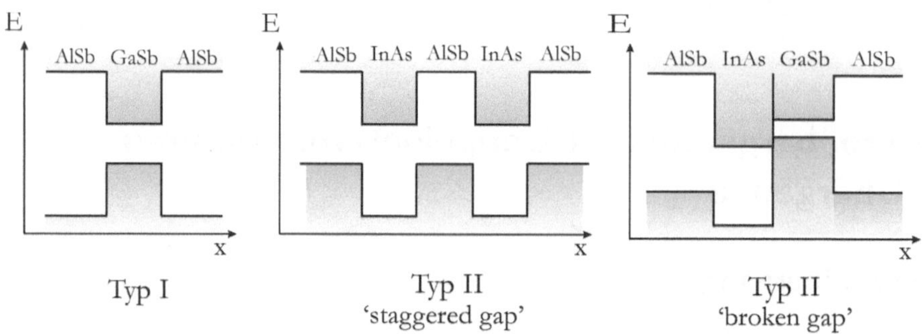

Abbildung 8.1.: Energiebandschemata zu den drei Haupttypen von Heteroübergängen:
links: Typ I ('straddling gap' - gespreizte Bandlücke),
Mitte: Typ IIa ('staggered gap' - gestufte Bandlücke) und
rechts: Typ IIb ('broken gap' - unterbrochene Bandlücke)
- jeweils für Flachbandbedingungen gezeichnet

- Donatoren (n-Dotierung); das sind Atome, die ein Elektron mehr in der äußersten Schale haben und dies im Atomverbund einfach (mit wenig Energieaufwand) als Leitungselektron an das Wirtsmaterial abgeben (gleichbedeutend: das Donator-Energieniveau liegt dicht unterhalb der Leitungsbandkante des Wirtskristalls) oder

- Akzeptoren, (p-Dotierung) Atome, die ein Elektron weniger in der äußersten Schale haben und im Atomverbund einfach ein Elektron von dem Wirtsmaterial aufnehmen (gleichbedeutend: das Akzeptor-Niveau liegt dicht oberhalb der Valenzbandkante).

Abbildung 8.3 zeigt die entsprechende Darstellung für den Fall einer Dotierung - hier am Beispiel der Zugabe von Donatoren, die Elektronen an das Leitungsband abgeben und deren Energieviveaus E_d dicht unterhalb der Leitungsbandkante liegen. Die Fermi-Verteilung und damit auch die Fermi-Energie E_{Fn} sind gegenüber dem intrinsischen Fall zu höheren Energien verschoben. Damit nimmt die Elektronendichte im Leitungsband zu, während die Löcherdichte im Valenzband abnimmt. Umgekehrtes gilt für die Dotierung mit Akzeptoren, die Elektronen aus dem Valenzband aufnehmen und deren Dotierstoffniveaus dicht oberhalb des Valenzbands liegen.

Ein pn-Übergang, der schematisch in Abb. 8.4 wiedergegeben ist, besteht aus zwei aneinander anschließenden Bereichen in einer Probe, von denen einer mit Donatoren n- und der andere mit Akzeptoren p-dotiert ist [STR 05]. Durch das „Zusammenbringen" der Bereiche kommt es infolge der Ladungsträgerüberschüsse zu einer Diffusionsbewegung überschüssiger Ladungsträger zu der jeweils anderen Seite: Elektronen diffundieren in den p-Bereich, Löcher in den n-Bereich. Die Ladungsträger tragen durch diese Umverteilung zum Aufbau so genannter Raumladungszonen bei. Diese Zonen heißen manchmal auch Verarmungszonen, da sie durch Abwanderung der Majoritätsladungsträger an diesen verarmen. Durch die Diffusion und die daraus resultierenden Raumladungszonen baut sich ein internes elektrisches Feld $\mathcal{E}$ auf; das elektrostatische Potenzial $V_{pot,n}$ des

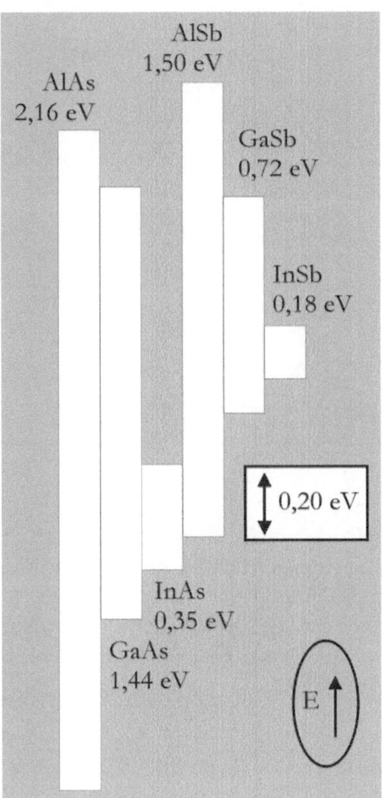

Abbildung 8.2.: Banddiskontinuitäten einiger III-V-Halbleiter relativ zueinander bei Raumtemperatur und ohne mechanische Verspannungen. Die weißen Balken stellen die Bandlücken dar. Die Bandkantensprünge können linear aufaddiert werden

n-Bereichs verschiebt sich relativ zu dem des p-Bereichs ($V_{pot,p}$) nach oben; der Übergangsbereich sind die beiden Raumladungszonen. Der Potenzialunterschied V_0 wird Diffusionspotenzial oder Diffusionsspannung genannt.

Wegen der Definition der Energie über die elektrostatische Kraft, die den negativen Gradienten des elektrostatischen Potenzials darstellt, ist der aus dem Potenzialverlauf resultierende Verlauf der Bandkanten qualitativ entgegengesetzt: im p-Bereich liegen die Energieniveaus höher. Im Fall des thermodynamischen Gleichgewichts, das heißt ohne Anlegen von Spannungen an den pn-Übergang und ohne Injektion von Ladungsträgern, sind die Fermi-Niveaus auf beiden Seiten des Übergangs gleich.[1] - Bei Anlegen einer

---

[1]Gedankenexperiment: Wäre dies nicht der Fall, würden sich für beide Seiten unterschiedliche Besetzungswahrscheinlichkeiten der Niveaus ergeben, die zu unterschiedlichen Ladungsträgerdichten führen würden, bis sich durch Diffusion und Drift der Gleichgewichtszustand einstellt.

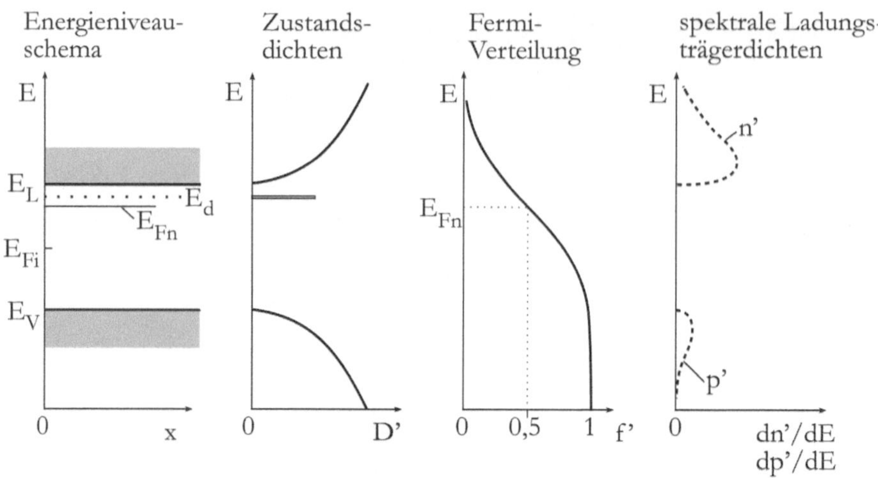

Abbildung 8.3.: Energiebandschema sowie Zustandsdichte D', Fermi-Verteilung f' und die spektralen Ladungsträgerdichten dn'/dE für Elektronen und dp'/dE für Löcher jeweils in Abhängigkeit von der Energie E, die entlang der vertikalen Achse aufgetragen ist. E_V und E_L sind die Valenz- und die Leitungsbandkante, E_d das Donator-Niveau, E_{Fn} die Fermi-Energie bei n-Dotierung (vergleiche Abb. 7.7)

Vorwärtsspannung (Minuspol an die n-Seite des Übergangs) überlagern sich das externe Feld und das interne der Raumladungszonen entgegengesetzt, die Raumladungszonen verengen sich, der Potentialunterschied zwischen beiden Seiten des pn-Übergangs wird kleiner oder verschwindet ganz. Bei Anlegen einer Sperrspannung (umgekehrte Polung) überlagern sich die Felder im gleichen Sinn, die Raumladungszonen vergrößern sich und die Potenzialdifferenz zwischen beiden Seiten wird so groß, dass sie von Ladungsträgern kaum noch überwunden werden kann.

Bei Beleuchtung des pn-Übergangs mit Licht ($\rightarrow$ Fotodiode), dessen Photonenenergie im Bereich oder oberhalb der Bandlückenenergie liegt, so dass Fundamentalabsorption möglich ist, werden Ladungsträgerpaare generiert. Die sich im Falle des Widerstands R_{el} aufgrund des Fotostroms I_{Foto} (siehe Abb. 8.4) ergebende Fotospannung $U_{Foto} = R_{el} \cdot I_{Foto}$ ist der Diffusionsspannung entgegen gerichtet und kompensiert diese deshalb teilweise oder sogar vollständig. Ohne externe Spannungen und im Fall der Beleuchtung wird der pn-Übergang im IV. Quadranten der Strom-Spannungs-Kennlinie $I = I(U)$, im so genannten fotovoltaischen Betrieb, als Solarzelle betrieben. Das Bauelement gibt dabei Energie an die äußere Last ab.

Dies sind kurz die wichtigen Eigenschaften von pn-Übergängen. Eine ausführlichere Beschreibung sei einem Elektronik-Lehrbuch vorbehalten [SCHL 90].

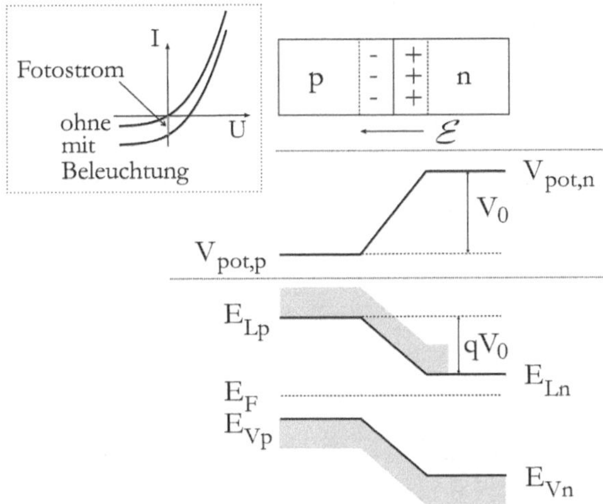

Abbildung 8.4.: Prinzipbild eines pn-Übergangs, der entsprechenden Verteilung des elektrostatischen Potenzials V_{pot} entlang der Probe und der Verteilung der Bandkantenenergien. Auch eine Strom-Spannungs ($I = I(U)$)-Kennlinie für den Fall ohne Beleuchtung und eine für den Fall mit Beleuchtung sind gezeichnet

8.3. Hetero-pn-Übergänge und Doppelheterostrukturen; Historie

Heteroübergänge sind Übergänge zwischen verschiedenen Materialien[2]. Zum Beispiel könnte dies ein Übergang zwischen zwei Materialien $Al_xGa_{1-x}As$ mit unterschiedlichem Aluminium-Anteil x sein. Dabei muss es sich gar nicht gleichzeitig um pn-Übergänge handeln, kann es aber; siehe Abb. 8.5. Die unterschiedlichen Materialien äußern sich im Energiebandschema (Energie über dem Ort) in unterschiedlichen Bandlückenenergien und damit in Bandkantensprüngen.

Doppelhetero-Strukturen liegen dann vor, wenn in einer Probe gleich zwei Heteroübergänge vorhanden sind. Auch sie treten häufig im Zusammenhang mit pn-Übergängen auf, das heißt, einer der beiden Heteroübergänge stellt gleichzeitig einen pn-Übergang dar. Dies ist in Abb. 8.6 für einen NnP-Doppelhetero-pn-Übergang schematisch dargestellt, wobei die großen Buchstaben zur Kennzeichnung der Bereiche mit größerer Bandlückenenergie verwendet werden. In der linken Bildhälfte sind die Bandkantenenergien als Funktion der Ortskoordinate x für den Fall ohne Vorspannung aufgetragen, in der rechten Bildhälfte für den Fall mit einer Vorwärtsspannung, die etwa der Diffusionsspannung entspricht. Durch diese Vorspannung werden Ladungsträger in den mittleren Bereich geringerer Bandlückenenergien injiziert. Sie können ihn wegen der Sprungstellen

---

[2]in der Realität verknüpft mit der Forderung nach Herstellbarkeit mit halbleitertechnologischen und speziell epitaktischen Methoden meist mit unterschiedlichen Materialien aus ein und demselben Materialsystem

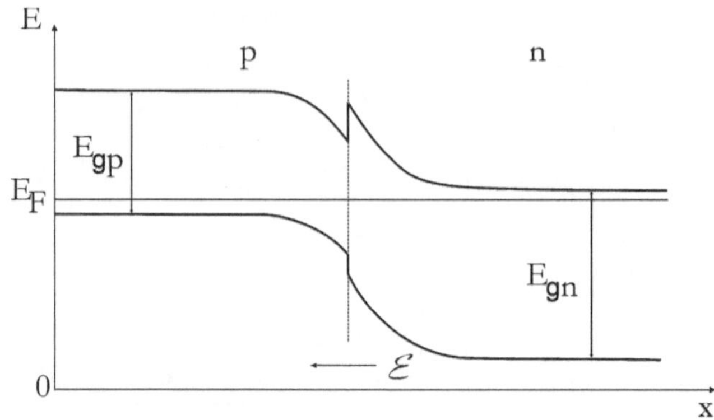

Abbildung 8.5.: Hetero-pn-Übergang $E = E(x)$ zwischen zwei Materialien mit dem internen elektrischen Feld $\mathcal{E}$

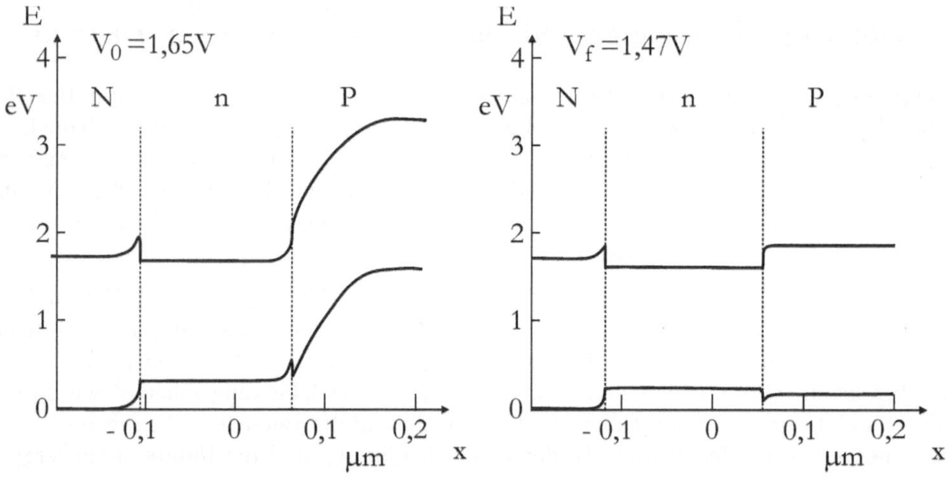

Abbildung 8.6.: Darstellung des Bandkantenverlaufs $E = E(x)$ für einen NnP-Doppelhetero-Übergang ohne (links) und mit (rechts) Vorwärtsspannung im AlGaAs/GaAs-Materialsystem, nach [EBE 92]

in den Bandkanten aber nicht einfach verlassen; das heißt, die Sprungstellen wirken als Potenzialbarrieren, die die Ladungsträger auf einem kleinen Bereich mehr oder weniger einschließen. In diesem Bereich findet vorzugsweise die Ladungsträgerrekombination statt. Diese Begrenzung der Rekombination auf einen kleinen Bereich wird zum Bau von Halbleiterlasern genutzt, die so relativ geringe Schwellströme haben und gegebenenfalls auch bei Raumtemperatur oder/und im kontinuierlichen Betrieb einsetzbar sind.

Die folgende Beschreibung der historischen Entwicklung zum Halbleiterlaser geht auf [CAS 78] zurück.
Schon in der Zeit von 1958 bis 1961, also schon zu Beginn der Laserforschung und -entwicklung, wurde vorgeschlagen, direkte Halbleiter als aktives Lasermaterial zu verwenden. Ein quantitatives Verständnis entwickelte sich mit den Arbeiten von Bernard und Duraffourg. Sie und vorher Welker schlugen GaAs und GaSb als für Lasertätigkeit wahrscheinlich günstig vor. Auch damals wurde schon an Pumpen durch Ladungsträgerinjektion in einen pn-Übergang gedacht. Effiziente Elektrolumineszenz wurde 1962 nachgewiesen. Zu dieser Zeit wurden externe Resonatoren für die notwendige Rückkopplung vorgesehen. Und bei einer Stromdichte von $1{,}5{\cdot}10^3\,\mathrm{A/cm^2}$ wurde eine Einengung des Elektrolumineszenzspektrums einer GaAs-Diode bei einer Temperatur von 77 K beobachtet. Von Hall erfolgte der Vorschlag, polierte Endflächen der Dioden als Resonatorspiegel zu verwenden. Kurz danach, das heißt Ende 1962, wurde die erste kohärente Lichtemission und eine deutliche spektrale Einengung bei einer auf 77 K gekühlten Diode festgestellt. Es handelte sich um Laserdioden mit Schichten eines einzigen Materials (Homoübergänge), aber unterschiedlicher Dotierung. Dann erfolgte ein Wechsel von geschnittenen und polierten Endflächen auf gespaltene ('cleaving').
In der Zeit von 1963/64 bis 1966 wurde bereits an den Materialien $Ga_xIn_{1-x}As$, InP und InP_xAs_{1-x} Lasertätigkeit nachgewiesen. Dennoch ebbte das Interesse an Halbleiterlasern ab, weil die Schwellstromdichten nicht drastisch gesenkt werden konnten und sich noch oberhalb von $50{\cdot}10^3\,\mathrm{A/cm^2}$ bewegten. Deswegen war auch noch 1967 kein Halbleiterlaserbetrieb bei Raumtemperatur ohne aufwändige Wärmeableitung möglich. - Einen Ausweg aus diesem Dilemma boten die Heterostrukturen, bei denen für die verschiedenen Schichten zwar dasselbe Materialsystem (zum Beispiel $Al_xGa_{1-x}As$), aber unterschiedliche Zusammensetzungen (im Beispiel mit unterschiedlichem Aluminium-Gehalt x) verwendet wurden. Schließt die aktive Zone an einen Bereich aus Material mit größerer Energielücke an, kann die Ladungsträgerrekombination auf einen schmalen Bereich eingeengt und damit die zum Einsetzen der Lasertätigkeit notwendige Pumpstromdichte deutlich reduziert werden.
Zwar waren Heterolaserdioden schon 1963 von Kroemer sowie unabhängig davon von Alferov und Kazarinov vorgeschlagen worden, fanden aber zunächst kaum Beachtung. Kroemer selbst hatte noch an Heterostrukturen mit gänzlich unterschiedlichen Materialien - etwa an GaAs-Ge - gedacht. 1967 wählten Hayashi und Panish GaAs-AlGaAs-Heteroübergänge. Da zunächst nur zu einer Seite des vorgesehenen Rekombinationsbereichs ein Heteroübergang vorlag, wird heute in diesem Zusammenhang von SH ('single heterostructure')-Lasern gesprochen. 1968 erfolgte von Hayashi und Panish und - unabhängig kurz davor - von Alferov et alii der Schritt zu einer Doppelheterostruktur. Jetzt

war zu beiden Seiten ein Heteroübergang vorhanden; die Ladungsträgerrekombination wurde auf die aktive Zone beschränkt. Dies führte 1970 in beiden genannten Forschungsgruppen - unabhängig voneinander - zu Laserdioden mit Schwellstromdichten von etwa $1,6 \cdot 10^3 \, \text{A/cm}^2$ bei Raumtemperatur und im kontinuierlichen Betrieb (im so genannten Dauerstrichbetrieb; 'continuous wave', cw). Trotz dieses Durchbruchs nahmen selbst 1973 noch Leute an, dass der Halbleiterlaser wegen seiner vermeintlich geringen Ausgangsleistungen niemals sinnvolle Anwendungen finden würde. Wie wir heute wissen, trifft dies ganz und gar nicht zu. Der Halbleiterlaser ist wegen seiner Kompaktheit und der elektrischen Pumpbarkeit aus der Praxis nicht mehr wegzudenken.

8.4. BH-Laser - 'carrier, current, photon confinement'

Die Doppelheterostruktur der Halbleiterlaser hat zu allererst die Aufgabe, die Ladungsträgerrekombination auf einen schmalen Film (die aktive Schicht oder Schichtenfolge) zu beschränken ('carrier confinement'), so dass der Schwellstrom (der Pumpstrom zum Überschreiten der Laserschwelle) gering gehalten werden kann. Gleichzeitig sorgt diese Schichtenfolge - im Fall günstiger Materialkombinationen - für eine Führung des Lichts ('photon confinement') in der Richtung senkrecht zu den Schichten; denn die aktiven Filme sind zumindest im Materialsystem AlGaAs Schichten kleinerer Bandlücke, aber auch höherer Brechzahl, so dass Wellenführung auf Grund von Totalreflexion ausgenutzt werden kann. Auch diese Tatsache führt zu einer sehr effizienten Verstärkung des Lichts durch stimulierte Emission. Die räumliche Beschränkung der Welle ('photon confinement') auf einen kleinen Bereich ist nicht nur in der „vertikalen" Richtung (senkrecht zu den Schichtebenen) wichtig, sondern auch „horizontal".

Eine ursprünglich typische Halbleiterlaserstruktur, die alle diese Bedingungen gewährleistet und von der viele andere Typen abgeleitet sind, ist die in Abb. 8.7 dargestellte BH ('buried heterostructure' - vergrabene Heterostruktur)-Laserdiode, wobei die Schichtmaterialien in diesem Beispiel für das Materialsystem AlGaAs/GaAs wiedergegeben sind. In der Abbildung sind typische Abmessungen des Halbleiterlaserkristalls angegeben. Die Schichtdicken (insbesondere auch die der aktiven Zone) sind nicht maßstabsgetreu dargestellt. Für das AlGaAs/GaAs-Materialsystem ist von einer sehr geringen Schichtdicke um $0{,}2 \, \mu$m auszugehen. Für andere Materialsysteme und Emissionswellenlängen bis in den mittleren infraroten Spektralbereich kann die Schichtdicke der aktiven Zone durchaus einige Mikrometer betragen. Im AlGaAs/GaAs-Fall wird die Führung der Wellen in der aktiven Zone durch einen geringeren Aluminium-Anteil erzielt.

Typische kantenemittierende ('narrow stripe') Halbleiterlaser, wie die im AlGaAs/GaAs-Materialsystem, haben einen rechteckigen Querschnitt der aktiven Zone, wie beschrieben mit Abmessungen von etwa $0{,}2 \, \mu$m x $3 \, \mu$m. Das sind gleichzeitig die Querabmessungen des Streifenwellenleiter-Kerns. Durch die Beugung der geführten Welle beim Austritt aus der Laserfacette kommt es zu einer Strahlkeule, deren Öffnungswinkel senkrecht zur Schichtenfolge (mit $\approx 2 \cdot 12°$) größer als der in der Ebene der Schichten (mit $\approx 2 \cdot 5°$) ist. Hier kommt der Skalierungssatz der Fourier-Transformation ins Spiel. - Laserdioden,

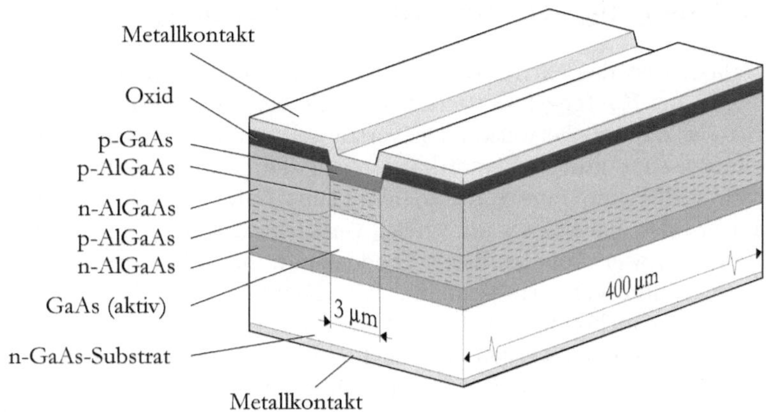

Abbildung 8.7.: Laserdiode vom Typ 'buried heterostructure' (BH) am Beispiel des Material-systems AlGaAs - nicht maßstäblich gezeichnet

bei denen nicht nur durch die Schichtenfolge in der „vertikalen" (lateralen) Richtung (x-Richtung), sondern auch in der „horizontalen" (transversalen) Richtung (y-Richtung) eine Wellenführung auf Grund einer für Totalreflexion geeigneten Brechungsindexverteilung ermöglicht wird, werden indexgeführte Laserdioden genannt. Im Gegensatz dazu stehen die gewinngeführten Dioden, bei denen die unter der Streifenelektrode besonders ausgeprägte Verstärkung zur Ausbildung einer aktiven Zone führt.

Auch horizontal ist es notwendig, den Fluss der Ladungsträger, die rekombinieren sollen, auf einen schmalen Bereich zu begrenzen ('current confinement'). Das wird bei indexgeführten Laserdioden erreicht, indem in den Bereichen neben der aktiven Zone Schichtenfolgen gewählt werden, die einen weiteren entgegen gerichteten pn-Übergang enthalten. Wird der pn-Übergang im Bereich der aktiven Zone mit einer Vorwärtsspannung beaufschlagt, ist der zusätzliche pn-Übergang in den Nachbarbereichen in Sperrrichtung vorgespannt. Ein Ladungsfluss an der aktiven Zone vorbei ist damit unmöglich.

Die Effektivität dieser und ähnlicher Laserdiodenstrukturen wird mit einer aufwändigen Herstellung (zwei epitaktischen Prozessen) erkauft. Denn zunächst ist die Schichtenfolge des mittleren Bereichs der aktiven Zone aufzuwachsen. Danach müssen die Randbereiche weggeätzt werden. Dann werden die Schichtenfolgen der Nachbargebiete epitaktisch aufgewachsen, bevor schließlich das Oxid und die Metallelektrode aufgebracht werden.

Die vorgestellte BH-Laserdiode fällt in die Klasse der so genannten Kantenemitter, bei denen das Licht aus den beiden Facetten längs der aktiven Zone austritt[3] - nicht senkrecht zu den Schichten wie bei oberflächenemittierenden Lasern.

---

[3]Deswegen sollten solche Laser besser Facettenemitter heißen.

8.5. Satz/Bedingung von Bernard und Duraffourg

Bei Halbleiterlasern ist das aktive Material ein Halbleiter mit direkter Bandlücke. Als Resonator dienen bei Kanten-/Facettenemittern die beiden planparallelen Facetten des Halbleiterkristalls, die üblicherweise nicht verspiegelt sind; im Zusammenspiel mit der für Halbleiter typischen großen Verstärkung reicht die normale Reflektivität der Endflächen von circa 30 % für eine Rückkopplung aus, wenn es sich um einen Kanten-/Facettenemitter (also einen Laser mit großer Verstärkungslänge) handelt. Das Pumpen erfolgt bei Halbleiterlasern, die häufig pn-Dioden sind, durch Ladungsträgerinjektion in den pn-Übergang unter Vorwärtsspannung. Die Elektronen und Löcher rekombinieren mit der gewünschten Lichtemission. Dies ist zwar auch bei normalen Halbleiterleuchtdioden der Fall. Laserdioden werden zusätzlich aber so strukturiert, dass eine effiziente Rückkopplung und Verstärkung bei geringen Pumpströmen stattfinden und somit Lasertätigkeit einsetzen kann. - Um Besetzungsinversion zu erhalten, müssen die Halbleiter so viele quasifreie Ladungsträger besitzen (infolge Dotierung), dass die *Quasi*-Fermi-Niveaus[4] der Elektronen und der Löcher *innerhalb der entsprechenden Bänder liegen*.

Diese von Bernard und Duraffourg 1961 [BER 61] angegebene Bedingung für stimulierte Emission bei Halbleiterlasern soll im Folgenden unter der Annahme eines Zwei-Niveau-Systems nach [CAS 78] hergeleitet werden. Stimulierte Emission, die über das Maß der Dämpfung hinausgeht, tritt ein, wenn pro Zeiteinheit mehr stimulierte Emissionsprozesse als Absorptionsübergänge stattfinden. Demnach muss für die Übergangsraten durch induzierte Emission und durch Absorption für Lasertätigkeit folgende Relation für die Übergangsraten gelten:

$$\left(\frac{dN}{dt}\right)_{21}^{Ind} > \left(\frac{dN}{dt}\right)_{12}^{Abs}. \tag{8.4}$$

Bei der Einsteinschen Herleitung der Planckschen Strahlungsformel in Unterkapitel 7.2 wurde mit N_1 und N_2 als Ladungsträger*anzahlen* der Energieniveaus E_1 und E_2 geschrieben:

$$\left(\frac{dN}{dt}\right)_{21}^{Ind} = B_{21} \cdot N_2 \cdot u(\nu) \quad , \quad \left(\frac{dN}{dt}\right)_{12}^{Abs} = B_{12} \cdot N_1 \cdot u(\nu) \tag{8.5}$$

---

[4]Im thermodynamischen Gleichgewicht (Index $_{Gl}$) gilt für die Elektronen- und Löcher*dichten*:

$$n'_{Gl} = n'_i \cdot \exp\{(E_{Fn,p} - E_{Fi})/(k_B T)\} \quad , \quad p'_{Gl} = n'_i \cdot \exp\{(E_{Fi} - E_{Fn,p})/(k_B T)\} \tag{8.2}$$

mit der intrinsischen Energie $E_{Fi} \equiv E_F$ (von früher in Kap. 7), das heißt der Fermi-Energie im Fall ohne Dotierung, der Fermi-Energie $E_{Fn,p}$ im Fall mit n- oder p-Dotierung, der intrinsischen Ladungsträgerdichte n'_i und der absoluten Temperatur T. Wenn es sich *nicht* um das thermodynamische Gleichgewicht handelt und dennoch die Form der Gln. (8.2) aufrecht erhalten werden soll, müssen für Elektronen und Löcher getrennte *Quasi*-Fermi-Niveaus F_n ($\neq E_{Fn}$) und F_p ($\neq E_{Fp}$) eingeführt werden [STR 05]:

$$n' = n'_i \cdot \exp\{(F_n - E_{Fi})/(k_B T)\} \quad , \quad p' = n'_i \cdot \exp\{(E_{Fi} - F_p)/(k_B T)\}. \tag{8.3}$$

Die Größen B_{21} und B_{12} sind die schon definierten Einstein-Koeffizienten, die ein Maß für die entsprechenden Übergangswahrscheinlichkeiten bilden. Bei dieser Schreibweise wurde vorausgesetzt, dass die Besetzung des Endniveaus *keine* Rolle spielte. Mit den Ladungsträgerdichten $n'_\bullet = N_\bullet/V$ und den (hier) effektiven Zustandsdichten D' - beide bezogen auf ein Volumen V - und der Fermi-Verteilung $f'(E)$ über der Energie E gilt:

$$n'_2 = f'(E_2) \cdot D'_2 \quad , \quad n'_1 = f'(E_1) \cdot D'_1. \tag{8.6}$$

Für unsere Zwecke kann das Energieniveau E_2 mit der Leitungs- und das Niveau E_1 mit der Valenzbandkante identifiziert werden. Für die folgende Herleitung werde angenommen:

- $D'_2 = D'_1$,
- Die Besetzungswahrscheinlichkeit des Endniveaus wird berücksichtigt.

Daraus folgt mit den Gln. (8.5) und (8.6):

$$\frac{1}{V} \cdot \left(\frac{dN}{dt}\right)^{Ind}_{21} = B_{21} \cdot f'(E_2) \cdot D'_2 \cdot (1 - f'(E_1)) \cdot u(\nu), \tag{8.7}$$

$$\frac{1}{V} \cdot \left(\frac{dN}{dt}\right)^{Abs}_{12} = B_{12} \cdot f'(E_1) \cdot D'_1 \cdot (1 - f'(E_2)) \cdot u(\nu). \tag{8.8}$$

Nach Gl. (8.4) und $B_{21} = B_{12}$ muss damit gelten:

$$f'(E_2) \cdot (1 - f'(E_1)) > f'(E_1) \cdot (1 - f'(E_2)), \tag{8.9}$$
$$\implies f'(E_2) - f'(E_2) \cdot f'(E_1) > f'(E_1) - f'(E_1) \cdot f'(E_2).$$

Das Produkt auf beiden Seiten kann gestrichen werden; damit ergibt sich:

$$f'(E_2) > f'(E_1). \tag{8.10}$$

Das heißt mit $F_1 \equiv F_p$ und $F_2 \equiv F_n$ als *Quasi*-Fermi-Niveaus von Löchern und Elektronen, die bemüht werden, da es sich nicht um das thermodynamische Gleichgewicht handelt:

$$\frac{1}{\exp\left\{\frac{E_2-F_2}{k_BT}\right\} + 1} > \frac{1}{\exp\left\{\frac{E_1-F_1}{k_BT}\right\} + 1} \tag{8.11}$$

$$\implies \exp\left\{\frac{E_2 - F_2}{k_BT}\right\} + 1 < \exp\left\{\frac{E_1 - F_1}{k_BT}\right\} + 1,$$

$$\implies \exp\left\{\frac{E_2 - F_2}{k_BT}\right\} < \exp\left\{\frac{E_1 - F_1}{k_BT}\right\},$$

$$\implies \exp\left\{\frac{E_2}{k_BT}\right\} / \exp\left\{\frac{F_2}{k_BT}\right\} < \exp\left\{\frac{E_1}{k_BT}\right\} / \exp\left\{\frac{F_1}{k_BT}\right\},$$

$$\implies \quad \exp\left\{\frac{E_2}{k_B T}\right\} \Big/ \exp\left\{\frac{E_1}{k_B T}\right\} \;<\; \exp\left\{\frac{F_2}{k_B T}\right\} \Big/ \exp\left\{\frac{F_1}{k_B T}\right\},$$

$$\implies \quad \exp\left\{\frac{E_2 - E_1}{k_B T}\right\} \;<\; \exp\left\{\frac{F_2 - F_1}{k_B T}\right\},$$

$$\implies \quad (E_2 - E_1) \;<\; (F_2 - F_1), \tag{8.12}$$

was zu beweisen war. Dies bedeutet: *die Energiedifferenz der Quasi-Fermi-Niveaus muss größer als die Bandlückenenergie $E_g = E_L - E_V$ sein.*

9. Optische Wellenleitung

9.1. Wellenleitung durch Totalreflexion

9.1.1. Grundlagen

Unter optischer Wellenleitung wird die Führung von Licht in einer geeigneten Struktur
- in diesem Buch speziell in einer integriert-optischen Halbleiterstruktur - verstanden.
Am weitaus häufigsten wird dazu das Prinzip der Führung durch Totalreflexion angewendet, wie es in Abb. 9.1[1] für das Beispiel des AlGaAs-Materialsystems skizziert ist.
Totalreflexion tritt oberhalb eines bestimmten Einfallswinkels

$$\alpha_e \equiv \breve{\alpha} = \breve{\alpha}_g = \arcsin \frac{n_2}{n_1}, \tag{9.1}$$

dem Grenzwinkel der Totalreflexion, auf, wenn Licht aus dem optisch dichteren Medium
auf ein optisch dünneres Material (Brechzahlen n_1 und n_2, $n_1 > n_2$) einfällt. Die Hauptführungsschicht muss demnach eine höhere Brechzahl als die umgebenden Materialien
aufweisen. Im $Al_xGa_{1-x}As$-Materialsystem ist die Brechzahl um so höher, je geringer der
Aluminium-Gehalt x ist. Deswegen kann nicht direkt auf das GaAs-Substrat eine Wellenleiterschicht aufgewachsen werden; eine Zwischenschicht mit höherem Aluminium-Gehalt
und daher geringerer Brechzahl ist notwendig, auf die dann der eigentliche Aluminium-
arme (nicht notwendigerweise Aluminium-lose) Wellenleiterfilm aufgebracht wird.

Laut Zeichnung der Abb. 9.1 kann der wellenführende Film nach oben auch durch Luft
als optisch dünneres Material begrenzt sein. Auch dann ist natürlich Totalreflexion möglich. Der Grenzwinkel der Totalreflexion

$$\breve{\alpha} \equiv \breve{\alpha}_g = \arcsin \frac{n_{Umgebung}}{n_{Film}} \quad \text{mit} \quad n_{Film} > n_{Umgebung} \tag{9.2}$$

ist auf der Halbleiterseite aber deutlich größer, da der Brechzahlsprung sehr viel geringer
als auf der Luftseite ist.

9.1.2. Filmwellenleitung, effektiver Brechungsindex

Im vorhergehenden Abschnitt wurde nur eine Dimension betrachtet. Eine wirkliche Wellenführung ohne große Lichtverluste bedingt eine Führung in zwei Querschnittsdimensionen. Doch gibt es auch viele Anwendungen, bei denen eine Wellenführung in nur
einer Dimension sinnvoll ist. Wellenleiterstrukturen, also Schichtenfolgen, die das Licht
in einer Dimension (x-Achse) führen, tragen die Bezeichnung Filmwellenleiter. Bei der

---

[1]Der Einfallswinkel α_e soll ab jetzt mit $\breve{\alpha}$ bezeichnet werden, um mit einem Index die Transversalmoden
durchnummerieren zu können.

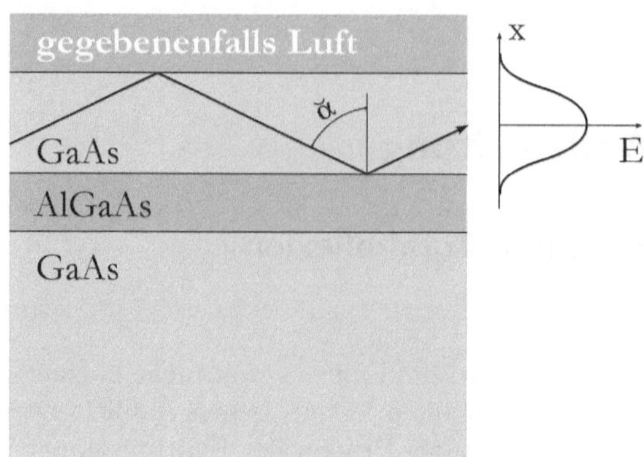

Abbildung 9.1.: Prinzip der Lichtwellenführung durch Totalreflexion in einer geeigneten Halb-
leiterschichtstruktur am Beispiel des AlGaAs-Materialsystems mit Darstellung
des Feldprofils $E = E(x)$ der transversalen Grundmode. Der Winkel $\breve{\alpha}$ ist der
Einfallswinkel auf die jeweilige Grenzfläche im Wellenleiterfilm

Beschreibung der Wellenausbreitung in Filmwellenleitern ist der Begriff des effektiven
Brechungsindex sehr hilfreich, der in diesem Abschnitt definiert werden soll.

Drei Situationen sind nach Abb. 9.2 zu unterscheiden:

1) Wenn der Einfallswinkel $\breve{\alpha} = (90° - \Theta)$ (auf die Grenzfläche innerhalb des Films)
sehr klein ist, wobei Θ den Glanzwinkel darstellt, finden keine Totalreflexion und keine
Wellenführung statt; die Wellen werden zu beiden Seiten des Wellenleiterfilms aus dem
Film weggebrochen. Sie werden in diesem Fall Strahlungs- oder Raumwellen genannt,
da sie in den Raum abgestrahlt werden.

2) Wenn der Einfallswinkel $\breve{\alpha}$ recht klein ist - und zwar so klein, dass zur Deckschicht hin
(eventuell sogar mit $n = 1$ für Luft) Totalreflexion stattfinden kann, wegen des kleineren
Brechzahlsprungs nicht aber zur Substratseite hin, ist eine Wellenführung ebenfalls noch
nicht möglich. Die Welle wird auf der Substratseite des Films abgestrahlt und deswegen
Substratwelle oder Substratstrahlungswelle genannt.

3) Bei ausreichend großem Einfallswinkel $\breve{\alpha}$ (das heißt genügend kleinem Glanzwinkel
Θ) kann die Welle auf beiden Seiten des Films totalreflektiert werden. *Geführte Wellen
sind möglich*, die mit den Ausdrücken Filmwellen oder transversale Wellenleitermoden
bezeichnet werden.

Abbildung 9.2 zeigt typische Feldverteilungen für die Wellen, wobei die Grundform (hier
nicht gezeichnet) innerhalb des Films jeweils nur ein Feldmaximum hätte. Die Filmmo-
den stellen innerhalb des Films in x-Richtung stehende Wellen dar; in den Nachbarschich-
ten sind sie exponentiell gedämpft (quergedämpft) (Teilbild c). Bei den Substratwellen

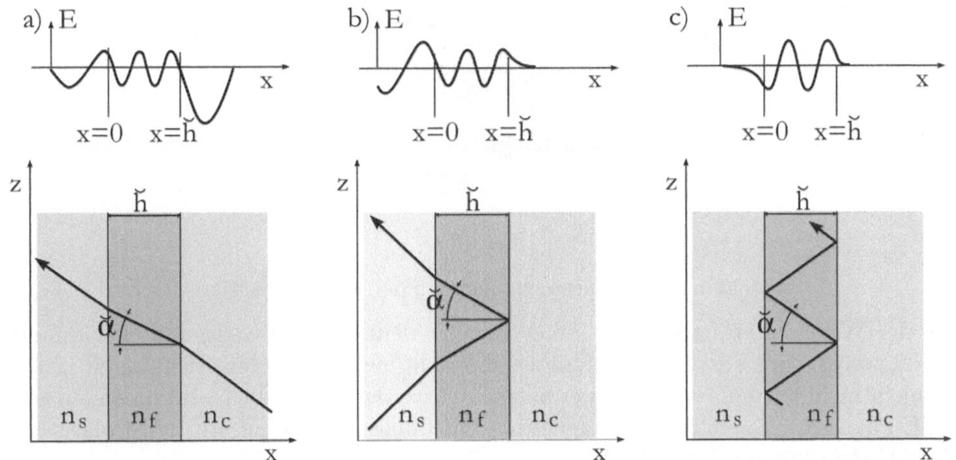

Abbildung 9.2.: Feldverteilungen verschiedener Wellenformen (exemplarisch) in totalreflektierenden Filmwellenleiterstrukturen und Darstellungen im Strahlenbild

tritt auf der Substratseite keine Querdämpfung auf; die Wellen werden zum Substrat hin abgestrahlt (Teilbild b). Bei den Raumwellen existiert auf keiner Seite eine Querdämpfung; die Wellen werden zu beiden Seiten hin abgestrahlt (Teilbild a).

Unter Punkt (3) der obigen Auflistung wurde bewusst eine vorsichtige Formulierung gewählt („... Geführte Wellen sind möglich ..."), da Totalreflexion auf beiden Seiten des Wellenleiterfilms keine hinreichende Bedingung für geführte Wellen darstellt. Die Wellen müssen zusätzlich noch in den Film „hineinpassen". Dazu gehört, dass sich die Komponenten der Welle in der Richtung senkrecht zu den Filmgrenzflächen, die üblicherweise als x-Richtung bezeichnet wird, als stehende Wellen ausbilden - in Folge einer phasenrichtigen Überlagerung aller hin- und herreflektierten Wellenanteile. Diese Bedingung ist, wie gezeigt werden wird, nur für diskrete Ausbreitungs- beziehungsweise Glanzwinkel erfüllt, so dass es auch nur ganz diskrete ausbreitungsfähige Wellen gibt. Diese Tatsache rechtfertigt letztlich erst die Bezeichnung Mode.

Um eine mathematische Bedingung für die Ausbreitungsfähigkeit der Welle, eine charakteristische Gleichung, angeben zu können, müssen die Phasensprünge bei der Reflexion der Welle an den Grenzflächen des Films berücksichtigt werden. Sie ergeben sich aus den Fresnelschen Formeln. Bei im Querschnitt sehr stark rechteckigen Wellenleitern wird zwischen der so genannten TE- und der TM-Polarisation unterschieden, wobei die Abkürzungen für „transversal elektrisch" beziehungsweise „transversal magnetisch" stehen. Zur TE-Notation findet sich in Abb. 9.3 eine erläuternde Skizze. Der elektrische Feldstärkevektor der elektromagnetischen Welle schwingt senkrecht zur Einfallsebene und liegt damit quasi „in der Schicht", das heißt in der Transversalausdehnung des rechteckigen Wellenleiters. Im TM-Fall gilt dies für den magnetischen Feldvektor, und der elektrische Feldvektor weist senkrecht dazu.

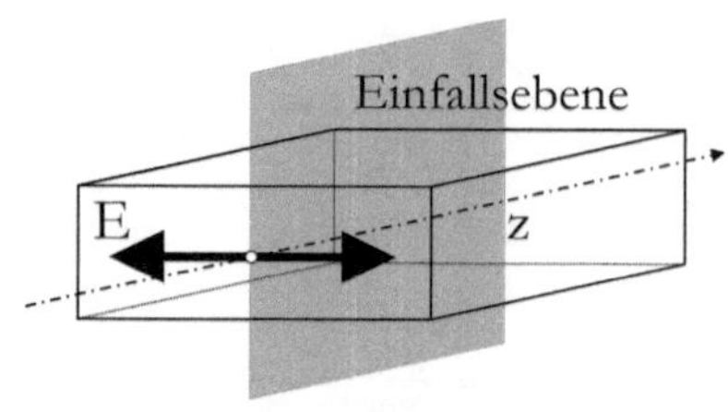

Abbildung 9.3.: Veranschaulichung der TE-Polarisation

Wenn der Wellenleiterquerschnitt immer weniger deutlich rechteckig und eher quadratisch ist, werden die Verhältnisse weniger übersichtlich. Die beiden Richtungen können dann nicht mehr getrennt voneinander betrachtet werden. Auch die Notation ändert sich. Die TE-Polarisation geht in die so genannte HE-Polarisation über, die TM-Polarisation in die EH-Polarisation [UNG 90, UNG 92].

Hier soll die Berechnung des Phasensprungs aus dem Amplitudenreflexionskoeffizienten vorgeführt werden. Aus den Fresnelschen Formeln ergibt sich mit n_f als Brechzahl des Films und n_a als Brechzahl des angrenzenden Mediums, wobei der Index $a = c, s$ für die Deckschicht ('cladding') oder das Substrat stehen kann, $\breve{\alpha} \equiv \alpha_e$ als Einfallswinkel und $\beta_a \equiv \alpha_t$ mit $a = c, s$ als Brechungswinkel in den angrenzenden Medien:

$$r_\| \equiv r_{TM} = \frac{n_a \cos\breve{\alpha} - n_f \cos\beta_a}{n_a \cos\breve{\alpha} + n_f \cos\beta_a} = \frac{n_a \cos\breve{\alpha} - n_f\sqrt{1 - \sin^2\beta_a}}{n_a \cos\breve{\alpha} + n_f\sqrt{1 - \sin^2\beta_a}}$$

$$= \frac{n_a \cos\breve{\alpha} - n_f\sqrt{1 - \frac{n_f^2}{n_a^2}\sin^2\breve{\alpha}}}{n_a \cos\breve{\alpha} + n_f\sqrt{1 - \frac{n_f^2}{n_a^2}\sin^2\breve{\alpha}}} = \frac{n_a^2 \cos\breve{\alpha} - n_f n_a\sqrt{1 - \frac{n_f^2}{n_a^2}\sin^2\breve{\alpha}}}{n_a^2 \cos\breve{\alpha} + n_f n_a\sqrt{1 - \frac{n_f^2}{n_a^2}\sin^2\breve{\alpha}}}$$

$$= \frac{n_a^2 \cos\breve{\alpha} - n_f\sqrt{n_a^2 - n_f^2 \sin^2\breve{\alpha}}}{n_a^2 \cos\breve{\alpha} + n_f\sqrt{n_a^2 - n_f^2 \sin^2\breve{\alpha}}}. \tag{9.3}$$

Analog ergibt sich:

$$r_\perp \equiv r_{TE} = \frac{n_f \cos\breve{\alpha} - n_a \cos\beta_a}{n_f \cos\breve{\alpha} + n_a \cos\beta_a} = \frac{n_f \cos\breve{\alpha} - \sqrt{n_a^2 - n_f^2 \sin^2\breve{\alpha}}}{n_f \cos\breve{\alpha} + \sqrt{n_a^2 - n_f^2 \sin^2\breve{\alpha}}}. \tag{9.4}$$

Die Gln. (9.3) und (9.4) gelten nur für einen nicht-negativen Ausdruck unter der Wurzel, also reelle Wurzeln. Dies ist der Fall für $\breve{\alpha} \leq \breve{\alpha}_{ga}$ mit $\breve{\alpha}_{ga}$ als Grenzwinkel der Totalreflexion beim Übergang zum angrenzenden Medium. Damit sind auch die Amplitudenreflexionskoeffizienten reell. Es findet teilweise Reflexion statt.

Für $\breve{\alpha} > \breve{\alpha}_{ga}$ sind die Wurzeln imaginär, und die Amplitudenreflexionskoeffizienten sind komplexe Zahlen. Der Amplitudenreflexionskoeffizient schreibt sich - jetzt am Beispiel der TE-Welle:

$$r_{TE} = \frac{n_f \cos\breve{\alpha} - i\sqrt{n_f^2 \sin^2\breve{\alpha} - n_a^2}}{n_f \cos\breve{\alpha} + i\sqrt{n_f^2 \sin^2\breve{\alpha} - n_a^2}}. \tag{9.5}$$

Hierbei wurde $+i$ aus der Wurzel herausgezogen. Nur so ist gewährleistet, dass die Wellen bei ihrer Ausbreitung gedämpft werden (wie es im Fall ohne Verstärkung sein muss). Mit den Abkürzungen

$$\tilde{a} = n_f \cos\breve{\alpha} \quad , \quad \tilde{b} = \sqrt{n_f^2 \sin^2\breve{\alpha} - n_a^2} \quad , \quad \Phi_{a_{TE}} = \arctan\frac{\tilde{b}}{\tilde{a}} \tag{9.6}$$

wird klar, dass die Amplitudenreflexionskoeffizienten den Betrag Eins haben, dass also die Reflexion vollständig ist (Totalreflexion); denn:

$$\begin{aligned}
r_{TE} &= \frac{\tilde{a} - i\tilde{b}}{\tilde{a} + i\tilde{b}} = \frac{\sqrt{\tilde{a}^2 + \tilde{b}^2} \cdot \exp\{-i\Phi_{a_{TE}}\}}{\sqrt{\tilde{a}^2 + \tilde{b}^2} \cdot \exp\{i\Phi_{a_{TE}}\}} = \frac{\exp\{-i\Phi_{a_{TE}}\} \cdot \exp\{-i\Phi_{a_{TE}}\}}{\exp\{i\Phi_{a_{TE}}\} \cdot \exp\{-i\Phi_{a_{TE}}\}} \\
&= \exp\{-2i\Phi_{a_{TE}}\} = \cos(-2\Phi_{a_{TE}}) + i\sin(-2\Phi_{a_{TE}}) \\
&= \cos(2\Phi_{a_{TE}}) - i\sin(2\Phi_{a_{TE}}) = 1 \cdot e^{-i2\Phi_{a_{TE}}}. \tag{9.7}
\end{aligned}$$

$-2\Phi_a$ (inklusive des Minuszeichens) ist der Phasensprung, den die Welle bei der Reflexion erfährt. Für TE-Wellen:

$$\tan\Phi_{a_{TE}} = \frac{\tilde{b}}{\tilde{a}} = \frac{\sqrt{n_f^2 \sin^2\breve{\alpha} - n_a^2}}{n_f \cos\breve{\alpha}}. \tag{9.8}$$

Entsprechend folgt für den Phasensprung der TM-Wellen:

$$\tan\Phi_{a_{TM}} = \frac{n_f^2}{n_a^2} \cdot \tan\Phi_{a_{TE}} = \frac{n_f^2}{n_a^2} \cdot \frac{\sqrt{n_f^2 \sin^2\breve{\alpha} - n_a^2}}{n_f \cos\breve{\alpha}}. \tag{9.9}$$

Der arctan dieser beiden Ausdrücke entspricht den Kurven unten in Abb. 1.6 (dort für ein spezielles Zahlenbeispiel für einen Glas-Luft-Übergang) oberhalb des Grenzwinkels der Totalreflexion.

Der Phasenterm einer im Film geführten (in der y-Richtung homogenen) Welle lautet:

$$\exp\left\{-ik_0 n_f (\pm x \cos\breve{\alpha} + z \sin\breve{\alpha})\right\}, \tag{9.10}$$

wobei wieder $k_0 = 2\pi/\lambda_0$ die Wellenzahl mit λ_0 als Vakuum-Wellenlänge ist. Damit folgt als Konsistenzbedingung für die phasenrichtige Überlagerung der x-Komponenten der Teilwellen nach Hin- und Rücklauf der Welle zwischen den beiden Grenzflächen:

$$2k_0 n_f \breve{h} \cos\breve{\alpha}_m - 2\Phi_c(\breve{\alpha}_m) - 2\Phi_s(\breve{\alpha}_m) = m \cdot 2\pi, \qquad m = 0,1,2,3,\dots. \tag{9.11}$$

Dabei sind $\breve{h}$ die Filmdicke und m ein Laufindex; diese charakteristische Gleichung ist einmal für TE- und einmal für TM-Wellen zu formulieren. Dass ein diskreter Laufindex zu wählen ist, liegt daran, dass die Phasen bis auf Vielfache von 2π definiert sind und die Teilwellen in x-Richtung bis auf Vielfache von 2π in ihrer Phase übereinstimmen müssen, um konstruktive Überlagerung zu erhalten. Bereits aus dieser Tatsache folgt die diskrete Natur der Wellenleitermoden und die diskreten Einfallswinkel $\breve{\alpha}_m$. Das Symbol für den Einfallswinkel wurde in Gl. (9.11) daher schon mit dem Index m versehen.

Bevor Gl. (9.11) weiter untersucht wird, soll der Begriff des effektiven Brechungsindex definiert werden. Der Phasenterm (9.10) verdeutlicht, dass sich die Welle in z-Richtung ausbreitet, als hätte das Wellenleiterfilmmaterial die Brechzahl $n_f \sin \breve{\alpha}_m$; die Phasenkonstante für die Ausbreitung der Welle in z-Richtung lautet:

$$\breve{\beta} = k_0 n_f \sin \breve{\alpha}_m = \frac{2\pi}{\lambda_0} \cdot \frac{c}{v} \tag{9.12}$$

(nicht mit dem Winkel β_a verwechseln !) mit c als Vakuum-Lichtgeschwindigkeit und v als Phasengeschwindigkeit in z-Richtung. Um diesen Sachverhalt kompakt zu beschreiben, wird der effektive Brechungsindex n_{eff} eingeführt:

$$n_{eff,m} = \frac{\breve{\beta}}{k_0} = n_f \sin \breve{\alpha}_m. \tag{9.13}$$

So einfach diese Definition aussieht, so schwierig ist der Begriff des effektiven Brechungsindex anfänglich zu verstehen. Denn das Wort Brechungsindex suggeriert eine Korrespondenz allein zum Material, obwohl der Begriff sowohl mit dem Material als auch mit der Mode verknüpft ist, wie die Definition zeigt. Für jede Mode m als ausbreitungsfähige Welle existiert ein anderer effektiver Brechungsindex $n_{eff,m}$, obwohl das Material des Wellenleiterfilms jeweils dasselbe ist. Noch komplizierter: aus der charakteristischen Gleichung (9.11) folgt, dass die Ausbreitungswinkel mit den Phasensprüngen an den Grenzflächen des Wellenleiterfilms verknüpft sind, die aber ihrerseits von den Material-Brechzahlen von Deckschicht und Substrat abhängen, wie die Gln. (9.8) und (9.9) verdeutlichen. Der effektive Brechungsindex ist also eine modenspezifische Größe, die von allen Brechzahlen der Wellenleiterstruktur abhängt. Für den effektiven Brechungsindex und die Materialbrechzahlen gelten folgende Relationen:

$$n_c \leq n_s \leq n_{eff,m} \leq n_f. \tag{9.14}$$

Der effektive Brechungsindex liegt unterhalb der Materialbrechzahl des Films.

Die charakteristische Gleichung (9.11) des Filmwellenleiters ist transzendent. Aus Betrachtungen zu ihren Lösungen ergeben sich grundsätzliche Erkenntnisse:

1) für eine symmetrische Wellenleiterstruktur mit $n_c = n_s$:
a) Für $m = 0$ ist die Gleichung für einen Einfallswinkel $\breve{\alpha}_0$ immer erfüllt[2].
b) Mit zunehmender Filmdicke $\breve{h}$ kommen auch für $m > 0$ Lösungen hinzu.

---

[2] Mit dem Index wird hier die Transversalmode nummeriert. Der Index $_0$ steht für die Grundmode mit 0 Nulldurchgängen der Feldverteilung.

2) für asymmetrische Strukturen mit $n_c \neq n_s$ (meist $n_c < n_s$):
a) Für kleine Filmdicken $\check{h}$ kann es vorkommen, dass keine Lösungen existieren, das heißt, dass es in diesem Fall keine ausbreitungsfähige Welle gibt.
b) Aber umgekehrt: oberhalb eines bestimmten Wertes $k_0\check{h}$, der einer Grenzfrequenz ω_g entspricht, ist eine Mode ausbreitungsfähig. Das bedeutet, dass entweder die Filmdicke ausreichend groß oder die Wellenlänge genügend klein gewählt werden müssen, damit eine Welle ausbreitungsfähig ist, damit also eine Mode existiert.

Um Aussagen über die Ausbreitungsfähigkeit von Moden machen zu können, ist es informativ, entweder den Ausbreitungskoeffizienten $\check{\beta}(\omega)$ in Abhängigkeit der Kreisfrequenz ω der Welle oder, davon abgeleitet, den so genannten Phasenparameter $\check{B}$ als Funktion des Filmparameters $\check{V}$ aufzutragen. Phasen- und Filmparameter sind:

$$\check{B} = \frac{n_{eff}^2 - n_s^2}{n_f^2 - n_s^2} \quad , \quad \check{V} = k_0\check{h}\sqrt{n_f^2 - n_s^2}. \tag{9.15}$$

Die Größe $\check{B}$ kann als eine normierte Version des effektiven Brechungsindex aufgefasst werden. $\check{V}$ kann wegen $\check{V} \propto k_0 = 2\pi/\lambda_0 = 2\pi\nu/c$ als normierte Frequenz oder wegen $\check{V} \propto \check{h}$ als normierte Filmdicke gesehen werden. In obigen Definitionen fehlt die Brechzahl der Deckschicht. Sie wird in einem weiteren Parameter, dem so genannten Asymmetrieparameter a_{TE} beziehungsweise a_{TM} für TE- und TM-Wellen berücksichtigt:

$$a_{TE} = \frac{n_s^2 - n_c^2}{n_f^2 - n_s^2}, \quad a_{TM} = \frac{n_f^4}{n_c^4} \cdot \frac{n_s^2 - n_c^2}{n_f^2 - n_s^2}. \tag{9.16}$$

Unter Verwendung dieser Parameter folgt aus der charakteristischen Gl. (9.11) nach einer längeren, aber einfachen Umformung, die hier nicht wiedergegeben werden soll:

$$\check{V} \cdot \sqrt{1 - \check{B}} = m\pi + \arctan\sqrt{\frac{\check{B}}{1 - \check{B}}} + \arctan\sqrt{\frac{\check{B} + a_{TE\,oder\,TM}}{1 - \check{B}}} \tag{9.17}$$

für TE- oder TM-Wellen. Die Darstellung $\check{B}$ über $\check{V}$ ist das so genannte $\check{B}$-$\check{V}$-Diagramm [EBE 92]. Ein Beispiel dafür ist in Abb. 9.4 für TE-Wellen dargestellt. Die Kurven innerhalb einer Schar entsprechen verschiedenen Asymmetrieparametern. Jede Kurvenschar steht für eine bestimmte Mode, zum Beispiel für die Grundmode mit $m = 0$. Existieren für eine bestimmte Filmdicke $\check{h}_{Beispiel}$, die auf der Abszisse zu einem bestimmten Wert des Filmparameters führt, mehrere Moden, so haben die Moden mit kleinerem m die größeren effektiven Brechungsindizes. Alle Moden mit $m > 0$ sind erst oberhalb einer bestimmten Grenzfrequenz ausbreitungsfähig.

Bisher war viel von der Ausbreitungsfähigkeit von Wellen die Rede; von Interesse ist häufig auch die Modenform selbst, das heißt, die Verteilung der elektrischen Feldstärke der elektromagnetischen Welle über den Querschnittskoordinaten (hier nur der x-Koordinate) des Wellenleiters. Zur Bestimmung der Modenverteilung sind die Maxwellschen Gleichungen beziehungsweise die Wellengleichung zu konsultieren. Eine Lösung der

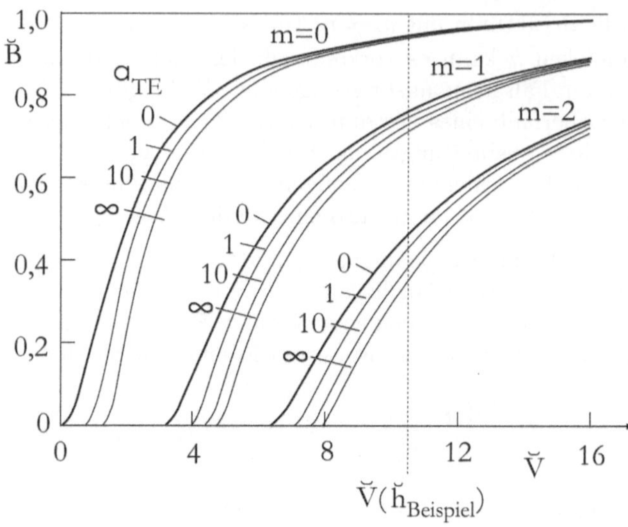

Abbildung 9.4.: Beispiel eines $\breve{B}$-$\breve{V}$-Diagramms zur Darstellung der Ausbreitungsfähigkeit der Moden einer totalreflektierenden Filmwellenleiterstruktur, nach [EBE 92]

Wellengleichung zu finden, heißt zunächst eine Lösung zu raten - wie bei jeder Differenzialgleichung. In diesem Fall fällt dies nicht schwer, da einige Aspekte bereits bekannt sind oder sinnvoll angenommen werden können. So sollten die Wellen in x-Richtung stehende Wellen ergeben, und jenseits des Wellenleiterfilms sollte die Feldstärke quergedämpft sein und damit exponentiell abklingen [TAM 95, HUN 02]. Wenn die Grenze zwischen Substrat und Film als Nullpunkt der x-Koordinate gewählt wird, ergibt sich aus diesen beiden Überlegungen für das Beispiel der TE-Moden bereits:

$$E_y = E_c \exp\{-\alpha_c(x - \breve{h})\} \exp\{-i\breve{\beta}z\} \quad , \qquad x > \breve{h}, \tag{9.18}$$

$$E_y = E_f \cos(\breve{\beta}_f x - \Phi_{s_{TE}}) \exp\{-i\breve{\beta}z\} \quad , \qquad \breve{h} \geq x \geq 0, \tag{9.19}$$

$$E_y = E_s \exp\{\alpha_s x\} \exp\{-i\breve{\beta}z\} \quad , \qquad x < 0. \tag{9.20}$$

Hier taucht wieder der halbe Phasensprung $-\Phi_{s_{TE}}$ bei der Reflexion an der Substratseite auf, der im Fall von $x = 0$ als Argument der cos-Funktion erscheint. Der Term $\breve{\beta}_f = k_0 n_f \cos \breve{\alpha}_m$ beschreibt den Ausbreitungskoeffizienten der Welle in x-Richtung. Die Ausdrücke α_c und α_s sind keine Einfallswinkel, sondern die Amplituden-Querdämpfungskoeffizienten der Welle in der Deckschicht und im Substrat.

Die Elektrodynamik fordert als Randbedingungen Stetigkeit von E_y und $\partial E_y/\partial x$ an den Grenzflächen für die TE-Wellen (und Stetigkeit von H_y und $\partial H_y/\partial x$ für die TM-Wellen). Um weitere Gleichungen zu erhalten, sollte und muss die Ableitung der wichtigen Feldkomponente nach der x-Koordinate betrachtet werden:

$$\frac{\partial E_y}{\partial x} = -\alpha_c E_c \exp\{-\alpha_c(x-\breve{h})\} \exp\{-i\breve{\beta}z\} \quad , \quad x > \breve{h}, \tag{9.21}$$

$$\frac{\partial E_y}{\partial x} = -\breve{\beta}_f E_f \sin(\breve{\beta}_f x - \Phi_{s_{TE}}) \exp\{-i\breve{\beta}z\} \quad , \quad \breve{h} \geq x \geq 0, \tag{9.22}$$

$$\frac{\partial E_y}{\partial x} = \alpha_s E_s \exp\{\alpha_s x\} \exp\{-i\breve{\beta}z\} \quad , \quad x < 0. \tag{9.23}$$

Aus der erwähnten Stetigkeit bei $x = 0$ und $x = \breve{h}$ folgt bei Gleichsetzen der Ausdrücke an den Grenzflächen auf beiden Seiten:

$$E_f \cos(-\Phi_{s_{TE}}) = E_s, \tag{9.24}$$

$$-\breve{\beta}_f E_f \sin(-\Phi_{s_{TE}}) = \alpha_s E_s \tag{9.25}$$

$$\implies \quad \tan(\Phi_{s_{TE}}) = \frac{\alpha_s}{\breve{\beta}_f}, \tag{9.26}$$

$$E_c = E_f \cos(\breve{\beta}_f \breve{h} - \Phi_{s_{TE}}), \tag{9.27}$$

$$-\alpha_c E_c = -\breve{\beta}_f E_f \sin(\breve{\beta}_f \breve{h} - \Phi_{s_{TE}}) \tag{9.28}$$

$$\implies \quad \tan(\breve{\beta}_f \breve{h} - \Phi_{s_{TE}}) = \tan(\Phi_{c_{TE}}) = \frac{\alpha_c}{\breve{\beta}_f}. \tag{9.29}$$

Außerdem folgt aus der Stetigkeit bei $x = 0$:

$$E_s^2 = E_f^2 \cos^2 \Phi_{s_{TE}}, \tag{9.30}$$

$$\alpha_s^2 E_s^2 = \breve{\beta}_f^2 E_f^2 \sin^2 \Phi_{s_{TE}} \tag{9.31}$$

Addition der Gln. (9.30) und (9.31) ergibt:

$$E_f^2 (\cos^2 \Phi_{s_{TE}} + \sin^2 \Phi_{s_{TE}}) = E_s^2 \left(\frac{\alpha_s^2}{\breve{\beta}_f^2} + 1\right) \tag{9.32}$$

$$\implies \quad \frac{E_f^2}{E_s^2} = \tan^2 \Phi_{s_{TE}} + 1$$

$$= \frac{n_f^2 \sin^2 \breve{\alpha}_m - n_s^2}{n_f^2 \cos^2 \breve{\alpha}_m} + \frac{n_f^2 \cos^2 \breve{\alpha}_m}{n_f^2 \cos^2 \breve{\alpha}_m} = \frac{n_f^2 - n_s^2}{n_f^2 \cos^2 \breve{\alpha}_m}$$

$$= \frac{n_f^2 - n_s^2}{n_f^2 (1 - \sin^2 \breve{\alpha}_m)} = \frac{n_f^2 - n_s^2}{n_f^2 - n_f^2 \sin^2 \breve{\alpha}_m} = \frac{n_f^2 - n_s^2}{n_f^2 - n_{eff}^2}. \tag{9.33}$$

Damit ist: $\quad E_s^2 \cdot (n_f^2 - n_s^2) = E_f^2 \cdot (n_f^2 - n_{eff}^2).$ (9.34)

Analog folgt aus der Stetigkeit bei $x = \breve{h}$:

$$E_c^2 \cdot (n_f^2 - n_c^2) = E_f^2 \cdot (n_f^2 - n_{eff}^2). \tag{9.35}$$

So ist ein Zusammenhang zwischen den Amplituden E_s, E_f und E_c hergestellt. Bis auf die Normierung der Amplituden, die über die Normierung der in einer Mode geführten Leistung erfolgt [EBE 92], ist die Lösung der Wellengleichung damit bestimmt.

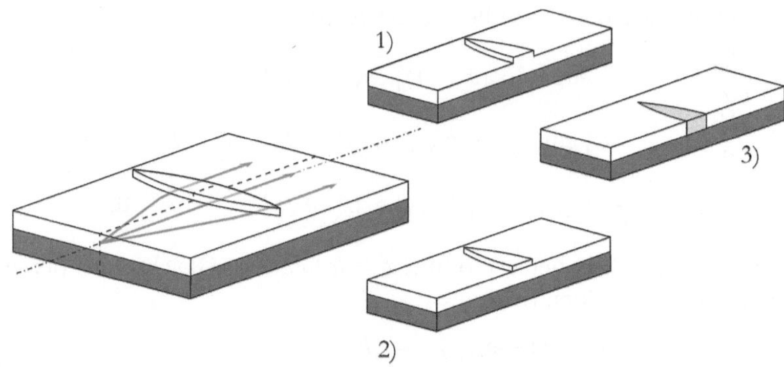

Abbildung 9.5.: Veranschaulichung der Funktion (links) und des Aufbaus von Filmlinsen (rechts), die auf einer Veränderung des effektiven Brechungsindex in bestimmten Bereichen der Filmwellenleiterstruktur beruhen. Durch Erhöhung der Filmdicke (1), der Materialbrechzahl der Deckschicht zur Verringerung der Asymmetrie (2) oder der Materialbrechzahl des Wellenleiterfilms zum Beispiel durch entsprechende Dotierung (3) kann der effektive Brechungsindex angehoben werden

9.1.3. Filmlinsen und Streifenwellenleitung

Der effektive Brechungsindex erlaubt die Realisierung von integriert-optischen Bauelementen, die den Lichtweg auch in der transversal-seitlichen Richtung (horizontal bei liegendem Substrat) beeinflussen, obwohl eine Wellenführung aufgrund unterschiedlicher Brechzahlen nur in vertikaler Richtung vorliegt. Abbildung 9.5 zeigt drei Ausführungsformen so genannter Filmlinsen. Nach dem $\check{B}$-$\check{V}$-Diagramm in Abb. 9.4 gibt es verschiedene Möglichkeiten, den effektiven Brechungsindex einer Filmwellenleitermode zu vergrößern:

- Erhöhung der Filmdicke $\check{h}$,
- Erhöhung der Materialbrechzahl der Deckschicht (zum Beispiel Halbleiter statt Luft) zur Verringerung der Asymmetrie,
- Erhöhung der Materialbrechzahl des Wellenleiterfilms.

Werden die so veränderten Bereiche in ihrer Form (in Aufsicht) wie die Querschnitte von üblichen höherbrechenden Sammellinsen ausgelegt, wird ein Strahlenbündel in seitlicher Richtung in gleicher Weise in seinem Verlauf beeinflusst, wie das eine normale Linse zweidimensional für Strahlenbündel im freien Raum bewirken würde. An die Stelle des Brechzahlsprungs tritt hier ein Sprung in den effektiven Brechungsindizes. Lichtstrahlen können so in der seitlichen Richtung kollimiert oder fokussiert werden; natürlich sind auf diese Weise auch Abbildungen in einer Dimension möglich.

Von Streifenwellenleitern wird gesprochen, wenn in der Filmebene zusätzlich seitlich eine Wellenführung vorliegt. Dies wird meistens durch eine transversal inhomogene Verteilung

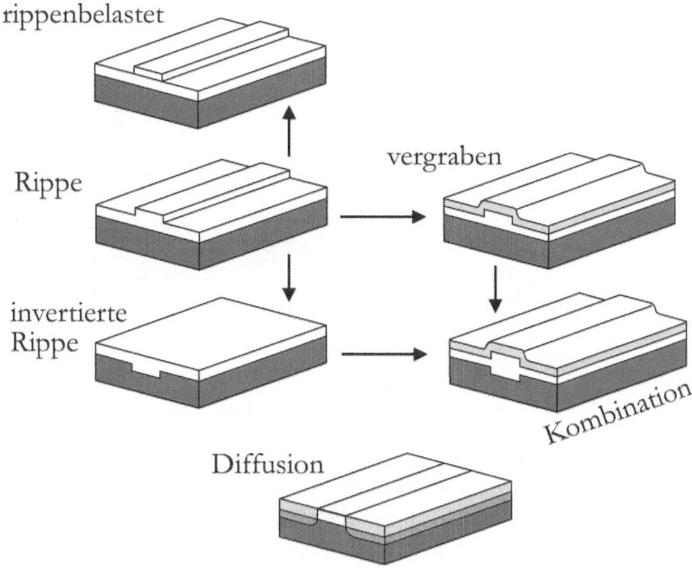

Abbildung 9.6.: Einige Klassen von Streifenwellenleitern. Die transversale Führung wird zum Teil in gleicher Weise hervorgerufen wie die transversale Beeinflussung der Wellen bei Filmlinsen nach Abb. 9.5

des effektiven Brechungsindex erreicht. An Möglichkeiten zur Veränderung des effektiven Brechungsindex bestehen dieselben, die zur Realisierung von Filmlinsen genutzt werden (vergleiche Abb. 9.5), wobei der wellenleitende Bereich oder seine Umgebung entsprechend verändert werden können. Abbildung 9.6 zeigt einige Klassen von Streifenwellenleitern. Wenn die Dicke der Filmschicht im Streifenwellenleiterbereich erhöht wird, ist von Rippenwellenleitern die Rede. Korrespondiert die Dickenerhöhung zu einer Grube im Substrat, wird von invertierten Rippen gesprochen. Unter rippenbelasteten Wellenleitern sind solche zu verstehen, bei denen der Hauptfilm selbst nicht verdickt ist, aber die Deckschicht rippenförmig ausgelegt wird; das heißt, die Rippe ist Teil einer Deckschicht. Auch dies erhöht den effektiven Brechungsindex. Wird, wie in Abb. 9.6 im Teilbild rechts oben zu sehen, ein Rippenwellenleiter noch einmal überwachsen, um geringere Brechzahlsprünge in vertikaler Richtung zu erreichen, wird der Begriff vergrabener Wellenleiter gewählt. Durch diese Technik ist es möglich, trotz relativ großer Rippenhöhen und Rippenbreiten monomodige Wellenleiter zu erzielen, was für die meisten integriert-optischen Anwendungen erwünscht und erforderlich ist. Ein Streifenwellenleiter kann ebenso verwirklicht werden, wenn durch Eindiffusion oder Ionenimplantation die Materialbrechzahl in transversaler Richtung modifiziert wird, wie im Teilbild unten in Abb. 9.6 skizziert. Eine vergrabene Struktur mit Rippe und invertierter Rippe, wie in Abb. 9.6 im Teilbild rechts Mitte beim Stichwort „Kombination" skizziert, besitzt den Vorteil einer fast zylindersymmetrischen Feldverteilung. Bei günstiger Wahl der Wellenleiterquerabmessungen

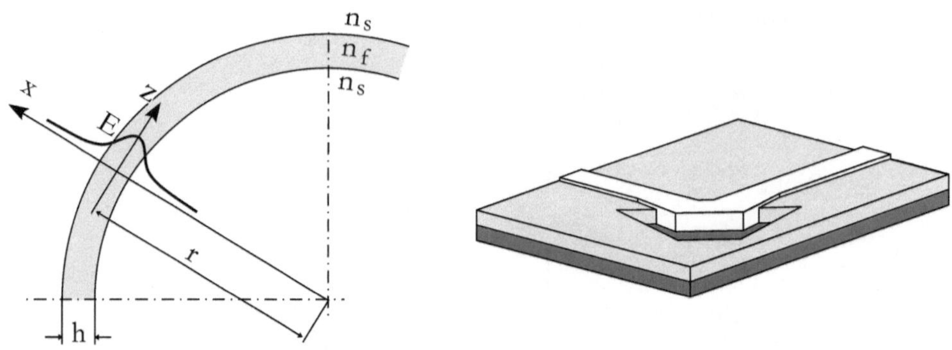

Abbildung 9.7.: Wellenleiterkrümmung und -knick

und Brechzahlsprünge können so monomodige Wellenleiter realisiert werden, deren Modendurchmesser denen der Mode in Monomode-Glasfasern entsprechen. Dadurch können (bei Brechzahl-Anpassung im Zwischenraum zwischen Halbleiterwellenleiter und Glasfaser) sehr hohe Kopplungswirkungsgrade erzielt werden.

9.1.4. Wellenleiterkrümmungen und -knicke

Wellenleiterkrümmungen und -knicke sind wichtige Elemente im Zusammenhang mit Streifenwellenleitern. Beide sind in Abb. 9.7 gezeigt.

Abstrahlungsverluste sind bei Wellenleiterkrümmungen unausweichlich, denn ab einer bestimmten Entfernung vom Krümmungsmittelpunkt übersteigt die Phasengeschwindigkeit, die linear von der Entfernung von der Wellenleitermitte nach außen ansteigt, die Phasengeschwindigkeit einer Welle in dem umgebenden Medium der Brechzahl n_s. Ab dieser Entfernung wird die Welle abgestrahlt. Durch geringere Krümmungen, das heißt größere Krümmungsradien r, kann diese Entfernung zwar hinausgeschoben werden; aber Verluste sind unvermeidlich. Und beliebig große Krümmungen sind nicht sinnvoll, da ein wichtiges Merkmal integriert-optoelektronischer Schaltungen ihre Kompaktheit sein sollte. Die Formel für die relativen Lichtleistungsverluste infolge der Krümmung lautet:

$$P_\% = 1 - \frac{P(\Delta z)}{P_0} = 1 - \exp\{-2\alpha_{Kr} \cdot \Delta z\} = \frac{1}{2\alpha_s} \cdot \exp\left\{-2\alpha_s r \left[\frac{\breve{\beta}}{k_0 n_s} - 1\right]\right\} \quad (9.36)$$

mit der optischen Leistung $P = P(z - z_0) \equiv P(\Delta z)$, $P_0 = P(z_0)$ mit z_0 als Anfangsort und P_0 als Anfangsleistung, mit der Querdämpfung α_s der Feldstärke im den Film umgebenden Material und dem Krümmungsverlust-Koeffizienten α_{Kr} für die Feldstärke. Die unvermeidlichen Lichtleistungsverluste in Wellenleiterkrümmungen sind ein Grund für die aktuellen Bemühungen um Wellenleiter mit photonischen Kristallen, die eine enge 90°-Umlenkung der Welle ohne Verluste im Idealfall zulassen sollten. - Eine kompakte Bauweise für eine Umlenkung einer elektromagnetischen Welle um 90° erlauben aber schon länger Wellenleiterknicke, bei denen die Struktur im Bereich des Knicks auf der Außenseite des Wellenleiterstreifens zum Beispiel mit reaktiven Ionenstrahlätzverfahren mit geraden Flanken tiefgeätzt wird. Dadurch entsteht ein optischer Übergang von Halbleitermaterial auf Luft, der zur Umlenkung der Welle mittels Totalreflexion (Grenzwinkel $\breve{\alpha}_g \approx 17°$) ausgenutzt wird. Bei Vernachlässigung von Verlusten aufgrund der Rauigkeit der Ätzflanken kann die Umlenkung einer Welle mit Hilfe eines Wellenleiterknicks im Prinzip verlustlos erfolgen. - Ein Wellenleiterknick (mit gleichzeitig fokussierender Wirkung) wird uns in Abschnitt 15.2.2 begegnen.

9.2. EIM und FFT-BPM

9.2.1. Effektiv-Index-Methode (EIM)

Die genaue mathematische Beschreibung von Streifenwellenleiter-Moden und von deren Ausbreitung ist sehr aufwändig und oft gar nicht exakt möglich. In vielen Fällen können die Wellenführungen für beide transversalen Dimensionen (x lateral, y transversal) aber getrennt betrachtet werden. Die Effektiv-Index-Methode (EIM) zur Beschreibung der Wellenführung in einem Streifenwellenleiter macht von dieser Näherung Gebrauch und liefert für viele Strukturen aus der Praxis ausreichend genaue Ergebnisse. (Obwohl diese Methode oft recht effektiv ist, sollte nicht der Ausdruck „effektive Index-Methode" verwendet werden, da er den Sachverhalt nicht trifft.)

Abbildung 9.8 veranschaulicht das Prinzip der EIM. Die Streifenwellenleiter-Struktur wird in einem ersten Schritt transversal in verschiedene Bereiche eingeteilt: in diesem Beispiel in drei Bereiche mit den Superkripten [1] rechts vom Wellenleiterstreifen, [2] dem Streifen selbst und [3] links vom Streifen. Jeder dieser Bereiche wird für sich zunächst als (lateraler) Filmwellenleiter mit transversal unendlich ausgedehnten Schichten behandelt; die effektiven Brechungsindizes werden durch Lösen der drei charakteristischen Gleichungen für Filmwellenleitermoden bestimmt. Die so gewonnenen - in diesem Beispiel drei - effektiven Brechungsindizes für eine bestimmte Mode (etwa die laterale Grundmode), $n_{eff}^{(1)}$, $n_{eff}^{(2)}$ und $n_{eff}^{(3)}$, werden in einem zweiten Schritt als Brechzahlen einer effektiven Filmwellenleiterstruktur in der transversalen Richtung aufgefasst. Durch Lösen der entsprechenden charakteristischen Gleichung wird von dieser Filmwellenleiterstruktur für die bestimmte Mode der effektive Brechungsindex $n_{eff}^{(eff)}$ bestimmt, der dann gewissermaßen als „effektiver effektiver Brechungsindex" des zweidimensionalen Streifenwellenleiters zu sehen ist.

Bei der Anwendung der Effektiv-Index-Methode ist zu überlegen, ob die HE- oder die EH-Moden des Streifenwellenleiters bestimmt werden sollen. Bei HE-Moden ist im ersten Schritt die charakteristische Gleichung für TE-Wellen zu verwenden, weil die HE-Wellen im Hinblick auf die Schichtenfolgen TE-Wellen ähneln. Im zweiten Schritt ist die charakteristische Gleichung für TM-Wellen zu wählen, da die Vektoren der elektrischen Feldstärke fast senkrecht auf den Grenzflächen zwischen den effektiven Bereichen stehen und die Wellen somit TM-Wellen in Filmwellenleiterstrukturen ähneln. Für die Berechnung von EH-Wellen verhält es sich genau umgekehrt.

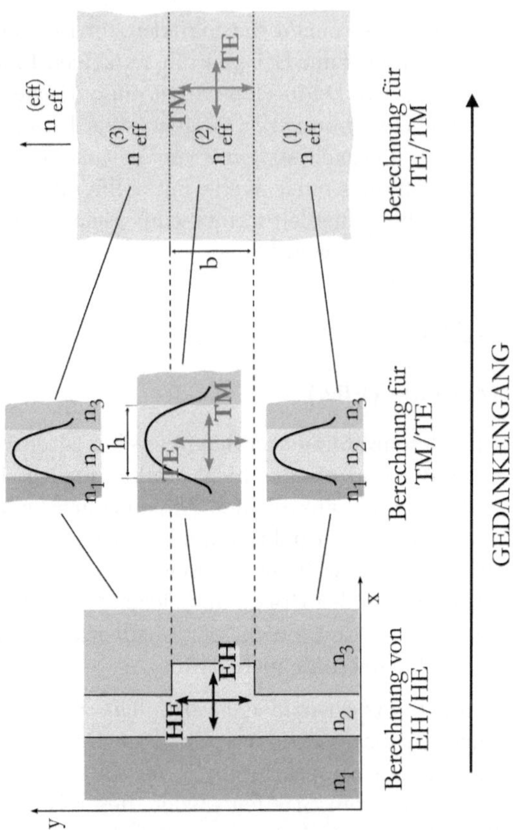

Abbildung 9.8.: Vorgehensweise bei der Effektiv-Index-Methode (EIM)

9.2.2. 'Fast Fourier transform beam propagation method' (FFT-BPM)

Zur Beschreibung integriert-optoelektronischer Strukturen ist nicht nur die Kenntnis der Moden, also der Ausbildung der Welle in den Querdimensionen x und y des betrachteten Wellenleiters, wichtig, sondern auch das Verständnis der Ausbreitung der Welle längs des Wellenleiters - das heißt in z-Richtung. Zur mathematischen Beschreibung der Wellenausbreitung gibt es eine Vielzahl von Verfahren, von denen hier eine Klasse herausgegriffen werden soll: die 'beam propagation method' (BPM), auch im deutschen Sprachgebrauch einfach nur BPM genannt. - Diese Verfahrensklasse wurde in ihrer ursprünglichen Form von Feit und Fleck [FEI 80] zur Simulation der Ausbreitung elektromagnetischer Wellen in der freien Atmosphäre und in Gradientenfasern entwickelt und existiert seitdem in vielen modifizierten Versionen, die jedoch alle auf demselben Prinzip beruhen: Eine transversale Eingangsfeldverteilung einer elektromagnetischen Welle trifft auf ein dielektrisches Material- beziehungsweise Brechzahlprofil $n(x)$ oder $n(x,y)$ und propagiert iterativ in kleinen Ausbreitungsschritten Δz durch dieses Medium. - Bei allen BPM-Verfahren muss der Rand des Berechnungsfensters in geeigneter Form angepasst werden. Eine Methode dazu ist die der transparenten Randbedingungen mit virtuellen Randzonen von Hadley [HAD 91, HAD 92], die sich dadurch auszeichnet, dass sie strukturunabhängig ist und sich die Randbedingung an die Wellenanteile anpasst.

Wie bei allen anderen Verfahren wird bei der BPM eine Diskretisierung der Felder in den Quer- und in der Längsdimension vorgenommen und die Ausbreitung (wie gesagt) schrittweise über kleine Entfernungen Δz längs der Ausbreitungsrichtung vollzogen. Die BPM ist aber insofern untypisch, als sie - außer zur Rechenzeitverkürzung - kaum eine mathematische Vereinfachung voraussetzt und nicht einmal die Modenprofile am Anfang der Wellenleiterstruktur bekannt sein müssen. Die BPM kann somit als numerisches Experiment - als Simulation - bezeichnet werden. Wird zum Beispiel mit einer nicht idealen (weil nicht dem Modenprofil entsprechenden) Feldverteilung angeregt, nimmt sich der Wellenleiter das passende Profil aus der angebotenen Verteilung heraus und strahlt den Rest ab - genau wie es im Experiment bei suboptimaler Anregung zu beobachten wäre.

Der einfachste Spezialfall der BPM ist die FFT-BPM, die sich eine 'fast Fourier transform' (FFT) zunutze macht. Um der Einfachheit willen, soll nur eine Querschnittsdimension betrachtet werden. Die Reduzierung von zwei (x,y) auf eine Querschnittsdimension (x) kann mit Hilfe der Effektiv-Index-Methode erfolgen. Das ist keine prinzipielle Einschränkung der BPM. Vielmehr können, wenn es die Rechenzeit zulässt, zweidimensionale FFTs verwendet werden, um zweidimensionalen Querschnitten gerecht zu werden.

Eine sich in einer bestimmten Richtung ausbreitende Welle kann man sich als aus einer Vielzahl ebener Wellen mit unterschiedlichen Ausbreitungsrichtungen zusammengesetzt vorgestellt denken (siehe Kap. 1-3); diese Sichtweise wird bei der FFT-BPM verwendet:
- Im Fourier-Raum der $\hat{M}$ Raumfrequenzen $(l = 1, 2, \ldots \hat{M})$ werden die unterschiedlichen Phasendrehungen der Teilwellen mit unterschiedlichen Winkeln zur optischen Achse längs des Wegs Δz berücksichtigt.
- Nach Fourier-Synthese wieder im Ortsraum werden die Phasendrehungen längs des Weges Δz für jede Diskretisierungsstelle x_l aufgrund der Brechungsindexverteilung $n(x_l)$ berechnet.
- Der Vorgang wiederholt sich für das nächste Ausbreitungsstück Δz, bis die Welle in der Simulation am Ende der Struktur angelangt ist.

Im Detail: Der Beugung wird Rechnung getragen, indem im Fourier-Raum der $\hat{M}$ Raumfrequenzen

$$\nu_{xl} = \frac{x_l}{\lambda_0 z} = \frac{1}{\lambda_0} \tan \beta_l \tag{9.37}$$

- mit β_l als Ausbreitungswinkel der l-ten Teilwelle relativ zur optischen Achse - die unterschiedlichen Phasendrehungen der Teilwellen längs des Wegs Δz berücksichtigt werden. Abbildung 9.9 verdeutlicht die Situation. Für die Ausbreitung im Raumfrequenzraum wird ein homogener Hintergrundsbrechungsindex n_0 angenommen, etwa der Brechungsindex der Umgebung des Streifenwellenleiters. Die unterschiedlichen Phasendrehungen der ebenen Teilwellen längs des Wegs Δz lassen sich folgendermaßen erklären; dabei wird

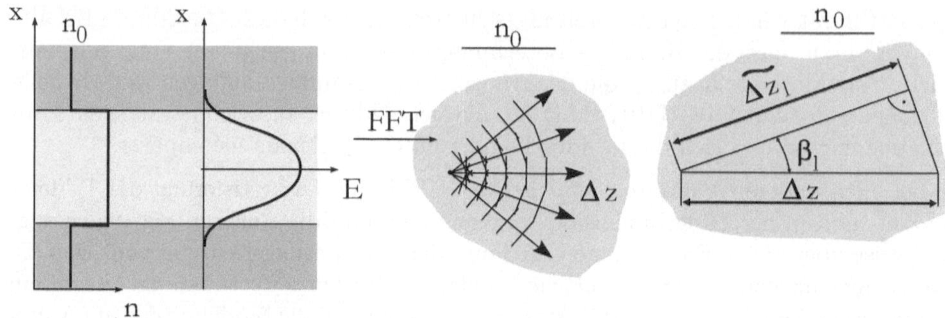

Abbildung 9.9.: Veranschaulichung der Zerlegung der Feldverteilung in $\hat{M}$ ebene Teilwellen mit unterschiedlichen Ausbreitungswinkeln β_l ($l = 1, 2, \ldots \hat{M}$) bei der BPM und der Entstehung der unterschiedlichen Phasendrehungen zwischen ihnen längs des Weges Δz mit homogenem Hintergrundsbrechungsindex n_0

- nur für diese Darstellung der Einfachheit halber - von kleinen Ausbreitungswinkeln β_l ausgegangen, um sin-Ausdrücke durch ihr Argument ersetzen zu können. Für die l-te Teilwelle mit ihrem Ausbreitungswinkel β_l gilt:

$$\widetilde{\Delta z_l} \;=\; \Delta z \cdot \cos \beta_l \;=\; \Delta z \cdot \left(1 - 2\sin^2 \frac{\beta_l}{2}\right)$$

$$\approx \;\; \Delta z \cdot \left(1 - 2\frac{\beta_l^2}{4}\right) = \Delta z - \Delta z \cdot \frac{\beta_l^2}{2}. \tag{9.38}$$

Daraus folgt für die Phasendrehungsunterschiede relativ zu der Teilwelle mit dem Ausbreitungswinkel Null:

$$\Delta \phi_l = \frac{2\pi}{\lambda_0} n_0 \cdot \left(\widetilde{\Delta z_l} - \Delta z\right) = -\frac{2\pi}{\lambda_0} n_0 \Delta z \frac{\beta_l^2}{2}. \tag{9.39}$$

Für $\hat{M}$ Diskretisierungspunkte in x-Richtung existieren $\hat{M}$ Raumfrequenzen ν_{xl}. Sie schreiben sich nach der Theorie der FFT [PRE 89, PAP 68]:

$$l < \frac{\hat{M}}{2}: \qquad n_0 \cdot \nu_{xl} \;=\; \frac{l-1}{\hat{M} \cdot \Delta x}, \tag{9.40}$$

$$l > \frac{\hat{M}}{2}: \qquad n_0 \cdot \nu_{xl} \;=\; -\frac{\hat{M}+1-l}{\hat{M} \cdot \Delta x}. \tag{9.41}$$

mit Δx als Abstand der äquidistanten Diskretisierungspunkte in x-Richtung. Der Ausbreitungsterm der in y-Richtung homogen angenommenen Wellen lautet:

$$\exp\left\{-i\frac{2\pi}{\lambda_0} n_0(x \sin \beta_l + z \cos \beta_l)\right\} = \exp\left\{-i\frac{2\pi}{\lambda_0} n_0 x \sin \beta_l\right\} \cdot \exp\left\{-i\frac{2\pi}{\lambda_0} n_0 z \cos \beta_l\right\}. \tag{9.42}$$

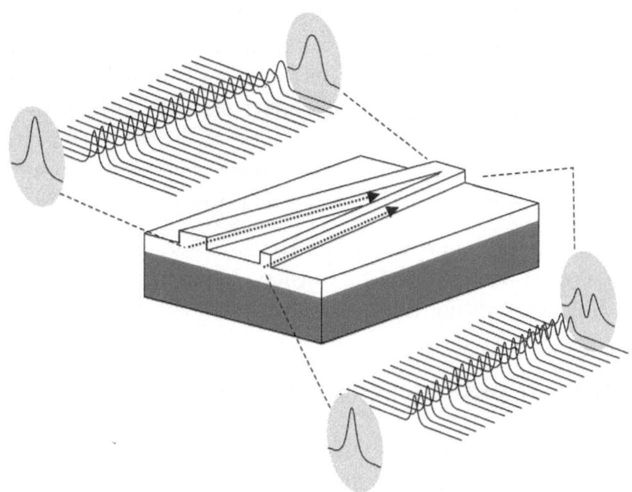

Abbildung 9.10.: Ausbreitung einer Welle in einer asymmetrischen konvergierenden Y-Kreuzung, berechnet mit der 'beam propagation method' (BPM)

Die Raumfrequenz taucht in dem auf die x-Richtung bezogenen Term für $\sin\beta_l \approx \tan\beta_l \approx \beta_l$ auf: $\exp\{-i2\pi n_0\nu_{xl}x\}$. Daraus folgt für kleine β_l und $l < \hat{M}/2$ weiter:

$$n_0 \cdot \nu_{xl} = \frac{l-1}{\hat{M} \cdot \Delta x} \approx \frac{1}{\lambda_0}n_0 \cdot \beta_l \quad \Longrightarrow \quad \beta_l = \frac{\lambda_0}{n_0} \cdot \frac{l-1}{\hat{M} \cdot \Delta x}. \tag{9.43}$$

Wegen Gl. (9.39) ergibt sich:

$$\Delta\phi_l = -\frac{2\pi}{\lambda_0}n_0\Delta z \cdot \frac{1}{2}(\frac{\lambda_0}{n_0} \cdot \frac{1}{\hat{M} \cdot \Delta x})^2 \cdot (l-1)^2, \tag{9.44}$$

woraus die Phasenterme $e^{-i\Delta\phi_l}$ für die Teilwellen resultieren. Für $l > \hat{M}/2$ gilt analog:

$$\beta_l = \frac{\lambda_0}{n_0} \cdot (\frac{l-1}{\hat{M} \cdot \Delta x} - \frac{1}{\Delta x}). \tag{9.45}$$

Nach Fourier-Synthese wieder im Ortsraum werden die Phasenterme $\exp\{-i(2\pi/\lambda_0)n(x_l)\cdot\Delta z\}$ längs des Weges Δz für jede Diskretisierungsstelle x_l als Folge der Brechungsindexverteilung $n(x_l)$ berechnet. Der Vorgang wiederholt sich für das nächste Ausbreitungsstück Δz, bis die Welle in der Simulation am Ende der Struktur angelangt ist.

Abbildung 9.10 zeigt die durch eine BPM-Simulation berechneten *Intensitäts*verteilungen von Wellen, die sich in einer asymmetrischen, konvergierenden Y-Kreuzung in typischem Glasmaterial ausbreiten. Der Winkel zwischen den beiden Eingangsports ist nicht maßstäblich gezeichnet, sondern liegt bei 1,5 mrad, um der Welle die Möglichkeit zu geben, sich in jedem Teilabschnitt der Struktur dem neuen Modenprofil anzupassen. Links oben sind die Vorgänge im weiten Wellenleiter zu sehen. Es wird mit der idealen Feldverteilung angeregt, das heißt mit dem Grundmodenprofil der Brechungsindexverteilung. Deren Form ist aber für diese qualitative Betrachtung unerheblich. Wird die Welle in den weiten Wellenleiter eingekoppelt, transformiert sie sich entlang der Y-Kreuzung in die symmetrische Grundmode des Kreuzungspunkts. Wird sie in den engen Wellenleiter eingekoppelt, transformiert sie sich in die antisymmetrische zweite Mode des Kreuzungspunkts (die auch symmetrisch erscheint, da Intensitäten aufgetragen sind).

Mit der BPM können viele Experimente vorab simuliert und so ungünstige Designs von Wellenleiterstrukturen ausgeschlossen werden, bevor unnötig erheblicher Aufwand in Herstellung und Vermessung der Strukturen gesteckt wird.

9.3. Wellenleitung in photonischen Kristallen (PC)

Photonische Kristalle wurden erstmals von Bykov vorgestellt [BYK 72, BYK 75]. Von Zengerle wurden eingehendere Untersuchungen durchgeführt [ZEN 79, ZEN 87]. Ende der 80er Jahre des letzten Jahrhunderts wurden die optischen Eigenschaften photonischer Kristalle unabhängig von Yablonovich [YAB 87] und John [JOH 87] berechnet. Mit photonischen Kristallen ist eine verlustarme Wellenleitung auch um enge Wellenleiterkrümmungen möglich.

9.3.1. ARROW-Wellenleiter

ARROW-Wellenleiter, die aus einer ganz anderen Überlegung (optische Wellenleitung auf Silizium-Chips) heraus entwickelt wurden, stellen eine eindimensionale Form von photonischen Kristall-Wellenleitern dar [DUG 86, KOK 86]. Das Akronym ARROW steht für 'antiresonant reflecting optical waveguide'. ARROWs basieren auf der Führung von Licht durch Reflexion an hochreflektierenden dielektrischen Schichtenfolgen für sehr schrägen Lichteinfall. Für senkrechten Einfall sind solche Schichtenfolgen als Bragg- oder dielektrische Spiegel von den Verspiegelungen optischer Bauelemente bekannt. ARROWs bestehen quasi aus Bragg-Spiegeln für sehr schrägen Einfall. - Bei den in ARROWs geführten Wellen handelt es sich um so genannte Leckwellen, die aus der eigentlichen Führungsschicht (dem Kern des Wellenleiters) herauslecken „wollen". Die Führung geschieht dadurch, dass die Wellen durch die hochreflektierenden begrenzenden Schichtenfolgen zu einem großen Teil in den Hauptfilm zurückgeworfen werden. Beim Design der Brechzahlen und der Dicken dieser Schichtenfolgen sind zwar Dicke und Brechungsindex der Hauptschicht zu berücksichtigen; aber es gibt für deren Werte kaum Beschränkungen. So kann das Licht auch in einer Schicht geführt werden, die optisch dünner als die Umgebung ist, wo also Führung durch Totalreflexion unmöglich ist. - Für ARROWs sind auch die Begriffe Leckwellenleiter und Bragg-Wellenleiter gebräuchlich.

Abbildung 9.11 zeigt eine prinzipielle Schichtenfolge zur ARROW-Führung. Die Schichten ober- und unterhalb der Hauptschicht können als gekoppelte Fabry-Perot-Resonatoren mit schrägem Lichteinfall verstanden werden, die in ihren Dicken und Brechzahlen so eingestellt werden, dass sie stark reflektieren. Da bei Fabry-Perot-Resonatoren bei hoher

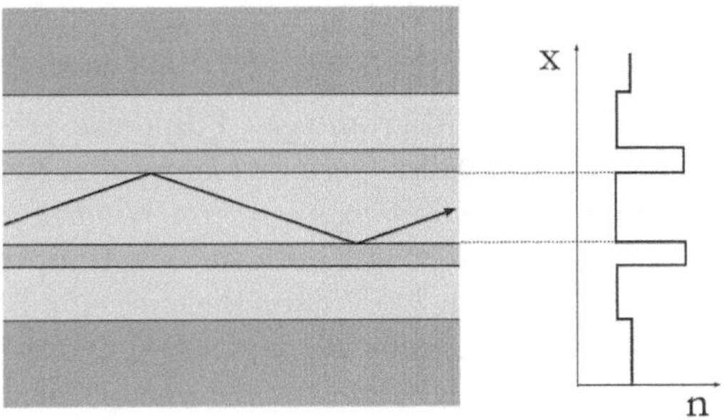

Abbildung 9.11.: Prinzip der ARROW-Wellenführung mit der qualitativen Angabe eines entsprechenden Brechzahlprofils $n = n(x)$

Transmission von Resonanzen und bei hoher *Reflexion* von Antiresonanzen gesprochen wird und hier die starke *Reflexion* von gekoppelten Fabry-Perot-Resonatoren ausgenutzt wird, wird in dem Akronym ARROW der Begriff der Antiresonanzen verwendet. Die ungeradzahligen (Index $_1$) und die geradzahligen (Index $_2$) Reflektorschichten mit den entsprechenden Schichtdicken d_1 und d_2 sowie den Brechzahlen n_1 und n_2 müssen sich in Antiresonanz befinden, während die Wellenleiterkern- oder -filmschicht (Index $_f$) mit der Schichtdicke d_f und der Brechzahl n_f (etwa) in Resonanz vorliegen sollte. Das gibt die mathematischen Bedingungen für die Schichtdicken vor.

In der Praxis ist ein häufiger Fall, dass nur nach „unten" eine ARROW-Schichtenfolge und nach „oben" Luft mit der Umgebungsbrechzahl $n_U \approx 1$ vorliegt. Nach oben herrscht dann Wellenführung durch Totalreflexion, nach unten Leckwellenleitung. Die Wellenleitungseigenschaften werden durch die Leckwellenleitung dominiert. Außerdem ist in der Praxis häufig $n_f \equiv n_2$. Für diesen praxisrelevanten Fall gilt [DUG 86, KOK 86]:

$$d_1 = (2m_1 + 1) \cdot \frac{\lambda_0}{4n_1} \cdot \left(1 - \frac{n_f^2}{n_1^2} + \left(\frac{\lambda_0}{2n_1 d_{fe}}\right)^2\right)^{-1/2}, \tag{9.46}$$

$$d_2 = (2m_2 + 1) \cdot \frac{d_{fe}}{2} \tag{9.47}$$

mit den Antiresonanz-Ordnungen (-Nummern) m_1 und m_2 für die ungeradzahligen und geradzahligen Reflektorschichten. Dabei ist d_{fe} eine effektive Kernschichtdicke, die das Eindringen der Welle in die Reflektorschichten berücksichtigt:

$$d_{fe} = d_f + \frac{\lambda_0}{2\pi\sqrt{n_f^2 - n_U^2}} \quad \text{für TE-polarisierte Wellen,} \tag{9.48}$$

$$d_{fe} = d_f + \frac{n_U^2}{n_f^2} \frac{\lambda_0}{2\pi\sqrt{n_f^2 - n_U^2}} \quad \text{für TM-polarisierte Wellen.} \tag{9.49}$$

Die effektive Kernschichtdicke d_{fe} liegt bei $\lambda/2$, was die Reflektorschichtdicken nach Gln. (9.46) und (9.47) in den Bereich ungeradzahliger Vielfacher von $\lambda/4$ bringt.

Zwar haben ARROWs mit mehreren Mikrometern Filmdicke sehr viele Moden, doch zeigt bei geeignetem Design nur eine Mode geringe Dämpfung, so dass diese ARROWs quasi-monomodig sind. Neben der Unabhängigkeit von höherbrechendem Material in der Hauptführungsschicht ist die Quasi-Monomodigkeit ein Hauptvorteil von ARROWs bei größeren Hauptfilmdicken. Dadurch kann zum Beispiel eine bessere Anpassung an die Mode von Monomode-Glasfasern erzielt werden. - Die Quasi-Monomodigkeit wäre an sich noch kein Gewinn, wenn im ARROW die höheren (erheblich gedämpften) Moden stark angeregt werden würden; denn ihre Dämpfung würde dann einen deutlichen Energieverlust bedeuten. Die ARROW-Grundmode kann intensitätsmäßig aber hohe Kreuzkorrelationswerte ($>95\%$) mit der Faser-Mode aufweisen, so dass bei der Überkopplung potenziell kaum Energie verloren geht.[3]

Die Abb. 9.12 und 9.13 zeigen der Vollständigkeit halber charakteristische Diagramme zu ARROW-Wellenleitern. Abbildung 9.12 enthält eine Film-ARROW-Schichtenfolge und die Profile der ersten drei TE-ARROW-Moden. Die TE_0-ARROW-Mode zeigt ein ausgeprägtes Feldstärkemaximum in der ARROW-Kernschicht und kann von Gaußschen Strahlenbündeln sehr gut angeregt werden. Es fällt auf, dass Feldstärke und Energie bei den höheren ARROW-Moden in den Lateralresonatoren deutlich höher sind als in der Haupt-ARROW-Schicht selbst. Diese höheren Moden, die glücklicherweise durch Gaußsche Strahlenbündel auch sehr schlecht angeregt werden, zeigen aber gegenüber der Grundmode bereits eine erhebliche Dämpfung, wie der untere Teil von Abb. 9.13 offenbart. In Abb. 9.13 sind die Dispersions- und Dämpfungskurven des ARROW als Funktion der Hauptfilmdicke wiedergegeben. Für $4\,\mu m$ Filmdicke ist in diesem Beispiel die Dämpfung der höheren Moden um mindestens zwei Größenordnungen (für den Dämpfungskoeffizienten α) höher als die der Grund-ARROW-Mode TE_0. Denn die Parameter werden so gewählt, dass die höheren Moden eine deutlich größere Dämpfung als die Mode 0 aufweisen, so dass von quasi-monomodigen Wellenleitern gesprochen werden kann. Im oberen Teil der Abb. 9.13 ist der Verlauf des effektiven Brechungsindex über der Filmdicke - ähnlich wie beim $\breve{B}$-$\breve{V}$-Diagramm - aufgetragen. Für kleine Indizes der ARROW-Moden ändert sich der effektive Brechungsindex mit der Hauptfilmdicke kaum, da die Antiresonanzen gekoppelter Fabry-Perot-Resonatoren recht breitbandig sind.

ARROWs können auch als eindimensionale photonische Kristallstrukturen verstanden werden. Doch diese Thematik soll nun allgemeiner besprochen werden.

9.3.2. Grundlagen photonischer Kristalle

Der Begriff photonischer Kristall ('photonic crystal', PC) soll bewusst an „normale" Festkörperkristalle und ihre *elektronischen* Eigenschaften erinnern. Dort führt die Wechselwirkung der Atome/Moleküle zur Ausbildung von erlaubten und verbotenen elektro-

---

[3]Die vollen ARROW-Vorteile, zum Beispiel der gute Wirkungsgrad beim Überkoppeln auf Glasfasern, können erst genutzt werden, wenn in beiden Querschnittsdimensionen eine ARROW-Führung vorliegt [FRE 95].

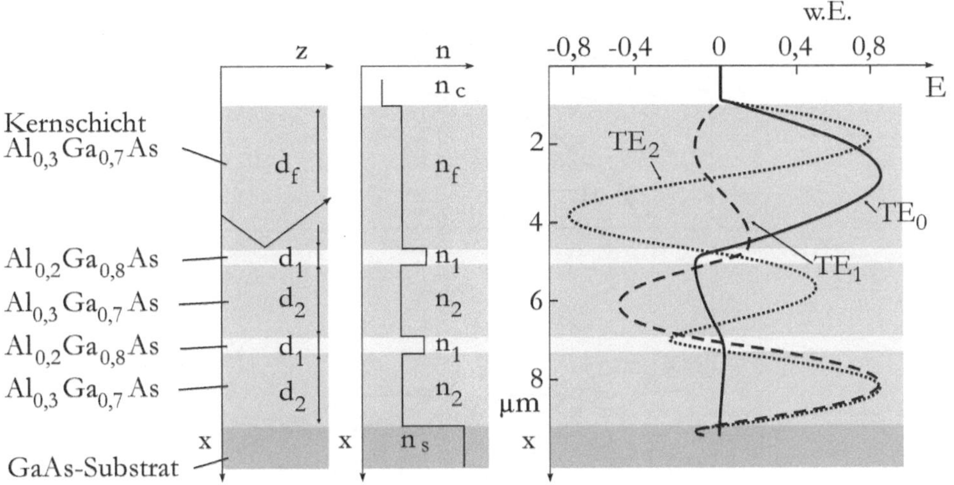

Abbildung 9.12.: Brechzahlverlauf und Moden eines typischen ARROW-Filmwellenleiters

nischen Energiebändern. Das heißt, es gibt Bereiche (Energiebänder) mit sehr dicht auf der Energieachse liegenden elektronischen Energieniveaus und Bereiche (Bandlücken), in denen keine elektronischen Energien liegen. - Photonische Kristalle sind demgegenüber künstliche dielektrische Strukturen mit typischen Gitterkonstanten in der Größenordnung der Wellenlänge. Die Periodizitäten führen dazu, dass für elektromagnetische Wellen verbotene und erlaubte Ausbreitungskoeffizienten,

$$\breve{\beta} = k_0 n \sin \breve{\alpha} = k_0 \cdot n_e \frac{c}{c} = k_0 \cdot \frac{c}{v} = \frac{\omega}{v} = \frac{\omega}{c} n_e, \qquad (9.50)$$

existieren - mit v als Phasengeschwindigkeit in Ausbreitungsrichtung (in z-Richtung). Gleichung (9.50) entstammt den Erläuterungen in Unterkapitel 9.1 über Totalreflexions-Wellenleitung; dabei war $n \equiv n_f$ der Materialbrechungsindex des Wellenleiterfilms und $\breve{\alpha} \equiv \breve{\alpha}_m$ der Einfallswinkel der Welle (im Strahlenbild) auf die Grenzfläche zwischen dem Wellenleiterfilm und der jeweils angrenzenden Schicht. Der Ausdruck $k_0 \sin \breve{\alpha}$ stellt die Projektion des Ausbreitungsvektors auf die z-Richtung dar. Die Größe n_e soll an den effektiven Brechungsindex $n_{eff} = k_0 \sin \breve{\alpha}$ einer geführten Welle erinnern. Da im folgenden aber häufig nicht von geführten Wellen die Rede ist, wird hier das neue Symbol n_e verwendet. Für senkrechten Einfall der Welle auf die periodische Struktur gilt:

$$n_e = n \sin \breve{\alpha} = n \sin 90° = n \cdot 1 \equiv n. \qquad (9.51)$$

Für eine *bestimmte* Lichtfrequenz führt die Struktur eines photonischen Kristalls dazu, dass es verbotene und erlaubte Ausbreitungsrichtungen gibt. Wenn aber eine spektral breitbandige Welle vorliegt (ω-Bereich) und eine bestimmte Ausbreitungsrichtung vorgegeben ist, entstehen verbotene und erlaubte spektrale Frequenzbänder beziehungsweise

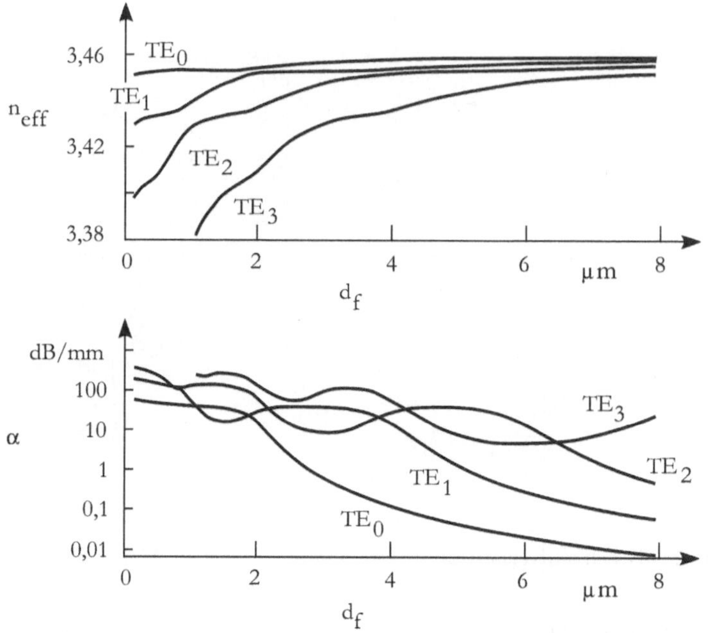

Abbildung 9.13.: Dispersions- und Dämpfungskurven eines typischen ARROW-Filmwellenleiters nach Abb. 9.12 als Funktion der Hauptfilmdicke d_f

verbotene und erlaubte Wellenlängenbereiche. Allerdings werden für Anwendungen im zwei- und im dreidimensionalen Fall - so sei hier schon vermerkt - die erlaubten Wellen üblicherweise durch extra in den photonischen Kristall eingebrachte „Störungen" außerhalb der erlaubten Bänder, also innerhalb der verbotenen Bänder, definiert.

Eindimensionale photonische Kristalle

Unterschieden werden ein-, zwei- und dreidimensionale photonische Kristalle. Eindimensionale photonische Kristalle sind schon sehr lange unter dem Begriff Bragg-Spiegel oder dielektrische Spiegel bekannt. Dass ein Bragg-Spiegel mit Schichten der Brechzahlen n_1 und n_2 in einem gewissen Wellenlängenbereich sehr gut reflektiert (siehe Abb. 1.9), hat gerade damit zu tun, dass die betreffenden Wellen nur bedingt in die Anordnung eindringen können, sich in Transmission durch destruktive Interferenz der reflektierten Teilwellen auslöschen und so nur reflektiert werden können; denn in Reflexion herrscht konstruktive Interferenz. Die reflektierten Wellen stellen im Sinne der Denkweise bei photonischen Kristallen also verbotene Wellen in der Anordnung dar. Für eine bestimmte Vakuum-Wellenlänge, die so genannte Bragg-Wellenlänge $\lambda_B = 2a \cdot n_1 n_2 / [(n_2 + n_1)/2]$, ist bei senkrechtem Einfall die Anordnung der Periodizität a für Reflexion ideal.

Die Eigenschaften photonischer Kristalle können mit Hilfe einer Darstellung $\omega = \omega(k)$, also im reziproken Raum, veranschaulicht werden. Oft werden die Größen noch normiert, so dass eine Auftragung ω/c (oder Ähnliches) über k (in Einheiten von $2\pi/a$) stattfindet.

Im extremen Fall, dass beide Materialien der Schichtenfolge identisch sind (es sich also eigentlich gar nicht um einen Bragg-Spiegel, sondern um homogenes Material handelt), ergeben die Auftragungen Geraden - siehe dazu Abb. 9.14a nach [JOA 95] für den Fall $n = n_1 = n_2 = \sqrt{13}$ -, die so genannten Lichtlinien mit der Steigung $a/(2\pi n)$, entsprechend $(a/2\pi) \cdot \omega/c = k/n$ und einer freien Ausbreitung im Material mit homogenem Brechungsindex. Die erste Brillouin-Zone erstreckt sich von $k = -\pi/a$ bis $+\pi/a$; alle Kurventeile außerhalb können wie bei den Kurven zu elektronischen Energien in Festkörperkristallen in die 1. Brillouin-Zone hineingefaltet werden. Kurven mit negativer Steigung entsprechen Wellen, die in umgekehrter Richtung verlaufen ($\vec{k}$ umgedreht).

Im Fall eines Bragg-Spiegels mit zwei Materialien leicht unterschiedlicher Brechungsindizes $n_1 = \sqrt{13}$ und $n_2 = \sqrt{12}$ ergibt sich eine kleine photonische „Bandlücke", wie in Abb. 9.14b nach [JOA 95] zu sehen. Die Bandlücke deckt einen engen Frequenzbereich um die Frequenz zur Bragg-Wellenlänge ab. Am Rand der 1. Brillouin-Zone gilt $k = \pi/a$. Diese Punkte im Diagramm repräsentieren stehende Wellen mit Wellenlängen dicht ober- und unterhalb der Bragg-Wellenlänge λ_B beziehungsweise mit Kreisfrequenzen dicht unter- und oberhalb der Kreisfrequenz zur Bragg-Wellenlänge. Diese beiden Wellen entsprechen (in dieser Reihenfolge) folgenden beiden Situationen:

- Maxima und Minima der elektrischen Feldstärke der elektromagnetischen Welle in den Spiegelschichten mit hohem Brechungsindex ($\rightarrow$ kleinere Kreisfrequenz),
- Maxima und Minima in den niedrigbrechenden Schichten ($\rightarrow$ größere Kreisfrequenz).

Da das niedrigbrechende Material im Prinzip auch Luft sein könnte, wird sprachlich nach dem „Luftband" und dem „dielektrischen Band" unterschieden. Beim Luftband liegen die Maxima und Minima der Feldstärke im niedrigbrechenden Material, bei dielektrischen Band liegen die Maxima und Minima im höherbrechenden Material.

Die Bandlücke wächst mit dem Unterschied in den Brechungsindizes. Abbildung 9.14c[4] nach [JOA 95] zeigt das Diagramm für den Fall $n_1 = \sqrt{13}$ und $n_2 = \sqrt{1} = 1$.

Evaneszente (exponentiell in die Struktur hinein abklingende Wellen) erfüllen zwar die Wellengleichung. Sie erfüllen aber nicht die Translationssymmetrie, die durch das photonische Kristallgitter vorgegeben wird. Diese Lösungen stellen den Frequenzbereich der verbotenen photonischen Bänder, der photonischen Bandlücken, dar. Solche Wellen können bei einem perfekten (begrenzten) Bragg-Gitter nur an der Oberfläche der Gesamtstruktur angeregt[5] werden. Um solche Wellen auch innerhalb einer Bragg-Struktur anzuregen, müsste ein „Defekt" im photonischen Kristall vorhanden sein, zum Beispiel eine

---

[4]Charakteristisch ist, dass die Abhängigkeit $(a/2\pi) \cdot \omega/c$ von k für $k \rightarrow 0$, also für $\lambda \rightarrow \infty$, durch eine Gerade (die Lichtlinie) angenähert werden kann. Die Welle „sieht" wegen ihrer großen Wellenlänge quasi homogenes Material eines mittleren Brechungsindex und wird durch die Feinstruktur nicht beeinflusst.

[5]In einem hypothetischen unendlich ausgedehnten, perfekten photonischen Kristall könnten sie gar nicht angeregt werden.

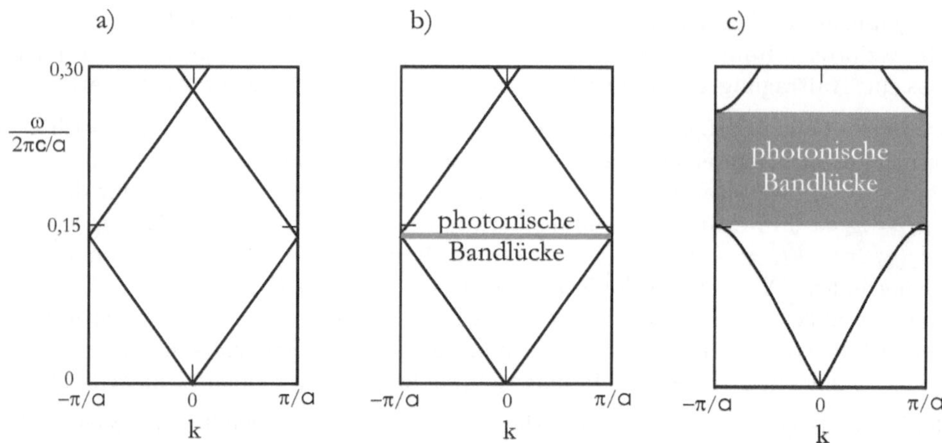

Abbildung 9.14.: Dispersionsdiagramme, $\omega = \omega(k)$, normiert, zur Erläuterung eindimensionaler photonischer Kristalle, nach [JOA 95]

zentrale Schicht, die nicht eine Viertel-, sondern eine halbe Wellenlänge dick ist. So kann trotz der Brechzahlsprünge eine Welle bei der Bragg-Wellenlänge existieren.[6]

Bisher war nur von senkrechtem Lichteinfall die Rede, wo also eine Unterscheidung nach Polarisationsrichtungen des Lichts (parallel und senkrecht zur Einfallsebene) keinen Sinn macht, da die Einfallsebene in diesem Fall nicht definiert ist. Bei schrägem Einfall ändert sich das Bild. Die Bandlücken fallen im Allgemeinen für die beiden Polarisationsrichtungen unterschiedlich aus. Für eine Polarisationsrichtung kann sogar eine vollständige Bandlücke existieren, während sich für die andere Richtung keine Bandlücke ergibt. Weiter soll auf den schrägen Einfall hier aber nicht eingegangen werden.

ARROWs aus Abschnitt 9.3.1 bestehen aus Bragg-Spiegeln für schrägen Lichteinfall. Auch sie können als eindimensionale photonische Kristalle aufgefasst werden. Dabei entspricht die ARROW-Kernschicht einer Defektschicht des photonischen Kristalls.

Zweidimensionale photonische Kristalle

Sie werden aus länglichen Strukturen gebildet, die in einem homogenen Hintergrund eingebettet sind, wie in Abb. 9.15 nach [JOA 95] skizziert. Dabei könnten die Stäbe aus

---

[6]In dieser Sichtweise kann der DFB-Laser in Abschnitt 11.4.2 ohne und mit $\lambda/(4n_{eff})$-Verlängerung ($\pi/2$-Phasensprung) alternativ interpretiert werden; allerdings ist hierbei wegen der Wellenleitung von effektiven Brechungsindizes zu reden. Ohne Phasensprung existieren zwei gleichberechtigte Moden bei Frequenzen unter- und oberhalb der Frequenz zur Bragg-Wellenlänge. Mit Phasensprung ergibt sich eine Mode direkt bei der Frequenz zur Bragg-Wellenlänge. Der Phasensprung ist eine gewollte Störung der periodischen Struktur. Er stellt quasi eine „Dotierung" des photonischen Kristalls dar. Das „Dotierstoffniveau" liegt zentral innerhalb der Bandlücke.

Abbildung 9.15.: Skizze zu zweidimensionalen photonischen Kristallen, im Beispiel höherbrechende parallele Stäbe in niedrigbrechender Umgebung nach [JOA 95]

höherbrechendem und die Umgebung aus niedrigbrechendem Material, gegebenenfalls sogar Luft oder Vakuum, sein. Oder aber die „Stäbe" sind aus Luft oder Vakuum und die Umgebung aus einem Material mit einem größeren Brechungsindex. - Für Anwendungen ist es vorteilhaft, wenn es einen Frequenzbereich unabhängig vom Einfallswinkel und von der Polarisationsrichtung gibt, in dem keine erlaubten Wellen existieren. In diesem Fall wird von einer „vollständigen Bandlücke" gesprochen. Zur Beschreibung des Verhaltens (nicht nur zweidimensionaler) photonischer Kristalle ist eine Größe hilfreich, die als „Füllfaktor photonischer Kristalle" bezeichnet werden könnte:

$$f_{PC} = \frac{\int\limits_{V_{hochbrechend}} \vec{E}^*(\vec{r}) \cdot \vec{D}(\vec{r}) \, d\vec{r}}{\int\limits_{V_{Photon}} \vec{E}^*(\vec{r}) \cdot \vec{D}(\vec{r}) \, d\vec{r}} \tag{9.52}$$

mit der elektrischen Feldstärke $\vec{E}$ und der dielektrischen Verschiebungsdichte $\vec{D}$, dem vom Feld eingenommenen Volumen des höherbrechenden Materials $V_{hochbrechend}$ und dem Gesamtvolumen V_{Photon} des Feldes. Der Füllfaktor gibt den Anteil der Energie der Welle im höherbrechenden Material an. - Einige allgemeine Aussagen lassen sich treffen, wobei der Begriff „Luft" allgemeiner für niedrigbrechendes Material stehen soll:

• Große Unterschiede in f_{PC} zwischen den Moden des Luft- und des dielektrischen Bands führen zu großen photonischen Bandlücken.

• Die Unterschiede in den Füllfaktoren können für die beiden Polarisationsrichtungen (bei TM-Polarisation weist das $\vec{E}$-Feld entlang der Linienstrukturen, bei TE-Polarisation das $\vec{H}$-Feld) sehr verschieden ausfallen. Das führt gegebenenfalls dazu, dass die eine Polarisationsrichtung eine Bandlücke über alle Einfallsrichtungen aufweist, die andere nicht (letztere durchaus aber für einen eingegrenzten Bereich an Einfallsrichtungen).

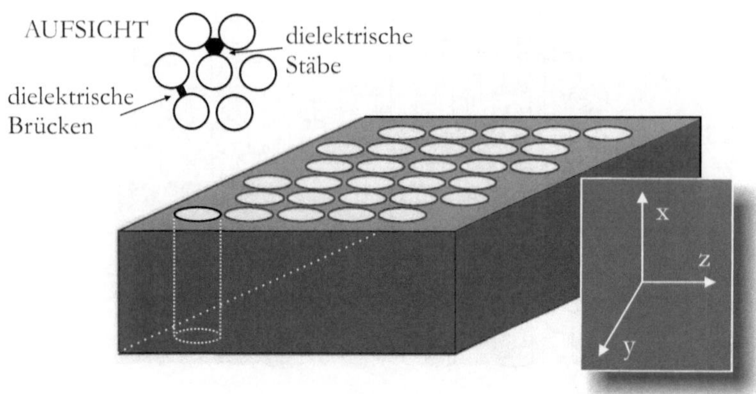

Abbildung 9.16.: Skizze zu zweidimensionalen photonischen Kristallen, im Beispiel niedrigbrechende zylindrische Löcher in höherbrechender Umgebung nach [JOA 95]

- Dielektrische Strukturen in einer Luft-Umgebung führen zu Bandlücken (auch über alle Einfallsrichtungen) für die TM-Polarisation, nicht aber für die TE-Polarisation.

- Verbundene dielektrische Strukturen mit Luft dazwischen führen zu Bandlücken für die TE-Polarisation, nicht aber für die TM-Polarisation.

- Eine vollständige Bandlücke (für beide Polarisations- und alle Einfallsrichtungen) kann zum Beispiel realisiert werden, wenn eine hexagonale Anordnung von senkrechten „Luft-Stäben" erzeugt wird, wie in Abb. 9.16 nach [JOA 95] skizziert. Die dielektrischen Brücken zwischen je zwei Luft-Stäben sind dabei sehr dünn und können als dielektrische Verbindungen begriffen werden; sie sorgen für eine TE-Bandlücke. Die im Querschnitt etwa dreieckig geformten dielektrischen Stäbe zwischen je drei Luft-Stäben (Luft-Umgebung) sorgen für die TM-Bandlücke.

Dreidimensionale photonische Kristalle

In drei Dimensionen ist es noch schwieriger, einen photonischen Kristall mit vollständiger Bandlücke herzustellen. Drei Strukturen werden immer wieder diskutiert:
- „Luftkugeln", an den Orten eines Diamant-Punktgitters positioniert - die Luftkugel-Diamant-Struktur in dielektrischer Umgebung ist praktisch nicht zu realisieren,
- eine so genannte „Holzstapel-Struktur" ('woodpile crystal') mit aufeinander gestapelten dielektrischen Stäben, wobei die Stäbe der geradzahligen Schichten quer zu den Stäben in den ungeradzahligen Schichten angeordnet sind,
- Yablonovite, nach ihrem Erfinder Eli Yablonovitch genannt [YAB 87]. Yablonovite sehen in der Aufsicht so aus, wie in Abb. 9.16 für zweidimensionale photonische Kristalle zu sehen. Doch jetzt sind die gezeichneten Kreise nur die Eintrittsfacetten schräger langer Löcher. Durch jede lochförmige Öffnung müssen „gedanklich" drei lange Löcher „ge-

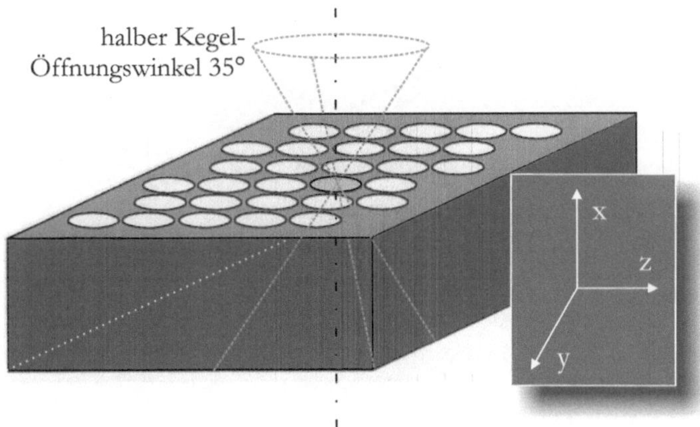

Abbildung 9.17.: Skizze zur Konstruktion eines Yaboloviten als einem dreidimensionalen photonischen Kristall nach [JOA 95]

bohrt" werden - mit einem Bohrer, der jeweils 35° schräg zur Zylindersymmetrieachse steht. Und die drei Ebenen aus der genannten Achse und jeweils einem langen Loch sind um 120° in der Ebene der Aufsicht gegeneinander verdreht. Dies ist in Abb. 9.17 nach [JOA 95] dargestellt. Solche Strukturen wurden nicht nur gedanklich, sondern tatsächlich mit einem Bohrer hergestellt - allerdings als „photonischer" Kristall für Mikrowellen und damit deutlich größere Wellenlängen als im sichtbaren Spektralbereich.

Eine einfacher zu realisierende Struktur ist die 'woodpile'-Struktur nach Abb. 9.18. Sie wurde von Wegener et alii [DEU 04, TET 06, HER 07] für den sichtbaren Spektralbereich realisiert. Je nach der Gitterkonstante a reflektiert die Struktur eine andere Wellenlänge. Mit sichtbarem Licht (statt Röntgen- oder Elektronenstrahlung) kann eine Kristallstrukturanalyse durchgeführt werden. - Die Herstellung von photonischen Kristallen für den sichtbaren oder nahinfraroten Spektralbereich kann zum Beispiel über ein Verfahren namens 'direct laser writing' (DLW, 3D-Laserschreiben)[7] erfolgen.

---

[7]DLW: Zunächst wird die gewünschte Struktur in einen geeigneten Fotoresist durch Belichtung und Entwicklung eingeschrieben. Dazu kann zum Beispiel ein stark fokussierter hochintensiver Laserstrahl dienen, dessen Wellenlänge nicht absorbiert wird, aber dessen halbe Wellenlänge (doppelte Frequenz und doppelte Photonenenergie) zu einer Absorption führt. Zweiphotonenabsorption ist ein nichtlinear-optischer Prozess bei hohen Lichtfeldstärken, bei dem der Übergang des Elektrons auf das höhere Niveau durch zwei zusammenwirkende Photonen initiiert wird. Anschaulich (aber nicht wirklich richtig) könnte man sagen, dass erst ein Übergang mit dem ersten Photon auf ein virtuelles Zwischenniveau vollzogen wird, von dem dann ein weiterer Übergang auf das Anregungsniveau durch das zweite Photon vollzogen wird. Da diese Zweiphotonenabsorption nur bei hohen Lichtfeldstärken funktioniert, kann die Fokussierungsauflösung inhärent verbessert werden. - Die entwickelte Fotoresist-Struktur ist aber noch nicht für die Anwendung geeignet, weil der Brechzahlsprung von Luft ($n_{Luft} \approx 1$) auf den Fotoresist ($n_{Fotoresist} \approx 1,5$) für photonische Bandlücken nicht ausreicht,

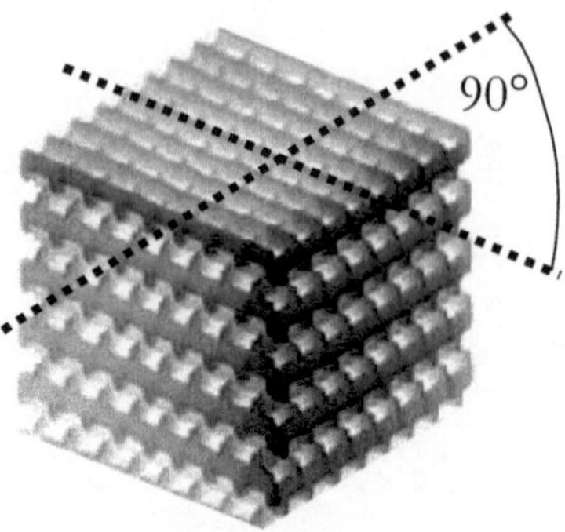

Abbildung 9.18.: Schema der 'woodpile'-Struktur als einem dreidimensionalen photonischen Kristall nach [HER 07]

9.3.3. PC-Wellenleitung

In Festkörperkristalle können Dotierstoffatome eingebaut werden, was insbesondere in Halbleitern genutzt wird, um deren elektrische Leitfähigkeit um Größenordnungen verändern und einstellen zu können. Die elektronischen Energiezustände geeigneter Dotierstoffatome liegen zum Teil innerhalb der Bandlücke des Wirtskristalls. - Analog können in photonische Kristalle absichtlich „Störungen" eingebaut werden. Sollen erlaubte Wellen innerhalb der photonischen Bandlücke erzeugt werden, müssen Defekte im photonischen Kristall vorgesehen werden. Zum Beispiel könnte im zweidimensionalen Fall, der in Abb. 9.15 skizziert ist, eine Reihe von dielektrischen Stäben auf einer Linie weggelassen werden. Oder im Fall Abb. 9.16 könnte eine Reihe von Löchern auf einer Linie entfallen, wie in Abb. 9.19 in Aufsicht skizziert. Dadurch entsteht eine Wellenleiterstruktur mit Wellenführung in der Ebene senkrecht zu der Ausrichtung der Löcher. Denn die Welle ist nur im Bereich der Defektlinie ausbreitungsfähig, nicht aber seitlich davon. In der anderen Querschnittsdimension kann es sich durchaus um einen üblichen geschichteten Totalreflexions-Wellenleiter handeln. Insgesamt könnte es sich aber auch um einen dreidimensionalen photonischen Kristall handeln, in den entsprechende Störungen eingebracht werden. Wenn die Linie der „Störungen" des photonischen Kristalls einen engen Knick

---

die genügend weit sind, um für (potenzielle) praktische Anwendungen zu taugen. Ein Übergang von Luft auf einen Halbleiter (etwa Si mit $n_{Si} \approx 3,5$) ist sinnvoll. Dies wird beim DLW über einen zweistufigen Prozess realisiert. Die Leerräume in dem bereits existierenden photonischen Kristall aus belichtetem und entwickeltem Fotoresist werden durch chemische Gasphasenabscheidung ('chemical vapor deposition', CVD) mit SiO_2 aufgefüllt. Dann wird die Oberseite der Struktur durch Trockenätzen abgetragen, um den Fotoresist an der Oberfläche freizulegen und für einen weiteren Trockenätzschritt mit geeigneter chemischer Ätzgaskomponente zugänglich zu machen. Nach diesem zweiten Trockenätzschritt liegt die inverse Struktur in SiO_2 vor, invers zur ursprünglichen Fotoresist-Struktur. Dann wird erneut eine chemische Gasphasenabscheidung gefahren, durch die Si in die Leerräume eingebracht wird. Schließlich erfolgt analog wie vorher die Entfernung des SiO_2. Übrig bleibt eine Si-Struktur, die der ursprünglichen Fotoresist-Struktur gleicht.

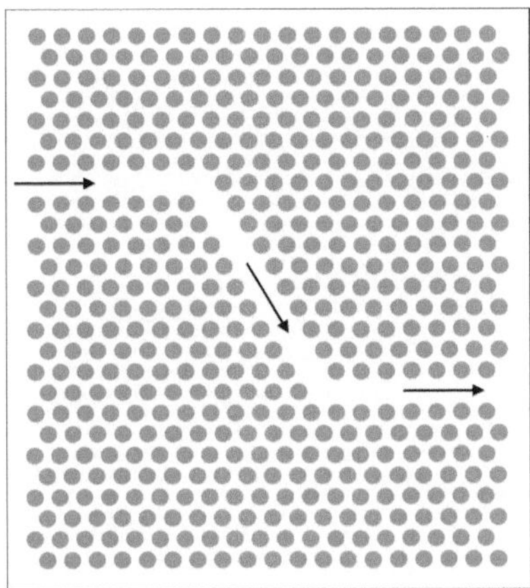

Abbildung 9.19.: Skizze eines zweidimensionalen photonischen Kristalls in Aufsicht mit seitlicher Wellenführung

beschreibt, sollte die Welle verlustfrei umgelenkt werden können, da sie ja den erlaubten Pfad nicht verlassen darf. In der Praxis gibt es einige Gründe (zum Beispiel Unregelmäßigkeiten in den Lochabständen), warum dies doch nicht völlig verlustfrei geschieht.

Ein wichtiger Grund, photonische Kristalle auch in Halbleiterlasern einzusetzen, ist die Unterdrückung der Spontanemission in „nicht erlaubte" Richtungen und in vielen Wellenlängen. Denn in Kap. 7 wurde erläutert, dass Spontanemission von Photonen geeigneter Energie zwar zum „Starten" des Lasers benötigt wird, aber dann im Wesentlichen einen Verlustmechanismus darstellt, der die Inversion zu Ungunsten der stimulierten Emission abbaut. Und diese Spontanemission findet in alle Raumrichtungen statt und trägt im Betrieb des Lasers nur wenig zur Anfachung der stimulierten Emission bei. Dafür führt Spontanemission zu einem Intensitätsrauschen, das für viele Anwendungen stört. Wenn Spontanemission wegen des photonischen Kristalls kaum noch stattfinden kann, wird die Inversion sehr viel effizienter genutzt.

10. Technologie

Die Darstellung in diesem Kapitel beginnt an einem Punkt, an dem gedanklich bereits 'wafer', das heißt käuflich erwerbbare Substrate vorliegen. Die Herstellung dieser Wafer aus Mineralien der Erdkruste (bei GaAs zum Beispiel Ga aus Bauxit-Verunreinigungen, As aus Kupferkies-Verunreinigungen) soll nicht ausführlich Gegenstand des Buchs sein. Sie beinhaltet im Wesentlichen

- ein Aufbrechen der chemischen Verbindung, in der das gewünschte Element (zum Beispiel Ga oder As) eingeschlossen ist,
- das Zusammenbringen der vorgesehenen Elemente (zum Beispiel Ga und As) in einer binären Verbindung,
- das wiederholte Aufreinigen (durch zonenweises Aufschmelzen und Rekristallisation) des Materials bis hin zu einer hochreinen polykristallinen Probe,
- das erneute Aufschmelzen und Rekristallisieren des Materials unter Verwendung eines einkristallinen Keimkristalls, was zu hochreinem einkristallinen[1] Material führt,
- das Heraussägen und Polieren der Wafer aus der einkristallinen Materialprobe.

Alle diese Aspekte werden zum Beispiel in [BEN 91] ausführlich erläutert.

Unter Technologie werden im Zusammenhang mit der integrierten Optoelektronik alle Methoden zur Herstellung von Bauelementen verstanden. Dabei lassen sich zwei Richtungen unterscheiden: die Vertikal-/Lateralstrukturierung in x-Richtung, mit der die für die speziellen Anwendungen erforderlichen Schichtenfolgen hergestellt werden, und die Horizontal-/Transversalstrukturierung in y-Richtung, mit der die Bauelemente in seitlicher Richtung ihre Form erhalten (zum Beispiel eine Wellenleiterrippe).

10.1. Epitaxie (Vertikalstukturierung)

Für viele integriert-optoelektronische Bauelemente ist für jede einzelne Schicht der Schichtenfolge ein einkristallines Wachstum erforderlich. Nur so können die elektrischen und optischen Parameter der Schichten und des gesamten Bauelements gezielt eingestellt werden. Solche einkristallinen Schichten können mit herkömmlichen Beschichtungsverfahren, wie Aufdampfen und Aufsputtern, nicht erzeugt werden. Den Ausweg bieten Epitaxieverfahren, bei denen quasi Atomlage für Atomlage auf dem Untergrund „aufgewachsen" wird. Dazu ist eine sehr genaue Kontrolle des Stroms der aufzubringenden Teilchen erforderlich. Im Wesentlichen werden noch die Molekularstrahlepitaxie ('molecular beam epitaxy', MBE) und die metallorganische Gasphasenepitaxie ('metal organic chemical vapor deposition', MOCVD, oder synonym 'metal organic vapor phase epitaxy', MOVPE) verwendet. Hier soll nur MBE exemplarisch behandelt werden.

---

[1] „einkristallin" bedeutet hier „kristallin mit sehr geringer Versetzungsdichte"

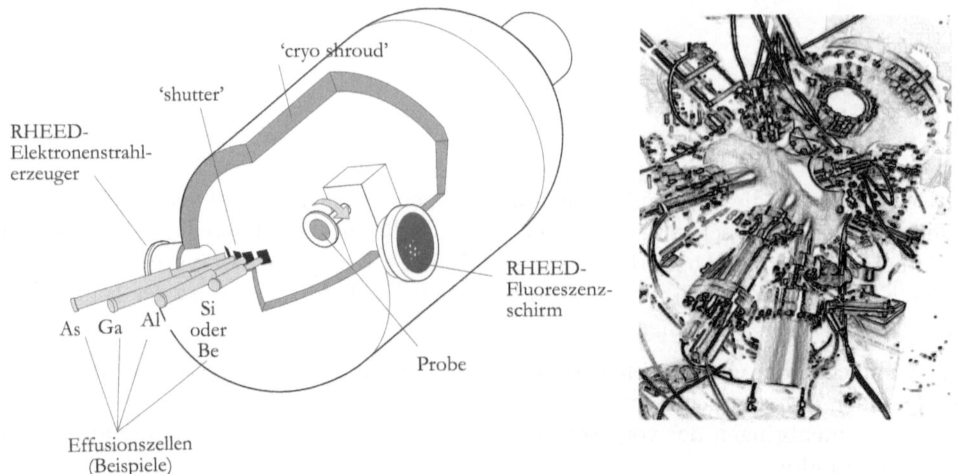

Abbildung 10.1.: Prinzipieller Aufbau einer Molekularstrahlepitaxie-Anlage (links) und Außenansicht (rechts, aus Spaß an der Raumfrequenzfilterung hochpassgefiltertes Foto einer Anlage der Firma DCA Instruments (Turku, Finnland)). Die Beschreibung erfolgt im Text

10.1.1. Molekularstrahlepitaxie mit Elektronenbeugung

Die Molekularstrahlepitaxie ist ein spezielles Aufdampfverfahren, das im Ultrahochvakuum durchgeführt wird. Das System aus Substrat und aufgedampften Quellmaterialien ist nicht im thermodynamischen Gleichgewicht. Der Teilchenstrom wird so gering eingestellt, dass nur etwa eine Atomlage oder sogar weniger pro Sekunde gewachsen wird.

In Abb. 10.1 ist der prinzipielle Aufbau einer MBE-Anlage skizziert. Mit Ausrichtung auf das Substrat sind in der Wandung der Wachstumskammer verschiedene Öfen, so genannte Effusionszellen, angebracht, in denen Tiegel mit den Quellmaterialien aufgeheizt werden (bei dem Beispiel des AlGaAs-Systems Al, Ga und As sowie Si oder Be für Dotierungen), bis diese verdampfen und sich Teilchenstrahlen in Richtung auf das Substrat bewegen. Die Flüsse können über Verschlüsse ('shutter'), die sich jeweils vor den Öfen befinden, an- oder ausgestellt werden. Die Stärke der Teilchenströme wird über die Ofentemperaturen gesteuert. Das Ultrahochvakuum ist erforderlich, damit die Teilchenstrahlen möglichst ungestreut auf das Substrat einfallen und sich auch möglichst keine unerwünschten Fremdatome auf dem Substrat niederlassen können. Das Wachstum geschieht so langsam, dass als für das Wachstum bestimmende Prozesse
- die Adsorption der Teilchen am Untergrund,
- Desorption,
- Migration auf der Oberfläche und
- die chemische Bindung mit den bereits aufgewachsenen Teilchen

eine Rolle spielen. Im Extremfall ist es möglich, nach jeder Atomlage eine andere Zusammensetzung zu wählen; in diesem Spezialfall der Molekularstrahlepitaxie ist von Atomlagenepitaxie ('atomic layer epitaxy', ALE) die Rede.

Über RHEED ('reflection high energy electron diffraction') als In-situ-Methode zur Kontrolle des epitaktischen Schichtwachstums wurde schon in Abschnitt 4.3.5 berichtet.

10.1.2. Kritische epitaktische Schichtdicke

Kristalline III-V-Halbleiter kommen oft in der kubischen Zinkblende-Struktur vor. Eine für den Halbleiterkristall charakteristische Größe ist dessen Gitterkonstante a. Diese liegt zwischen 0,565 nm für Galliumarsenid (GaAs) und 0,648 nm für Indiumantimonid (InSb). Alternativ wird zur Angabe von Schichtdicken auch der Begriff der Monolage (ML) (= 1 Atomdoppellage) verwendet. Eine Monolage (Atomdoppellage) bezeichnet den Abstand $d_{ML} = a/2$ zwischen benachbarten gleichartigen Atomen. Bei III-V-Halbleitern entspricht dies dem Abstand zwischen einer Ebene Gruppe III-Atome und der nächstfolgenden Ebene Gruppe III-Atome.

Werden zwei Halbleitermaterialien unterschiedlicher Gitterkonstante epitaktisch aufeinander gewachsen, entstehen Gitterverspannungen. Die Gitterkonstante der gewachsenen Schicht in der Schichtebene passt sich in Grenzen zunächst elastisch an die des Substrats an. Man spricht dabei von pseudomorphem Wachstum. Die epitaktische Schicht wächst zugverspannt auf das Substrat auf, wenn die natürliche/intrinsische Gitterkonstante a_L der Schicht kleiner als die Gitterkonstante a_S des Substrats ist. Im umgekehrten Fall ($a_L > a_S$) wächst die Schicht unter Druckverspannung. Mit der Gitterkonstanten des Substrats (a_S) und der der aufzuwachsenen Schicht (a_L) ist die Gitterfehlanpassung ('lattice mismatch') folgendermaßen definiert (siehe auch Unterkapitel 4.3 und 7.6):

$$\frac{\Delta a}{a_S} = \frac{a_L - a_S}{a_S}. \tag{10.1}$$

Sie führt, wenn die Schicht mit der horizontalen (Symbol $\parallel$) Gitterkonstanten des Substrats (also pseudomorph) aufwächst, zu mechanischen Verspannungen [WAL 89].

Mit zunehmender Dicke pseudomorph verspannter Schichten wächst die Verspannungsenergie an. Um ihre innere Spannung zu lösen, relaxiert die Schicht durch Bildung von Versetzungen (plastische Verformung). Ein einkristallines Wachstum der Schicht ist nicht mehr möglich. Die so genannte kritische Schichtdicke gibt die Dicke an, ab der Relaxation auftritt. Sie beträgt zum Beispiel für InAs auf GaSb-Substrat etwa 40 nm. Je größer die Gitterfehlanpassung, desto kleiner ist die kritische Schichtdicke. Durch Verspannungen ändern sich auch andere Materialeigenschaften, zum Beispiel können Verspannungen zur Aufhebung der im unverspannten Zustand gegebenen Entartung einzelner Energieniveaus im $\vec{k}$-Raum führen (siehe Unterkapitel 7.6). Dies gilt es bei der Konzeption von Halbleiterlasern zu berücksichtigen.

Um Gitterverspannungen beim epitaktischen Wachstum zu minimieren, werden entweder verspannungskompensierende/-kompensierte Schichten gewachsen (wobei eine Schicht mit nomineller Zugverspannung von einer folgenden Schicht mit Druckverspannung ausgeglichen wird oder umgekehrt) oder gitterangepasste Schichten. Letzterer Fall wird mittels Variation der Materialanteile in einem ternären, quaternären oder quinternären Mischungshalbleiter erreicht, wodurch sich dessen Gitterkonstante ändert und so an die des Untergrunds angeglichen werden kann. Die Gitterkonstanten ternärer Halbleiter, bestehend aus den Materialien a', b' und c', lassen sich nach dem Vegardschen Gesetz [EBE 92] durch lineare Interpolation der Gitterkonstanten der binären Komponenten gewinnen:

$$a_{a'_x b'_{1-x} c'}(x) = x a_{a'c'} + (1-x) a_{b'c'}, \tag{10.2}$$

$$a_{a'b'_y c'_{1-y}}(y) = y a_{a'b'} + (1-y) a_{a'c'}. \tag{10.3}$$

Zur Berechnung der kritischen (das heißt maximalen) Schichtdicke (ab der Gitterrelaxation stattfindet) existieren verschiedene Modelle. Für das Modell von Matthews und Blakeslee (Index $_{MB}$) [MAT 74/75] wird angenommen, dass sich Spannungen über bereits existierende Versetzungslinien, die zumeist Schraubenversetzungen sind, im Kristall abbauen. Für die kritische Schichtdicke d_{krit} lässt sich durch Betrachtung der auf Versetzungslinien wirkenden Kräfte eine *implizite* Formel herleiten [HER 08]:

$$d_{krit,MB} = \frac{a_S(1 - \frac{\mu}{4})}{4\pi\sqrt{2}\,\frac{\Delta a}{a_S}(1+\mu)} \cdot \left[\ln\left(\frac{\sqrt{2} \cdot d_{krit,MB}}{a_S}\right) + 1\right] \tag{10.4}$$

mit der Poisson-Zahl μ, wobei für kubische Gitter gilt:

$$\mu = \frac{C_{12}}{C_{11} + C_{12}} \approx \frac{1}{3}. \tag{10.5}$$

C_{11} und C_{12} bezeichnen die Elastizitätsmodule der Schicht (mechanische Spannungen längs der Hauptachse $_1$ als Folge von und geteilt durch Dehnungen entlang der Hauptachse $_1$ beziehungsweise $_2$). Andere Modelle zur Berechnung der kritischen Schichtdicke beruhen auf dem Prinzip der Minimierung der inneren Energie im Kristall. So wird beim Modell von People und Bean (Index $_{PB}$) [PEO 85] die Energie, die zur Versetzungsbildung gebraucht wird, mit der Absenkung der Energie, die mit dem Verspannungsabbau durch Versetzungsbildung einhergeht, verglichen. Auch hierfür ergibt sich eine *implizite* Formel [HER 08]:

$$d_{krit,PB} = \frac{a_S(1-\mu)}{32\pi\sqrt{2}\left(\frac{\Delta a}{a_S}\right)^2(1+\mu)} \cdot \ln\left(\frac{\sqrt{2} \cdot d_{krit,PB}}{a_S}\right). \tag{10.6}$$

Das Modell von Matthews und Blakeslee sagt für kleine bis mittlere Gitterfehlanpassungen die kleinsten kritischen Schichtdicken voraus: für Gitterfehlanpassung von mehr als 2% sinkt die kritische Schichtdicke bereits unter 10 nm. In der Praxis können zwar auch dickere Schichten gewachsen werden; das Modell von Matthews und Blakeslee wird aber gerne als 'worst case'-Abschätzung verwendet.

10.1.3. Reflexionsanisotropie-Spektroskopie

Die Reflektivitätsanisotropie-Spektroskopie ('reflectance anisotropy/difference spectroscopy', RAS/RDS) hat sich seit ihrer Einführung [SHA 66, BER 85, ASP 85, ASP 88] zu einer hilfreichen, oberflächenempfindlichen optischen Methode zur In-situ-Kontrolle des epitaktischen Wachstums entwickelt. Bei RAS wird die Differenz der Intensitäts-Reflektivitäten für Polarisationsrichtungen entlang der Kristallachsen an der Oberfläche gemessen und mit der mittleren Reflektivität normiert. Beispielsweise für eine (001)-Oberfläche mit den [$\bar{1}$10]- und [110]-Richtungen als Kristallachsen in der Oberfläche ergibt sich folgendes RAS-Signal als Messgröße:

$$\frac{\Delta \mathcal{R}}{<\mathcal{R}>} = \frac{\mathcal{R}_{[\bar{1}10]} - \mathcal{R}_{[110]}}{<\mathcal{R}>}, \tag{10.7}$$

wobei $<\mathcal{R}>$ den Mittelwert der Reflektivität über beide Polarisationsrichtungen angibt. Für die Epitaxie-Praxis ist dabei nicht wichtig, welche physikalische Ursache (elektronische Zustände und Wechselwirkungen mit Phononen, ...) die RAS-Peaks haben, sondern vielmehr, dass das RAS-Spektrum für bestimmte Wachstumssituationen typisch und reproduzierbar ist. Die Empfindlichkeit des Verfahrens für die Größe $\Delta \mathcal{R}/<\mathcal{R}>$ liegt bei $5 \cdot 10^{-5}$. - Abbildung 10.2 gibt eine Prinzipskizze einer RAS-Anordnung wieder (nicht alle Optiken sind eingezeichnet); die Abkürzungen sind in der Bildunterschrift erklärt. Der zusätzliche sphärische Spiegel wird eingesetzt, um den Strahl auch im Fall eines bei seiner Rotation um die Symmetrieachse taumelnden Substrats wieder in dem einfallenden Strahl zurückzuführen. Dieser zusätzliche Spiegel befindet sich im RAS-Gerät außerhalb der Wachstumskammer. - Abbildung 10.3 zeigt einen so genannten 'color plot' (hier grau codiert), das heißt den zeitlichen Verlauf des $\Delta \mathcal{R}/<\mathcal{R}>$-Signals über der Wellenlänge beim Wachstum einer komplexen Halbleiterlaser-Schichtenfolge mit zehn Quantenfilmen. Die Farb- beziehungsweise Grauwertkodierung steht für verschiedene Intensitäten. Der Verlauf des Signals ist bei gleichen Wachstumsbedingungen völlig reproduzierbar; das macht den Wert des RAS-Verfahrens als In-situ-Wachstumskontrollmethode aus.

Einerseits kann RAS *aufbautechnisch* als Spezialfall der Ellipsometrie für nahezu senkrechten Lichteinfall verstanden werden. (Für die Praxis der In-situ-Epitaxie-Kontrolle hat dieser oberflächennormale Lichteinfall den Vorteil, dass nur ein Flansch der Wachstumskammer belegt wird.) Andererseits wird durch den nahezu senkrechten Einfall (der Winkel wird in Abb. 10.2 übertrieben) für eine atomar glatte Oberfläche die ellipsometrische Information willentlich unterdrückt; denn bei fast senkrechtem Einfall und isotropem Material wird die Unterscheidung nach den beiden Polarisationsrichtungen nahezu aufgehoben. Temporäre und lokale Anisotropien an der Wachstumsoberfläche und damit das epitaktische Wachstum selbst sollen charakterisiert werden. Diese Anisotropien infolge von Inselbildung auf der Wachstumsoberfläche brechen die Symmetrie zwischen den Polarisationsrichtungen.

Die Verwendung einer sehr breitbandigen Lichtquelle (oft eine Xenon-Lampe mit einem Emissionsspektrum zwischen 1,5 und 4,5 eV Photonenenergie) ermöglicht die Untersuchung zum einen von Schichteigenschaften oder zum anderen umgekehrt von oberflächenspezifischen Resonanzen (letzteres bei großen Photonenenergien, das heißt bei

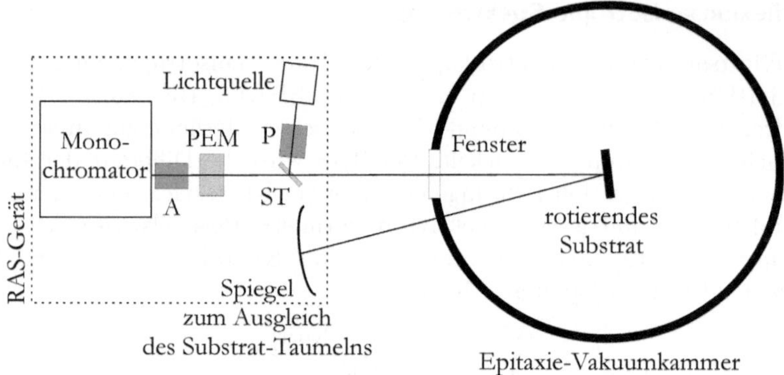

Abbildung 10.2.: Prinzipskizze einer RAS-Anordnung. P: Polarisator, ST: Strahlteiler, PEM: photoelastischer Modulator, A: Analysator

kleiner Wellenlänge und kleiner Eindringtiefe). Die oberflächenempfindlichsten Messungen werden im Zusammenhang mit typischen Halbleitern bei Photonenenergien von 4,0 bis 4,5 eV durchgeführt, wenn die $1/e^2$-Intensitäts-Eindringtiefen 5 bis 10 nm betragen.

Mit Hilfe des Polarisators wird die Polarisationsrichtung des einfallenden Lichts so eingestellt, dass sie einen 45°-Winkel zu beiden Haupt-Kristallachsen in der Oberflächenebene - in diesem Beispiel sowohl zur [$\bar{1}$10]- als auch zur [110]-Richtung - einschließt; denn hier ist das RAS-Signal maximal. Nach Reflexion an der Wachstumsoberfläche durchläuft das Licht einen photoelastischen Modulator, der in der Ausgangsstellung keine Drehung der Polarisationsrichtung vornimmt, bei geeigneter Ansteuerung aber die Polarisationsrichtung um 90° dreht - als eine ein- und ausschaltbare $\lambda/2$-Platte. Der Modulator wird mit einer Frequenz (50 kHz) deutlich über der Rotationsfrequenz ($\approx$1 Hz) des Substrats getaktet. Durch den Analysator, der im Vergleich zum Polarisator unter 45° durchlässt, kann eine bestimmte Polarisationsrichtung detektiert werden (bei Nullstellung des photoelastischen Modulators in diesem Beispiel die Polarisationsrichtung entlang der [110]-Kristallachse). Mit getaktetem Modulator und Analysator zusammen können in hoher Wiederholrate die Reflektivitäten in beiden Polarisationsrichtungen detektiert werden. Durch die Verwendung fest eingestellter Polarisatoren und des Modulators ist der Aufbau mechanisch sehr stabil.

RAS-Messungen haben ihre Eignung und Sensitivität in vieler Hinsicht belegt, *zum Beispiel* für die Kontrolle oder Messung ...

- der Atombelegungsmuster („Rekonstruktionen") der Wachstumsoberfläche,
- von Adsorbaten und Monolagen-Bedeckungen,
- der Dotierstoff-Konzentrationen,
- des Wachstums von komplizierten Folgen sehr dünner Schichten (zum Beispiel Übergittern; siehe Unterkapitel 13.6) - ähnlich wie bei RHEED-Oszillationen.

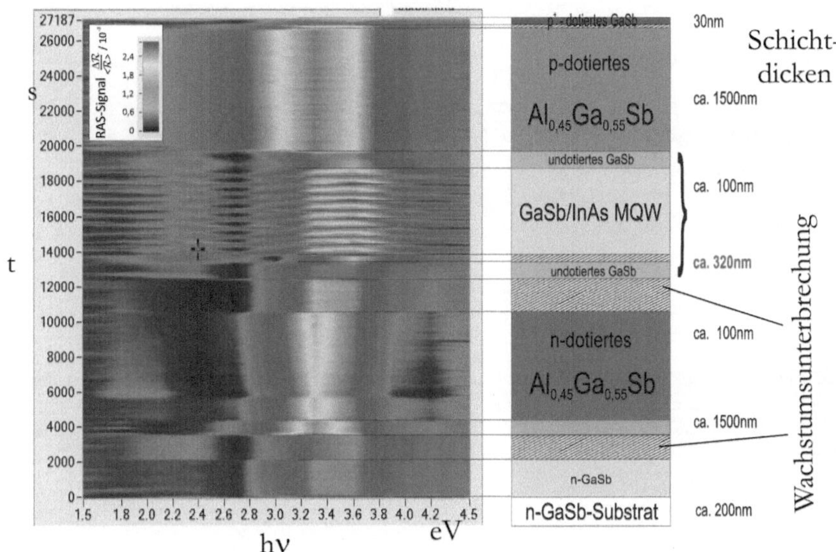

Abbildung 10.3.: So genannter RAS-'color plot' eines RAS-Systems der Firma LayTec (Berlin, Deutschland), hier in Grauwerten codiert. Ein 'color plot' beinhaltet die Auftragung des RAS-Signals $\Delta\mathcal{R}/ <\mathcal{R}>$ über der Photonenenergie $h\nu$ (RAS-Spektrum) im zeitlichen Verlauf, wobei die Zeit t in der Auftragung nach oben fortschreitet. Dieser Plot entstand während des Wachstums einer komplizierten Antimonid-Laser-Schichtenfolge mit einer Anzahl von Quantenfilmen. Der farbige 'color plot' findet sich im Internet unter http://www.viewegteubner.de/Privatkunden/OnlinePLUS.html

10.2. Lithografie (Transversalstrukturierung)

10.2.1. Fotolithografie

Das epitaktische Schichtenwachstum ist nur der erste Schritt der Herstellung integriert-optoelektronischer Bauelemente. Neben dieser Vertikal-/Lateralstrukturierung in x-Richtung ist die Horizontal-/Transversalstrukturierung in y-Richtung zur Herstellung von sinnvollen Bauelementen ebenso wichtig. So müssen zum Beispiel zur Herstellung integriert-optischer Wellenleiter gegebenenfalls Rippen in die Struktur eingeätzt werden, durch die - wie in Abschnitt 9.1.3 erläutert wird - eine seitliche Führung der Lichtwellen ermöglicht wird. Da durch diese Verfahren eine Struktur in die Schichten „eingeschrieben" wird, ist von Lithografie die Rede.

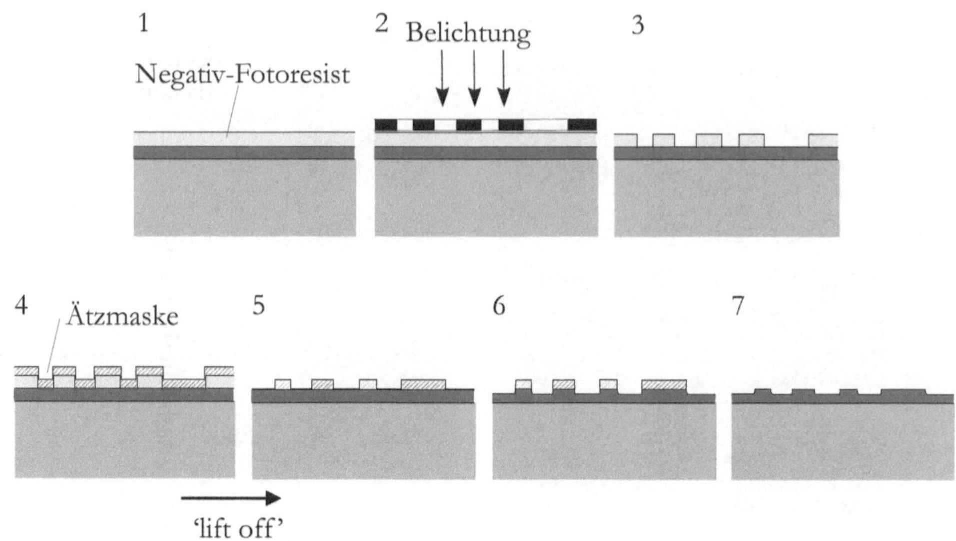

Abbildung 10.4.: Fotolithografische Herstellung von Rippenwellenleitern im 'lift off'-Verfahren, bei dem ein Negativ-Fotoresist verwendet wird

Verschiedene Klassen werden unterschieden - je nachdem, wie die Struktur in eine Schicht eingebracht wird, die dann als Maske für das Ätzen, eine Bedampfung oder Ähnliches dient. Wird zum Einprägen der Struktur in einen Ultraviolett (UV)-empfindlichen Lack, einen so genannten Fotoresist, Licht verwendet, wird von Fotolithografie gesprochen, deren Auflösung durch die verwendeten Lichtwellenlängen begrenzt ist.

Um im Prinzip größere Genauigkeiten und schärfere Strukturkanten erzielen zu können, werden heute auch oft Ionen- oder Elektronenstrahlen verwendet, wobei dann von Ionenstrahl- beziehungsweise Elektronenstrahllithografie die Rede ist. Neben der potenziell größeren Genauigkeit haben diese Verfahren auch den Vorteil, „schreibend" eingesetzt werden zu können. Das heißt, ein fokussierter Strahl dieser geladenen Teilchen, kann gezielt über die Oberfläche der Probe bewegt werden und direkt ohne Einsatz zusätzlicher Masken eine Struktur in den Fotoresist einschreiben. Im Fall geeigneter Ionen kann der Strahl direkt Strukturen in die Halbleiterschichtenfolge einbringen. Dieser Vorteil des Verfahrens ist aber auch ein großer Nachteil. Jedes schreibende Verfahren ist langsam und daher teuer in der Anwendung.

In Abb. 10.4 wird, stellvertretend für viele andere Lateralstrukturierungsmaßnahmen, die fotolithografische Herstellung einer Rippenwellenleiterstruktur mit Hilfe des so genannten 'lift off'-Verfahrens gezeigt. Auf das mit einer Halbleiterschichtenfolge überwachsene Substrat wird Fotoresist mittels Schleuderbeschichtung ('spin coating') aufgebracht (1). Dazu wird der Resist auf das Substrat aufgetropft, das dann in schnelle Drehung versetzt wird. Die Zentrifugalkräfte sorgen für eine gleichmäßige Verteilung des Fotoresists (mit

Ausnahme des Bereichs der Substratränder, wo sich der Resist aufwölbt). Der Resist wird getrocknet (das Lösungsmittel verdampft) und dadurch fest. Eine Glasplatte mit einer strukturierten Chrom-Beschichtung wird auf die Resistschicht gedrückt und dient während der anschließenden Belichtung mit UV-Licht als Belichtungsmaske (2). Die Chrom-Maske muss natürlich die gewünschten transversalen Strukturen bereits enthalten. Bei Verwendung von „positivem" Fotoresist werden die belichteten Stellen während des anschließenden Entwicklungsvorgangs weggeätzt. Bei „negativem" Resist (wie hier) ist die Situation umgekehrt. Die Strukturen der Chrom-Maske müssen in diesem Fall komplementär sein. Die so entwickelte Reststruktur (3) mit ihren Erhebungen und „Fenstern", die das Halbleitermaterial offenlegen, fungiert im nächsten Herstellungsschritt als Maske für eine Bedampfung zum Beispiel mit einer Ti-Au-Al$_2$O$_3$-Schicht (4). Diese Schicht soll später als Ätzmaske dienen. Zwar könnte auch der Resist selbst (in seiner komplementären Struktur) als Ätzmaske fungieren. Für manche Ätzlösungen und insbesondere für tiefe Ätzungen erweisen sich Fotoresiste ('soft masks') aber als nicht widerstandsfähig genug, so dass beispielsweise auf metallische Schichten ('hard masks') als Ätzmasken zurückgegriffen wird. Im nächsten Schritt wird der Resist gelöst und damit weggeätzt (5). Weil dabei die darüber liegenden Teile der Ätzmaskenschicht abgehoben werden, hat sich für den gesamten Prozess die Bezeichnung 'lift off' eingebürgert. Übrig bleibt die Ätzmaskenschicht in den Bereichen, wo die Fotoresistschicht ihre Fenster besaß. Danach folgt der eigentliche Ätzvorgang (6). Dazu kann entweder eine Nassätztechnik eingesetzt werden, bei der die Probe in eine ätzende Chemikalie getaucht wird. Oder aber die Probe wird in eine Vakuumkammer eingebracht und dort einem Plasma ausgesetzt; der Ionenbeschuss führt zum Ätzabtrag; dabei wird von Trockenätzen gesprochen. Dem Plasmagas kann eine chemisch abtragende (reaktive) Gaskomponente beigefügt sein ($\rightarrow$ Reaktivionenätzanlage, RIE).[2] Schließlich muss noch die Ätzmaskenschicht mit einer anderen Ätzlöung entfernt werden, so dass als Endergebnis die gewünschte Struktur mehrerer Rippenwellenleiter (senkrecht in die Zeichenebene hinein weisend) bestehen bleibt (7).

10.2.2. Bemerkungen zur Elektronenstrahllithografie

In Unterkapitel 3.3 wurde das beugungsbegrenzte Auflösungsvermögen behandelt. Der Minimalradius einer Strahltaille stellt gleichzeitig ein Maß für die beste Auflösung bei einer Abbildung/Fokussierung dar:

$$R_{min} \approx 1,22 \cdot \frac{f\lambda}{\hat{D}}, \tag{10.8}$$

wobei f die Brennweite der Linse oder des Objektivs zur Fokussierung und $\hat{D}$ den Durchmesser der *beleuchteten* Objektivöffnung angibt. Das Auflösungsvermögen kann also verbessert, der Radius R_{min} verkleinert werden, wenn die Wellenlänge reduziert wird. Wegen des Welle-Teilchen-Dualismus können auch Gebilde, denen man zunächst einmal einen

---

[2]Nassätzen führt bei nicht-kristallinen Materialien auf Grund eines isotropen Ätzangriffs zu runden Ätzflanken. Trockenätzen kann bei geeigneter Prozessoptimierung senkrechte Ätzflanken ergeben.

Teilchencharakter zuordnen möchte, als Wellen verstanden werden, so dass ihnen auch eine Wellenlänge, die de Broglie-Wellenlänge zugeordnet werden kann:

$$\lambda_{deBroglie} = \frac{h}{m_T \cdot v_T} \tag{10.9}$$

mit dem Planckschen Wirkungsquantum h, der Teilchenmasse m_T und der Teilchengeschwindigkeit v_T. Die Wellenlänge der Teilchen ist also auch von der Teilchengeschwindigkeit abhängig. Bei typischen kinetischen Elektronenenergien $\frac{1}{2}m_T v_T^2$ um 1 k eV bewegt sich die de Broglie-Wellenlänge um 0,04 nm. Diese Überlegung ist der Grundgedanke der Elektronenstrahllithografie, wobei spezielle Kondensator- und Magnetspulenanordnungen als „Elektronenlinsen" zur Ablenkung der Elektronen eingesetzt werden.

Bei der Elektronenstrahllithografie müssen andere Resiste verwendet werden als bei der Fotolithografie, zum Beispiel Plexiglas (Polymethylmetacrylat, PMMA); ansonsten gleichen die technologischen Prozesse denen der Fotolithografie.

Leider sind mit der geringen Wellenlänge nicht einmal die Auflösungsprobleme gelöst:

- Selbst einfache Elektronenstrahllithografie-Anlagen sind teuer.

- Die Bedienung ist nicht-trivial; es gehört viel Erfahrung und Fingerspitzengefühl dazu, um die Möglichkeiten einer Elektronenstrahllithografie-Anlage zu nutzen.

- Der Elektronenstrahl wird *bei üblichen Anlagen* zeilenweise über die zu „belichtende" Fläche geführt. Es handelt sich also - wie bei jeder schreibenden ('scanning') Technik - um ein langsames und daher abermals teures Verfahren.

- Die Auflösung hängt nicht nur von der Wellenlänge der Teilchen ab; es ist nicht einfach, mit elektrischen und magnetischen Teilchenlinsen Elektronenstrahlen zu bündeln. Für eine sehr gute Auflösung ist nicht nur die Reduzierung der Beugungseinflüsse wichtig, sondern auch die Vermeidung von Abbildungsfehlern. Letzteres ist im Zusammenhang mit Elektronenstrahlen schwierig oder/und teuer.

- Die Auflösung wird durch den 'proximity'-Effekt drastisch verschlechtert: In den Resist eintretende Elektronen werden an den Resistmolekülen gestreut. Diese Elektronen oder aus den Streuprozessen hervorgegangene Sekundärelektronen „belichten" den Resist auch seitlich jenseits des Fokus.

Mit guten (aber nicht sehr guten) fotolithografischen Anlagen und Prozessen können Strukturbreiten und -abstände um 1 μm erzielt werden. Mit guten (aber nicht sehr guten) elektronenstrahllithografischen Anlagen und Prozessen können Strukturen um 300 nm realisiert werden. Das heißt aber auch, dass eine sehr gute Fotolithografie ähnliche Ergebnisse liefern kann wie eine weniger gute Elektronenstrahllithografie - kostengünstiger.

11. Halbleiterlaser-Resonatoren

11.1. Laserresonatorstabilität

In [KNE 08] wird das Thema Stabilität von Laserresonatoren ausführlich behandelt. Die wichtigsten Aspekte davon werden nun wiedergegeben.

Häufig bestehen Laserresonatoren aus zwei planen oder gekrümmten spiegelnden Flächen (Metallspiegel oder dielektrische Spiegel oder auch einfach Lasermaterial/Luft-Übergänge mit einer bestimmten Fresnel-Reflexion), die jeweils zylindersymmterisch um eine gemeinsame optische Achse in einem bestimmten Abstand d zueinander stehen. Eine solche Anordnung entspricht einem Fabry-Perot-Resonator. Wenn R_1 und R_2 die Krümmungsradien der beiden spiegelnden Flächen bezeichnen, können die gängigen Resonatorausführungen so beschrieben werden [KNE 08]:

$$\bullet \quad \text{planar: } R_1 = R_2 \ = \ \infty \tag{11.1}$$

$$\bullet \quad \text{fokal: } R_1 = R_2 \ = \ 2d \tag{11.2}$$

$$\bullet \quad \text{konfokal: } R_1 = R_2 \ = \ d \tag{11.3}$$

$$\bullet \text{ sphärisch/konzentrisch: } R_1 = R_2 \ = \ d/2 \tag{11.4}$$

Stabil wird ein Resonator genannt, wenn es *mindestens einen* optischen Strahl gibt, der auf seinem Weg zwischen den Spiegeln auch nach noch so vielen Reflexionen den Resonator (geometrisch) nicht verlässt. Um das Stabilitätsverhalten beschreiben zu können, werden die Parameter $\tilde{g}_j$ für die beiden Spiegel $j = 1, 2$ eingeführt:

$$\tilde{g}_j = 1 - \frac{d}{R_j} = 1 - \frac{d}{2f_j}, \tag{11.5}$$

wobei die $f_j = R_j/2$ für die Brennweiten der gekrümmten Flächen stehen. Dann kann festgestellt werden:

$$\bullet \quad \text{der Resonator ist stabil für} \quad 0 \leq \tilde{g}_1 \cdot \tilde{g}_2 \leq 1, \tag{11.6}$$

$$\bullet \quad \text{der Resonator ist instabil für} \quad \tilde{g}_1 \cdot \tilde{g}_2 < 0 \quad \text{oder für} \quad \tilde{g}_1 \cdot \tilde{g}_2 > 1. \tag{11.7}$$

Bei Halbleiterlasern handelt es sich in der kanten-/facettenemittierenden Variante ganz überwiegend um Fabry-Perot-Resonatoren mit planparallelen Spiegeln, die dadurch zustande kommen, dass der Laserkristall an zwei Stellen längs einer bestimmten Kristallrichtung angeritzt und über eine weiche Unterlage gebrochen ('cleaved') wird. Das bedeutet, dass kanten-/facettenemittierende Halbleiterlaser keine extra Resonatorspiegel besitzen, sondern dass die Endflächen des aktiven Laserkristalls selbst als Spiegel dienen. Durch den Halbleiter (HL)/Luft-Übergang mit den Brechzahlen $n_{HL} \approx 3,5$ und $n_{Luft} = 1$ ergibt sich eine Reflektivität von

$$\mathcal{R} = \left(\frac{n_{HL} - n_{Luft}}{n_{HL} + n_{Luft}} \right)^2 \approx 0,30 = 30\%. \tag{11.8}$$

Diese relativ geringe Reflektivität reicht zum Anschwingen der Laser im kanten-/facettenemittierenden Fall aus (wenn die Resonatorlänge groß genug ist). Für einen planaren Fabry-Perot-Resonator ergibt sich:

$$\tilde{g}_1 \cdot \tilde{g}_2 = 1. \tag{11.9}$$

Der planare Fabry-Perot-Resonator liegt also am Rande des Stabilitätsbereichs, ist gerade noch stabil. Es existiert tatsächlich nur ein Lichtstrahl (derjenige senkrecht auf die Laserendflächen/-facetten), der den Resonator geometrisch nicht verlässt. Das hört sich nach starken Verlusten an. Man darf aber nicht vergessen, dass es sich um ein aktives/verstärkendes Bauelement handelt. Die anderen Strahlen verlassen den Resonator schnell und können die Inversion kaum zu ihren Gunsten abräumen.

Im Prinzip (wie oft bei Festkörperlasern) kann der Resonator auch geknickt sein und drei, vier oder mehr Spiegel enthalten.

11.2. Transmissionsmatrix

Jedem „Teilelement" einer optischen Anordnung wird eine Transmissionsmatrix zugeordnet. Die Indizes sind:
- $_{vl}$ für „von links",
- $_{vr}$ für „von rechts",
- $_{nl}$ für „nach links"und
- $_{nr}$ für „nach rechts".

$$\text{so dass} \quad \underline{\underline{\hat{T}}} = \begin{pmatrix} \hat{T}_{11} & \hat{T}_{12} \\ \hat{T}_{21} & \hat{T}_{22} \end{pmatrix}, \tag{11.10}$$

$$\text{so dass} \quad \begin{pmatrix} E_{vl} \\ E_{nl} \end{pmatrix} = \underline{\underline{\hat{T}}} \cdot \begin{pmatrix} E_{nr} \\ E_{vr} \end{pmatrix}, \tag{11.11}$$

$$E_{vl} = \hat{T}_{11} E_{nr} + \hat{T}_{12} E_{vr}, \tag{11.12}$$

$$E_{nl} = \hat{T}_{21} E_{nr} + \hat{T}_{22} E_{vr}. \tag{11.13}$$

Die Größen mit dem Symbol $E_{\bullet}$ stehen für elektrische Feldstärken; die Bezeichnungen werden durch die Skizze in Abb. 11.1 klar. „Teilelemente" einer Anordnung können zum Beispiel sein:

- ein Stück homogenes Material der Länge d mit der Transmissionsmatrix

$$\underline{\underline{\hat{T}}}_d = \begin{pmatrix} e^{i\tilde{\gamma}d} & 0 \\ 0 & e^{-i\tilde{\gamma}d} \end{pmatrix} \tag{11.14}$$

Abbildung 11.1.: Skizze zur Verdeutlichung der Bezeichnungen im Zusammenhang mit der Transmissionsmatrix. Die Indizes sind: $_{vl}$ für „von links", $_{vr}$ für „von rechts", $_{nl}$ für „nach links" und $_{nr}$ für „nach rechts"

mit dem komplexen Ausbreitungskoeffizienten

$$\breve{\gamma} = \frac{2\pi}{\lambda}\eta = \frac{2\pi}{\lambda}n - i\frac{\alpha_i - g_V}{2} = \breve{\beta} - i\frac{\alpha_i - g_V}{2}, \tag{11.15}$$

- eine optische Grenzfläche zwischen zwei Bereichen unterschiedlichen Materials mit den Brechungsindizes n_1 und n_2 mit der Transmissionsmatrix

$$\underline{\underline{\hat{T}}}_{Gf} = (2\frac{\sqrt{n_1 n_2}}{n_1 + n_2})^{-1} \begin{pmatrix} 1 & -r \\ -r & 1 \end{pmatrix}, \tag{11.16}$$

wobei r den Amplitudenreflexionskoeffizienten darstellt.

Ein einfacher Fabry-Perot-Resonator setzt sich aus einer Grenzfläche, einem homogenen Stück und einer weiteren Grenzfläche zusammen. Um den Einfluss des gesamten Resonators auf eine elektromagnetische Welle durch eine einzige Transmissionsmatrix beschreiben zu können, müssen die drei Matrizen der „Teilelemente" Grenzfläche Gf_1, homogenes Stück der Länge d und Grenzfläche Gf_2 in geeigneter Weise multipliziert werden:

$$\underline{\underline{\hat{T}}}_{FP} = \underline{\underline{\hat{T}}}_{Gf_2} \cdot \underline{\underline{\hat{T}}}_d \cdot \underline{\underline{\hat{T}}}_{Gf_1}. \tag{11.17}$$

Wenn wie in einem Bragg-Spiegel $\tilde{M}$ solcher Fabry-Perot-Resonatoren der Nummer $\tilde{m} = 1, 2, \ldots, \tilde{M}$ abwechselnd aus einem hoch- und einem niedrigbrechenden Material aneinander gereiht werden, bedeutet dies wieder eine Matrixmultiplikation:

$$\underline{\underline{\hat{T}}}_{Bragg} = \underline{\underline{\hat{T}}}_{Gf_{\tilde{M}+1}} \cdot \underline{\underline{\hat{T}}}_{d_{\tilde{M}}} \cdot \underline{\underline{\hat{T}}}_{Gf_{\tilde{M}}} \cdot \ldots \cdot \underline{\underline{\hat{T}}}_{Gf_3} \cdot \underline{\underline{\hat{T}}}_{d_2} \cdot \underline{\underline{\hat{T}}}_{Gf_2} \cdot \underline{\underline{\hat{T}}}_{d_1} \cdot \underline{\underline{\hat{T}}}_{Gf_1} \quad . \tag{11.18}$$

Das zeigt den Reiz des Formalismus mit Transmissionsmatrizen. Der Einfluss einer noch so komplizierten optischen Struktur auf eine einfallende (oder entstehende) elektromagetische Welle lässt sich einfach als Matrixmultiplikation einfacherer Teilmatrizen beschreiben. Dabei sind die Matrixkoeffizienten im Allgemeinen komplex und können Phasensprünge sowie Dämpfungen und Verstärkungen enthalten.

11.3. Laserschwellbedingung

Bereits in Unterkapitel 7.8 wurde die von einem aktiven Fabry-Perot-Resonator transmittierte Feldstärke hingeschrieben:

$$E_t = E_e \frac{t_1 t_2 \exp\{-i\breve{\gamma}d\}}{1 - r_1 r_2 \exp\{-2i\breve{\gamma}d\}} \tag{11.19}$$

mit E_e als einfallende Feldstärke und t_1, t_2, r_1 und r_2 als Amplitudentransmissions- beziehungsweise -reflexionskoeffizienten der einen (Index $_1$) und der anderen Facette (Index $_2$). Auch wenn es sich dabei um eine statische Gleichung handelt, die direkt zur Dynamik des Anschwingens einer Laserdiode nichts aussagen kann, gibt sie indirekte Aufschlüsse über das dynamische Verhalten eines Lasers. Die Gleichung hat Polstellen dort, wo der Nenner Null wird. Genau an diesen Stellen gilt die Gleichung natürlich nicht mehr.[1] Aber diese Polstellen sind die Stellen, bei denen es überhaupt zu einer deutlichen Netto-Verstärkung im Sinne der Lichtverstärkung durch stimulierte Emission kommen kann. Hier wird sich maximale Netto-Verstärkung $g_V - \alpha_i$ herausbilden, da sie im Laser-Einschwingvorgang bei der Konkurrenz der Longitudinalmoden um die Inversion die geringsten Verluste zeigen. Der Nenner wird Null für:

$$r_1 r_2 \exp\{-2i\breve{\gamma}_S d\} = 1 \quad \text{mit} \quad \breve{\gamma}_S = \breve{\beta} - i\frac{\alpha_i - g_S}{2}. \tag{11.20}$$

Hier wird der Index $_S$ für den Ausbreitungskoeffizienten und gleich auch für den Verstärkungskoeffizienten ($g_S \equiv g_V$, an der Schwelle) gewählt, weil es sich um die Bedingung für die potenzielle Schwelle zum Anschwingen von Lasermoden, die so genannte Schwellbedingung, handelt. Es folgt weiter:

$$r_1 r_2 \cdot \exp\left\{-2id\left(\frac{2\pi}{\lambda_0}n - i\frac{\alpha_i - g_S}{2}\right)\right\} = 1, \tag{11.21}$$

$$\implies \quad r_1 r_2 \cdot \exp\left\{(g_S - \alpha_i)d\right\} \cdot \exp\left\{-i\frac{2\pi}{\lambda_0}n(2d)\right\} = 1. \tag{11.22}$$

(In Wellenleiterstrukturen (wie bei Kantenemittern) muss die Brechzahl n durch den effektiven Brechungsindex n_{eff} ersetzt werden.) Der Ausdruck kann nur reell sein, wenn für die Phase folgendes gilt:

$$\frac{2\pi}{\lambda_0}n(2d) = m \cdot 2\pi, \qquad m = 0, 1, 2, \dots. \tag{11.23}$$

Dann ist der zweite Exponentialfaktor Null, und die stehende Welle passt in den Resonator mit der Umlauflänge $2d$. Der Faktor m gibt die Anzahl der halben Wellenlängen im Resonator an und kann als Kennzahl/Nummer der einzelnen *longitudinalen* Lasermoden dienen. Für die Amplitude gilt unter der Phasenbedingung nach Gl. (11.23):

$$r_1 r_2 \exp\left\{(g_S - \alpha_i)d\right\} = 1. \tag{11.24}$$

---

[1] In diesen Fällen würde eine Welle mit endlicher Amplitude im Fabry-Perot eine transmittierte Welle mit unendlich hoher Amplitude ergeben.

Die intrinsischen Verluste beinhalten Materialabsorption und Streuverluste. Für realistische Schwellstromdichten zwischen 1 und $10\,\mathrm{kA/cm^2}$ sind in Halbleiterlasern durchaus Verstärkungen mit $g_V \approx 100\,\mathrm{cm^{-1}}$ üblich - gegenüber intrinsischen Verlusten im Kristall von $\alpha_i \approx 10\,\mathrm{cm^{-1}}$. Damit können Halbleiterlaser gegenüber anderen Lasern sehr große Netto-Verstärkungen haben.

Aus der Bedingung (11.24) für die Amplitude ergibt sich für die Schwellverstärkung:

$$(g_S - \alpha_i)d \;=\; \ln\frac{1}{r_1 r_2} \;=\; -\ln(r_1 r_2) \tag{11.25}$$

$$\implies \quad \underline{\text{vorläufige Gl.:}} \quad g_S \;=\; \alpha_i - \frac{1}{d}\ln(r_1 r_2) = \alpha_i + \frac{1}{d}\,|\ln(r_1 r_2)\,|,$$

$$=\; \alpha_i + \frac{1}{d}\,|\ln\mathcal{R}\,| \tag{11.26}$$

$$\text{oft mit} \quad r_1 \;=\; r_2 \quad \text{und} \quad \mathcal{R} = |\,r_1\,|^2\,. \tag{11.27}$$

Der Ausdruck $\ln\mathcal{R}$ ist immer negativ, da $\mathcal{R}$ immer kleiner als Eins ist. Das bedeutet, dass die Bruttoverstärkung zum Anschwingen des Lasers die intrinsischen Verluste sowie die Verluste durch die Auskopplung des gewünschten Lichts kompensieren muss. Je größer die Reflektivität $\mathcal{R}$, desto weniger wird in Gl. (11.26) zu der intrinsischen Absorption hinzuaddiert, desto weniger Verluste muss die Bruttoverstärkung kompensieren.

Die hohe Verstärkung von Halbleiterlasern ist umso erstaunlicher, wenn bedacht wird, dass zwar in horizontaler Richtung durch die Transversalstruktur des Bauelements und eine Breite der aktiven Zone um $3\,\mu$m eine gute Führung der Welle gegeben ist, demgegenüber aber in der vertikalen Richtung das Feld wegen der geringen Dicke der aktiven Zone (von zum Beispiel $0{,}2\,\mu$m im AlGaAs-Materialsystem) nur zu einem geringen Maß auf die aktive Schicht beschränkt ist. Dieser Situation trägt die Gl. (11.26) keine Rechnung, für die von einer homogenen Absorption und Bruttoverstärkung für die gesamte Welle ausgegangen wird. In Wirklichkeit sind nur etwa 10 bis 20 % der Energie der Welle in der aktiven/verstärkenden Wellenleiterschicht konzentriert; der weitaus größere Teil steckt in den evaneszenten (quergedämpften) Feldanteilen. Das Maß für die Einschränkung der Energie auf den Hauptführungsbereich (auf die aktive Zone) ist der (transversale) Füllfaktor:

$$\tilde{\Gamma}_{xy} = \frac{\displaystyle\int\limits_{-\tilde{h}_y/2}^{\tilde{h}_y/2}\int\limits_{-\tilde{h}_x/2}^{\tilde{h}_x/2} |\,E_y(x,y)\,|^2\,dx\,dy}{\displaystyle\int\limits_{-\infty}^{\infty}\int\limits_{-\infty}^{\infty} |\,E_y(x,y)\,|^2\,dx\,dy}, \tag{11.28}$$

hier mit $\tilde{h}_x \equiv \breve{h}$ (aus Kap. 9) und $\tilde{h}_y \equiv b$ (aus Kap. 9) als Höhe und Breite der aktiven Zone, im Beispiel mit E_y als Hauptfeldkomponente für die TE- beziehungsweise HE-Welle eines Streifenwellenleiters formuliert. Der Füllfaktor korrigiert die Schwellbedingung (11.26). Wenn auch berücksichtigt wird, dass es vorkommen kann, dass ein Laserresonator auch in Längsrichtung nur teilweise aus aktivem, ansonsten aus passivem Material besteht, muss α_i durch einen Ausdruck mit Mittelung entlang der Längsrichtung präzisiert werden. Dies kann mit Hilfe eines longitudinalen Füllfaktors $\tilde{\Gamma}_z$ ausgedrückt werden, der sich mit dem transversalen $\tilde{\Gamma}_{xy}$ zu einem Gesamtfüllfaktor $\tilde{\Gamma}$ multipliziert:[2]

$$\tilde{\Gamma}_z = \frac{d_{aktiv}}{d} = \frac{d_{aktiv}}{d_{aktiv} + d_{passiv}} \tag{11.29}$$

$$\tilde{\Gamma} = \tilde{\Gamma}_{xy} \cdot \tilde{\Gamma}_z \tag{11.30}$$

$$\text{präzisiert:} \quad \alpha_i = \tilde{\Gamma}\alpha_{aktiv} + \tilde{\Gamma}_{xy}(1 - \tilde{\Gamma}_z)\alpha_{passiv}$$

$$= \tilde{\Gamma}\alpha_{aktiv} + (\tilde{\Gamma}_{xy} - \tilde{\Gamma})\alpha_{passiv} \tag{11.31}$$

$$\Longrightarrow \quad \underline{\text{korrigierte Gl.:}} \quad \tilde{\Gamma}g_S = \alpha_i + \frac{1}{d} \mid \ln \mathcal{R} \mid = \alpha_i + \alpha_{Spiegel}, \tag{11.32}$$

$$= [\tilde{\Gamma}\alpha_{aktiv} + (\tilde{\Gamma}_{xy} - \tilde{\Gamma})\alpha_{passiv}] + \frac{1}{d_{aktiv} + d_{passiv}} \mid \ln \mathcal{R} \mid . \tag{11.33}$$

wobei der damit definierte Ausdruck $\alpha_{Spiegel}$ auch „Spiegelverluste" genannt wird; gemeint sind Verluste an den Spiegeln beziehungsweise Facetten des Lasers. Der Ausdruck ist in zweifacher Hinsicht verwirrend. Denn zum einen handelt es sich um einen Dämpfungskoeffizienten (und nicht um eine (verlorene) Lichtleistung). Und zum anderen sind diese „Verluste" der Grund, weshalb Laser gebaut werden; es handelt sich hierbei um das Licht, was aus dem Resonator ausgekoppelt und genutzt wird. - Die beiden „Verlustterme" in Gl. (11.32) können mit Hilfe der Gruppengeschwindigkeit v_g der Welle im Resonator auch mit zwei Photonen-Lebensdauern verknüpft werden, einer Lebensdauer τ_i, die durch interne, das heißt Ausbreitungsverluste begrenzt ist, und einer Lebensdauer $\tau_{Spiegel}$ durch die Spiegelverluste infolge der Lichtauskopplung aus dem Resonator:

$$\tilde{\Gamma}g_S = \alpha_i + \alpha_{Spiegel} = \frac{1}{v_g} \cdot \left(\frac{1}{\tau_i} + \frac{1}{\tau_{Spiegel}} \right) = \frac{1}{v_g} \cdot \frac{1}{\tau_{Photon}}, \tag{11.34}$$

wobei τ_{Photon} schließlich die Gesamt-Photonen-Lebensdauer im Resonator angibt[3].

Trotz des geringen Füllfaktors führen die hohen Verstärkungen der aktiven Halbleitermaterialien zu hohen Lichtausbeuten η, bei denen die Verluste durch Absorption im Resonator und durch Auskopplung von Licht einbezogen sind:

$$\eta = \frac{\alpha_{Spiegel}}{\alpha_{Spiegel} + \alpha_i} = \frac{1}{1 + \alpha_i d / \mid \ln \mathcal{R} \mid}. \tag{11.35}$$

Eine weitere wichtige Größe ist der Konversionswirkungsgrad[4] ('wall-plug efficiency') $\tilde{\eta}$, der die optische Ausgangsleistung P auf die elektrische Pumpleistung $I \cdot U$ (I elektrischer Strom, U elektrische Spannung) bezieht:

$$\tilde{\eta} = \frac{P}{IU}. \tag{11.36}$$

---

[2] Dabei wird die Gl. (11.26) durch die Gl. (11.32) ersetzt.
[3] Bei Lebensdauern addieren sich die Kehrwerte zu einem Kehrwert der Gesamtlebensdauer.
[4] Konversionswirkungsgrade nahe 50 % werden erreicht.

Je kleiner der letzte Summand in Gl. (11.33), desto geringer ist die Verstärkung $\tilde{\Gamma}g_S$, die aufgebracht werden muss, um den Laser über die Schwelle zu heben, das heißt zum Anschwingen zu bewegen. Die Gleichungen zeigen deutlich, dass eine geringe Verstärkungslänge d_{aktiv} durch hohe Reflektivität $\mathcal{R}$ kompensiert werden kann/muss - und umgekehrt. Obwohl ein kanten-/facettenemittierender Laser vom Fabry-Perot-Typ nur circa 30% Facettenreflektivität aufweist, kann er durch eine Verstärkungslänge von etwa 0,4 mm relativ leicht über die Schwelle gebracht werden. bei einem Oberflächenemitter (VCSEL) liegt die Verstärkungslänge im Bereich von 1 μm. Daher müssen Bragg-Spiegel mit sehr hoher Reflektivität (typischerweise über 99%) vorgesehen und aufwändig hergestellt werden. Bei einem Materialsystem mit starker Änderung des Brechungsindex bei Veränderung der Zusammensetzung (zum Beispiel AlGaAs) erfordert dies typischerweise 20 Bragg-Perioden in jedem der beiden Spiegel. Bei Materialsystemen mit geringeren Brechzahlvariationen wird die Realisierung eines solchen Bragg-Spiegels mit zahlreichen Perioden ein echtes technologisches Abenteuer. - Um Kanten- und Oberflächenemitter soll es in den folgenden Unterkapiteln gehen.

11.4. Kanten-/Facettenemittierende Laser

11.4.1. Überblick

Unter dem Begriff Kantenemitter werden Laser verstanden, bei denen die aktive Zone parallel zu den Schichten der Laserschichtenfolge liegt und die Lichtemission aus den durch 'cleaven' (Brechen) gewonnenen Facetten erfolgt; daher sollte eher der Begriff Facettenemitter eingeführt werden. Solche Strukturen sind monomodige Wellenleiter; dieser Transversalmode kann laut Kap. 9 ein effektiver Brechungsindex n_{eff} zugeordnet werden.[5] - Stellen die beiden Facetten selbst die Spiegel des Laserresonators dar, handelt es sich um einen kanten-/facettenemittierenden Fabry-Perot-Laser. Werden die Facetten entspiegelt und die Rückkopplung dadurch erzeugt, dass eine periodische Modulation des effektiven Brechungsindex erfolgt (zum Beispiel durch eine Dickenvariation der aktiven Zone oder einer an die aktive Zone angrenzenden Schicht), wird von Lasern mit verteilter Rückkopplung (englisch: 'distributed feedback') gesprochen. Je nachdem, ob sich diese periodische Modulation über die gesamte aktive Zone ausdehnt oder nur auf den Bereich an einer oder beiden Facetten, ergeben sich die Bezeichnungen DFB-Laser ('distributed feedback laser') beziehungsweise DBR-Laser ('distributed Bragg reflector laser'). Abbildung 11.2 zeigt eine Skizze zur periodischen Struktur in einem DFB-Laser. Solche Strukturen werden elektronenstrahllithografisch realisiert und sind damit teuer in der Herstellung. Die kleine Abweichung von der Periodizität der Modulation in der Mitte der aktiven Zone, der zusätzliche so genannte „$\lambda/4$-Phasensprung", der besser $\pi/2$-Phasensprung heißen sollte, wird etwas später erläutert.

---

[5]Genau genommen, muss aber auch der mögliche Polarisationszustand der Welle betrachtet werden. TE- und TM-Polarisation sind im Prinzip möglich. TM-Wellen erfahren (aus mehreren Gründen) etwas größere Verluste, so dass üblicherweise die einzig relevante transversal-laterale Feldverteilung die der TE_0-Mode ist.

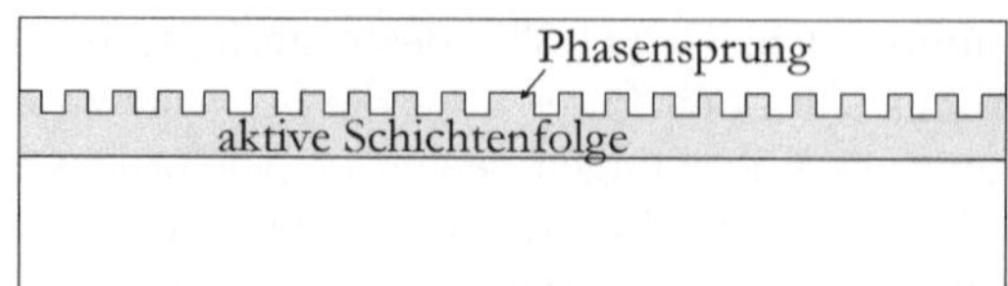

Abbildung 11.2.: Skizze eines DFB-Lasers ('distributed feedback laser') mit *zusätzlichem $\pi/2$-* Phasensprung, der durch eine Verlängerung (waagerecht) der in der Mitte liegenden Verdickung (senkrecht) der aktiven Zone um $\lambda/4$ (von $\lambda/4$ auf $\lambda/2$) herbeigeführt wird

Zur Durchstimmung eines Fabry-Perot-Kanten-/Facettenemitters kann in gewissen Grenzen die Temperaturabhängigkeit des effektiven Brechungsindex und des Verstärkungsprofils genutzt werden. Abbildung 11.3 gibt das typische spektrale Verhalten eines Kanten-/Facettenemitters qualitativ wieder. Die Steigung der Bereiche zwischen den Longitudinalmodensprüngen ist auf die Abhängigkeit des effektiven Brechungsindex $n_{eff}(T)$ sowie des Verstärkungsprofils $g_V = g_V(\lambda, T)$ von der Temperatur T sowie auf die thermische Ausdehnung, also die Temperaturabhängigkeit der Resonatorlänge $d(T)$, zurückzuführen. Es entsteht ein Wechselspiel zwischen $g_V(\lambda, T)$ und $n_{eff}(T) \cdot d(T)$. Da die Effekte sich nicht kompensieren, kommt es zu einem Longitudinalmodensprung, wenn eine andere Longitudinalmode die höchste Netto-Verstärkung $g_v - \alpha_i$ erhält, weil sie näher an dem verschobenen Maximum der Verstärkungskurve liegt als die bisherige longitudinale Hauptmode. Obwohl die Temperaturabhängigkeit (zum Beispiel mit $0{,}5\,\mathrm{nm}/°\mathrm{C}$ über alles für InGaAsP/InP-Laser) beschränkt zur Durchstimmung genutzt werden kann, wären die Longitudinalmodensprünge in manchen Anwendungen eine unzulässige Störung, zum Beispiel in der optischen Nachrichtentechnik.

In jedem Laser herrscht ein Konkurrenzkampf der Moden um die Inversion und damit auch um die Verstärkung. Diejenige Mode mit den geringsten Netto-Verlusten wird zur Hauptmode und andere Moden werden gegebenenfalls sogar vollständig unterdrückt (so dass diese Moden dann nahezu keine Energie enthalten).

11.4.2. Laser mit verteilter Rückkopplung (DFB- und DBR-Laser)

Wenn Longitudinalmodensprünge nicht zulässig sind und der Laser konstant auf einer bestimmten Longitudinalmode schwingen soll (ohnehin auch nur auf einer bestimmten Transversal-/Lateralmode), sind kanten-/facettenemittierende DFB-/DBR-Laser vorzuziehen. Auch hier gibt es eine Temperaturabhängigkeit der Emissionswellenlänge; sie entspricht aber nur der Steigung der Kurve in Abb. 11.3 (von ca. $0{,}075\,\mathrm{nm}/°\mathrm{C}$ für den schon erwähnten InGaAsP/InP-Laser-Fall) zwischen den Modensprüngen; die Modensprünge entfallen, weil durch die DFB-Struktur (mit Phasensprung) nur eine Mode unterstützt wird. - In [COL 95] wird sehr ausführlich darauf eingegangen, warum ein DFB-Laser sinnvollerweise einen zusätzlichen $\pi/2$-Phasensprung enthalten muss. Hier sei die

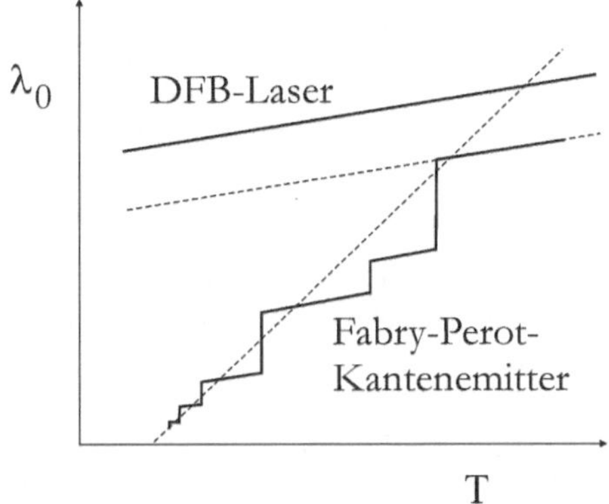

Abbildung 11.3.: Temperaturverhalten eines kantenemittierenden Fabry-Perot-Lasers qualitativ: Emissionswellenlänge λ_0 in Abhängigkeit von der Temperatur T für einen Fabry-Perot- und einen DFB-Kanten-/Facettenemitter

Quintessenz wiedergegeben. Außerdem ergab sich in Unterkapitel 9.3 über photonische Kristalle eine neue Sichtweise, die das Verständnis hinsichtlich des zusätzlichem $\pi/2$-Phasensprungs, der durch eine Verlängerung der in der Mitte liegenden Verdickung der aktiven Zone um $\lambda/4$ (siehe Abb. 11.2) herbeigeführt wird, sehr erleichtert.[6]

Der Grundgedanke der Beschreibung eines DFB-Lasers *ohne* zusätzlichen Phasensprung ist, die periodisch veränderten Bereiche im Wesentlichen als effektive Endspiegel aufzufassen und nur den $\lambda/4$ langen Bereich in der Mitte als Hauptteil des Resonators aufzufassen.[7] Werden die Gln. (11.19) - (11.22) konsultiert, ergibt sich, wenn von einer Netto-Verstärkung[8] $g_V - \alpha_i = 0 \implies \breve{\gamma}_S = \breve{\beta}$ ausgegangen wird:

$$
\begin{aligned}
1 &= r_{BS1} \cdot r_{BS2} \cdot \exp\{-2i\breve{\gamma}_S d\} \\
&= r_{BS1} \cdot r_{BS2} \cdot \exp\left\{-2i\frac{2\pi}{\lambda}n_{eff} \cdot \frac{\lambda}{4n_{eff}}\right\} \\
&= r_{BS1} \cdot r_{BS2} \cdot e^{-i\pi} = r_{BS1} \cdot r_{BS2} \cdot (-1) \\
\implies \quad r_{BS1} \cdot r_{BS2} &= -1.
\end{aligned}
\tag{11.37}
$$

---

[6]Wenn von $\lambda/4$ die Rede ist, ist ein Viertel der Wellenlänge im Material beziehungsweise in der Wellenleiterstruktur gemeint: $(\lambda/4) = (\lambda_0/(4 \cdot n_{eff}))$ mit λ_0 als Vakuum-Wellenlänge und λ als Wellenlänge in der Wellenleiterstruktur.

[7]Es handelt sich gedanklich also um einen ultrakurzen, nämlich nur $\lambda/4$ langen Laser mit zwei langen Bragg-Spiegeln BS1 und BS2 zu beiden Seiten (einen DBR-Laser mit zwei Bragg-Spiegeln).

[8]Dass hier eine Netto-Verstärkung $g_V - \alpha_i = 0$ angesetzt wird, mag verwundern, da ja von Lasern die Rede ist. Dieses Annahme vereinfacht nur die Darstellung und Erklärung, da die Verstärkung/Dämpfung außer Acht gelassen wird.

Das Ergebnis der kurzen Rechnung in Gl. (11.37) bedeutet, dass vor- und zurücklaufende Teilwellen im Resonator gerade einen π-Phasensprung haben, also einander *auslöschen*; bei der Bragg-Wellenlänge λ_B, derjenigen Wellenlänge, für die die Periode a der Modulation angepasst ist, existiert gar keine Longitudinalmode. Eine genauere Untersuchung zeigt, dass im etwa gleichen spektralen Abstand unter- und oberhalb der Bragg-Wellenlänge zwei gleichberechtigte Moden emittiert werden [COL 95].

Um zu einer einzigen Mode genau bei der Bragg-Wellenlänge zu kommen, muss der gedachte Mittelteil des Lasers von einer Dicke von $\lambda/4$ um $\lambda/4$ (daher $\pi/2$-Phasensprung) auf $\lambda/2$ verlängert werden, so dass:

$$
\begin{aligned}
1 &= r_{BS1} \cdot r_{BS2} \cdot \exp\left\{-2i\frac{2\pi}{\lambda}n_{eff} \cdot \underline{2} \cdot \frac{\lambda}{4n_{eff}}\right\} \\
&= r_{BS1} \cdot r_{BS2} \cdot e^{-i2\pi} = r_{BS1} \cdot r_{BS2} \cdot e^0 = r_{BS1} \cdot r_{BS2} \cdot (+1) \\
\implies r_{BS1} \cdot r_{BS2} &= +1.
\end{aligned}
\tag{11.38}
$$

Daher ist für einen mono-longitudinalmodigen Kanten-/Facettenemitter in DFB-Bauweise ein $\pi/2$-Phasensprung unerlässlich. Dass beim DFB-Laser auch die beiden DBR-Endspiegel aktiv sind, ändert an dieser Überlegung nichts.

Das Ergebnis kann auch auf oberflächenemittierende Laser ('vertical cavity surface emitting lasers', VCSEL; siehe nächstes Unterkapitel) angewendet werden, bei denen die Spiegel tatsächlich passiv sind. Die Dicke der aktiven Zone sollte auch bei VCSEL nicht etwa ungerade Vielfache von $\lambda/4$, sondern Vielfache von $\lambda/2$ betragen.

Die Frage, ob es sich um eine so genannte gewinngeführte oder eine indexgeführte Laserstruktur handelt, hat mit der transversalen Stukturierung der Laserstruktur zu tun. Wenn der Aufwand getrieben wird, transversal ein 'current confinement' und ein 'photon confinement' zu erzielen (Unterkapitel 8.4), handelt es sich um einen indexgeführten Laser, einen effizienten Laser mit nahezu ebener Phasenfront. Wenn dieser Aufwand nicht getrieben wird, heißt der Laser gewinngeführt. Er ist relativ einfach und kostengünstig herzustellen, zeigt aber einige Nachteile, wie deutlich unterschiedliche Krümmungen der Phasenfront in den beiden Querschnittsdimensionen, also einen Astigmatismus. In Abb. 11.4 sind die Phasenfronten links für einen indexgeführten, rechts für einen gewinngeführten Laser skizziert. Letztere sind oft die Vorstufe zu indexgeführten Lasern in der Laserentwicklung. Sie werden vorgesehen, wenn zunächst einmal das epitaktische Wachstum der Schichten und Schichtenfolgen - gegebenenfalls in Kombination mit der Dotierung der Schichten - optimiert werden soll. Wenn dies abgeschlossen ist, kann die Entwicklung und Optimierung der Transversalstrukturierung erfolgen. - Ähnliches gilt für die Frage, ob der Laser optisch oder elektrisch gepumpt werden soll. Zwar gibt es durchaus Anwendungsbereiche, bei denen das optische Pumpen gewünscht ist (siehe dazu Abschnitt 11.5.2); üblicherweise sind die optisch gepumpten Laser aber nur eine pragmatische Vorstufe zu den elektrisch gepumpten innerhalb eines Laserentwicklungsprozesses. Denn für optisch gepumpte Laser kann noch auf die Dotierung und auf die aufwändige Entwicklung und Realisierung elektrischer Kontakte für die Stromzuführung verzichtet werden.

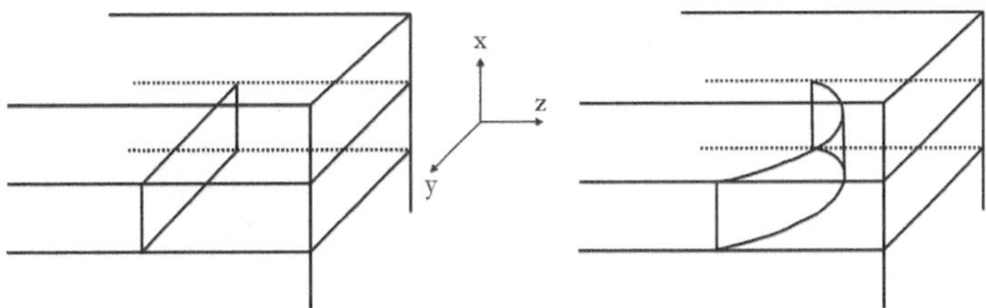

Abbildung 11.4.: links: Skizze der ebenen Phasenfront bei indexgeführten Lasern; rechts: Skizze der gekrümmten Phasenfront bei gewinngeführten Lasern

11.5. Oberflächenemittierende DBR-Laser

Bisher wurden fast nur Kanten-/Facettenemitter behandelt; bei ihnen wird das Licht in einer Zone parallel zu den Schichten der Struktur und damit parallel zu der Fläche des pn-Übergangs erzeugt und emittiert. Zwar gibt es auch Ansätze, mit Kanten-/Facettenemittern unter Zuhilfenahme von in die Struktur eingebrachten Spiegelflächen Bauelemente zu erzeugen, bei denen das Licht normal zu den Schichtoberflächen austritt. Aber es existiert noch eine andere Klasse von Strukturen, bei denen die Lichtemission senkrecht zu den Oberflächen inhärenter Bestandteil der Eigenschaften ist: oberflächenemittierende Halbleiterlaser. Da die kurze Verstärkungslänge nach der Schwellbedingung (11.32) eine hohe Spiegelreflektivität erfordert, müssen sehr gute Bragg-Spiegel in das Schichtdesign integriert werden. Daher können die Oberflächenemitter auch als „oberflächenemittierende DBR-Laser" mit zwei Bragg-Spiegeln verstanden werden.

11.5.1. ... mit zwei integrierten Bragg-Spiegeln (VCSEL)

Eine Variante der oberflächenemittierenden DBR-Laser sind die 'vertical cavity surface emitting lasers' (VCSEL). Abbildung 11.5 zeigt den prinzipiellen Aufbau eines oberflächenemittierenden Lasers im Querschnitt. Auch hierbei handelt es sich üblicherweise um eine Schichtenfolge mit pn-Übergang, also um eine Laserdiode. Zur Steigerung der Verstärkung und Absenkung der Laserschwelle können in den aktiven Bereich der oberflächenemittierenden Laserdioden (wie auch bei Kantenemittern) Mehrfachquantenfilm-Schichtenfolgen eingebracht werden.

So ungünstig der kurze Resonator für die Verstärkung ist, so positiv wirkt er sich auf das spektrale Verhalten der Lichtemission, das heißt auf die Anzahl der Longitudinalmoden, aus. Meist fällt nur eine Mode in den Verstärkungsbereich des Halbleitermaterials, so dass die oberflächenemittierenden Laser sehr gutes Mono-Longitudinalmodenverhalten mit hoher Sekundärmodenunterdrückung aufweisen.

Dafür ist ein VCSEL ohne weitere Maßnahmen transversal multimodig. Eine seitliche Begrenzung der aktiven Zone durch Mesaätzungen oder durch Ionenimplantation zur elektrischen Isolierung und Brechzahlabsenkung gegenüber den umgebenden Bereichen kann hier Abhilfe schaffen. Die Begrenzungen können ohne Probleme kreisrund mit typi-

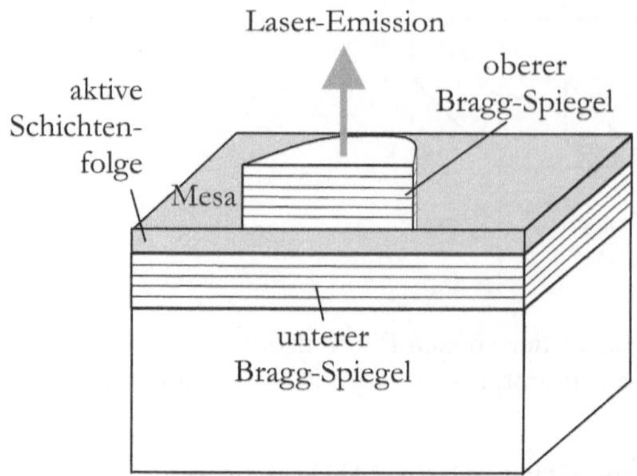

Abbildung 11.5.: Aufbau einer oberflächenemittierenden Laserdiode im Querschnitt: die Mesa ist nur halb dargestellt, quasi aufgeschnitten

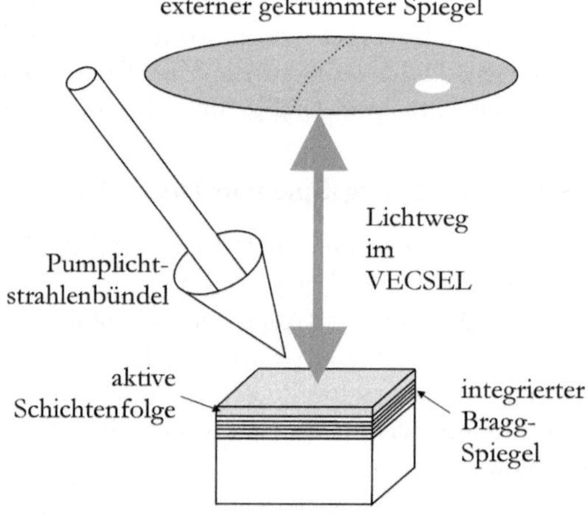

Abbildung 11.6.: Typische Anordnung für einen VECSEL, nicht maßstabsgetreu

schen Durchmessern um 6 μm erzeugt werden, so dass oberflächenemittierende Halbleiterlaser kreisrunde Nahfelder mit geringer Strahldivergenz aufweisen, was sich für viele Anwendungen als vorteilhaft erweist.

Durch die Bauweise der oberflächenemittierenden Halbleiterlaser ist es möglich, zweidimensionale Felder dieser Elemente auf einem Chip anzuordnen, von denen jedes einen Kanal im Sinne der optischen Datenverarbeitung darstellt. Zweidimensionale Verarbeitung von Signalen und Daten wird auf diese Weise möglich. Nur so ist mit optischen Methoden für spezielle Anwendungen wirklich ein Vorteil gegenüber elektronischen Prozessoren zu erzielen. Denn die Antwortzeiten der einzelnen Schaltvorgänge sind nach wie vor in den meisten Fällen durch die Ladungsträgereffekte begrenzt, und nur durch die Einführung von Licht wird ein Halbleiterprozessor nicht schneller. Erst die gleichzeitige Verarbeitung vieler Kanäle ermöglicht im Endeffekt einen Datenratengewinn. Da elektrische Kanäle nur sehr bedingt auf einem Chip miteinander überkreuzt werden können, kann hier die Optoelektronik wirklich einen Vorteil bieten. Andererseits ist zu bedenken, dass die meist elektrisch angesteuerten optoelektronischen Bauelemente Zuleitungen benötigen, so dass der Größe der zweidimensionalen Felder auch Grenzen gesetzt sind.

In Unterkapitel 12.2 wird im Zusammenhang mit der „Ingenieursgleichung" (Kosten-Nutzen-Rechnung) des Laserdesigns belegt werden, dass ein Oberflächenemitter oder wenigstens ein kurzer Kanten-/Facettenemitter prinzipielle Vorteile gegenüber einem langen (üblichen) Kanten-/Facettenemitter hat. Diese Vorteile konnten zunächst in der Entwicklung der elektrisch gepumpten Oberflächenemitter nicht genutzt werden. Die Kontaktierung erfolgte „ganz oben" und „ganz unten" an dem Schichtaufbau, was zu erheblichen Spannungsabfällen führte: am Substrat und circa 0,1 V an jedem Heteroübergang. Da die Bragg-Spiegel sehr viele Heteroübergänge (an den optischen Grenzflächen) enthalten, waren die Gesamtspannungsabfälle enorm; es wurde weithin angenommen, dass VCSEL niemals effiziente Baulemente sein könnten. Doch dann wurden die elektrischen Kontakte durch Tiefätzungen direkt „auf" und „unter" die aktive Schichtenfolge gelegt, was die Spannungsabfälle dramatisch reduzierte. Durch diese Technologie sind Betriebsspannungen dicht oberhalb der Bandlückenenergie, geteilt durch e, möglich. Und die in Unterkapitel 11.3 erwähnten hohen Konversionswirkungsgrade nahe 50% sind mit InGaAs-VCSEL erzielt worden [LI 03].

11.5.2. ... optisch gepumpt mit einem externen Spiegel (VECSEL)

V-$\not\!E$-CSEL werden üblicherweise elektrisch gepumpt. Die Forderung nach transversaler und lateraler Monomodigkeit führt zur Einführung seitlicher Begrenzungen, zum Beispiel in Form von Mesaätzungen. (Die Forderung nach longitudinaler Monomodigkeit erfüllt sich praktisch von alleine.) Zugleich ist die Wärmeabfuhr nicht trivial, so dass der emittierten Lichtleistung - je nach Materialsystem - deutliche Grenzen gesetzt sind.

Beide Nachteile lassen sich durch einen anderen Ansatz umgehen oder zumindest mindern, der in Abb. 11.6 skizziert ist und als VECSEL für 'vertical *extended* cavity surface emitting lasers' bezeichnet wird. Dabei handelt es sich üblicherweise um einen optisch gepumpten Oberflächenemitter (ohne Mesa-Strukturierung oder Ähnliches) mit nur einem integrierten Bragg-Spiegel. Der zweite Spiegel wird durch einen externen gekrümmten Spiegel ersetzt, der in einem gewissen Abstand zu dem Halbleiter-Bauelement positioniert ist. Dadurch kann ein optisches Pumpen von einem leistungsstarken Festkörperlaser genutzt werden. Das Pumpprofil gibt das Transversal (y)-/Lateral (x)-Modenprofil des VECSEL vor. (Allerdings können durch die Länge des externen Resonators wieder mehrere Longitudinalmoden ins Spiel kommen.)

In diesem oder dem erweiterten Fall, dass auch der erwähnte Bragg-Spiegel durch einen externen Spiegel ersetzt worden ist, wird auch von einem Disc- oder Scheiben-Laser gesprochen. Das optische Pumpen ist hierbei Teil des Konzepts und nicht eine Vorstufe auf dem Weg zum elektrisch gepumpten Laser.

12. Lasereigenschaften

12.1. Laserkennlinien und charakteristische Laserparameter

Im Prinzip kann jede Funktion, die eine Aussage über das Verhalten eines Lasers macht als „Laserkennlinie" bezeichnet werden. Im engeren Sinne wird darunter aber die Abhängigkeit der Ausgangsleistung P als Funktion der optischen Pumpleistung P_{Pumpe} (bei optisch gepumpten Lasern) oder des Pumpstroms I (bei elektrisch gepumpten Lasern) verstanden. Im Folgenden soll von elektrisch gepumpten Halbleiterlasern die Rede sein.

In Unterkapitel 7.10 wurde für den Leuchtdiodenbetriebs des Lasers (also unterhalb der Laserschwelle I_S bereits hergeleitet, dass die Ausgangsleistung $P \equiv P_{LED}$ proportional zum Pumpstrom I ist:

$$P_{LED} = \eta_{ex} \cdot \frac{h\nu}{q} \cdot I \tag{12.1}$$

mit den in Kap. 7 (insbesondere Unterkapitel 7.10) definierten Größen. Gleichzeitig kann rekapituliert und für den Fall des Pumpstroms an der Laserschwelle $I = I_S$ geschrieben werden:

$$\eta_i \frac{I_S}{qV_{aktiv}} = (R_{sp} + R_{nstr} + R_l)_S = \frac{\tilde{N}_S}{\tau}. \tag{12.2}$$

Wie die stationäre Lösung der allgemeinen Laserratengleichungen in Unterkapitel 7.11 gezeigt hat, ändert sich die Inversion oberhalb der Schwelle in erster Näherung nicht mehr; sie „hängt" bei ihrem Wert an der Schwelle fest ('clamping'); dasselbe gilt für den Verstärkungs-/Gewinnkoeffizienten g_V:

$$\tilde{N} \,|_{I>I_S} \;=\; \tilde{N}_S \tag{12.3}$$

$$\implies \quad (R_{sp} + R_{nstr} + R_l) \,|_{I=I_S} \;=\; (R_{sp} + R_{nstr} + R_l)_S \tag{12.4}$$

$$g_V \,|_{I>I_S} \;=\; g_S. \tag{12.5}$$

Mit Gl. (12.2) und den Laserratengleichungen aus Unterkapitel 7.12 folgt damit weiter:

$$\begin{aligned}
\frac{d\tilde{N}}{dt} &= \eta_i \frac{I}{qV_{aktiv}} - \frac{\tilde{N}_S}{\tau} - v_g \cdot g_S \cdot N_{Photon} \\[2mm]
&= \eta_i \frac{I}{qV_{aktiv}} - \eta_i \frac{I_S}{qV_{aktiv}} - v_g g_S N_{Photon} \\[2mm]
&= \eta_i \frac{I - I_S}{qV_{aktiv}} - v_g g_S N_{Photon}.
\end{aligned} \tag{12.6}$$

Die stationäre Lösung bedeutet aber auch:

$$\frac{d\tilde{N}}{dt} \;=\; 0 \tag{12.7}$$

$$\implies \quad \eta_i \frac{I - I_S}{q V_{aktiv}} \;=\; v_g g_S N_{Photon}$$

$$\implies \quad N_{Photon} \;=\; \eta_i \frac{I - I_S}{q v_g g_S V_{aktiv}}. \tag{12.8}$$

Die im Laserresonator (der Laserkavität) gepeicherte photonische Energie ist:

$$E_{Kav} = N_{Photon} \cdot h\nu \cdot V_{Photon} = P \cdot \tau_{Spiegel} = P \cdot \frac{1}{v_g \alpha_{Spiegel}} \tag{12.9}$$

mit der Lichtleistung P im Resonator. Das Volumen V_{Photon} der Lasermode hängt mit dem aktiven Volumen V_{aktiv} über den dreidimensionalen Füllfaktor $\tilde{\Gamma}$ zusammen:

$$\tilde{\Gamma} = \frac{V_{aktiv}}{V_{Photon}}. \tag{12.10}$$

So folgt weiter:

$$\begin{aligned}
P &= v_g \cdot \alpha_{Spiegel} \cdot N_{Photon} \cdot h\nu \cdot V_{Photon} \\[2mm]
&= v_g \alpha_{Spiegel} \eta_i \frac{I - I_S}{q v_g g_S V_{aktiv}} h\nu V_{Photon} = v_g \alpha_{Spiegel} \eta_i \frac{I - I_S}{q v_g g_S} h\nu \frac{V_{Photon}}{V_{aktiv}} \\[2mm]
&= v_g \alpha_{Spiegel} \eta_i \frac{I - I_S}{q v_g g_S} h\nu \frac{1}{\tilde{\Gamma}} = \left[\eta_i \frac{\alpha_{Spiegel}}{(\tilde{\Gamma} g_S)} \right] \frac{h\nu}{q} (I - I_S) \\[2mm]
&= \left[\eta_i \frac{\alpha_{Spiegel}}{(\alpha_i + \alpha_{Spiegel})} \right] \cdot \frac{h\nu}{q} (I - I_S) = [\eta_i \eta] \cdot \frac{h\nu}{q} (I - I_S) \\[2mm]
&\equiv \eta_d \cdot \frac{h\nu}{q} (I - I_S), \tag{12.11}
\end{aligned}$$

womit gleichzeitig der differenzielle Quantenwirkungsgrad η_d eingeführt worden ist. Gleichung (12.11) bedeutet, dass die Laserkennlinie auch oberhalb der Schwelle linear[1] verläuft. So kann für den differenziellen Quantenwirkungsgrad η_d geschrieben werden:

$$\eta_d = \frac{q}{h\nu} \cdot \frac{dP}{dI}. \tag{12.12}$$

Dieser Wirkungsgrad stellt die (üblicherweise im Wesentlichen konstante) Steigung dP/dI der Laserkennlinie oberhalb der Schwelle dar, modifiziert um den Faktor $q/(h\nu)$, der Ladungen mit Photonenenergien in Beziehung setzt.

Wie und *in welcher Reihenfolge* gelangt man (auch experimentell) am besten zu den wichtigen Parametern, die einen Halbleiterlaser beschreiben [COL 95] ?

---

[1]Dieses Ergebnis ergab sich auch schon direkt im Zusammenhang mit der stationären Lösung der Laserratengleichungen.

- Die Brechzahl einer Probe sowie der Amplitudenreflexionskoeffizient können aus Ellipsometrie-Messungen gewonnen werden.[2] Mittlerweile gibt es aber auch für viele (zumindest binäre) III-V-Halbleiter Näherungsformeln, mit denen die Brechzahlen in Abhängigkeit von der Vakuum-Wellenlänge berechnet werden können.

- Mit den Brechzahlen der Schichtmaterialien können für eine Laser-Wellenleiterstruktur die effektiven Brechungsindizes der Transversalmoden berechnet werden. Für Halbleiterlaser interessiert meistens nur die transversale Grundmode.

- Bei einem Fabry-Perot-Kanten-/Facettenemitter ist die Kenntnis der Amplitudenreflexionskoeffizienten r_1 und r_2 (oft $r_2 = r_1$) ausreichend; bei einem DFB- oder DBR-Laser (siehe Abschnitt 11.4.2) müssen die Bragg-Spiegel berücksichtigt werden. Die Amplitudenreflexionskoeffizienten ergeben sich dann in der Folge einer Beschreibung der Bragg-Spiegel mit Hilfe der Transmissionsmatrizen für die Bestandteile des Bragg-Spiegels, wie schon in Unterkapitel 11.2 erläutert. Dann muss von einem effektiven Amplitudenreflexionskoeffizienten gesprochen werden. - Im Zusammenhang mit dem *Beispiel eines DBR-lasers mit einseitigem Bragg-Spiegel* folgt damit für die Schwellbedingung in dem speziellen Fall, dass die Gitterperiode auf die Wellenlänge abgestimmt ist, dass also die Wellenlänge der so genannten Bragg-Wellenlänge gleicht:

$$r_{2,eff} = \left[1 - \left(\frac{n_{niedrig}}{n_{hoch}}\right)^{2\tilde{m}}\right] \Big/ \left[1 + \left(\frac{n_{niedrig}}{n_{hoch}}\right)^{2\tilde{m}}\right] \tag{12.13}$$

$$\implies \tilde{\Gamma}g_S = \alpha_i + \frac{1}{d + d_{Bragg,eff}} \mid \ln(r_1 r_{2,eff}) \mid$$

$$= \alpha_i + \frac{1}{d_{eff}} \mid \ln(r_1 r_{2,eff}) \mid, \tag{12.14}$$

wobei $\tilde{m}$ die Anzahl der Gitterperioden (aus einer niedrig- und einer hochbrechenden Schicht) bezeichnet und $d_{Bragg,eff}$ eine effektive Eindringtiefe der Welle in den Bragg-Spiegel darstellt.

- Damit folgen die „Spiegelverluste" $\alpha_{Spiegel} = \frac{1}{d_{(eff)}} \mid \ln(r_{1(,eff)} \cdot r_{2(,eff)}) \mid$.

- Wie schon hergeleitet wurde, hängen die Spiegelverluste $\alpha_{Spiegel}$ mit dem differenziellen Quantenwirkungsgrad η_d und dem intrinsischen Wirkungsgrad η_i zusammen:

$$\eta_d = \eta_i \eta = \eta_i \frac{\alpha_{Spiegel}}{\alpha_i + \alpha_{Spiegel}}. \tag{12.15}$$

Wenn zwei Laser unterschiedlicher Länge aus demselben Wafer „gebrochen" werden, können aus den Steigungen der beiden Laserkennlinien oberhalb der Laserschwellen die differenziellen Quantenwirkungsgrade $\eta_d^{(1)}$ und $\eta_d^{(2)}$ der beiden mit den Superskripten $^{(1)}$

---

[2]In der Ellipsometrie wird Licht unter schrägem Einfall auf eine Probe gelenkt und dort reflektiert. Der Polarisationszustand des Lichts, der Einfallswinkel und die Wellenlänge können variiert werden. Aus dem durch die Reflexion veränderten Polarisationszustand des Lichts können die gewünschten Daten mit Hilfe der Fresnelschen Formeln (siehe Abschnitt 1.3.2) extrahiert werden.

und $^{(2)}$ gekennzeichneten Laser extrahiert werden [COL 95]:

$$\eta_d^{(1)} = \eta_i \frac{\mid \ln(r_1 r_2)\mid}{d^{(1)}\cdot\alpha_i + \mid \ln(r_1 r_2)\mid} \quad , \quad \eta_d^{(2)} = \eta_i \frac{\mid \ln(r_1 r_2)\mid}{d^{(2)}\cdot\alpha_i + \mid \ln(r_1 r_2)\mid}. \tag{12.16}$$

• Damit können aus den beiden Laserproben die intrinsischen Verluste und der intrinsische Wirkungsgrad berechnet werden [COL 95]:

$$\alpha_i = \frac{\eta_d^{(2)} - \eta_d^{(1)}}{d^{(1)}\eta_d^{(1)} - d^{(2)}\eta_d^{(2)}} \mid \ln(r_1 r_2)\mid \tag{12.17}$$

$$\eta_i = \eta_d^{(1)}\eta_d^{(2)} \frac{d^{(1)} - d^{(2)}}{d^{(1)}\eta_d^{(1)} - d^{(2)}\eta_d^{(2)}}. \tag{12.18}$$

Sinnvollerweise werden mehr als zwei Laserproben - also auch mehr als zwei Bauteillängen - verwendet. Dann können die Größen α_i und η_i aus dem Ordinatenabschnitt $(1/\eta_i)$ der Kurve

$$\frac{1}{\eta_d} = \frac{\alpha_i}{\eta_i\cdot \mid \ln(r_1 r_2)\mid} d + \frac{1}{\eta_i} \tag{12.19}$$

für die Extrapolation bei $d = 0$ und der Steigung gewonnen werden.

• Daraus kann die Stromdichte $\jmath$ berechnet werden, wenn die elektrisch gepumpte Breite $\breve{h}_y$ der Wellenleiterstruktur bekannt ist:

$$\jmath = \eta_i \frac{I}{\breve{h}_y d} \tag{12.20}$$

solange auf der gesamten Resonatorlänge d elektrisch gepumpt wird.

• Aus einer Laserkennlinie kann auch der Schwellstrom I_S entnommen werden.

• ... Seine Abhängigkeit von der absoluten Temperatur T ergibt sich empirisch zu:

$$I_S = I_{S,0}\cdot e^{T/T_0} \tag{12.21}$$

(auch andere Näherungen werden verwendet). Die Größe T_0 wird charakteristische Temperatur genannt. Sie ist eine Kenngröße für die Qualität des Lasers. Wenn T_0 klein ist, ist die Temperaturabhängigkeit der Laserschwelle stark, was ein schlechtes Zeichen für einen Laser ist. Wenn T_0 groß ist, handelt es sich um einen guten Laser. Unter dem Begriff Qualität sind hier zu verstehen:

1) die Eignung des aktiven Materials,
2) die Eignung des Laserdesigns (Schichtenfolge, transversale Struktur, Wärmeabfuhr, quantenmechanische Einengung, ...),
3) die Umsetzung des geplanten Lasers in die Realität (technische Ausführung).

Manche Lasermaterialien führen prinzipiell zu schlechteren (kleineren) charakteristischen Temperaturen T_0 - wie zum Beispiel Antimonide im Vergleich zu AlGaAs - selbst bei sehr gutem Laserdesign und sehr guter technischer Umsetzung. Hinsichtlich des Punktes (2) werden die Verhältnisse stark von der Frage bestimmt, ob das aktive Material Quantenfilme, Quantendrähte oder gar Quantenpunkte enthält. Für einen „idealen Quantenpunkt-Laser" (ohne den Begriff hier näher auszuführen) müsste T_0 theoretisch sogar gegen ∞ gehen. Dies ist ein weiterer Grund für die Attraktivität von Quantenpunkt-Lasern.

12.2. Die „Ingenieursgleichung" des Laserdesigns

Der Gewinnkoeffizient g_V wurde in Unterkapitel 7.12 bereits genähert:

$$g_V = g_0 \cdot \ln \frac{\tilde{N}}{\tilde{N}_{Tr}} \tag{12.22}$$

$$\text{mit} \quad \tilde{N}_{Tr} < \tilde{N}_S \tag{12.23}$$

als Transparenz-Ladungsträgerdichte. An der Laserschwelle gilt:

$$g_S = g_0 \cdot \ln \frac{\tilde{N}_S}{\tilde{N}_{Tr}} \tag{12.24}$$

$$\implies \quad \tilde{N}_S = \tilde{N}_{Tr} \cdot e^{g_S/g_0} = \tilde{N}_{Tr} \cdot e^{(\alpha_i + \alpha_{Spiegel})/(\tilde{\Gamma} g_0)} \tag{12.25}$$

$$\implies \quad \frac{\tilde{N}_S}{\tau} = \eta_i \frac{I_S}{q V_{aktiv}} = (R_{sp} + R_{nstr} + R_l)_S$$

$$= A\tilde{N}_S + B\tilde{N}_S^2 + C\tilde{N}_S^3 \,; \tag{12.26}$$

siehe Unterkapitel 7.9.[3]

Mit der Annahme, dass der zweite Term der letzten Zeile an der Schwelle dominant ist, folgt mit den Gln. (12.11), (12.25) und (12.26) für den Pumpstrom I, der investiert werden muss, wenn an der Facette $j \in \{1, 2\}$ eine bestimmte optische Ausgangsleistung P_j erzielt werden soll:

$$I = \frac{q}{h\nu} \cdot \frac{\alpha_i + \alpha_{Spiegel}}{\alpha_{Spiegel}} \cdot \frac{1}{\eta_i} \cdot \frac{1}{\check{F}_j} \cdot P_j + \frac{q V_{aktiv}}{\eta_i} \cdot B\tilde{N}_{Tr}^2 \cdot e^{2(\alpha_i + \alpha_{Spiegel})/(\tilde{\Gamma} g_0)}, \tag{12.27}$$

wobei der Quotient $P_j/\check{F}_j$ die emittierte Gesamtleitung angibt, $\check{F}_j$ den Leistungsanteil, der aus Facette $_j$ austritt; anders herum gesagt: $P_j = \check{F}_j \cdot P$ ist die Leistung, die aus Facette $_j$ austritt. Dieser Autor nennt Gl. (12.27) die „Ingenieursgleichung" für Halbleiterlaser, weil sie quasi eine Kosten-Nutzen-Rechnung angibt: wieviel an Kosten (hier Pumpstrom I) muss investiert werden, um einen bestimmten Nutzen (hier eine bestimmte nutzbare Ausgangsleistung P_j) erzielen zu können? Sofort muss die Frage folgen: wie können die Kosten (der Pumpstrom) klein gehalten werden?

---

[3]Dabei können die drei Summanden der *vorletzten* Zeile *nicht* mit jeweils einem der drei Summanden der *letzten* Zeile identifiziert werden. Zum Beispiel machen sich Auger-Rekombinationen im dritten und im ersten Term der letzten Zeile bemerkbar, gehören in der vorletzten Zeile aber zum zweiten Summanden.

- Groß sein sollten: g_0 und $\tilde{\Gamma}$.
- Klein sein sollten: $\tilde{N}_{Tr}$, $(\alpha_i + \alpha_{Spiegel})$ und <u>erstaunlicherweise auch V_{aktiv}</u>.

Das heißt, dass die naive Vorstellung, das aktive Volumen eines Lasers müsse so groß wie möglich sein, falsch ist. Dies hat weitreichende Konsequenzen: ein oberflächenemittierender Laser (VCSEL) ist (trotz seiner kleinen Verstärkungslänge) gegenüber dem (langen) Kanten-/Facettenemitter vom Prinzip her der bessere Laser. Da aber Oberflächenemitter sehr gute Bragg-Spiegel benötigen (die zum Beispiel im Materialsystem InGaAsP aufgrund zu kleiner Brechzahlunterschiede nur schwer zu machen sind), sind bei der Entscheidung für einen Kanten-/Facettenemitter kurze Resonatoren (um $10\,\mu$m Länge) vorzuziehen, wenn die Effizienz des Lasers das Hauptkriterium ist.

Wenn die aktive Zone des Lasers aus m_{MQW} Quantenfilmen mit Barrieren dazwischen besteht (Abkürzung MQW für 'multiple quantum well', Vielfachquantenfilm), ist eine leichte Modifikation der Ingenieursgleichung (12.27) instruktiv:

$$
\begin{aligned}
I \;=\;& \frac{q}{h\nu} \cdot \frac{\alpha_i + \alpha_{Spiegel}}{\alpha_{Spiegel}} \cdot \frac{1}{\eta_i} \cdot \frac{1}{\check{\tilde{F}}_j} \cdot P_j \\
&+ \frac{q \cdot m_{MQW} \cdot V_{aktiv,QW}}{\eta_i} \cdot B\tilde{N}_{Tr}^2 \cdot e^{2(\alpha_i + \alpha_{Spiegel})/(m_{MQW}\cdot\tilde{\Gamma}_{QW}\cdot g_0)},
\end{aligned}
\qquad (12.28)
$$

wobei $\tilde{\Gamma}_{QW}$ den Füllfaktor bezogen auf einen einzigen Quantenfilm ('quantum well', QW) und $V_{aktiv,QW}$ das vom Feld durchsetzte aktive Volumen eines einzelnen Quantenfilms bezeichnen.

Für den Fall, dass (wie bei Antimonid-Lasern) Auger-Effekte (siehe Unterkapitel 7.5) nicht mehr zu vernachlässigen sind, erhöhen sich die „Kosten"; ein Summand kommt hinzu:

$$
\begin{aligned}
I \;=\;& \frac{q}{h\nu} \cdot \frac{\alpha_i + \alpha_{Spiegel}}{\alpha_{Spiegel}} \cdot \frac{1}{\eta_i} \cdot \frac{1}{\check{\tilde{F}}_j} \cdot P_j \\
&+ \frac{q \cdot m_{MQW} \cdot V_{aktiv,QW}}{\eta_i} \cdot B\tilde{N}_{Tr}^2 \cdot e^{2(\alpha_i + \alpha_{Spiegel})/(m_{MQW}\cdot\tilde{\Gamma}_{QW}\cdot g_0)} \\
&+ \frac{q \cdot m_{MQW} \cdot V_{aktiv,QW}}{\eta_i} \cdot C\tilde{N}_{Tr}^3 \cdot e^{3(\alpha_i + \alpha_{Spiegel})/(m_{MQW}\cdot\tilde{\Gamma}_{QW}\cdot g_0)} \qquad (12.29)\\[4pt]
\Longrightarrow \quad I \;=\;& \frac{q}{h\nu} \cdot \frac{\alpha_i + \alpha_{Spiegel}}{\alpha_{Spiegel}} \cdot \frac{1}{\eta_i} \cdot \frac{1}{\check{\tilde{F}}_j} \cdot P_j \\
&+ \frac{q \cdot m_{MQW} \cdot V_{aktiv,QW}}{\eta_i} \cdot \tilde{N}_{Tr}^2 \cdot e^{2(\alpha_i + \alpha_{Spiegel})/(m_{MQW}\cdot\tilde{\Gamma}_{QW}\cdot g_0)} \\
&\cdot \left[B + C\tilde{N}_{Tr} \cdot e^{(\alpha_i + \alpha_{Spiegel})/(m_{MQW}\cdot\tilde{\Gamma}_{QW}\cdot g_0)} \right].
\end{aligned}
\qquad (12.30)
$$

Der Wunsch, α_i und damit die intrinsischen Verluste zu reduzieren, führt dazu, dass moderne Halbleiter-Diodenlaser meistens intrinsische (also undotierte) aktive Zonen haben, die zwischen einem p-dotierten und einem n-dotierten Bereich eingebettet sind. Heutige Laserdioden sind also oft pin-Dioden.

12.3. Hinweise zur Modulation von Halbleiterlasern

Insbesondere für die optische Nachrichtentechnik (Übertragung von Lichtimpulsen via Glasfasern) sind die Laserlinienbreiten und das dynamische Verhalten der Laseremission bei Hochfrequenzmodulation des Pumpstroms von Interesse. Mit dem Planckschen Wirkungsquantum h, der Vakuum-Lichtgeschwindigkeit c, der Vakuum-Wellenlänge λ_0, der Photonenlebensdauer im Resonator[4] τ_{Photon} und der optischen Gesamtlaserleistung P ergibt sich für die Linienbreite nach Schawlow und Townes [SAR 74], wenn der Halbleiterlaser als 4-Niveau-Laser verstanden wird:

$$\Delta\nu_{Schawlow-Townes} = \frac{2\pi \cdot hc/\lambda_0}{\tau_{Photon}^2 P} \propto \frac{1}{P}, \qquad (12.31)$$

ist also umgekehrt proportional zur Laserleistung P. Aufgrund von Materialeigenschaften, aber auch je nach Laser- und Schichtenfolgendesign ergibt sich eine Korrektur, die mit Hilfe des so genannten α- oder auch Henry-Faktors α_H (englisch: 'linewidth enhancement factor') [HEN 82] beschrieben wird:

$$\Delta\nu = \Delta\nu_{Schawlow-Townes} \cdot (1 + \alpha_H^2) \qquad (12.32)$$

$$\text{mit} \quad \alpha_H = -\frac{4\pi}{\lambda_0} \cdot \frac{dn_f/d\tilde{N}}{dg/d\tilde{N}} \qquad (12.33)$$

mit der Inversion $\tilde{N}$, dem Gewinnkoeffizienten g (Dimension 1/m) und der Brechzahl in der aktiven Zone n_f. Der Henry-Faktor kann zum Beispiel für Nahinfrarot-Laser mit verspannten Quantenfilmen 2 bis 5 betragen, entsprechend einem Korrekturterm (also einer Linienbreiten-Vergrößerung) zwischen 5 und 26. Für Anwendungen im Bereich des DWDM ('dense wavelength division multiplexing', Wellenlängenmultiplex mit dicht liegenden Kanälen) mit Übertragungskanalabständen von 0,4 nm oder sogar weniger, kann diese Linienverbreiterung problematisch sein.

Wenn der Laser direkt moduliert werden soll, wird er bis an seine Schwelle mit einem Gleichstrom vorgepumpt. Ein kleines Modulationsstromsignal bringt ihn über die Schwelle, wodurch gleichzeitig die Lichtausgangsleistung moduliert wird. Abbildung 12.1 zeigt das dynamische Verhalten einer typischen Laserdiode. Aufgetragen ist die auf die Lichtleistung ohne Pumpstrommodulation normierte Lichtausgangsleistung in logarithmischer Darstellung über der Modulationsfrequenz ν_{Mod}. Der Pfeil an der Kurvenschar gibt aufsteigenden Gleichvorstrom an - in allen Fällen oberhalb des Schwellstroms. Es zeigt sich ein deutliches Resonanzverhalten, das auf die Relaxationsoszillation zurückzuführen ist, die im Zusammenhang mit Abb. 7.14 behandelt wurde. Je höher der Pumpvorstrom, desto höher liegt die Resonanzfrequenz für die Modulation. Modulationsfrequenzen von über 10 GHz werden für kapazitätsarme Diodentypen erreicht. Bei der Verwendung von Modulationsfrequenzen im GHz-Bereich ist zu bedenken, dass das spektrale Verhalten der Laserdiodenemission verändert wird. Sekundärmodenunterdrückungen von -30 dB sind dann bei einfachen Kanten-/Facettenemittern nicht

---

[4]Hierin steckt die Güte/Finesse des Fabry-Perot-Laserresonators.

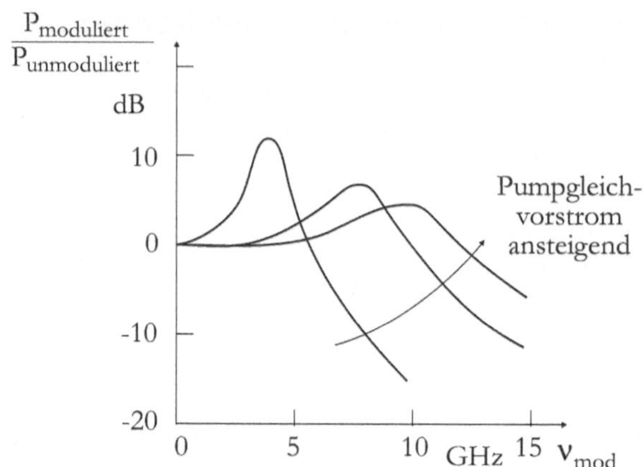

Abbildung 12.1.: Pumpstrom-Modulationsverhalten einer typischen Laserdiode

zu erreichen. Denn letztlich befindet sich der Laser ständig im Einschwingvorgang, bei dem - wie gehabt - die Longitudinalmoden um die vorhandene Inversion miteinander konkurrieren.

Eine andere Möglichkeit, Pulse (in dem Fall periodisch) aus einem Halbleiterlaser „herauszubekommen" besteht in der aktiven Longitudinal-Modenkopplung [SIL 86]. Dabei wird einem Pump-Gleichstrom wieder ein Wechselanteil aufgeprägt. Der Halbleiterlaser ist einseitig entspiegelt. Statt der zweiten Facette wird ein externer Resonatorspiegel eingesetzt. Die Frequenz des Wechselanteils des Pumpstroms wird so gewählt, dass sie mit der Umlauffrequenz eines Lichtpulses in dem externen Resonator übereinstimmt. Bequem und sinnvoll ist eine Resonatorlänge von 15 cm. Der Umlaufweg eines Lichtpulses beträgt dann hin und zurück 30 cm. Für diesen Weg benötigt der Lichtpuls im Vakuum beziehungsweise in Luft 1 ns. Sobald ein Lichtpuls wieder im Halbleiterkristall angekommen ist, soll ein neuer gestartet werden. Das ist dann der Fall, wenn als Folgefrequenz der Kehrwert der Umlaufzeit, also $1/(1\,\text{ns}) = 1\,\text{GHz}$, gewählt wird. Durch dieses Vorgehen wird der Verstärkung ein „Takt" vorgegeben. Das führt dazu, dass die Longitudinalmoden zu bestimmten Zeiten, dem kleinsten gemeinsamen Vielfachen ihrer Schwingungsdauern (und Vielfachen davon), in Phase sind und durch konstruktive Interferenz jeweils einen kurzen, dafür sehr hohen Feldstärke- und Intensitätspuls erzeugen.

In einer zweiten Erklärungsvariante kann wie folgt argumentiert werden: Durch die Amplitudenmodulation mit der Umlauffrequenz werden um die Trägerfrequenz (die Lichtfrequenz) Frequenzseitenbänder erzeugt, deren Abstand zur Trägerfrequenz gleich der Modulationsfrequenz ist [MEY 74]. Wenn die Modulationsfrequenz gleich der Umlauffrequenz gewählt wird, stimmt sie auch mit dem im Zusammenhang mit Fabry-Perot-Resonatoren besprochenen freien Spektralbereich und damit mit dem Frequenzabstand der Longitudinalmoden überein:

$$\Delta\nu = \frac{c}{2(n_{eff}d_{aktiv} + d_{passiv})} \qquad (12.34)$$

mit der Vakuum-Lichtgeschwindigkeit c, einem effektiven Brechungsindex n_{eff} im aktiven Bereich und der Fabry-Perot-Resonator-Länge $d = d_{aktiv} + d_{passiv}$. Das bedeutet aber wiederum, dass durch den Wechselpumpstrom und die damit verbundenen Frequenzseitenbänder ständig Energie in die Nachbarmoden gepumpt wird. Denn für jede Longitudinalmode #m werden Seitenbänder generiert, die durch die spezielle Wahl der Modulationsfrequenz exakt jeweils mit den Nachbarmoden #(m-1) und #(m+1) zusammenfallen. Die Mode #m gibt dabei Energie an ihre Nachbarmoden ab, bekommt durch die Amplitudenmodulation der Nachbarmoden aber selbst Energie von ihren Nachbarmoden. Damit werden die Longitudinalmoden stark miteinander gekoppelt. (Longitudinal-) Modenkopplung von Halbleiterlasern ist üblicherweise an 'narrow stripe'-Lasern gezeigt worden. In Abschnitt 15.2.3 wird nachgewiesen, dass sie auch für Breitstreifenlaser möglich ist.

13. Aktive Zonen mit quantenmechanischer Einengung

13.1. Schrödinger-Gleichung, Bloch-Theorem, Einhüllende

Die Quantenmechanik ging aus Überlegungen zum Welle-Teilchen-Dualismus hervor
[FLI 00]. Dies kann genutzt werden, um auf sehr intuitivem Wege nach [HAK 04] zu einer
Bestimmungsgleichung für quantenmechanische Zustände Ψ, nämlich zur Schrödinger-
Gleichung, zu kommen. Einer monochromatischen Welle der Kreisfrequenz ω werden
Photonen der Photonenenergie

$$E = \hbar\omega \tag{13.1}$$

zugeordnet. Und

$$E = \frac{\hbar^2 k^2}{2m_T} \tag{13.2}$$

sei die kinetische Energie eines Teilchens der Masse m_T mit dem Impuls

$$\vec{p} = \hbar\vec{k} \quad , \quad p = \hbar k. \tag{13.3}$$

Damit lautet die Frage: gibt es eine Gleichung für Ψ, so dass die Lösungen automatisch
die Gleichung

$$\hbar\omega = \frac{\hbar^2 k^2}{2m_T}, \tag{13.4}$$

also Gleichheit der beiden Energien, erfüllen? Wenn die Wellenfunktion Ψ als ebene
Welle mit Ausbreitung in x-Richtung gemäß $\exp\{ikx - i\omega t\}$ angesetzt wird[1], lautet
die Frage praktisch: welche Bestimmungsgleichung erzeugt aus $\exp\{ikx\}$ den Ausdruck
$\hbar^2 k^2/(2m_T)$ und aus $\exp\{-i\omega t\}$ den Ausdruck $\hbar\omega$? Der Wunsch wird mit folgenden
Operationen auf Ψ beinahe erfüllt:

$$\frac{\partial^2}{\partial x^2}\Psi \;=\; -k^2\Psi, \tag{13.5}$$

$$\frac{\partial}{\partial t}\Psi \;=\; -i\omega\Psi. \tag{13.6}$$

Bei Hinzufügen einiger Konstanten ergeben sich auf den rechten Seiten die nach Gl. (13.4)
erwünschten Energie-Ausdrücke:

$$-\frac{\hbar^2}{2m_T}\frac{\partial^2}{\partial x^2}\Psi \;=\; +\frac{\hbar^2}{2m_T}k^2\Psi, \tag{13.7}$$

$$i\hbar\frac{\partial}{\partial t}\Psi \;=\; +\hbar\omega\Psi. \tag{13.8}$$

---

[1] Hier wird die übliche Konvention der Quantenmechanik für die Darstellung der Orts- und Zeitabhängigkeit verwendet - entgegen der Schreibweise $\exp\{i\omega t - ikx\}$ im Zusammenhang mit elektromagnetischen Wellen.

Da die rechten Seiten der Gleichungen gleich sein sollen, müssen auch ihre linken Seiten gleichgesetzt werden können:

$$-\frac{\hbar^2}{2m_T}\frac{\partial^2}{\partial x^2}\Psi = i\hbar\frac{\partial}{\partial t}\Psi. \qquad (13.9)$$

Dies ist die eindimensionale Schrödinger-Gleichung des *kräftefreien* Teilchens. In drei Ortsdimensionen verändert sie sich zu:

$$-\frac{\hbar^2}{2m_T}\Delta\Psi = i\hbar\frac{\partial}{\partial t}\Psi \qquad (13.10)$$

mit dem schon bekannten Laplace-Operator $\Delta = (\partial^2/\partial x^2) + (\partial^2/\partial y^2) + (\partial^2/\partial z^2)$. Die Größe Ψ ist im Allgemeinen komplex, wird also nicht etwa nur zur Vereinfachung der Rechnungen komplex angenommen. Der Ausdruck

$$H \equiv -\frac{\hbar^2}{2m_T}\Delta \qquad (13.11)$$

heißt auch Hamilton-Operator - in diesem Fall für ein kräftefreies Teilchen.

Wenn erneut die harmonische Zeitabhängigkeit $\exp\{-i\omega t\}$ angenommen wird, also

$$\Psi(\vec{r}, t) = \psi(\vec{r}) \cdot e^{-i\omega t}, \qquad (13.12)$$

folgt nach Einsetzen in Gl. (13.10):

$$e^{-i\omega t} \cdot \left(-\frac{\hbar^2}{2m_T}\Delta\psi\right) = -i\omega \cdot e^{-i\omega t} \cdot i\hbar\psi \qquad (13.13)$$

$$\Longrightarrow \quad -\frac{\hbar^2}{2m_T}\Delta\psi = +\hbar\omega\,\psi \qquad (13.14)$$

$$\Longrightarrow \quad H\psi = E\psi. \qquad (13.15)$$

Das ist die zeit*un*abhängige Schrödinger-Gleichung des kräftefreien Teilchens; ihre Lösungen heißen stationär.

Jetzt soll die zeitabhängige Schrödinger-Gleichung noch verallgemeinert werden, denn bisher war nur von dem Spezialfall eines kräftefreien Teilchens die Rede. Bei einem energieerhaltenden System kommt zur kinetischen Energie noch ein Potenzial $V_{pot}(\vec{r})$ in Abhängigkeit vom Ortsvektor $\vec{r}$ hinzu, das über die Beziehung

$$\vec{F} = -\vec{\nabla}V_{pot}(\vec{r}) \qquad (13.16)$$

mit einer Kraft $\vec{F}$ verbunden ist, so dass für die Gesamtenergie gilt:

$$E = \frac{\vec{p}^2}{2m_T} + V_{pot}(\vec{r}). \qquad (13.17)$$

Damit folgt die Schrödinger-Gleichung für ein Teilchen *im konservativen Kraftfeld*:

$$-\frac{\hbar^2}{2m_T}\Delta\Psi + V_{pot}(\vec{r})\,\Psi \;=\; i\hbar\frac{\partial}{\partial t}\Psi \tag{13.18}$$

$$\text{oder}\quad H\Psi \;=\; i\hbar\frac{\partial}{\partial t}\Psi \tag{13.19}$$

$$\text{mit}\quad H \;\equiv\; -\frac{\hbar^2}{2m_T}\Delta + V_{pot}(\vec{r}), \tag{13.20}$$

dem Hamilton-Operator im Fall eines infolge eines Potenzials kräftebehafteten Teilchens.

Ist ein Hamilton-Operator reell, können auch die Lösungen der Schrödinger-Gleichung reell angesetzt werden.

Nachdem Ψ zunächst eine Materiewelle zugeordnet wurde, zeigte sich, dass nur der Ausdruck $\mid\Psi(\vec{r},t)\mid^2 d^3x$ eine physikalische Bedeutung haben kann - und zwar entspricht er der Wahrscheinlichkeit, ein Teilchen im Volumenelement d^3x um den Ort $\vec{r}$ zur Zeit t vorzufinden, oder dem Anteil von Teilchen eines Ensembles im Volumenelement d^3x.

In Abb. 13.1 sind schematisch die Potenzialverläufe $V_{pot}(x)$ und quantenmechanischen Wellenfunktionen $\psi(x)$ in den Fällen eines rechteckigen Potenzialwalls (a) und eines rechteckigen Potenzialtopfes (b) aufgetragen. In Teilbild 13.1a, eine Momentaufnahme, sind die Elektronen von links auf den Potenzialwall eingefallen - und zwar mit einer kinetischen Energie E, die geringer als die Potenzialbarrierenhöhe V_0 ist. Dennoch ist es den Teilchen mit einer gewissen Wahrscheinlichkeit möglich, die Barriere zu durchtunneln; die reflektierten Anteile sind in diesem Diagramm nicht wiedergegeben. In Teilbild 13.1b ist für den Fall des eindimensionalen Potenzialtopfes angedeutet, dass die Einengung der Ladungsträger-Bewegungsfreiheit mit Energien E unterhalb der Topfwandhöhe V_0 zu einer Diskretisierung der möglichen Energieniveaus führt; das heißt, die Ladungsträger können nur ganz bestimmte Energien haben.

In der Festkörperphysik wird gezeigt, dass die elektronische stationäre Wellenfunktion in einem unendlich ausgedehnten Kristall (also in einem Kristall ohne innere oder äußere Grenzflächen und Begrenzungen) als ebene Welle $\exp\{i\vec{k}\cdot\vec{r}\}$ geschrieben werden kann, *moduliert* mit einer Funktion $u_{\vec{k}}(\vec{r})$, die *in den drei Raumdimensionen* x,y,z *periodisch in den Gitterkonstanten* a_x, a_y, a_z ist:

$$\psi(\vec{r}) = e^{i\vec{k}\cdot\vec{r}} \cdot u_{\vec{k}}(\vec{r}). \tag{13.21}$$

Diese Aussage wird Bloch-Theorem genannt. - Wenn aber innere oder äußere Grenzflächen vorliegen, setzt sich die Lösung aus einer Linearkombination der Lösungen in Gl. (13.21) zusammen, das heißt aus einer Vielzahl ebener Wellen. Als Lösung ergibt sich eine Einhüllende $F_{Huelle}(\vec{r})$, die wieder mit einer Funktion moduliert wird, die in den Raumrichtungen periodisch in den jeweiligen Gitterkonstanten ist:

$$\psi(\vec{r}) = \int A(\vec{k}) \cdot e^{i\vec{k}\cdot\vec{r}} \cdot u_{\vec{k}}(\vec{r})\,d^3k \approx F_{Huelle}(\vec{r}) \cdot u'(\vec{r}) \tag{13.22}$$

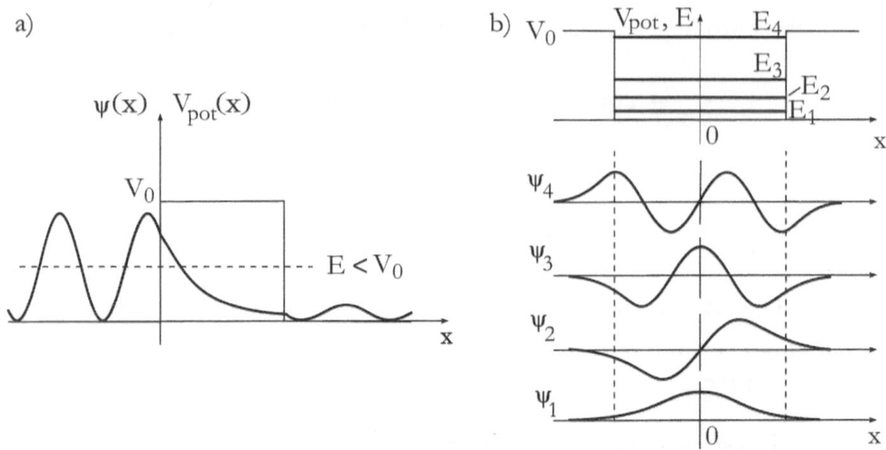

Abbildung 13.1.: Darstellung der Potenzialverläufe $V_{pot} = V_{pot}(x)$ und Wellenfunktionen der Elektronen $\psi = \psi(x)$ für a) einen Potenzialwall und b) einen Potenzialtopf

mit den Amplituden $A(\vec{k})$ der ebenen Teilwellen $e^{i\vec{k}\cdot\vec{r}}$; das ist die so genannte Einhüllenden-Näherung. Gleichung (13.22) bedeutet, dass hier wieder eine Fourier-Synthese zum Tragen kommt; die Einhüllende wird aus ebenen Teilwellen mit unterschiedlichem Ausbreitungsvektor $\vec{k}$ zusammengesetzt.

In der Praxis ist häufig nur die Einhüllende F_{Huelle} gemeint, obwohl von der Wellenfunktion ψ gesprochen wird. In den meisten Situationen ist dies unerheblich. Manchmal muss aber genau gerechnet werden, zum Beispiel, wenn es um die so genannten Übergangsmatrixelemente geht, die eine Aussage über die Wahrscheinlichkeit eines elektronischen Übergangs machen. Wichtig ist nämlich der Überlapp der quantenmechanischen Wellenfunktionen ψ vom Ausgangs- und vom Endzustand; und dabei darf die Durchmodulation der Einhüllenden à la Bloch-Theorem nicht vernachlässigt werden.

13.2. Quantenstrukturen

Noch höhere Verstärkungen und differenzielle Verstärkungen als bei Halbleiterlasern mit Volumenmaterial als aktive Zone (nicht mehr üblich) sind bei Lasern mit quantenmechanischen Strukturen zu erwarten, also bei Strukturen mit charakteristischen Abmessungen im Bereich von einigen bis einigen 10 nm, so dass die Ladungsträger-Bewegungsfreiheit eingeschränkt ist. Die Bemerkungen gelten allgemein für Quantenstruktur-Laser mit
- (zweidimensionalen - 2D) *Quantenfilmen* ('quantum wells', QW; 1D-Einengung),
- (eindimensionalen - 1D) *Quantendrähten* ('quantum wires', QWi; 2D-Einengung[2]),
- (nulldimensionalen - 0D) *Quantenpunkten* ('quantum dots', QD; 3D-Einengung)

---

[2]zum Beispiel durch epitaktisches Quantenfilm-Wachstum auf durch Grubenätzung vorstrukturiertem Substrat

in der aktiven Zone. - Durch die quantenmechanische Einengung wird die Verstärkungs-
bandbreite in der Kette Volumenmaterial - Quantenfilme - Quantendrähte - Quantenpunkte immer geringer. Bei ähnlicher Ladungsträgerdichte bedeutet dies in derselben Reihenfolge eine Erhöhung der Verstärkung und der differenziellen Verstärkung
[KAP 99]. Diese Verbesserungen sind auf die in dieser Reihenfolge an den Bandkanten zunehmenden Zustandsdichten D' zurückzuführen. Abbildung 13.2 zeigt die Zustandsdichten in Abhängigkeit vom Grad der quantenmechanischen Einengung. Im Quantenpunkt-
Fall, also bei dreidimensionaler Einengung, sind im Idealfall diskrete Energieniveaus wie
bei den Atomen eines Gases geringer Dichte zu erwarten, weshalb bei Quantenpunkten
auch von „künstlichen Atomen" gesprochen wird.

13.3. Quantenfilme

In diesem Unterkapitel sollen Quantenfilm-Strukturen behandelt werden. Durch die hohen Verstärkungen und differenziellen Verstärkungen sind mit geeigneten Quantenfilm-
Lasern Schwellströme von einem oder einigen Milliampère erreichbar.

Die eindimensionale Einengung der Ladungsträger-Bewegungsfreiheit entspricht in der
Quantenmechanik dem Problem des eindimensionalen Potenzialtopfes. Bei epitaktischen
Halbleiterstrukturen sind die Übergänge zwischen dem Quantenfilm- und dem Barrier-
enmaterial üblicherweise abrupt, so dass es sich um einen rechteckigen Potenzialtopf
handelt. Aus dem eindimensionalen Problem ist bekannt, dass die elektronischen Energien diskret und proportional zur Quantenzahl n_w sind. Die Epitaxiewachstumsrichtung
sei wieder die x-Richtung; dann bedeutet die quantenmechanische Einengung eine Diskretisierung der x-Komponente k_x des elektronischen Wellenvektors $\vec{k}$:

$$k_x = \frac{n_w \pi}{a_x} \quad \text{mit} \quad n_w = 1, 2, 3, \dots, \tag{13.23}$$

wobei a_x die Dicke des Quantenfilms ist. Für die elektronischen Energien bedeutet dies
eine Aufspaltung in so genannte Subbänder (siehe auch Abb. 13.2), die man mit der
Quantenzahl n_w durchnummerieren kann:

$$E_{L,n_w}(k_y, k_z) = E_L + \frac{\hbar^2}{2m_e^*}\left[\left(\frac{n_w \pi}{a_x}\right)^2 + k_y^2 + k_z^2\right] \tag{13.24}$$

mit der effektiven Elektronenmasse m_e^* im Festkörper. Durch den zweiten Summanden
werden die Energien der Subbandkanten

$$E_{L,n_w}^{(0)} = \frac{\hbar^2}{2m_e^*}\left(\frac{n_w \pi}{a_x}\right)^2 \tag{13.25}$$

im Leitungsband (relativ zur Volumenmaterial-Leitungsbandkante), die so genannten
Quantisierungsenergien, angegeben. Oberhalb der Subbandkanten verlaufen die Energien
proportional zu $k_y^2 + k_z^2$, wie man es für ein in der y- und der z-Richtung quasi-freies

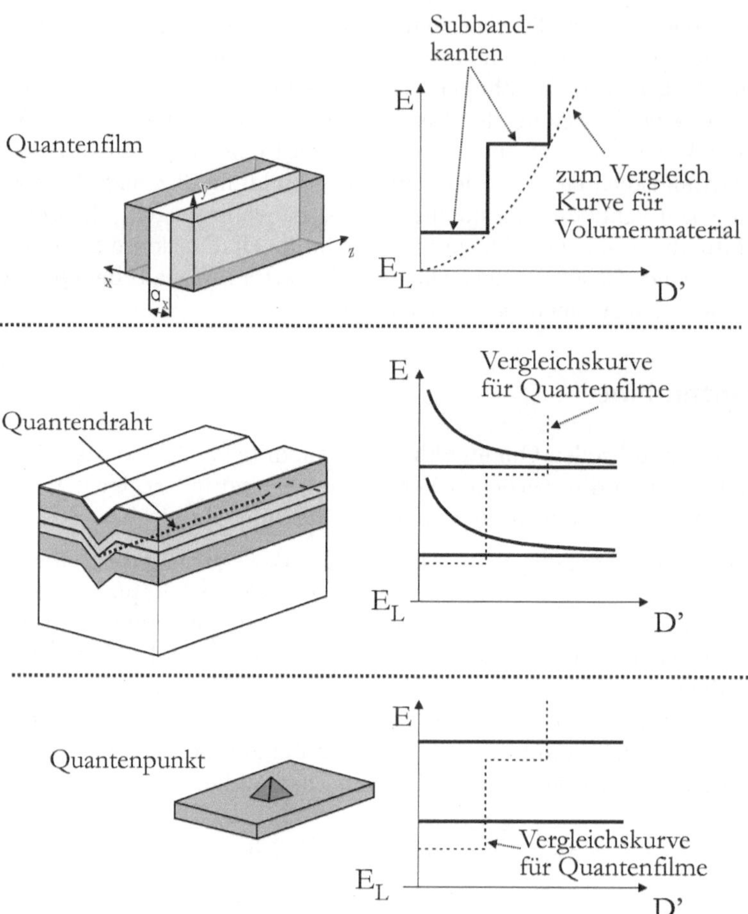

Abbildung 13.2.: Elektronische Zustandsdichten $D' = D'(E)$ (nur im Leitungsband) über der elektronischen Energie E für Strukturen mit quantenmechanischer Einengung: Quantenfilm, Quantendraht, Quantenpunkt

Elektron (der effektiven Masse m_e^*) erwarten sollte:

$$\Delta E_{L,n_w}(k_y, k_z) \;=\; \frac{\hbar^2}{2m_e^*}[k_y^2 + k_z^2] \tag{13.26}$$

$$\Longrightarrow \quad E_{L,n_w}(k_y, k_z) \;=\; E_L + E_{L,n_w}^{(0)} + \Delta E_{L,n_w}(k_y, k_z). \tag{13.27}$$

Eine Aufspaltung in Subbänder[3] ergibt sich auch für die Löcher im Valenzband mit ihrer größeren effektiven Masse m_p^*. Infolge der unterschiedlichen effektiven Masse sind die Abstände der Lochsubbandkanten geringer als die der Elektronensubbandkanten.

Im einfachsten Fall handelt es sich um eine Einengung in einer Dimension und einen einzelnen Quantenfilm, veranschaulicht in Abb. 13.3. Dann ist der Füllfaktor so gering, dass die hohe differenzielle Verstärkung im Quantenfilm für Laser kaum genutzt werden kann. Um die Welle auf einen kleineren Bereich um den Quantenfilm zu beschränken und dadurch den Füllfaktor zu erhöhen, kann zum Beispiel eine Überstruktur in der Brechzahlverteilung vorgesehen werden. Abbildung 13.4 zeigt das Prinzip eines solchen GRINSCH-Lasers. Die Abkürzung steht für 'graded index separate confinement heterostructure'. Wichtig ist die Einschränkung der Welle auf einen kleineren Bereich durch eine Brechzahlverteilung mit allmählichen Übergängen. Diese Struktur erhöht den Füllfaktor $\tilde{\Gamma}_{QW}$ der Welle im Hinblick auf die Quantenfilmschicht. Dadurch kann die hohe Verstärkung im Quantenfilm besser genutzt werden.

Die Herstellung von GRINSCH-Lasern ist relativ kompliziert. Denn der Epitaxieprozess beinhaltet zum Beispiel ein MBE-Wachstum mit kontinuierlicher Veränderung der Materialzusammensetzung und damit von Bandlücke und Brechzahl.

Zur Erhöhung des auf die Quantenfilme bezogenen Füllfaktors können statt des GRINSCH-Aufbaus auch Strukturen mit Vielfachquantenfilmen ('multiple quantum wells', MQW) gewählt werden, deren Gesamtdicke im Bereich von 1 bis 5 μm liegt, so dass die Welle zu einem großen Teil im Vielfachquantenfilm-Bereich geführt wird.

Ein Quantenfilm sowie die Energieabhängigkeit seiner Zustandsdichte und der spektralen Ladungsträgerdichte sind schematisch in Abb. 13.3 dargestellt, im Vergleich zu der von Volumenmaterial ('bulk'), für das eine wurzelförmige Abhängigkeit $D'(E) \propto \sqrt{E}$ vorliegt[4]. An den Subbandkanten der Quantenfilme zeigen die Zustandsdichten und die spektralen Ladungsträgerdichten Sprünge. - Zusätzlich zu der Ausbildung von Subbändern kann es zu der Bildung von gebundenen Elektron-Loch-Paaren, so genannten Exzitonen, kommen, bei denen infolge der Einengung durch Coulombsche Anziehung eine Bindung entsteht, die gegebenenfalls auch bei Raumtemperatur zu langlebigen, Wasserstoffatom-ähnlichen Zuständen führt. In Abb. 13.5 finden sich Prinzipskizzen zu

---

[3]nicht zu verwechseln mit den „hh, lh, so" genannten Subbändern; letztere spalten durch quantenmechanische Einengung der Ladungsträger-Bewegungsfreiheit selbst noch weiter quasi in „Sub-Subbänder" auf; der Begriff Subbänder wird also in zweifacher Bedeutung verwendet

[4]Da üblicherweise D' als Abszisse und E als Ordinate aufgetragen wird, entsteht grafisch eine Parabel und man spricht (fälschlicherweise trotz besseren Wissens) von der „parabelförmigen oder parabolischen Zustandsdichte".

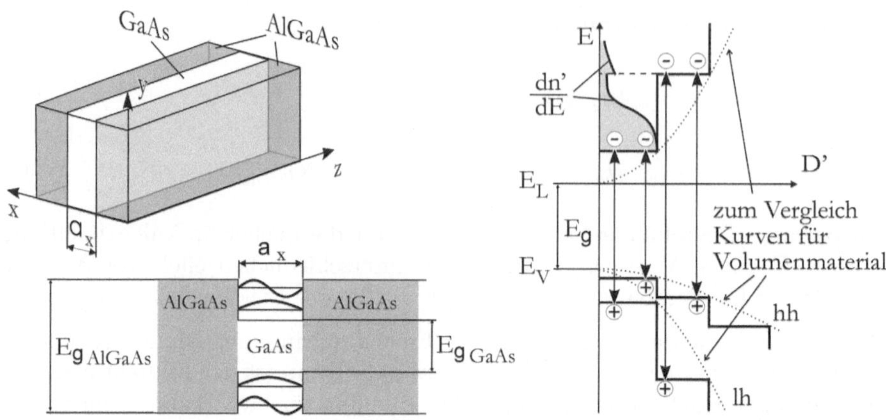

Abbildung 13.3.: Schematische Darstellung eines Quantenfilms mit einer Dicke a_x im Bereich von etwa 5 bis 30 nm (links oben). Es kommt zur Ausbildung von Subbandkanten (links unten) beziehungsweise Subbändern, die sich besonders deutlich im Diagramm der Zustandsdichte D' über der Energie E darstellen lassen (rechts). Die Subbänder der Löcher im Valenzband lassen sich in mindestens zwei Klassen unterteilen: in die von schweren Löchern (hh für 'heavy hole') mit großer effektiver Masse und die von leichten Löchern (lh für 'light hole') mit geringerer effektiver Masse

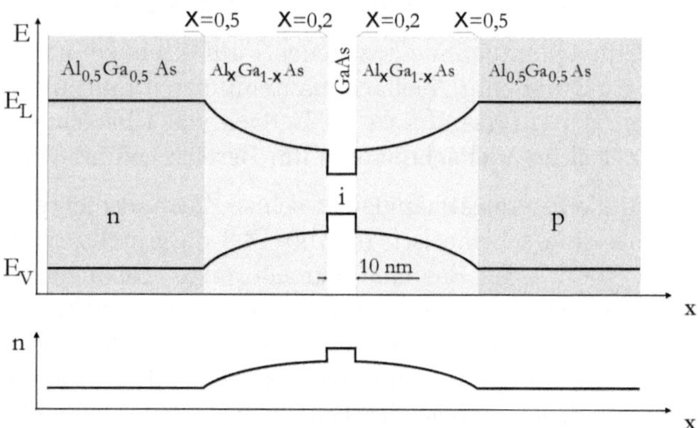

Abbildung 13.4.: Mögliches Schichtdesign einer GRINSCH-Laserdiode mit Einschränkung der Welle auf einen kleineren Bereich durch eine Brechzahlverteilung mit allmählichen Übergängen: Energiebandschema $E = E(x)$ des p(i)n-Übergangs (oben) mit Durchlassspannung, die in dieser Zeichnung gerade das Diffusionspotenzial ausgleicht, sowie Brechzahlprofil

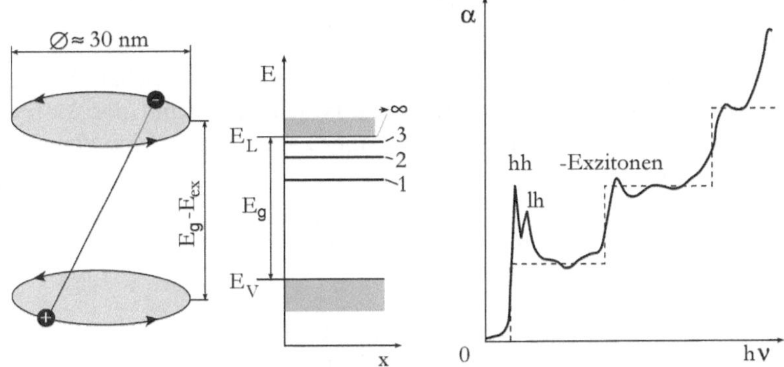

Abbildung 13.5.: Prinzipskizzen zu Exzitonen (links) und ihren Energieniveaus unterhalb der Leitungs(sub)bandkante(n) (Mitte) sowie spektraler Verlauf des Intensitätsabsorptionskoeffizienten α als Funktion der Photonenenenenergie $h\nu$ für Quantenfilme (rechts). Hier sind sowohl der Einfluss der Subbänder, die zu einer Abstufung des Absorptionskoeffizienten führen, als auch die ausgeprägten Absorptionsresonanzüberhöhungen durch Exzitonen zu erkennen, die für Anwendungen in der Optoelektronik genutzt werden können. Auch bei den Exzitonen wird zwischen leichten und schweren Löchern unterschieden, die an dieser Bindung teilhaben

den Exzitonen, ihren Energieniveaus unterhalb der (Sub-) Bandkanten und ihren Absorptionsresonanzpeaks. Die exzitonischen Resonanzüberhöhungen werden in der Optoelektronik in Anwendungen genutzt.

13.4. Fermis Goldene Regel

Die Rekombinationsrate der stimulierten Emission kann so geschrieben werden:

$$R_{st} = R_r \cdot f_2'(1 - f_1'), \tag{13.28}$$

wobei f_2' die Besetzungswahrscheinlichkeit (laut Fermi-Verteilung) des oberen elektronischen Energieniveaus und f_1' die des unteren angibt. Leider kann R_r, ein Einstein-Koeffizient, für Halbleiter nicht so einfach bestimmt werden wie für 2-Niveau-Systeme. Ein Hilfsmittel zur Bestimmung von R_r ist die so genannte Goldene Regel nach Fermi, die hier nach [COL 95] hergeleitet werden soll.

Ausgangspunkt der Überlegungen soll ein Übergang von einem bestimmten elektronischen Anfangsniveau, etwa der Leitungsbandkante (oder einer Leitungs*sub*bandkante bei Quantenfilmen) in ein Kontinuum von Endniveaus, etwa das Valenzband (oder ein Valenz*sub*band) unter Aussendung eines Lichtquants sein. In der Herleitung könnte es sich aber genauso gut um einen absorptiven Übergang von der Valenzbandkante in das

Leitungsband handeln. Tatsächlich soll hier eine *Absorption* eines Photons angenommen werden, weil so einfacher formuliert und notiert werden kann[5].

Diese halbklassische Herleitung entspricht einem störungstheoretischen Ansatz, bei dem die Wechselwirkung zwischen der elektromagnetischen Welle und der Materie nur als kleine Störung am Festkörper begriffen wird. Daher kann die zeitabhängige Schrödinger-Gleichung wie folgt geschrieben werden:

$$i\hbar\frac{\partial}{\partial t}\Psi(\vec{r},t) = [H + \hat{H}(t)]\,\Psi(\vec{r},t) \tag{13.29}$$

mit dem Hamilton-Operator H des isolierten/ungestörten Systems und $\hat{H}(t)$ als zeitabhängigem Störungsoperator, der die Störung des Festkörpers durch die elektromagnetische Welle beschreibt. Die quantenmechanische Wellenfunktion ψ_a stehe für den Ausgangszustand mit der Energie

$$E_a = \hbar\omega_a = 0 \quad\Longrightarrow\quad e^{-i\omega_a t} = 1 \tag{13.30}$$

und ψ_b für die Serie (das Kontinuum) von möglichen Endzuständen mit den Energien

$$E_b = \hbar\omega_b\,. \tag{13.31}$$

Welcher Endzustand eingenommen wird, ist unbekannt; daher muss eine zeitabhängige Überlagerung aller möglichen Endzustände angesetzt werden:

$$\Psi(\vec{r},t) = c_a(t)\cdot e^{-i\omega_a t}\cdot\psi_a(\vec{r}) + \sum_b\left(c_b(t)\cdot e^{-i\omega_b t}\cdot\psi_b(\vec{r})\right)\,, \quad\text{wobei}\quad c_a, c_b \in C. \tag{13.32}$$

Die Funktionen ψ_a und ψ_b sind zeit*un*abhängig. Die komplexen Koeffizienten c_a und c_b stellen quasi Gewichtsfaktoren dar und machen eine Aussage darüber, wie stark ein bestimmter Zustand zu einem bestimmten Zeitpunkt t beteiligt ist. Die Anfangsbedingungen lauten:

$$c_a(0) = 1, \quad c_b(0) = 0. \tag{13.33}$$

Gleichung (13.32) erfüllt Gl. (13.29) auch ohne Störung; denn:

$$H\psi_b = \hbar\omega_b\,\psi_b = E_b\psi_b \quad, \psi_a = \hbar\omega_a\,\psi_a = E_a\psi_a = 0\,. \tag{13.34}$$

Es wird für die Herleitung angenommen, dass die vorliegenden quantenmechanischen Wellenfunktionen bereits ein System von orthogonalen Basisfunktionen bilden; das bedeutet für ihre Skalarprodukte $\langle\psi_\bullet \mid \psi_\circ\rangle \equiv \int\psi_\bullet^*\psi_\circ\,d^3x$:

$$\langle\psi_a \mid \psi_b\rangle = 0\,, \ \langle\psi_{b'\neq b} \mid \psi_b\rangle = 0\,, \ \langle\psi_a \mid \psi_a\rangle = 1\,, \ \langle\psi_b \mid \psi_b\rangle = 1. \tag{13.35}$$

---

[5]Unter anderem kann die Anfangsenergie auf $E_a = 0$ gesetzt und alle anderen (also höheren) Eigenenergien mit positivem Vorzeichen gewertet werden.

Wenn Gl. (13.29) von links mit ψ_a multipliziert (also ψ_a links im Skalarprodukt) und dabei Gl. (13.32) berücksichtigt wird, ergibt sich:

$$
\begin{aligned}
\text{linke Seite} \;=\;& i\hbar\frac{\partial}{\partial t}\left(\langle\psi_a\mid c_a(t)\psi_a\rangle + \sum_b\langle\psi_a\mid c_b(t)e^{-i\omega_b t}\psi_b\rangle\right)\\
=\;& i\hbar\frac{\partial}{\partial t}\left(c_a(t)\langle\psi_a\mid\psi_a\rangle + \sum_b c_b(t)e^{-i\omega_b t}\langle\psi_a\mid\psi_b\rangle\right) = i\hbar\frac{\partial}{\partial t}c_a(t),\\
\text{rechte Seite} \;=\;& \langle\psi_a\mid Hc_a(t)\psi_a\rangle + \langle\psi_a\mid\hat{H}(t)\,c_a(t)\psi_a\rangle\\
& + \sum_b\langle\psi_a\mid Hc_b(t)e^{-i\omega_b t}\psi_b\rangle + \sum_b\langle\psi_a\mid\hat{H}(t)\,c_b(t)e^{-i\omega_b t}\psi_b\rangle\\
=\;& c_a(t)\langle\psi_a\mid H\psi_a\rangle + c_a(t)\langle\psi_a\mid\hat{H}(t)\,\psi_a\rangle\\
& + \sum_b c_b(t)e^{-i\omega_b t}\langle\psi_a\mid H\psi_b\rangle + \sum_b c_b(t)e^{-i\omega_b t}\langle\psi_a\mid\hat{H}(t)\,\psi_b\rangle\\
=\;& c_a(t)\hbar\omega_a\langle\psi_a\mid\psi_a\rangle + c_a(t)\langle\psi_a\mid\hat{H}(t)\,\psi_a\rangle\\
& + \sum_b c_b(t)e^{-i\omega_b t}\hbar\omega_b\langle\psi_a\mid\psi_b\rangle + \sum_b c_b(t)e^{-i\omega_b t}\langle\psi_a\mid\hat{H}(t)\,\psi_b\rangle\\
=\;& c_a(t)\cdot 0\cdot 1 + c_a(t)\langle\psi_a\mid\hat{H}(t)\,\psi_a\rangle\\
& + \sum_b c_b(t)e^{-i\omega_b t}\hbar\omega_b\cdot 0 + \sum_b c_b(t)e^{-i\omega_b t}\langle\psi_a\mid\hat{H}(t)\,\psi_b\rangle,
\end{aligned}
$$

$$
\Longrightarrow\; i\hbar\frac{\partial}{\partial t}c_a(t) \;=\; c_a(t)\langle\psi_a\mid\hat{H}(t)\,\psi_a\rangle + \sum_b c_b(t)e^{-i\omega_b t}\langle\psi_a\mid\hat{H}(t)\,\psi_b\rangle. \tag{13.36}
$$

Gleichung (13.29) von links mit ψ_b multipliziert und dabei Gl. (13.32) berücksichtigt:

$$
\begin{aligned}
\text{linke Seite} \;=\;& i\hbar\frac{\partial}{\partial t}\left(c_b(t)e^{-i\omega_b t}\right) = \underline{i\hbar e^{-i\omega_b t}}\left(\underline{-i\omega_b c_b(t)} + \frac{\partial}{\partial t}c_b(t)\right),\\
\text{rechte Seite} \;=\;& c_a(t)\hbar\omega_a\langle\psi_b\mid\psi_a\rangle + c_a(t)\langle\psi_b\mid\hat{H}(t)\,\psi_a\rangle\\
& + c_b(t)e^{-i\omega_b t}\hbar\omega_b\langle\psi_b\mid\psi_b\rangle + \sum_{b'}c_{b'}(t)e^{-i\omega_{b'} t}\langle\psi_b\mid\hat{H}(t)\,\psi_{b'}\rangle\\
=\;& c_a(t)\cdot 0\cdot 0 + c_a(t)\langle\psi_b\mid\hat{H}(t)\,\psi_a\rangle\\
& + \underline{c_b(t)e^{-i\omega_b t}\hbar\omega_b} + \sum_{b'}c_{b'}(t)e^{-i\omega_{b'} t}\langle\psi_b\mid\hat{H}(t)\,\psi_{b'}\rangle,
\end{aligned}
$$

$$
\Longrightarrow\; i\hbar\frac{\partial}{\partial t}c_b(t) \;=\; c_a(t)e^{+i\omega_b t}\langle\psi_b\mid\hat{H}(t)\,\psi_a\rangle + \sum_{b'}c_{b'}(t)e^{-i(\omega_{b'}-\omega_b)t}\langle\psi_b\mid\hat{H}(t)\,\psi_{b'}\rangle.
$$

$$
\tag{13.37}
$$

Die Zeitabhängigkeit des Störungsoperators soll nun explizit angegeben werden:

$$
\hat{H}(t) = \hat{H}_{no-t}\cdot\left(e^{i\omega t} + e^{-i\omega t}\right) \tag{13.38}
$$

mit ω als Kreisfrequenz der einfallenden elektromagnetischen Welle; $\hat{H}_{no-t}$ ist ein zeit*un*abhängiger Faktor innerhalb des Störungsoperators. Andere Zeitabhängigkeiten können aus dieser mit unterschiedlichen Frequenzen Fourier-synthetisiert werden. - In der so genannten 'rotating wave approximation' werden alle denkbaren Lösungen der Schrödinger-Gleichung mit einer Frequenz ähnlich oder oberhalb von ω und ω_b vernachlässigt. Das ist zulässig, weil die Änderungen in den Koeffizienten $c_a(t)$ und $c_b(t)$ langsamer erfolgen als die Periodendauern der genannten Frequenzen, so dass sich jede dieser schnellen Oszillationen in ihrer Wirkung auf die Koeffizienten ausmittelt. Übrig bleiben die Frequenzen $(\omega_b - \omega)$. Damit folgt für die Gln. (13.36) und (13.37):

$$i\hbar\frac{\partial}{\partial t}c_a(t) \;=\; \sum_b \left(c_b(t)e^{-i(\omega_b-\omega)t}\langle\psi_a \mid \hat{H}_{no-t}\,\psi_b\rangle \right), \tag{13.39}$$

$$i\hbar\frac{\partial}{\partial t}c_b(t) \;=\; c_a(t)e^{+i(\omega_b-\omega)t}\langle\psi_b \mid \hat{H}_{no-t}\,\psi_a\rangle. \tag{13.40}$$

Diese Gleichungen werden Wigner-Weißkopf-Gleichungen in der 'rotating wave approximation' genannt. - Zur Lösung der Gleichungen wird zunächst Gl. (13.40) über die Zeit integriert und das Ergebnis dann in Gl. (13.39) eingesetzt:

$$c_b(t) \;=\; -\frac{i}{\hbar}\langle\psi_b \mid \hat{H}_{no-t}\,\psi_a\rangle \cdot \int_0^t c_a(t')e^{+i(\omega_b-\omega)t'}\,dt' \tag{13.41}$$

$$\Longrightarrow \frac{\partial}{\partial t}c_a(t) \;=\; \left(-\frac{i}{\hbar}\right)^2 \sum_b \left(\langle\psi_b \mid \hat{H}_{no-t}\,\psi_a\rangle\langle\psi_a \mid \hat{H}_{no-t}\,\psi_b\rangle \int_0^t c_a(t')e^{+i(\omega_b-\omega)(t'-t)}\,dt' \right)$$

$$\;=\; -\frac{1}{\hbar^2} \sum_b \left(\mid \langle\psi_b \mid \hat{H}_{no-t}\,\psi_a\rangle \mid^2 \cdot \int_0^t c_a(t')e^{+i(\omega_b-\omega)(t'-t)}\,dt' \right). \tag{13.42}$$

Für dicht liegende elektronische Energieniveaus - es ist ja von Energiebändern in Festkörpern die Rede - muss die Summation durch eine Integration ersetzt werden:

$$\sum_b \mid \langle\psi_b \mid \hat{H}_{no-t}\,\psi_a\rangle \mid^2 \;\to\; \int_{-\infty}^{\infty} \mid \langle\psi_b \mid \hat{H}_{no-t}(E_b)\psi_a\rangle \mid^2 D'_E(E_b)\cdot\hbar\,d\omega_b \tag{13.43}$$

mit der Zahl der Niveaus in einem Energieintervall D'_E, wobei $[D'_E] = 1/J$. Damit folgt:

$$\frac{\partial}{\partial t}c_a(t) \;=\; -\frac{1}{\hbar^2}\int_{-\infty}^{\infty} \mid \langle\psi_b \mid \hat{H}_{no-t}(E_b)\,\psi_a\rangle \mid^2 D'_E(E_b)\cdot\hbar\cdot\int_0^t c_a(t')e^{+i(\omega_b-\omega)(t'-t)}\,dt'd\omega_b$$

$$\;=\; -\int_0^t c_a(t')\int_{-\infty}^{\infty}\frac{1}{\hbar}e^{+i(\omega_b-\omega)(t'-t)}\underline{\mid \langle\psi_b \mid \hat{H}_{no-t}(E_b)\,\psi_a\rangle \mid^2 D'_E(E_b)}\,d\omega_b\,dt'$$

$$\;=\; -\int_0^t c_a(t')\underline{\int_{-\infty}^{\infty}\frac{1}{\hbar}e^{+i(\omega_b-\omega)(t'-t)}\underline{\tilde{P}(E_b)}\,d\omega_b}\,dt'$$

$$\;=\; -\int_0^t c_a(t')\cdot\underline{F^{-1}(t'-t)}\,dt' \tag{13.44}$$

mit dem doppelt unterstrichenen Ausdruck als inverse Fourier-Transformierte von $\tilde{P}(E_b)$ (hier F^{-1} genannt), also:

$$\frac{\partial}{\partial t} c_a(t) = - \int\limits_0^t c_a(t') \cdot F^{-1}(t' - t)\, dt'. \tag{13.45}$$

In bestimmten Fällen existieren exakte Lösungen; einer davon soll hier diskutiert werden, da er zu Fermis Goldener Regel führt. Dieser Fall wird durch die Bedingung

$$\tilde{P}(E_b) = \text{const} \tag{13.46}$$

beschrieben, also Konstanz des Produkts aus spektraler Zustandsdichte und Übergangs-matrixelement $|\ \langle \psi_b \mid \hat{H}_{no-t}(E_b)\psi_a \rangle\ |^2$, eine Bedingung, die für Halbleiter in erster Näherung gut erfüllt ist. Hierfür folgt weiter:

$$F^{-1}(t' - t) \;=\; \int\limits_{-\infty}^{\infty} \frac{1}{\hbar} e^{+i(\omega_b - \omega)(t' - t)} \cdot \text{const}\ d\omega_b \tag{13.47}$$

$$\int\limits_{+\infty}^{\infty} e^{+i(\omega_b - \omega)(t' - t)}\, d\omega_b \;=\; 2\pi \cdot \delta(t' - t) \tag{13.48}$$

$$|\ \langle \psi_b \mid \hat{H}_{no-t}(E_b)\,\psi_a \rangle\ |^2\, D_E'(E_b) \;\leftrightarrow\; |\ \langle \psi_b \mid \hat{H}_{no-t}\,\psi_a \rangle\ |^2\, D_E' \tag{13.49}$$

$$F^{-1}(t' - t) \;=\; \frac{1}{\hbar}\, |\ \langle \psi_b \mid \hat{H}_{no-t}\,\psi_a \rangle\ |^2\, D_E'\, 2\pi\delta(t' - t). \tag{13.50}$$

mit einem δ-Peak bei $t' = t$. Mit Gl. (13.45) folgt wegen der speziellen Eigenschaften der δ-Funktion weiter:

$$\begin{aligned}
\frac{\partial}{\partial t} c_a(t) &= -\frac{2\pi}{\hbar}\, |\ \langle \psi_b \mid \hat{H}_{no-t}\,\psi_a \rangle\ |^2\, D_E' \cdot \int\limits_0^t c_a(t') \cdot \delta(t' - t)\, dt' \\[2mm]
&= -\frac{2\pi}{\hbar}\, |\ \langle \psi_b \mid \hat{H}_{no-t}\,\psi_a \rangle\ |^2\, D_E' \cdot \frac{1}{2}\int\limits_0^\infty c_a(t') \cdot \delta(t' - t)\, dt' \\[2mm]
&= -\frac{2\pi}{\hbar}\, |\ \langle \psi_b \mid \hat{H}_{no-t}\,\psi_a \rangle\ |^2\, D_E' \cdot \frac{1}{2} c_a(t) \\[2mm]
&= -\frac{\pi}{\hbar}\, |\ \langle \psi_b \mid \hat{H}_{no-t}\,\psi_a \rangle\ |^2\, D_E' \cdot c_a(t) \\[2mm]
&= -\frac{\pi}{\hbar}\, \tilde{P} \cdot c_a(t). \tag{13.51}
\end{aligned}$$

Es ergibt sich für das Zeitverhalten von $c_a(t)$ also eine exponentiell abklingende Lösung:

$$c_a(t) \;=\; 1 \cdot e^{-\hat{Q}\frac{t}{2}}, \tag{13.52}$$

$$\implies\ |\ c_a(t)\ |^2 \;=\; e^{-\hat{Q}t} \tag{13.53}$$

$$\text{mit}\quad \hat{Q} \;=\; \frac{2\pi}{\hbar}\tilde{P} = \frac{2\pi}{\hbar} \cdot |\ \langle \psi_b \mid \hat{H}_{no-t}\,\psi_a \rangle\ |^2\, D_E'. \tag{13.54}$$

Gleichung (13.52) in Gl. (13.41) eingesetzt:

$$
\begin{aligned}
c_b(t) &= -\frac{i}{\hbar}\langle\psi_b\,|\,\hat{H}_{no-t}\,\psi_a\rangle \cdot \int_0^t e^{-\hat{Q}\frac{t'}{2}}e^{+i(\omega_b-\omega)t'}\,dt' \\[2ex]
&= -\frac{i}{\hbar}\langle\psi_b\,|\,\hat{H}_{no-t}\,\psi_a\rangle \cdot \int_0^t e^{it'(\omega_b-\omega+i\hat{Q}/2)}\,dt' \\[2ex]
&= -\frac{i}{\hbar}\langle\psi_b\,|\,\hat{H}_{no-t}\,\psi_a\rangle \cdot \left[\frac{1}{i(\omega_b-\omega+i\hat{Q}/2)}e^{it'(\omega_b-\omega+i\hat{Q}/2)}\right]_0^t \\[2ex]
&= -\frac{1}{\underbrace{\hbar\omega_b-\hbar\omega+i\hbar\hat{Q}/2}_{=E_b}}\langle\psi_b\,|\,\hat{H}_{no-t}\,\psi_a\rangle \cdot \left[e^{it(\omega_b-\omega+i\hat{Q}/2)}-\underbrace{e^0}_{=1}\right]; \quad (13.55)
\end{aligned}
$$

analog Gl. (13.41) konjugiert-komplex:

$$
c_b^*(t) = -\frac{1}{E_b-\hbar\omega-i\hbar\hat{Q}/2}\langle\psi_b\,|\,\hat{H}_{no-t}\,\psi_a\rangle^* \cdot \left[e^{-it(\omega_b-\omega-i\hat{Q}/2)}-1\right] \quad (13.56)
$$

$$
\implies \quad |c_b(t)|^2 = \frac{|\langle\psi_b\,|\,\hat{H}_{no-t}\,\psi_a\rangle|^2}{(E_b-\hbar\omega)^2+(\hbar\hat{Q}/2)^2} \cdot \left[e^{-\hat{Q}t}-e^{-\frac{\hat{Q}}{2}t}\left(e^{+it(\omega_b-\omega)}+e^{-it(\omega_b-\omega)}\right)+1\right]
$$

$$
(13.57)
$$

$$
\text{und für}\quad t\to\infty:\quad |c_b(t\to\infty)|^2 = \frac{|\langle\psi_b\,|\,\hat{H}_{no-t}\,\psi_a\rangle|^2}{(E_b-\hbar\omega)^2+(\hbar\hat{Q}/2)^2} \quad (13.58)
$$

$$
\text{mit}\quad \int_{Band} |c_b(t\to\infty)|^2\,D'_E(E_b)\,dE_b = 1; \quad (13.59)
$$

denn jedes Elektron wird irgendwo im Band auftauchen. Das wahrscheinlichste Auftauchen liegt bei $\hbar\omega$ vor; jenseits davon fällt die Wahrscheinlichkeit nach der Lorentz-Funktion in Gl. (13.58) ab.

Mit der Photonenanzahldichte n_{Photon}, dem Modenvolumen V_{Photon}, der Anzahl $N_{Photon} = n_{Photon} \cdot V_{Photon}$ von Photonen in einer gegebenen Mode ist:

$$
\frac{\partial}{\partial t}(n_{Photon}\cdot V_{Photon}) = V_{Photon}\cdot\frac{\partial}{\partial t}n_{Photon} = -\hat{Q}. \quad (13.60)
$$

Die Größe $\hat{Q}$ aus Gl. (13.52) taucht hier wieder auf, da sie das Verschwinden der Photonen aus dem Grundzustand beschreibt:

$$
\frac{\partial}{\partial t}n_{Photon} = -\frac{\hat{Q}}{V_{Photon}} = -\frac{V_{aktiv}}{V_{Photon}}\cdot\frac{\hat{Q}}{V_{aktiv}} = -\tilde{\Gamma}\cdot\frac{\hat{Q}}{V_{aktiv}} \quad (13.61)
$$

mit dem Volumen V_{aktiv} des aktiven Materials und dem Gesamtfüllfaktor $\tilde{\Gamma}$ (Größen schon früher in Kap. 7 eingeführt).

Die Herleitung hätte (in den Formulierungen und Zustandsnotationen etwas unübersichtlicher) genauso für die stimulierte Emission statt für die Absorption vorgenommen werden können. Daher ergibt sich mit Gl. (13.61) analog:

$$\frac{\partial}{\partial t} n_{Photon} = -\tilde{\Gamma} \cdot \frac{\hat{Q}}{V_{aktiv}} = -\tilde{\Gamma} \cdot R_r \qquad (13.62)$$

mit dem Einstein-Koeffizienten R_r der Rate der stimulierten Emission im Halbleiter (siehe Gl. (13.28)). Mit Gl. (13.54) gilt:

$$R_r = \frac{\hat{Q}}{V_{aktiv}} = \frac{1}{V_{aktiv}} \cdot \frac{2\pi}{\hbar} \cdot \mid \langle \psi_b \mid \hat{H}_{no-t}\, \psi_a \rangle \mid^2 D_E' \qquad (13.63)$$

und mit der auf das aktive Volumen bezogenen spektralen Zustandsdichte $D_{EV}' = D_E'/V_{aktiv}$ und $[D_{EV}']=1/(\mathrm{Jm}^3)$:

$$R_r = \frac{2\pi}{\hbar} \cdot \mid \langle \psi_b \mid \hat{H}_{no-t}\, \psi_a \rangle \mid^2 D_{EV}'. \qquad (13.64)$$

Für den hier behandelten Fall $\tilde{P}(E_b)$ =const, also Konstanz des Produkts aus Übergangsmatrixelement und spektraler Zustandsdichte, ist es zwar unerheblich; aber Gl. (13.64) wird oft noch etwas allgemeiner geschrieben:

$$R_r = \frac{2\pi}{\hbar} \cdot \mid \langle \psi_b \mid \hat{H}_{no-t}\,(E_b)\, \psi_a \rangle \mid^2 D_{EV}'(E_b). \qquad (13.65)$$

Dies ist Fermis Goldene Regel. Der Einstein-Koeffizient der stimulierten Emission im Halbleiter lässt sich insbesondere aus dem Matrixelement $\mid \langle \psi_\bullet \mid \hat{H}_{no-t}\, \psi_\diamond \rangle \mid^2$ des Übergangs zwischen den relevanten (Sub-) Bandkanten und der effektiven spektralen Ladungsträgerdichte an den Kanten bestimmen.

13.5. Übergangsmatrixelement, Impulsmatrixelement

Im letzten Unterkapitel wurde der Begriff des Übergangsmatrixelements für den Ausdruck $\mid \langle \psi_\bullet \mid \hat{H}_{no-t}\, \psi_\diamond \rangle \mid^2$ gebraucht, ohne den Störungsoperator $\hat{H}_{no-t}$ überhaupt explizit hinzuschreiben. Um den Ausdruck zu begründen, muss etwas ausgeholt werden. Mit dem Leitungsband und den drei Valenzbändern (Schwerloch hh, Leichtloch lh, 'split-off'-Loch so) sind Bloch-Funktionen verbunden, die noch auf die Atomorbitale zurückgeführt werden können. Das Leitungsband ist gewissermaßen aus s-Orbitalen hervorgegangen; deswegen kann die dazu gehörige Blochfunktion mit $u_s \equiv u_L$ bezeichnet werden. Die Valenzbänder sind aus den drei p-Orbitalen hervorgegangen[6]; die dazu gehörenden Bloch-Funktionen heißen oft u_x, u_y, u_z, zusammenfassend oft mit u_i gekennzeichnet. (Diese Notationen erinnern auch daran, dass die Symmetrien der Bloch-Funktionen aus den Symmetrien der entsprechenden Atom-Orbitale hervorgehen.) Es gibt aber auch die Möglichkeit, für die drei Valenzbänder hh, lh und so spezifische Bloch-Funktionen u_{hh}, u_{lh}, u_{so}

---

[6]Dabei gibt es keine 1:1-Korrespondenz zwischen den drei Valenzbändern und den drei p-Orbitalen.

zu formulieren, oft in der Bezeichnung u_V zusammengefasst. Wenn der elektronische $\vec{k}$-Vektor in x-Richtung angenommen wird, können die Zusammenhänge zwischen den Funktionen nach [COL 95] so geschrieben werden:

$$u_{hh} = -\frac{1}{\sqrt{2}}(u_y + iu_z) \quad , \quad \bar{u}_{hh} = \frac{1}{\sqrt{2}}(\bar{u}_y - i\bar{u}_z) \quad , \tag{13.66}$$

$$u_{lh} = -\frac{1}{\sqrt{6}}(\bar{u}_y + i\bar{u}_z - 2u_x) \quad , \quad \bar{u}_{hh} = \frac{1}{\sqrt{6}}(u_y - iu_z + 2\bar{u}_x) \quad , \tag{13.67}$$

$$u_{so} = -\frac{1}{\sqrt{3}}(\bar{u}_y + i\bar{u}_z + u_x) \quad , \quad \bar{u}_{hh} = \frac{1}{\sqrt{3}}(u_y - iu_z - \bar{u}_x) \quad , \tag{13.68}$$

wobei die Funktionen $\bar{u}_\bullet$ mit Querstrich für die Spin-invertierten Funktionen stehen (u 'spin up', $\bar{u}$ 'spin down').

Für die Leitungs- und Valenzbandkanten können die folgenden stationären elektronischen quantenmechanischen Wellenfunktionen angesetzt werden:

$$\psi_L(\vec{r}) = u_L(\vec{r}) \cdot F_{Huelle,L}(\vec{r}), \tag{13.69}$$

$$\psi_V(\vec{r}) = u_V(\vec{r}) \cdot F_{Huelle,V}(\vec{r}), \tag{13.70}$$

letzeres eigentlich aufgesplittet: $\quad \psi_{V,hh}(\vec{r}) = u_{hh}(\vec{r}) \cdot F_{Huelle,V,hh}(\vec{r}), \tag{13.71}$

$$\psi_{V,lh}(\vec{r}) = u_{lh}(\vec{r}) \cdot F_{Huelle,V,lh}(\vec{r}), \tag{13.72}$$

$$\psi_{V,so}(\vec{r}) = u_{so}(\vec{r}) \cdot F_{Huelle,V,so}(\vec{r}), \tag{13.73}$$

wobei die Funktionen $F_{Huelle,\bullet}$ wieder die Einhüllenden beschreiben. Bei der Bildung des Übergangsmatrixelements $\mid M_T \mid^2$ muss wieder berücksichtigt werden, dass die Elektronen zwei Spin-Einstellungen haben können ($\Rightarrow u_L, u_V, \bar{u}_L, \bar{u}_V$) und beim Übergang ein Spinausrichtungswechsel stattfinden kann oder auch nicht:

$$\mid M_T \mid^2 = \frac{1}{2} \sum_{u_L,\bar{u}_L} \sum_{u_V,\bar{u}_V} \mid \langle u_L \mid \vec{e} \cdot \vec{p}\, u_V \rangle \mid^2 \cdot \mid \langle F_{Huelle,L} \mid F_{Huelle,V} \rangle \mid^2, \tag{13.74}$$

wobei $\vec{e}$ den Einheitsvektor in Richtung der Feldpolarisation und des Vektorpotenzials $\vec{A}(\vec{r}, t)$ der elektromagnetischen Welle angibt und $\vec{p}$ den elektronischen Impuls. Wenn

$$\vec{A}(\vec{r}, t) = \vec{e} \cdot \Re\{\mathcal{A}(\vec{r}) \cdot e^{i\omega t}\} \quad \text{mit} \quad \mathcal{A}(\vec{r}) = \hat{\mathcal{A}} \cdot e^{-i\vec{\kappa}\cdot\vec{r}} \tag{13.75}$$

kann bei Vernachlässigung der räumlichen Abhängigkeit des Vektorpotenzials nach Gl. (13.75) (was erlaubt ist, da die Wellenlänge üblicherweise sehr viel größer als der Gitterabstand ist) der Zusammenhang zwischen dem Übergangsmatrixelement[7] und dem Matrixelement aus dem letzten Unterkapitel hergestellt werden:

$$\mid \langle \psi_L \mid \hat{H}_{no-t}\, \psi_V \rangle \mid^2 = \left(\frac{q\hat{\mathcal{A}}}{2m_e}\right)^2 \mid M_T \mid^2, \tag{13.78}$$

---

[7]Manche Autoren verwenden statt des Übergangsmatrixelements $\mid \langle \psi_L \mid \hat{H}_{no-t}\, \psi_V \rangle \mid^2$ lieber das Dipolmatrixelement

$$q^2 \mid \vec{x} \mid^2 = q^2 \mid \langle u_L \mid \vec{e} \cdot \vec{x}\, u_V \rangle \mid^2 \cdot \mid \langle F_{Huelle,L} \mid F_{Huelle,V} \rangle \mid^2 \tag{13.76}$$

mit der elektronischen Ladung $q =| e |$ und der Elektronenmasse m_e. Bisweilen wird in Darstellungen nur $| M_T |^2$ selbst angegeben - und dies auch nur für den Fall, dass die Einhüllenden-Funktionen $F_{Huelle,\bullet}$ zu Eins gesetzt werden, was bei sehr kleinen quantenmechanischen Strukturen (besonders dünnen Quantenfilmen und Ähnlichem) zulässig ist. Außerdem wird das Übergangsmatrixelement $| M_T |^2$ manchmal nur *im Verhältnis* zum so genannten Impulsmatrixelement $| M |^2$ angegeben, das den Zusammenhang zwischen den Funktionen $u_s \equiv u_L$ und u_x, u_y, u_z herstellt:

$$| M |^2 =| \langle u_s | \vec{p}\, u_i \rangle |^2 . \tag{13.79}$$

Für *Volumenmaterial ('bulk')* und Interbandübergänge haben die Verhältnisse $| M_T |^2 / | M |^2$ für alle Polarisationsrichtungen und sowohl für L-V$_{hh}$- als auch für L-V$_{lh}$-Übergänge (um zwei Beispiele zu nennen) den Wert $1/3$. Bei *Quantenfilmen* betragen die Quotienten für Interbandübergänge zwischen den ersten Subbandkanten:

- TE-Polarisation / L-V$_{hh}$-Übergang: $1/2$,
- TE-Polarisation / L-V$_{lh}$-Übergang: $1/6$,
- TM-Polarisation / L-V$_{hh}$-Übergang: 0,
- TM-Polarisation / L-V$_{lh}$-Übergang: $2/3$.

Die dritte Zeile sagt aus, dass es im Halbleiter-Quantenfilm durchaus „verbotene" Interband-Dipol-Übergänge geben kann. Dann ist keine Wechselwirkung zwischen dem Licht und der Materie (also beispielsweise auch keine Absorption) möglich, obwohl die Photonenenergie die Bandlückenenergie übersteigt.

Ähnliche Überlegungen führen zu Auswahlregeln für die Übergänge zwischen Subbandkanten innerhalb eines Bandes. Zum Beispiel haben *Intra*bandübergänge = *Inter<u>sub</u>*bandübergänge, bei denen sich die Subband-Quantenzahl n_w der beiden Zustände/Niveaus um Eins unterscheidet, eine verschwindende Übergangswahrscheinlichkeit, wenn die elektromagnetische Welle senkrecht auf die Schichtenfolge einfällt. Das kann zum Beispiel bei Quantenfilm-Fotodioden mit senkrechtem Lichteinfall bedeuten, dass sie nicht absorbieren, obwohl die Photonenenergie größer als die Bandlückenenergie ist.

13.6. Übergitter und Minibänder

Werden zwei (oder mehr) unterschiedliche sehr dünne Halbleiterschichten alternierend aufeinander gewachsen, entsteht ein so genanntes Übergitter ('superlattice', SL) [ESA 70]. Dem Kristallgitter wird so eine künstlich erzeugte, größere periodische Struktur von Potenzialtöpfen überlagert. Im Gegensatz zu einem Vielfachquantenfilm ('multiple quantum well', MQW), bei dem die einzelnen Quantentöpfe quantenmechanisch voneinander (nahezu) entkoppelt sind, koppeln bei einem Übergitter (wegen der schmalen oder

---

mit dem Abstandsoperator $\vec{x}$; der Ausdruck $q \cdot | \vec{x} |$ stellt den Betrag eines elektrischen Dipolmoments dar. Beide Matrixelemente hängen folgendermaßen zusammen [COL 95]:

$$q^2 | \vec{x} |^2 = \left(\frac{q}{m_e \omega} \right)^2 | M_T |^2 . \tag{13.77}$$

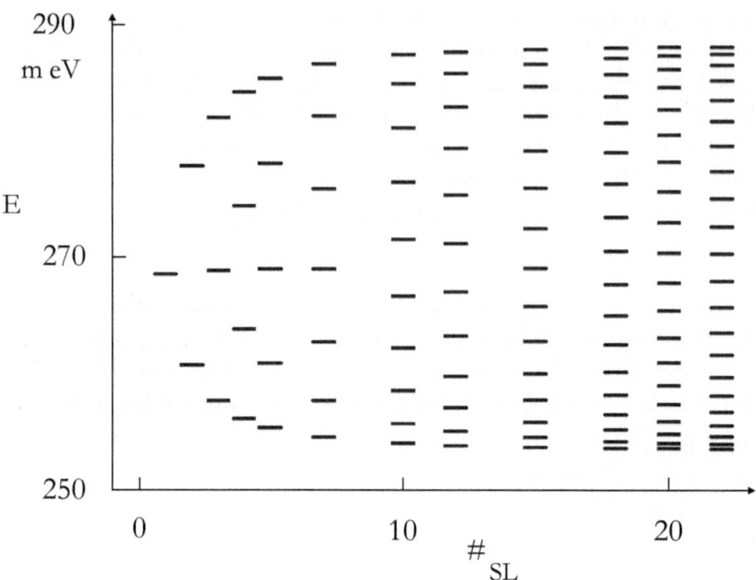

Abbildung 13.6.: Aufspaltung der elektronischen Energie E des E_1-Zustands eines AlSb(10 ML) - GaSb(4,5 ML) -Übergitters (ML = Monolage Al-Sb beziehungsweise Ga-Sb = halbe Gitterkonstante) für unterschiedlich viele Perioden $\#_{SL}$, das heißt für unterschiedlich viele gekoppelte GaSb-Quantenfilme, nach [PAU 01]

flachen Barrieren) die einzelnen Quantentöpfe (genauer die quantenmechanischen Zustände) miteinander, was zur Aufspaltung der Energieniveaus führt. Auch aus den Subbandkanten entsteht ein Band, das Miniband genannt wird. Wegen der Multiplikation der Zustandsdichte mit der Fermi-Verteilung sind die Ladungsträger insbesondere im energetischen Bereich des Minibands konzentriert.

Der Übergang zwischen MQW und SL ist natürlich fließend. Ein AlSb-GaSb-Übergitter zum Beispiel geht ab einer Breite der AlSb-Barrieren von etwa 15 nm aufwärts in einen Vielfachquantenfilm über. Die durch die Kopplung entstehenden Zustände erstrecken sich (bei einem symmetrischen Übergitter) von ihrer Aufenthaltswahrscheinlichkeit her über das gesamte Übergitter. Abbildung 13.6 nach [PAU 01] zeigt exemplarisch die Aufspaltung des E_1-Niveaus eines AlSb (10 ML)-GaSb (4,5 ML)-Übergitters für unterschiedlich viele Perioden, das heißt für unterschiedlich viele gekoppelte GaSb-Töpfe. Es ist zu erkennen, dass mit zunehmender Anzahl der Perioden der Abstand des energetisch tiefsten vom energetisch höchsten Niveau zunimmt. Ab 10 Perioden ist diese Zunahme jedoch nur noch gering, wobei sich bei einer weiter steigenden Periodenzahl vor allem die Anzahl der Niveaus für die Subbandkanten erhöht.

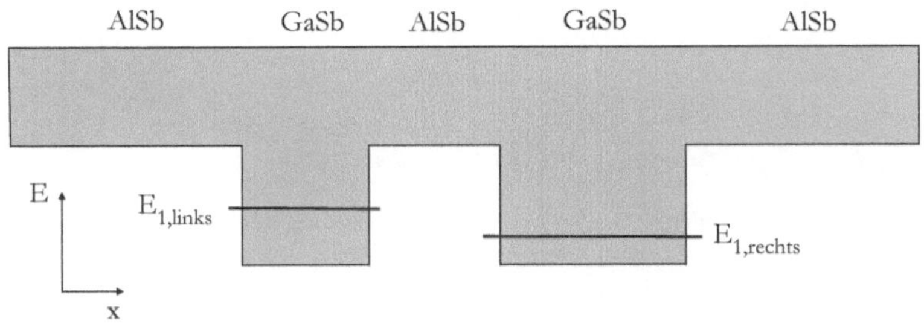

Abbildung 13.7.: Leitungsband eines asymmetrischen Doppel-Quantenfilms aus AlSb und GaSb (ohne angelegte Spannung), wobei die AlSb-Barriere zwischen den GaSb-Filmen so dünn ist, dass die beiden Quantentöpfe miteinander koppeln, nach [PAU 01]

Die energetische Breite/Höhe eines solchen Minibands, das heißt der Abstand zwischen dem tiefsten und höchsten Subbandkanten-Niveau, hängt entscheidend von der Kopplung der einzelnen Quantentöpfe untereinander ab, also von der Dicke und der energetischen Höhe der Barrieren. Bei einer Barrieren-Dicke von 5 ML beträgt in diesem Beispiel die Breite des Minibandes fast 180 meV, bei einer Dicke von 20 ML nur noch 1,89 m eV. Bei noch breiteren AlSb-Barrieren können die GaSb-Quantentöpfe schon als entkoppelt angesehen werden, so dass die gesamte Struktur einen Vielfachquantenfilm darstellt.

Abbildung 13.7 zeigt das Leitungsband eines asymmetrischen Doppel-Quantenfilms aus AlSb und GaSb (ohne angelegte Spannung), wobei die AlSb-Barriere zwischen den GaSb-Filmen so dünn ist, dass die beiden Quantentöpfe miteinander koppeln. Auch die Subbandkanten E$_{1,rechts}$ und dicht darüber E$_{1,links}$ sind eingezeichnet. Während bei einem symmetrischen Doppelquantenfilm die Aufenthaltswahrscheinlichkeit der beiden Zustände über beide Quantentöpfe gleichmäßig verteilt ist, ist bei einem asymmetrischen Doppelquantenfilm der Zustand mit der tieferen Energie E$_{1,rechts}$ überwiegend im breiteren der beiden Quantentöpfe lokalisiert und der Zustand mit der höheren Energie E$_{1,links}$ überwiegend im schmaleren.

Wird entlang der x-Richtung ein elektrisches Feld angelegt, so ändert sich der Potenzialverlauf linear, wie in Abb. 13.8 zu sehen. Durch den geänderten Potenzialverlauf verringert sich der energetische Abstand zwischen dem E$_{1,rechts}$- und dem E$_{1,links}$-Niveau. Dieser Abstand wird jedoch mit steigendem äußeren elektrischen Feld nicht Null, sondern vergrößert sich wieder, nachdem er ein Minimum erreicht hat. Der Effekt ist in Abb. 13.9 zu sehen, die die energetische Lage des E$_{1,rechts}$- und E$_{1,links}$-Niveaus für einen Doppel-Quantenfilm bestehend aus 12,5 ML GaSb, 9,5 ML AlSb, 13,5 ML GaSb mit äußeren AlSb-Barrieren bei verschiedenen Feldstärken eines entlang der x-Richtung angelegten elektrischen Feldes $\mathcal{E}$ zeigt. Im Bereich einer elektrischen Feldstärke von hier $\mathcal{E} \approx$ 13 kV/cm kommt es *nicht* zu einer Entartung des E$_{1,rechts}$- und des E$_{1,links}$-Niveaus, son-

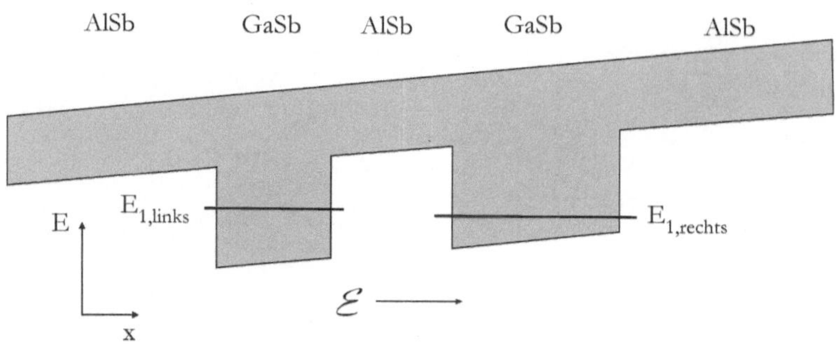

Abbildung 13.8.: Leitungsband des asymmetrischen Doppel-Quantenfilms aus AlSb und GaSb aus Abb. 13.7, nun aber mit einer angelegten elektrischen Spannung/Feldstärke, nach [PAU 01]

dern zu einem so genannten „vermiedenen Kreuzungspunkt" oder 'anti crossing', was für gekoppelte quantenmechanische Systeme typisch ist. An dem vermiedenen Kreuzungspunkt ist die Aufenthaltswahrscheinlichkeit der beteiligten Zustände in beiden Quantentöpfen gleich groß (also wie bei einem symmetrischen Doppel-Quantenfilm). Für höhere Feldstärken, das heißt jenseits des vermiedenen Kreuzungspunktes, wechselt das Maximum der Aufenthaltswahrscheinlichkeit des Zustands mit der Energie $E_{1,rechts}$ vom breiteren (rechten) in den schmaleren (linken) Quantentopf [PAU 01]. Allerdings verlieren dann auch die Indizes $_{links}$ und $_{rechts}$ ihre Bedeutung, weil die zugehörigen Haupt-Aufenthaltswahrscheinlichkeiten in den anderen Quantenfilm wandern.

Im Folgenden soll gezeigt werden, welche Konsequenzen das Phänomen des 'anti crossing' für ein Quasi-Miniband (mit fünf Subbandkanten-Niveaus) in einem asymmetrischen Übergitter hat. Hierzu wird die einfache Übergitter-Struktur eines asymmetrischen 5-fach-Quantenfilms bestehend aus 11,5 - 12,5 - 13,5 - 14,5 und 15,5 ML breiten GaSb-Töpfen, jeweils getrennt durch 7,5 ML breite AlSb-Barrieren, betrachtet, deren Potenzialverlauf für das Leitungsband im oberen Teil von Abb. 13.10 ohne angelegtes elektrisches Feld zu sehen ist. Ohne elektrisches Feld ist der Zustand mit der tiefsten elektronischen Energie, $E_{1,V}$, überwiegend im breitesten Quantentopf #V lokalisiert (siehe Inset rechts unten in der Abbildung), der Zustand mit der nächst höheren Energie, $E_{1,IV}$, im nächst schmäleren Quantentopf #IV und so weiter; schließlich ist der Zustand mit der höchsten Energie, $E_{1,I}$, ohne angelegtes elektrisches Feld überwiegend im schmalsten Quantentopf #I lokalisiert. In Abb. 13.10 werden die Energien $E_{1,I}$ bis $E_{1,V}$ für verschiedene Stärken eines entlang der x-Richtung angelegten elektrischen Felds gezeigt. Zu erkennen ist eine Einschnürung des energetischen Bereichs der fünf Subbandkanten-Energien. Im Bereich von 12 kV/cm liegt ein vermiedener mehrfacher Kreuzungspunkt vor. Die senkrechten Linien in Abb. 13.10 grenzen die Bereiche der elektrischen Feldstärke gegeneinander ab, bei denen die maximale Aufenthaltswahrscheinlichkeit des Zustands mit $E_{1,V}$ in einem der fünf, mit den römischen Zahlen bezeichneten GaSb-Quantentöpfe liegt. Das Maxi-

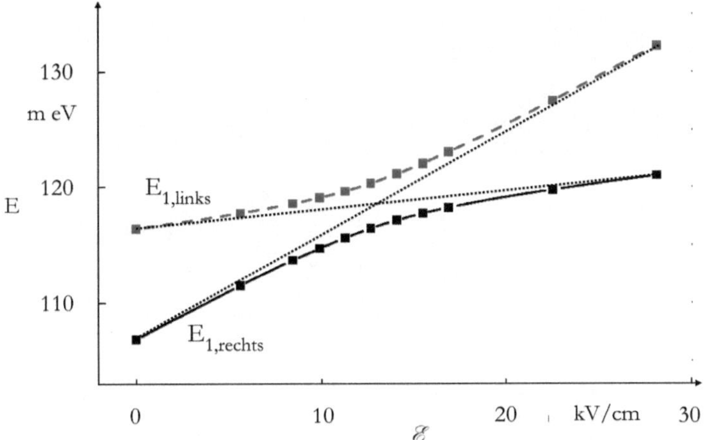

Abbildung 13.9.: Elektronische Energieniveaus $E_{1,rechts}$ und $E_{1,links}$ für einen Doppel-Quantenfilm bestehend aus 12,5 ML GaSb, 9,5 ML AlSb, 13,5 ML GaSb mit äußeren AlSb-Barrieren bei verschiedenen Feldstärken $\mathcal{E}$ eines entlang der Wachstumsrichtung angelegten elektrischen Feldes nach [PAU 01]

mum der Aufenthaltswahrscheinlichkeit des Zustands mit der Energie $E_{1,V}$ wandert in Abb. 13.10 mit zunehmender Stärke des elektrischen Feldes vom V. in den I. Quantentopf, was auch anhand des Insets unten rechts in Abb. 13.10 zu sehen ist, wo für drei verschiedene Feldstärken die Aufenthaltswahrscheinlichkeitsdichte $|\psi|^2$ des Zustands gezeigt wird. Da die Aufenthaltswahrscheinlichkeitsdichten der anderen Zustände ebenfalls mit zunehmender Stärke eines in Wachstumsrichtung angelegten elektrischen Feldes wandern (für $i > 3$ nach links, für $i < 3$ nach rechts) kommt es um den vermiedenen mehrfachen Kreuzungspunkt zu einer Konzentration der Aufenthaltswahrscheinlichkeit im Zentrum der Übergitter-Struktur, das heißt im Bereich von Quantentopf #III.[8]

Bei symmetrischen Übergittern, bei denen die jeweiligen Breiten der Quantentöpfe und Barrieren in der gesamten Struktur konstant sind, sind auch die Aufenthaltswahrscheinlichkeitsdichten der lokalisierten Zustände symmetrisch über die gesamte Struktur verteilt. Da die Symmetrie der Aufenthaltswahrscheinlichkeiten der lokalisierten Zustände von der Symmetrie der Übergitter-Struktur abhängt, weisen aber die Aufenthaltswahrscheinlichkeitsdichten von asymmetrischen Übergitter-Strukturen ebenfalls Asymmetrien auf, anhand derer sich bestimmte Miniband-Typen unterscheiden lassen. Gleiches gilt

---

[8]Genau genommen wandert auch die Aufenthaltswahrscheinlichkeit des $E_{1,III}$-Zustands ($i = 3$) und zwar in dem vorgestellten Fall nach links, zu kleineren potenziellen Energien hin. Dies ist der 'quantum-confined Stark effect' (QCSE); die Verlagerung der maximalen Aufenthaltswahrscheinlichkeitsdichte auf Grund des QCSE geschieht aber deutlich schwächer als die durch den vermiedenen mehrfachen Kreuzungspunkt verursachte.

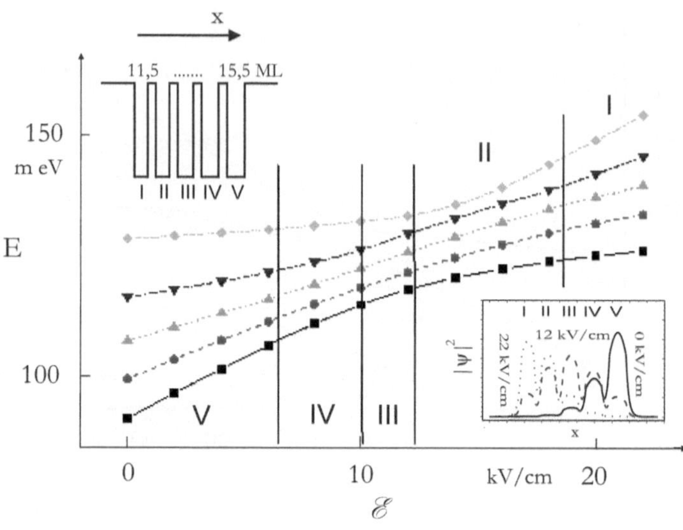

Abbildung 13.10.: Elektronische Energieniveaus $E_{1,I}$ bis $E_{1,V}$ für verschiedene Stärken eines angelegten elektrischen Feldes für eine Übergitter-Struktur nach [PAU 01]

für das Anlegen einer Spannung, da auch hier die Symmetrie der Struktur gebrochen wird beziehungsweise sich die Asymmetrie ändert. Je nach Art des Übergitters lassen sich drei Miniband-Typen unterscheiden (x = Wachstumsrichtung):
- die Schlauch-Form bei symmetrischen Übergittern bei konstanten Breiten jeweils der Quantentöpfe und der Barrieren - siehe Abb. 13.11a,
- die Treppen-Form bei asymmetrischen Übergittern mit konstanter Breite der Barrieren, jedoch unterschiedlichen Breiten der Quantentöpfe - siehe Abb. 13.11b,
- die Trichter-Form bei asymmetrischen Übergittern mit konstanter Breite der Quantentöpfe, jedoch unterschiedlichen Breiten der Barrieren - siehe Abb. 13.11c&d.

13.7. Quantenfilme für eine Ladungsträgerart - Übergitter sonst

Diese Thematik soll - um auch das Umfeld von Halbleiterlasern innnerhalb der integrierten Optoelektronik und Photonik ein bisschen weiter zu beleuchten - im Zusammenhang mit einer möglichen Anwendung jenseits der Laser behandelt werden, der Verbesserung von Avalanche-/Lawinen-Fotodioden. - Fotodioden haben vielfache Einsatzmöglichkeiten. Infrarot-p(i)n-Fotodioden zum Beispiel werden für eine Reihe wichtiger Anwendungen etwa im Umfeld der Spektroskopie, der Umweltbeobachtung und der medizinischen Diagnostik benötigt. - Avalanche- oder Lawinen-Fotodioden sind spezielle pin-Fotodioden, die hohe interne Feldstärken aushalten. Sie werden wie jede Fotodiode im III. Quadranten der Strom-Spannungs-Kennlinie betrieben. Durch hohe Sperrspannungen werden die durch Absorption von Photonen erzeugten Ladungsträgerpaare

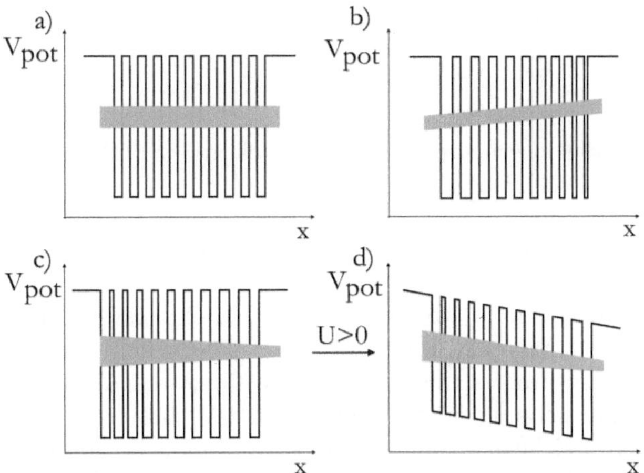

Abbildung 13.11.: Einige Typen von Minibändern nach [PAU 01]:
a) bei konstanter Barrieren- und Film-Breite (Miniband in Schlauchform) ohne angelegtes elektrisches Feld,
b) bei monotoner Variation der Filmbreite („Treppenform") auch ohne angelegtes elektrisches Feld,
c&d) bei variierter Barrierendicke ohne und mit externem elektrischem Feld. Die Leitungsbandkanten-Sprünge werden in allen Fällen konstant gehalten

(Elektronen und Löcher) im internen elektrischen Feld auseinandergetrieben und dabei so stark beschleunigt, dass ihre kinetische Energie reicht, um beim Stoß weitere Ladungsträger aus noch nicht ionisierten Atomen des Festkörpers herauszuschlagen. Diese wiederum werden ebenfalls beschleunigt und tragen zur Erzeugung weiterer freier Ladungsträger bei. Es entsteht also eine lawinenartige Vervielfachung der Ladungsträgerdichte, weshalb von Lawinen-Fotodioden gesprochen wird. Diese interne Verstärkung ist der Grund für den Einsatz von Lawinen-Fotodioden. Rauschprozesse innerhalb der Avalanche-Fotodioden begrenzen aber ihre Möglichkeiten.

Tatsächlich existieren zwei Lawinen: eine von freien Elektronen und eine von Löchern in umgekehrter Richtung. Diese Lawinen stören sich gegenseitig, so dass das Signal-Rausch-Verhältnis hinter den Erwartungen zurück bleibt. Damit Avalanche-pin-Photodioden einen wirklichen Vorteil gegenüber herkömmlichen pin-Photodioden haben, muss erreicht werden, dass sich die Elektronen- und die Löcherlawine möglichst wenig gegenseitig stören. Dafür sind Materialwahl und Photodiodendesign zu optimieren. Hierzu kann genutzt werden, dass die beiden Ladungsträgerarten - auch materialabhängig - im Allgemeinen eine unterschiedliche Tendenz zur Ionisierung von Atomen aufweisen; man spricht von den unterschiedlichen Ionisierungskoeffizienten[9] $\tilde{\alpha}_n$ durch Elektronen und $\tilde{\alpha}_p$

---

[9]Die Dimension der Ionisierungskoeffizienten ist 1/m.

durch Löcher und deren Verhältnis, dem Ionisierungsverhältnis

$$\tilde{k}_i = \frac{\tilde{\alpha}_p}{\tilde{\alpha}_n}, \quad \text{empirisch:} \quad \tilde{\alpha}_{n,p} \propto \mathcal{E}^{\hat{\kappa}} \tag{13.80}$$

mit der Potenz $\hat{\kappa}$ und der internen elektrischen Feldstärke $\mathcal{E}$ [UNG 92]. Für die Generationsrate von Elektron-Loch-Paaren gilt:

$$R_{Gen} = \frac{1}{q} \left(\tilde{\alpha}_n \cdot \mid \vec{j}_n \mid + \tilde{\alpha}_p \cdot \mid \vec{j}_p \mid \right) \tag{13.81}$$

mit den Stromdichten j_n und j_p von Elektronen beziehungsweise Löchern sowie der Elementarladung $q = \mid e \mid$. Wenn $\tilde{k}_i$ in der Nähe von 1 liegt, sind Elektronen- und Lochlawinen etwa gleich ausgeprägt - ungünstigerweise für Avalanche-Fotodioden. Je nach Material und Zusammensetzung können typische III-V-Halbleiter Ionisierungsverhältnisse deutlich von 1 abweichend haben, was gut für Avalanche-Fotodioden ist. Der mit der Lawine verbundene Vervielfachungseffekt muss als interne Fotostrom-Verstärkung aufgefasst werden. Der Multiplikationsfaktor schreibt sich in erster Näherung mit I als Strom und I_F als Fotostrom:

$$M_0 = \frac{I}{I_F} = \frac{1}{1 - \left(\frac{U}{U_{Db}} \right)^{(\hat{\kappa}+1)/2}} \tag{13.82}$$

mit U_{Db} als Durchbruchspannung, bei der die Vervielfachung dramatisch wird. - Auch Antimonide können bei geeigneten ternären und quaternären Zusammensetzungen zu den Materialien gehören, die die Unterdrückung einer Lawinenart ermöglichen. Und durch eine spezielle Übergitterstruktur kann eine Lawinenart noch weiter unterdrückt werden. Dies ist durch die besonderen Banddiskontinuitäten ('band offsets') in diesem Materialsystem möglich. Möchte man etwa die Löcherlawine unterdrücken, kann eine Vielfachquantenfilm-Struktur epitaktisch gewachsen werden, die für Elektronen ein Übergitter aus gekoppelten Quantenfilmen darstellt, für Löcher aber entkoppelte Löcher-Quantenfilme; siehe Abb. 13.12. Dadurch sollte die Löcherbeweglichkeit über die Schichtstruktur hinweg gegenüber der Elektronenbeweglichkeit noch weiter reduziert werden.

13.8. Quantendrähte und Quantenpunkte

Bei Einschränkung der Ladungsträger-Bewegungsfreiheit in zwei der drei Dimensionen wird von einem Quantendraht ('quantum wire') gesprochen, der schematisch in Abb. 13.13 dargestellt ist. Beide charakteristischen Abmessungen a_x und a_y liegen typischerweise im Bereich von wenigen Nanometern. Der entsprechende Verlauf der Zustandsdichte über der Energie ist im rechten Teil der Abbildung wiedergegeben.

Bei Einengung in allen drei Dimensionen entstehen so genannte Quantenpunkte ('quantum dots'); die Energieniveaus sind jetzt vollständig diskretisiert (gegebenenfalls aufgrund anderer Effekte aber jeweils verbreitert), wie nach der Quantenmechanik zu erwarten. Die entsprechenden Skizzen sind in Abb. 13.14 wiedergegeben.

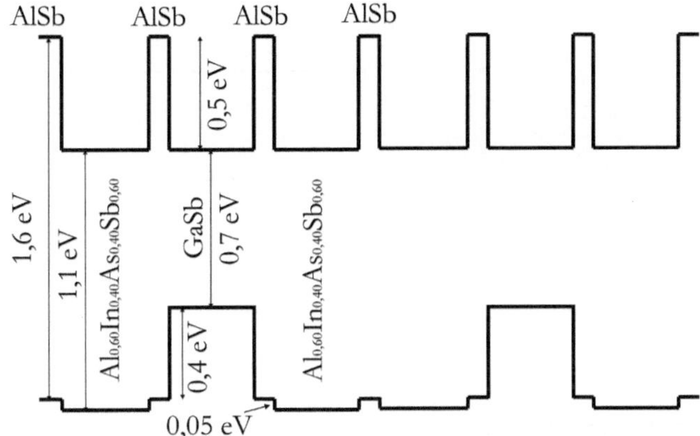

Abbildung 13.12.: Bandschema mit sechs gekoppelten Elektronen- und zwei ungekoppelten Löcher-Quantenfilmen mit groben Angaben zur Materialzusammensetzung

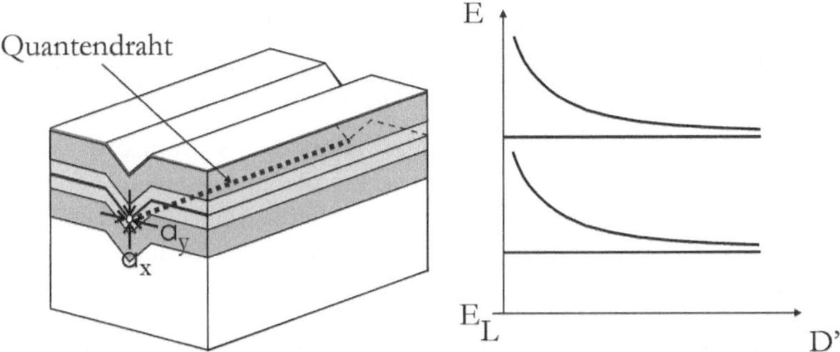

Abbildung 13.13.: Skizzenhafte Darstellung eines Quantendrahts mit einer quantenmechanischen Einengung der Ladungsträger-Bewegungsfreiheit in zwei der drei Dimensionen und die entsprechende Zustandsdichte D' in Abhängigkeit der elektronischen Energie E

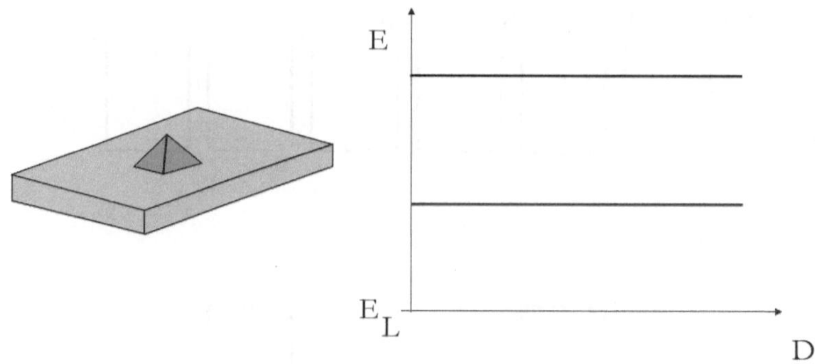

Abbildung 13.14.: Schematische Darstellung eines Quantenpunkts mit quantenmechanischer Einengung in allen drei Dimensionen und die entsprechende Zustandsdichte D' in Abhängigkeit der elektronischen Energie E

Quantendrähte herzustellen ist sehr aufwändig; am einfachsten erscheint noch eine Methode, bei der mit einem vorstrukturierten Substrat begonnen wird. Die Vorstrukturierung besteht in der Trockenätzung eines Grabens, auf den dann epitaktisch eine Quantenfilm-Schichtenfolge abgeschieden wird [WAL 92]. Am Tiefpunkt des Grabens ist die mechanische Verspannung so, dass effektiv eine zweidimensionale Einengung resultiert. Der Quantendraht „liegt" am Grund des Grabens.

Beim Wachstum von Quantenpunkten wird ein Selbstorganisationsprozess genutzt: das so genannte Stranski-Krastanov-Wachstum. Da es einfacher erscheint als das von Quantendrähten und weil von Quantenpunkten höhere differenzielle Verstärkungen zu erwarten sind, wird heute das Quantendrahtwachstum kaum noch verfolgt.

13.9. Stranski-Krastanov-(GaAsSb-)Quantenpunkt-Wachstum

Epitaktiker/innen unterscheiden drei Arten des epitaktischen Schichtwachstums [TU 92], auch Wachstumsmodi genannt:

- Frank-van der Merve-Wachstum: dies ist das für Quantenfilme gewünschte Wachstum; die Schichten bildet sich Atomdoppellage (Monolage) für Atomdoppellage bis zu relativ großen kritischen Schichtdicken,

- Volmer-Weber-Wachstum: von Anfang an bildet sich keinerlei Atomdoppellage (Monolage) aus; es findet eine Clusterung der Teilchen auch in die dritte Dimension hinein statt; es bilden sich sehr schnell relativ große Materialinseln auf dem bisherigen Untergrund; daher ist dieser Modus für alle heute relevanten Anwendungen ungeeignet

- Stranski-Krastanov-Wachstum als Zwischenmodus: es bilden sich erst eine bis mehrere Atomdoppellagen (Monolagen) aus, bevor dann relativ langsam das Inselwachstum in

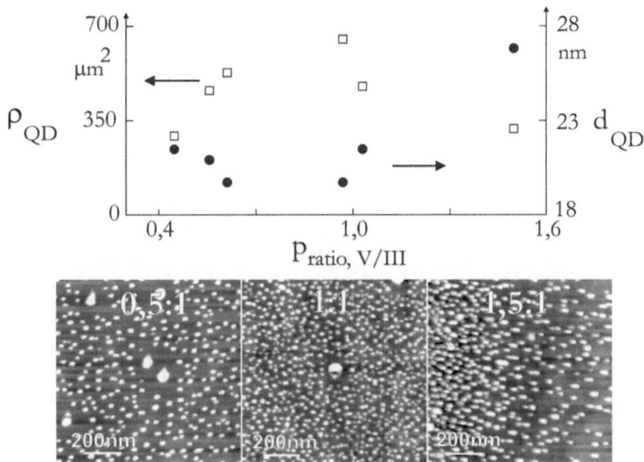

Abbildung 13.15.: Quantenpunkt-Dichte ρ_{QD} und -Durchmesser d_{QD} in Abhängigkeit vom V/III-Flussverhältnis $p_{ratio,V/III}$ für Ga(As)Sb-Quantenpunkte auf GaAs-Substrat bei einer nominellen Belegung von B_{ML} = 3 ML; zusätzlich Rasterkraftmikroskop-Aufnahmen für die V/III-Flussverhältnisse von 0,5:1, 1:1 und 1,5:1 . Die Wachstumstemperatur lag bei 527°C

die dritte Dimension hinein stattfindet; bei Wachstumsunterbrechung nach wenigen Sekunden sind die Inseln noch so klein, dass sie gegebenenfalls Quantenpunkte darstellen; dieser Epitaxiemodus wird gezielt zur Realisierung von Quantenpunkten genutzt.

Welcher dieser Wachstumsmodi auftritt, hängt im Wesentlichen von der Gitterfehlanpassung und den Oberflächenenergien ab, also der Benetzbarkeit des aktuellen Untergrunds (Substrat genannt) durch das Schichtmaterial: Kann das System Energie gewinnen, wenn es Wachstum monolagenweise zulässt oder wenn es zu Inselwachstum übergeht? Wenn die Oberflächenenergie des Systems (der Grenzfläche) *Schicht*material-auf-*Schicht*material größer ist als die des Systems *Schicht*material-auf-*Substrat*material, wird das Schichtmaterial atomdoppellagenweise aufwachsen, sonst bildet es tendenziell dreidimensionale Inseln. - Einige weitere allgemeine Aussagen lassen sich treffen:

• Bei verschwindender Gitterfehlanpassung findet Frank-van der Merve-Wachstum statt, unabhängig von den Oberflächenenergie-Unterschieden der möglichen Grenzflächen.

• Mit zunehmender Gitterfehlanpassung wird das unerwünschte Volmer-Weber-Wachstum wahrscheinlicher, selbst bei noch relativ geringen Oberflächenenergie-Unterschieden.

• Stranski-Krastanov-Wachstum findet bei mittelgroßen Gitterfehlanpassungen statt.

Stranski-Krastanov-Wachstum von Quantenpunkten wurde schon in den 90er Jahren des letzten Jahrhunderts überwiegend im System InAs auf GaAs gezeigt [BIM 98, BIM 04, GRU 06]. Dazu existiert sehr viel Literatur. Der Autor dieses Buchs möchte exempla-

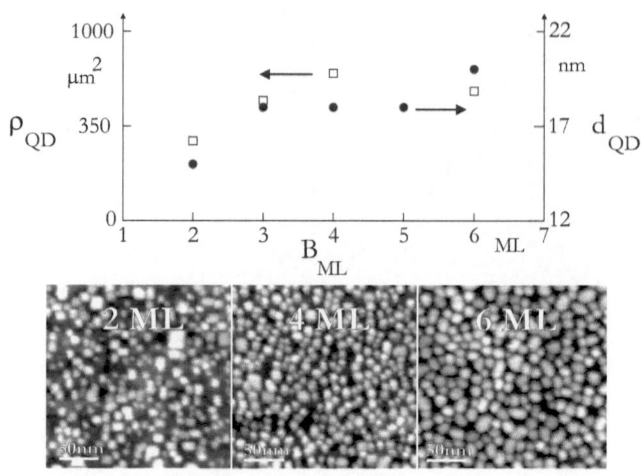

Abbildung 13.16.: Quantenpunkt-Dichte ρ_{QD} und -Durchmesser d_{QD} in Abhängigkeit von der nominellen Belegung B_{ML} (1 bis 6 ML) der Oberfläche; zusätzlich entsprechende Rasterkraftmikroskopie-Aufnahmen für drei Belegungen. Das V/III-Verhältnis betrug 1:1; die Wachstumstemperatur lag bei 500°C

risch das System Ga(As)Sb auf GaAs besprechen, über das es bisher wenig Literatur gibt und das von seiner Forschungsgruppe bearbeitet wird. Systematische Arbeiten über GaSb-Quantenpunkte auf GaAs-Substrat wurden zum Beispiel in [HUF 06] vorgestellt. Die Ergebnisse beinhalteten Quantenpunkt-Flächendichten von 290 μm^{-2}. Für die Verwendung in Halbleiterlasern sollten die Flächendichten möglichst noch höher liegen, um das Potenzial von Quantenpunkten nutzen zu können.

Es gibt außer der Materialzusammensetzung drei „Stellschrauben", an denen die Eigenschaften der Quantenpunkte eingestellt werden können:

- die Wachstumstemperatur T_{epi} (Temperatur des Substrats während der Epitaxie),
- das V/III-Verhältnis $p_{ratio,V/III}$ des Gasflusses der Gruppe V- bzw. III-Atome,
- die „Belegung" B_{ML}, das heißt die Menge des angebotenen Materials, die in ML (Monolagen) angegeben wird, obwohl ja gerade keine Monolagen entstehen.

Unter anderem das V/III-Partialdruck/Fluss-Verhältnis $p_{V/III}$ bestimmt Quantenpunkt-Dichte ρ_{QD} und -Durchmesser d_{QD}, wie in Abb. 13.15 verdeutlicht, in der im unteren Teil auch Rasterkraftmikroskopie-Aufnahmen zu sehen sind. Die Proben wurden mit einem V/III-Fluss- beziehungsweise -Partialdruck-Verhältnis zwischen 0,45:1 und 1,5:1 bei einer Temperatur $T_{epi} = 527$°C gewachsen. Die größte Dichte von 650 μm^{-2} ergibt sich für ein Verhältnis von 1:1 mit Quantenpunkt-Höhen von 5 nm und -Durchmessern von 20 nm (hier „kleine Quantenpunkte" genannt). Die größten Quantenpunkte mit 6 bis 8 nm Höhe und 27 nm Durchmesser (hier „große Quantenpunkte" genannt) wurden bei derselben Wachstumstemperatur für ein Verhältnis von 1,5:1 erzielt.

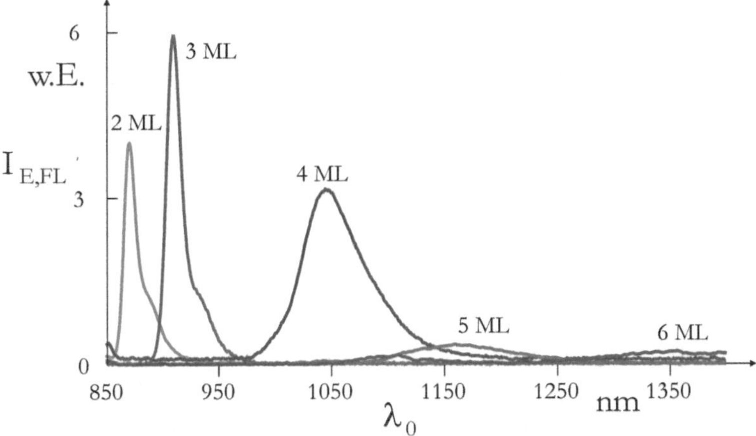

Abbildung 13.17.: Fotolumineszenz (FL)-Spektren (Fotolumineszenz-Intensität $I_{E,FL}$ über der Vakuum-Wellenlänge λ_0) „kleiner Quantenpunkte" bei 30 K Probentemperatur während der Fotolumineszenz-Messung. Es handelt sich um Ergebnisse an fünf verschiedenen Proben mit zunehmender nomineller Belegung, angegeben in Monolagen (= Atomdoppellage = halbe Kristallgitterkonstante)

Aus Abb. 13.16 wiederum ist der Einfluss der Belegung/Bedeckung ('coverage') B_{ML} auf die Quantenpunkt-Abmessungen zu entnehmen. Das V/III-Verhältnis betrug 1:1; die Wachstumstemperatur lag bei 500°C. Die Quantenpunkt-Größe d_{QD} nimmt ab etwa 3 ML Belegung kaum noch zu. Das Maximum der Quantenpunkt-Dichte ρ_{QD} mit fast 1000 μm^{-2} ergibt sich für eine nominelle Belegung von 5 ML. Starke Belegung ≥ 4 ML führt zu dichten Quantenpunkten, die aber an der Basis zusammengewachsen sind, wie schon aus den Rasterkraftmikroskopie-Aufnahmen in Abb. 13.16 zu entnehmen ist. Die Verschiebung der Fotolumineszenz-Peak-Position dabei zu größeren Emissionswellenlängen - siehe Abb. 13.17 - deutet darauf hin, dass durch das Zusammenwachsen noch größere, ungewöhnlich geformte Quantenpunkte entstehen und nicht etwa gekoppelte.

In GaSb/GaAs-Heterostrukturen stellen die GaSb-Bereiche nur für die Löcher Gebiete mit quantenmechanischer Einengung dar. Die elektronischen Energieniveaus befinden sich praktisch im Kontinuum des Leitungsbands des als Barriere dienenden Umgebungsmaterials GaAs. Mit der Quantenpunkt-Größe steigt die Emissionswellenlänge; schwächere Einengung schwächt die Verschiebung der Subbandkanten beziehungsweise der diskreten Niveaus relativ zur Volumenmaterial-Bandkante ('confinement energy') ab. In Abb. 13.18 ist das dazu gehörige Fotolumineszenz-Spektrum (Lumineszenz nach optischer Anregung) zu sehen - für kleine und große Quantenpunkte.

Um sicherzustellen, dass es sich bei den Strukturen um *Quanten*punkte handelt, wurde die Abhängigkeit der Fotolumineszenz-Peak-Position von der Probentemperatur während der Fotolumineszenz-Messung experimentell untersucht. Wie in Abb. 13.19 zu se-

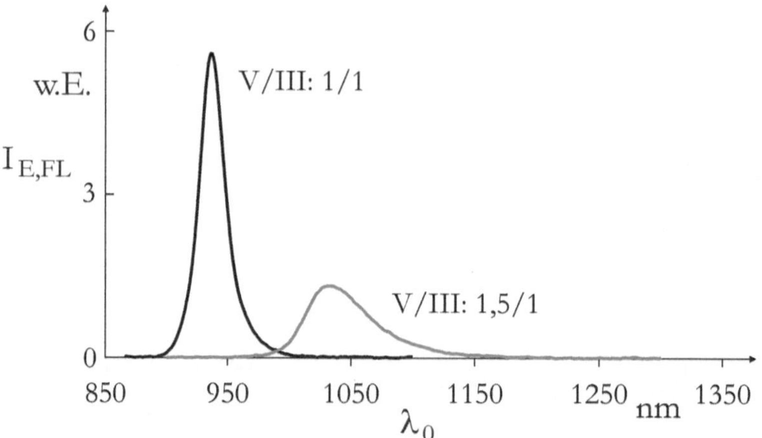

Abbildung 13.18.: Fotolumineszenz (FL)-Spektren von Ga(As)Sb-Quantenpunkten auf GaAs für zwei verschiedene V/III-Flussverhältnisse

hen, ergibt sich eine Temperaturabhängigkeit der Fotolumineszenz-Peak-Position von 0,08 nm/K für die kleinen Quantenpunkte und 0,14 nm/K für die großen, was den Quantenpunktcharakter der Strukturen deutlich unterstreicht. Denn bei Quanten*film*-Vergleichsproben ist die Temperaturabhängigkeit mit circa 0,35 nm/K erheblich größer. (Die Vergleichsproben beinhalteten 50 nm dicke GaSb-Quantenfilme zwischen 100 nm dicken AlAs$_{0,084}$Sb$_{0,916}$-Barrieren mit Gitteranpassung an GaSb.)

Auch die Wachstumstemperatur T_{epi} bestimmt die Situation, zum Beispiel die Fotolumineszenz-Peak-Position, wie in Abb. 13.20 zusammengefasst. Eine Erhöhung des *V/III-Flussverhältnisses* führt zu einer Rotverschiebung auf Grund der Vergrößerung der Quantenpunkte (Übergang von den durchgezogenen zu den gestrichelten Kurven in der Abbildung). Dies sollte man auch von der Erhöhung der *Wachstumstemperatur* erwarten, da letztere laut Inset zu einer Vergrößerung der Quantenpunkte führt. Aber die Erhöhung der Wachstumstemperatur resultiert in einer Netto-Blauverschiebung. Denn mit zunehmender Wachstumstemperatur wird mehr As in die Quantenpunkte eingebaut, was in einer sehr starken Blauverschiebung resultiert, die die Rotverschiebung durch die steigende Wachstumstemperatur überkompensiert; es handelt sich also um GaAsSb-Quantenpunkte. Genauere Untersuchungen haben ergeben, dass es sich um GaAs$_x$Sb$_{1-x}$-Quantenpunkte mit bis zu $x = 72\%$ Atomprozent As handelt.

Abbildung 13.21 zeigt Fotolumineszenz-Spektren[10] von Proben bei $T_{FL} = 30$ K, in denen 1, 4 oder 10 Schichten mit kleinen GaAsSb-Quantenpunkten zwischen 50 nm dicken GaAs-Barrieren (bei 527°C) gewachsen wurden. - Die Arbeitsgruppe des Autors (insbesondere Thomas Löber) hat kürzlich (2010) einige sehr schöne Ergebnisse bei elektrisch gepumpten Antimonid-Lasern mit Stacks aus Schichten mit dichten GaAsSb-

---

[10]Die Peak-Verschiebungen resultieren aus leicht unterschiedlichen Wachstumstemperaturen T_{epi}.

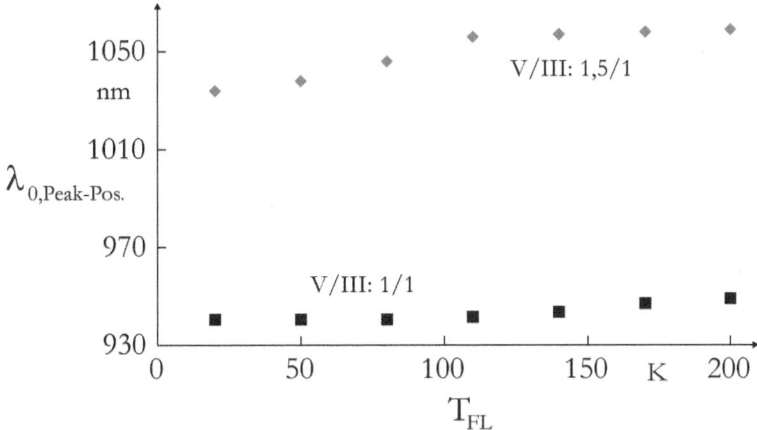

Abbildung 13.19.: Fotolumineszenz-Peak-Positionen von großen und kleinen Ga(As)Sb-Quantenpunkten auf GaAs als Funktion der Probentemperatur T_{FL} während der Fotolumineszenz-Messungen

Quantenpunkten auf GaAs-Substrat erzielt, die hier kurz notiert werden sollen. Die besten Quantenpunkt-Laser emittieren selbst bei Raumtemperatur kontinuierlich. Kenndaten sind zum Beispiel (gegebenenfalls im Pulsbetrieb (1 kHz, 1 μs)):

- Resonatorlänge $d = 1000\,\mu$m (Breitstreifenlaser),
- Breite des aktiven Streifens: $\check{h} = 30\,\mu$m (gewinngeführt),
- aktive Zone mit Stapel aus 8 Quantenpunkt-Lagen (50 nm dicke GaAs-Barrieren),
- Emissionswellenlänge $\lambda_0 \approx 900$ nm,
- Schwellstrom $I_S = 104$ mA bei 120 K ($\hat{=}$ Schwellstromdichte $j_S = \eta_i \cdot 346\,$A/cm^2),
- differenzielle Quanteneffizienz $\eta_d = 55\%$ bei 120 K und $\eta_d = 2,6\%$ bei 293 K,
- charakteristische Temperatur $T_0 = 477$ K für $T \leq 150$ K und $T_0 = 63$ K für $T > 150$ K,
- Pulsausgangsleistungen P bis 40 mW pro Facette bei 120 K.

Abbildung 13.22 zeigt stellvertretend für alle Ergebnisse die Kennlinie des Antimonid-Quantenpunkt-Lasers bei 120 K mit diesen Kenndaten.

Die Thematik der Quantenpunkte ist ein spannendes Feld, bei dem Quantenmechanik, Festkörperphysik und Halbleitertechnologie zusammenkommen. Quantenpunkte können nicht nur als aktives Material in Halbleiterlasern (und vielen anderen Anwendungen) genutzt werden, sondern auch als quantenmechanische Modellsysteme, als so genannte „künstliche Atome". Quantenpunkte sind aus der modernen Quantenphysik nicht mehr wegzudenken.

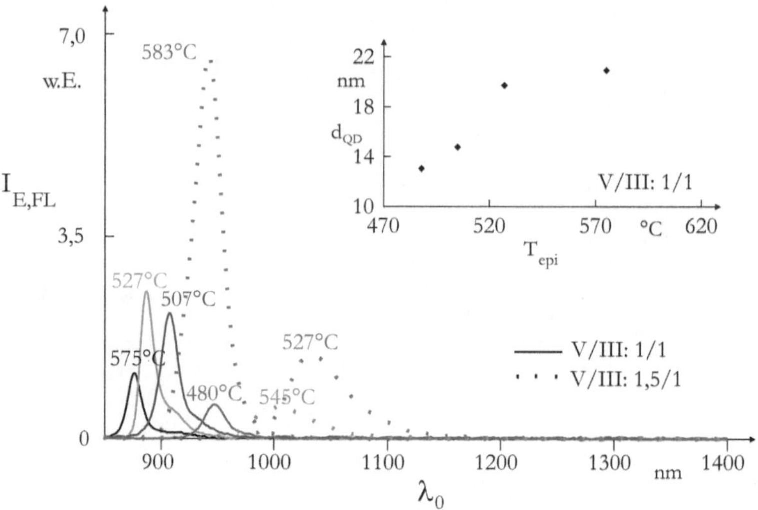

Abbildung 13.20.: Fotolumineszenz (FL)-Spektren für verschiedene Wachstumstemperaturen T_{epi} als Kurvenscharparameter. Das Inset zeigt die Größe der „kleinen Quantenpunkte" als Funktion der Wachstumstemperatur

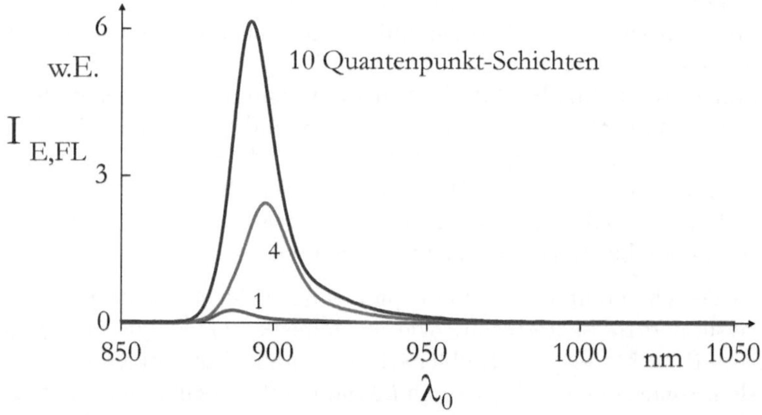

Abbildung 13.21.: Fotolumineszenz (FL)-Spektren von Proben, in denen 1, 4 oder 10 Schichten mit „kleinen GaAsSb-Quantenpunkten" zwischen 50 nm dicken GaAs-Barrieren gewachsen wurden; die Messungen wurden bei 30 K durchgeführt

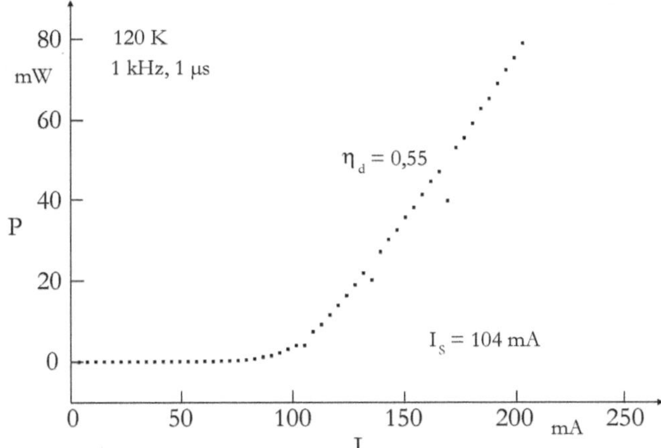

Abbildung 13.22.: Laserkennlinie (optische Gesamt-Pulsausgangsleistung P über dem Pumpstrom I) eines elektrisch gepulst gepumpten GaAsSb/GaAs-Quantenpunkt-
Lasers bei 120 K der Arbeitsgruppe des Autors

14. Quantenkaskadenlaser

14.1. Grundidee der Intraband- (Typ I-) Quantenkaskadenlaser

Die Quantenkaskadenlaser ('quantum cascade lasers', QCL) dieses Unterkapitels sind die ursprünglichen und die heute - in weiterentwickelter Form - am meisten realisierten und verwendeten Quantenkaskadenlaser nach Capasso, Faist et al. der (AT&T) Bell Laboratories [FAI 94] nach einer Idee von Kazarinov und Suris vom Ioffe-Institut St. Petersburg [KAZ 71]. Das Konzept basiert auf Quantenfilmstrukturen und beinhaltet zwei wichtige Ideen, von denen nur eine Eingang in die Bezeichnung gefunden hat:

- Ausnutzung eines elektronischen Übergangs innerhalb des Leitungsbands, genauer zwischen Leitungs*sub*bändern - daher auch die Bezeichnung *Intra*band- oder *Intersub*band-Quantenkaskadenlaser,
- Wiederverwendung der Elektronen, die einen Laserübergang gemacht haben und danach immer noch im Leitungsband (also angeregt) sind, für einen oder mehrere weitere Laserübergänge - dazu muss die aktive Schichtenfolge kaskadiert werden.

Diese Laser werden auch als Typ I-Quantenkaskadenlaser bezeichnet. Quasi die allererste (gedankliche) Variante des Konzepts um 1986 ging von Laserübergängen zwischen Subbandkanten innerhalb eines einzelnen Quantenfilms aus. Für solche Übergänge wird im Zusammenhang mit Quantenfilmen auch die Bezeichnung „räumlich direkt" verwendet. Gemeint ist ein elektronischer Übergang senkrecht im Diagramm $E = E(x)$ mit x als Wachstumsrichtung (in Anlehnung an den Begriff „direkte" Übergänge im $E = E(\vec{k})$-Diagramm). Diese erste Variante litt unter wesentlichen Nachteilen:

- Wegen Auswahlregeln und damit verbundenen Dipol-verbotenen Übergängen unterliegen diese Strukturen Einschränkungen, etwa hinsichtlich der VCSEL-Realisierung.
- Bei einer Veränderung der Quantenfilmbreite oder der Barrierenhöhen (und -breiten) verschieben sich sowohl das obere als auch das untere Laserniveau - unterschiedlich. Für das Laserdesign wäre es einfacher und sinnvoller, wenn beide Laserniveaus in erster Näherung unabhängig voneinander einstellbar wären.

Daher wurde sehr bald eine Weiterentwicklung favorisiert, bei der das obere und das untere Laserniveau zu Zuständen gehören, die hauptsächlich in getrennten Quantenfilmen liegen, und bei der der Übergang „räumlich indirekt" erfolgt, wie in Abb. 14.1 skizziert. Dennoch können effiziente Übergänge realisiert werden; denn wie in den Unterkapiteln 13.4 und 13.5 erläutert, kommt es letztlich auf das Übergangsmatrixelement an. Und dieses ist umso größer, je stärker der Überlapp (der beiden Einhüllenden $F_\bullet$) der beiden quantenmchanischen Wellenfunktionen $\psi_\bullet$ ist. Da die Funktionen bei dünnen Quantenfilmen weit aus den Quantenfilmen herausreichen, können das Übergangsmatrixelement und die Effizienz des Übergangskanals groß sein.

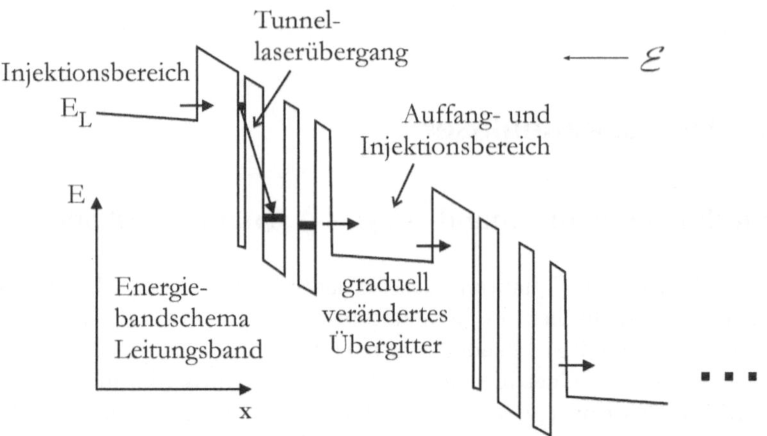

Abbildung 14.1.: Energiebandschema (nur Leitungsband) der Schichtenfolge eines Typ I-Quantenkaskadenlasers mit eingezeichnetem Tunnellaserübergang. Die gezeichneten Linien stellen fast ausschließlich die Leitungsbandkanten des Volumenmaterials dar. Die angelegte Spannung (externe elektrische Feldstärke $\mathcal{E}$) drückt sich durch die Verkippung dieser Leitungsbandkanten aus

Abbildung 14.1 gibt das Energiebandschema einer abstrakten Schichtenfolge eines Typ I-Quantenkaskadenlasers dieser Variante wieder. Ganz links ist der Injektionsberich zu sehen. Hierbei handelt es sich um Übergitterbereiche, durch die trichterförmige Minibänder (siehe Unterkapitel 13.6) generiert werden. Diese energetischen Trichter haben den Zweck, die von links in der Zeichnung kommenden Ladungsträger auf das obere Laserniveau zu „fokussieren". Sie müssen dann zwar noch die letzte Barriere unmittelbar vor dem Quantenfilm zum oberen Laserniveau durchtunneln, was aber recht wahrscheinlich ist. Die Entwicklung dieser Übergitterbereiche zur Ladungsträgerinjektion hat an der primären Entwicklung der Quantenkaskadenlaser von etwa 1986 bis circa 1994 etwa die Hälfte der Mühe und Zeit ausgemacht. Dazu wurden numerische Verfahren entwickelt, mit denen die elektronischen Energien solch aufwändiger Strukturen aus gekoppelten Quantenfilmen erst berechnet werden konnten.

Rechts vom Injektionsbereich existieren drei (kaum gekoppelte) zentrale Quantenfilme. Der erste und der zweite Quantenfilm definieren jeweils mit ihren ersten Subbandkanten E_1 von links nach rechts das obere und das untere Laserniveau. Damit das obere Laserniveau trotz desselben Schichtmaterials in den ersten beiden Quantenfilmen oberhalb des unteren liegen kann, muss die erste Subbandkante im ersten Quantenfilm höher als im zweiten liegen. Das bedeutet, dass der erste Quantenfilm dünner sein und damit eine höhere Quantisierungsenergie $E_{L,1}^{(0)}$ haben muss als der zweite.[1] Der dritte Quantenfilm dient zur schnellen Entvölkerung des unteren Laserniveaus. Dadurch wird ein

---

[1] Die Verschiebung durch das angelegte elektrische Feld ist ein anderer Aspekt.

4-Niveau-Laser geschaffen. Das Entvölkerungsniveau wiederum wird durch einen Übergang in einen Übergitter-Auffang-Reservoirbereich entleert. Ab hier wiederholt sich die Schichtenfolge und der Reservoirbereich stellt gleichzeitig den Injektionsbereich für die nächste Periode der Kaskade dar.

Ein zentraler Gedanke ist - wie schon erwähnt - dass die angeregten Elektronen im optimalen Fall das Leitungsband gar nicht verlassen, bevor sie die Kaskade durchlaufen haben. Ein einzelnes einmal angeregtes Elektron kann so mehrere Laserübergänge vollführen. Strukturen mit bis über 100 Perioden in der Kaskade wurden realisiert. Natürlich gibt es Verlustmechanismen, so dass ein angeregtes Elektron nicht bei jeder Periode innnerhalb der Kaskade einen strahlenden Rekombinationsprozess vollzieht. Dennoch können so differenzielle Quantenwirkungsgrade (siehe Gl. (12.12)) $\eta_d > 1$ erzielt werden.

Die ursprünglichen Typ I-Quantenkaskadenlaser litten besonders an inelastischer Streuung der Elektronen an longitudinal-optischen Phononen (Stöße der angeregten Elektronen mit dem Halbleiter-Kristallgitter) als Inversions-Verlustmechanismus. Phononen-Streuung ist ein nicht-strahlender Rekombinationskanal, der die Inversion zu Ungunsten der erwünschten strahlenden Rekombination abbaut. In den heutigen Typ I-Quantenkaskadenlasern wird die Energiedifferenz zwischen dem unteren Laserniveau und dem Entvölkerungsniveau so gewählt, dass sie der Energie der optischen Phononen entspricht. Dann kann die Phononen-Streuung sogar bei der Entvölkerung helfen.

Da die relevanten elektronischen Übergänge in Typ I-Quantenkaskadenlasern innerhalb des Leitungsbands stattfinden, ist das Wirtsmaterial für den Typ I-Quantenkaskadenlaser zwar nicht ganz unwichtig, aber doch zweitrangig. Verwendet werden häufig InGaAs-Quantenfilme zwischen AlInAs-Barrieren auf InP-Substrat, also ein Materialsystem, dessen Herstellungstechnologie gut beherrscht wird. Alles weitere ergibt sich aus dem quantenmechanischen Maßschneidern der Subbänder ($\rightarrow$ 'band-gap engineering').

Im Gegensatz zu Diodenlasern, bei denen für ihre Funktion Elektron- und Lochzustände wichtig sind ($\rightarrow$ „bipolare Laser"), agieren bei Typ I-Quantenkaskadenlasern nur die Elektronen. Daher wird von „unipolaren Lasern" gesprochen. *An dieser Stelle verliert der Begriff Diodenlaser seine Gültigkeit und es ist daher besser, generell von Halbleiterlasern zu sprechen.* Quantenkaskadenlaser werden zwar auch elektrisch gepumpt; es liegt aber kein pn-Übergang vor und das Anlegen einer Spannung dient zur Ladungsträgerinjektion und zur Verkippung der Bandverläufe und damit zur gewünschten Justage der in den Quantenfilmen involvierten ersten Subbandkanten relativ zueinander. Nur die Injektions- oder Reservoirbereiche innerhalb der Kaskaden sind n-dotiert, um die Ladungsträgerdichte zu erhöhen.

14.2. Grundidee der Interband- (Typ II-) Quantenkaskadenlaser

Unter anderem die Phonon-Streuverlust-Probleme bei den Typ I-Quantenkaskadenlasern veranlassten Yang und Pei von der University of Houston sowie Meyer vom Naval Research Laboratory Washington [YAN 96, MEY 96], über eine Alternative nachzudenken, die zu den so genannten Typ II- oder Interband-Quantenkaskadenlasern führte.

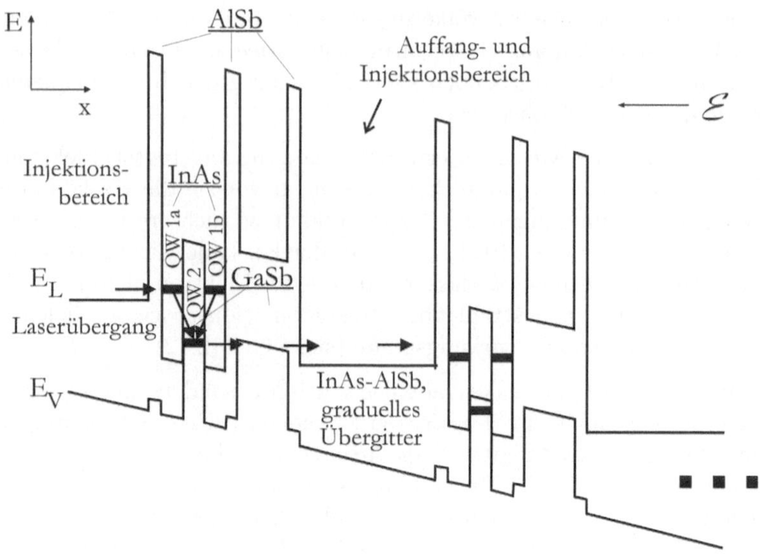

Abbildung 14.2.: Energiebandschema der Schichtenfolge eines Antimonid-Typ II-Quantenkaskadenlasers bei angelegter Spannung

Sie übernahmen das Kaskaden-Konzept, verwendeten Typ II-Heteroübergänge/Quantenfilme und räumlich indirekte Interbandübergänge zwischen der ersten Subbandkante (E_1-Niveau genannt) eines elektronischen Quantenfilms und der ersten Subbandkante (HH_1-Niveau genannt) eines Loch-Quantenfilms. Eine mögliche Kombination könnte aus einem InAs-Quantenfilm für die Elektronen und einem GaSb-Quantenfilm für die Löcher auf GaSb-Substrat bestehen, wie in Abb. 14.2 veranschaulicht. In der Grundversion existierten zwar die Quantenfilme „QW 1a" und „QW 2", nicht aber der Quantenfilm „QW 1b". In einer weiteren Entwicklungsstufe wurde der Überlapp der E_1- und der HH_1-Wellenfunktion dadurch verbessert, dass nach dem Loch-Quantenfilm „QW 2" ein weiterer Elektronen-Quantenfilm, eben „QW 1b" spendiert wurde. Genauer gesagt, die beiden elektronischen Quantenfilme sind - durch den Loch-Quantenfilm als dünne Barriere - so stark miteinander gekoppelt, dass sie als ein räumlich aufgespaltener elektronischer Quantenfilm zu verstehen sind (daher auch die Notation 1a und 1b). Durch diesen Trick können das Übergangsmatrixelement und die Effizienz des Lasers deutlich verbessert werden. Wegen des Bandkantenverlaufs (die Leserin / der Leser möge den Verlauf nachzeichnen) werden solche Schichtenfolgen „W-Strukturen" genannt. - Genau wie beim Typ I- müssen auch beim Typ II-Quantenkaskadenlaser Entvölkerungsniveaus und Reservoirs vorgesehen werden, wobei die aktive Schichtenfolge auch kaskadiert (periodisch wiederholt) wird.

Obwohl die angeregten Elektronen durch den Laserübergang zurück ins Valenzband gelangen, wird auch der Typ II-Quantenkaskadenlaser als unipolarer Laser bezeichnet.

Denn gewissermaßen werden die Elektronen, die an einem Rekombinationsprozess beteiligt waren, nur im Lochband (im Valenzband) „zwischengelagert". Tunnelvorgänge ohne erneute Pump-Anregung der Ladungsträger reichen, um die Ladungsträger wieder ins Leitungsband (des nächsten Reservoir-/Injektionsbereichs) zu befördern.

Zwar ist die Streuung der angeregten Elektronen an optischen Phononen für Typ II-Quantenkaskadenlaser tatsächlich wie von Yang, Pei und Meyer gewünscht, ein geringeres Problem des Inversionsverlusts. Doch übernimmt in diesen Strukturen ein anderer Verlustmechanismus die Rolle des Spielverderbers: CHHL- beziehungsweise CHHS-Auger-Rekombination (siehe Unterkapitel 7.5).

14.3. Weitere Details zu (Typ I-) Quantenkaskadenlasern

Letztlich ist der Typ II- gegenüber dem Typ I-Quantenkaskadenlaser (QCL) keine Verbesserung, sondern nur eine Alternative. Außerdem lässt das Konzept mit Typ I-Heteroübergängen mehr Spielraum zum Maßschneidern der Laserübergänge. Daher sollen hier noch weitere Details der Entwicklung des Typ I-Quantenkaskadenlasers genannt werden [GMA 01]. Vorweg sei kurz vermerkt, dass natürlich auch für Quantenkaskadenlaser die üblichen Transversal-/Longitudinalstrukturierungen angewendet werden können, also zum Beispiel Rippenwellenleiter oder kanten-/facettenemittierende DFB- oder DBR-Strukturen (siehe Abschnitt 11.4.2).

14.3.1. Übergitter für die aktiven Schichten und Injektor-lose Strukturen

Bereits 1997 wurde vorgeschlagen, nicht nur für die Injektorbereiche, sondern auch für die aktiven Schichtenfolgen Übergitter zu verwenden und dadurch Laserübergänge zwischen Minibändern verschiedener Subbandstufen zu initiieren. Im Vergleich zu dem bis dahin herkömmlichen Ansatz zeigen solche Strukturen höhere Verstärkung und sind weniger temperaturabhängig, können größere Ströme tragen. Allerdings sind solche Strukturen (bisher) erst ab einer Emissionswellenlänge von $7\,\mu$m aufwärts machbar.

Elektronen, die an die Unterkante des oberen Minibands (also an das obere Laserniveau) thermalisiert sind, können durchaus durch Streuung mit longitudinal-optischen Phononen innerhalb $10\,$ps an die Oberkante des unteren Minibands relaxieren. Dieser Vorgang ist glücklicherweise langsam, weil er mit dem Austausch großer Kristallimpulse verbunden ist. Innerhalb eines Minibands ist die Phononstreuung mit Relaxationszeiten unter $1\,$ps schneller. Dieser Zeitunterschied erlaubt eine hohe Besetzungsinversion über die Minibandlücke ('minigap') und unterstützt damit stimulierte Emission.

In den bisherigen Erläuterungen wurde davon ausgegangen, dass die Kaskade aus Perioden besteht, die sowohl eine aktive Schichtenfolge als auch einen Injektorbereich aufweisen. Die Injektorbereiche sind gleichzeitig Auffangbereiche, die die Elektronen aus den tiefen Niveaus einer aktiven Schichtenperiode aufnehmen und in die hohen Niveaus des jeweils nächsten aktiven Bereichs injizieren. Man spricht auch von „kalter Injektion", da sich die Elektronen bei diesem Vorgang im Energiebandschema nur horizontal bewegen und keine Energie aufnehmen (oder verlieren). Außerdem stellen die dotierten Injektorbereiche Elektronen„quellen" dar. Diese Aufgaben können von einem jeweils zweiten Quantenfilm übernommen werden, der jedem Quantenfilm der aktiven Periode direkt voran- beziehungsweise nachgestellt wird. Die aktive Zone besteht dann nur aus Übergittern mit Doppelquantenfilm-Kaskaden. Ein expliziter Injektorbereich existiert dabei nicht mehr. Durch das Doppelquantenfilm-Übergitter entstehen zwei schmale Minibänder mit einer schmalen Minibandlücke, über die der Laserübergang erfolgt.

Ein weiterer großer Vorteil der Injektor-losen Variante der Quantenkaskadenlaser ist der deutlich größere Überlapp des elektromagnetischen Feldes mit dem aktiven Material, also der deutliche größere Füllfaktor $\tilde{\Gamma}_{xy}$.

14.3.2. Terahertz-Emitter und Plasmonen-Wellenleiter

Insbesondere die im letzten Abschnitt genannten Verbesserungen (Übergitter in den aktiven Schichtenfolgen und gegebenenfalls auch Injektor-lose Strukturen mit Doppelquantenfilmen im Übergitter) haben ermöglicht, dass energetisch extrem schmale Minibandlücken für Laserübergänge genutzt werden können. Das hat die Emissionswellenlängen von Quantenkaskadenlasern bis tief in den Terahertzbereich[2] (bis um $250\,\mu$m Vakuum-Wellenlänge) getrieben. Auch für diesen Bereich wird noch von Lasern gesprochen, obwohl es sich ja eigentlich nicht mehr um Licht handelt.

Der Trend zu immer größeren Emissionswellenlängen bei Typ I-Quantenkaskadenlasern hätte beim Festhalten an *dielektrischen* Wellenleitern dazu geführt, dass *selbst für* die gewünschte *nur monomodige* Wellenleitung durch Totalreflexion so dicke Kern- und Mantelschichten notwendig wären, wie sie epitaktisch kaum zu realisieren sind. Daher werden für große Wellenlängen so genannte Plasmonen-Wellenleiter[3] verwendet.

Oberflächen-Plasmonen wurden bereits kurz in Abschnitt 3.6.2 erläutert. Es handelt sich um eine kollektive Anregung freier Ladungsträger durch elektromagnetische Wellen, bei der ein Energiefluss längs der Grenzfläche zwischen der Halbleiter-Schichtenfolge und einer Metallbeschichtung möglich ist. Außer dieser Metallschicht sind keine weiteren Schichten für die Wellenführung notwendig. Die Metallschicht kann darüber hinaus sogar noch als elektrische Kontaktschicht genutzt werden, die gegenüber anderen Lasern

---

[2] Der Terahertzbereich ist wichtig - unter anderem und insbesondere für die heute leider notwendige Sicherheitstechnik im Flugverkehr oder anderen Bereichen des öffentlichen Lebens mit großem Publikumsaufkommen. Viele Substanzen geben im Terahertzbereich auffällige Signaturen. Allerdings dringen Terahertzstrahlen kaum in metallische oder stark Wasser-haltige Materialproben ein (und schon gar nicht hindurch). Das ist zum Beispiel ein Problem für die automatische Kontrolle (das Scannen) von Luftfracht mit Terahertzstrahlen.

[3] Plasmonen-Wellenleiter hatten in Kap. 9 über optische Wellenleitung keinen Eingang gefunden, weil ihre großen Wellenleiterverluste eine typische Wellenführung über Zentimeter oder deutlich mehr unmöglich machen. Gleichwohl könnten sie zum Beispiel für die in der Entwicklung befindliche Silizium-Photonik eine Möglichkeit bieten, die Signale von Bauelement zu Bauelement über Strukturen mit Abmessungen im Nanometer-Bereich in Längsrichtung „$10\,\mu$m-weise" zu übertragen. Dabei würde eine optische Welle das Plasmon anregen und nach der Übertragung würde das Plasmon (durch Nahfelddetektion) in ein optisches Signal zurückgewandelt werden.

nur dicht an der aktiven Schichtenfolge positioniert ist. Dieser Ansatz erlaubt eine Reduktion der Gesamtschichtdicke der Wellenleiterstruktur um einen Faktor von bis zu 3 gegenüber der herkömmlichen Struktur.

Die geführte Plasmonen-Welle klingt beiderseits der Grenzfläche Halbleiter-Metall exponentiell in die Materialien ab. Da gute (verlustarme) Reflexion von Metallen auf große Dämpfung (nicht Absorption!) zurückzuführen ist, sollten Metalle mit relativ kleinem Realteil und großem Imaginärteil des Brechungsindex bevorzugt werden. Oberhalb einer Emissionswellenlänge von $15\,\mu$m ist Gold als Metallisierung zu empfehlen. - Für Quantenkaskadenlaser mit Emissionswellenlängen über $50\,\mu$m reicht die Metallisierung nur „oben" für eine gute Wellenleitung nicht aus. Hier werden hochdotierte Schichten unterhalb der aktiven Schichtenfolge eingesetzt - mit Dotierstoffkonzentrationen $>10^{19}\,\mathrm{cm}^{-3}$. So entsteht ein zweiseitiger („oben" und „unten") Oberflächenplasmonen-Wellenleiter in *lateraler* Richtung (x-Richtung).[4]

---

[4]Die *transversale* Wellenleitung, die Wellenleitung in y-Richtung, kann durch lithografisch hergestellte Strukturen ermöglicht werden.

15. Hochleistungs-Halbleiterlaser

15.1. Überblick

Übliche ('narrow stripe') kanten-/facettenemittierende Halbleiterlaser haben einen solchen Querschnitt der aktiven Zone, dass es nur eine seitlich geführte und verstärkte Welle gibt, dass also der Wellenleiter transversal (y-Richtung) und lateral (x-Richtung) monomodig ist. Die Querabmessungen können dabei je nach Emissionswellenlänge sehr unterschiedlich sein. Im Beispiel von AlGaAs und einer Emissionswellenlänge um etwa 800 nm sind die aktiven Zonen üblicherweise circa $3\,\mu$m breit und $0{,}2\,\mu$m dick. Die potenzielle Zerstörung der Laserfacette ('catastrophic optical (mirror) damage', CO(M)D) macht bei schmalen Einzelemittern hohe Ausgangsleistungen unmöglich. Durch eine Vergrößerung der aktiven Zone, insbesondere in der seitlichen, hier transversal genannten Dimension, auf 50 bis $200\,\mu$m Breite ($\rightarrow$ Breitstreifenlaser, 'broad area laser', BAL) oder durch Verwendung eines Feldes ('array'; $\rightarrow$ Laserdiodenarray, 'laser diode array', LDA) von transversal gekoppelten parallelen aktiven Zonen kann die Ausgangsleistung von Halbleiterlasern gesteigert werden.

Werden mehrere der oben genannten Hochleistungslaser zusammengeschaltet, das heißt nebeneinander angeordnet, wird von Laser(dioden)barren gesprochen. Werden wiederum mehrere Laserbarren übereinander gestapelt, ist von Laserstacks - auch ein Beispiel für Eindeutschung - die Rede.

Die genannten Prinzipien können natürlich für jedes Materialsystem genutzt werden, um mehr Leistung als aus einem 'narrow stripe'-Laser zu gewinnen. Der Begriff „hohe Leistung" ist also relativ. Im AlGaAs-Materialsystem können so Leistungen von mehr als 1 kW zur Verfügung gestellt werden. Im AlGaInAsSb-System wären Laserstack-Leistungen um 100 mW bemerkenswert.

Hochleistungslaser werden *zum Beispiel* in der Materialbearbeitung zum Laserschneiden, -schweißen, -umschmelzen, -härten oder zum Pumpen von Festkörperlasern eingesetzt.

15.2. Breitstreifenlaser

15.2.1. Grundeigenschaften, Verstärkungsfilamentation

Bei BAL führt die große Emitterbreite von 50 bis $200\,\mu$m zur Emission der Strahlung in zahlreichen Transversalmoden, was die fokussierbare Ausgangsleistung deutlich einschränkt. Und es kommt bei ihnen zu nichtlinearen Wechselwirkungen des optischen Feldes mit dem aktiven Medium. Diese Prozesse sind unter anderen [MAR 96]:

- räumliche Variation des Brechungsindex durch räumlich unterschiedlich stark ausgeprägte Verstärkungssättigung in Folge variierender Ladungsträgerdichte,

- Selbstfokussierung durch die erwärmungsbedingte Brechungsindexerhöhung und
- Selbstdefokussierung durch den nichtlinear-optischen Kerr-Effekt, also aufgrund der Brechungsindexabhängigkeit von der Lichtintensität.

Diese Effekte führen zur Filamentation (räumlichen Zerfaserung) der Verstärkung. Die BAL-Filamente sind im Allgemeinen instabil auf einer Zeitskala um 10 ps [HES 97].

In LDA bestehen vordefinierte Emitterbereiche, so dass es *kaum* möglich ist, die Verstärkungszonen so zu beeinflussen, dass bestimmte transversale Feldverteilungen erzielt werden. Bei BAL hingegen sind die Emitterbereiche nicht durch die Struktur des Lasers vorbestimmt. Das erlaubt einen Spielraum bei der Beeinflussung beziehungsweise Selektion der Transversalmode. Andererseits ist diese Beeinflussung auch sinnvoll. Insofern stellen BAL den 'worst case' für eine Transversalmodenselektion und Filamentationsbeeinflussung sowie den wissenschaftlich interessanteren Fall dar.

Simulationen des dynamischen Verhaltens von BAL wurden u.a. auf der Basis von Halbleiter-Maxwell-Bloch-Verzögerungs-Gleichungen durchgeführt [HES 97]. Es zeigte sich, dass eine zeitverzögerte Rückkopplung alleine nicht ausreicht, um den BAL zu stabilisieren. Die Rückkopplung von einem Planspiegel kann vielmehr unter Umständen zur Destabilisierung des BAL und zu chaotischer Emission führen. Zur Stabilisierung des BAL muss die Rückkopplung zum Beispiel zusätzlich räumlich strukturiert sein. Bei BAL wurde die Filamentation erfolgreich kontrolliert, indem fotolithografische Verfahren zur Modifikation der Laserfacette eingesetzt wurden. Durch Ätzen der Laserfacette, so dass sie eine (vom Laser aus gesehen) konvexe Krümmung erhielt, wurde ein instabiler Resonator erzeugt [SAL 85]. Eine andere Arbeit variierte die Reflektivität der Laserfacette transversal [SHI 85].

15.2.2. Fourier-optische Transversalmodenselektion (FO-TMS)

In einschlägigen Arbeiten der Gruppe des Autors dieses Buchs wurden überwiegend Aufbauten eingesetzt, die sich auf den Fourier-optischen $4f$-Aufbau - siehe Abb. 5.2 - zurückführen lassen.

Wenn das Filter als *Reflexions*element ausgelegt ist, entfällt die zweite Linse; die erste übernimmt dann für das Licht auf dem Rückweg vom Filter auch die zweite Fourier-Transformation („$2f$-Aufbau mit/in Reflexion"). In den genannten eigenen Arbeiten der Forschungsgruppe des Autors wird als Raumfrequenzfilter häufig ein reflektierender schmaler Spalt (ein $\approx 250\,\mu$m breiter Spalt mit direkt dahinter positioniertem Spiegel) verwendet. Für die zweite Fourier-Transformation wird demnach dieselbe Linse (gegebenenfalls auch ein gekrümmter Spiegel) genutzt wie für die erste. Hier gilt automatisch $f_1 = f_2 \equiv f$. Der Aufbau und Ergebnisse sind in Abb. 15.1 nach [WOL 02] skizziert. Bei Verschiebung des Spalts senkrecht zur optischen Achse in der Fourier-Transformationsebene können gezielt nacheinander sowohl die transversale Grundmode als auch die höheren Transversalmoden angeregt werden. Letzteres mag für Anwendungen weniger oder gar nicht wichtig sein, kann aber zur Verifizierung des Konzepts genutzt werden.

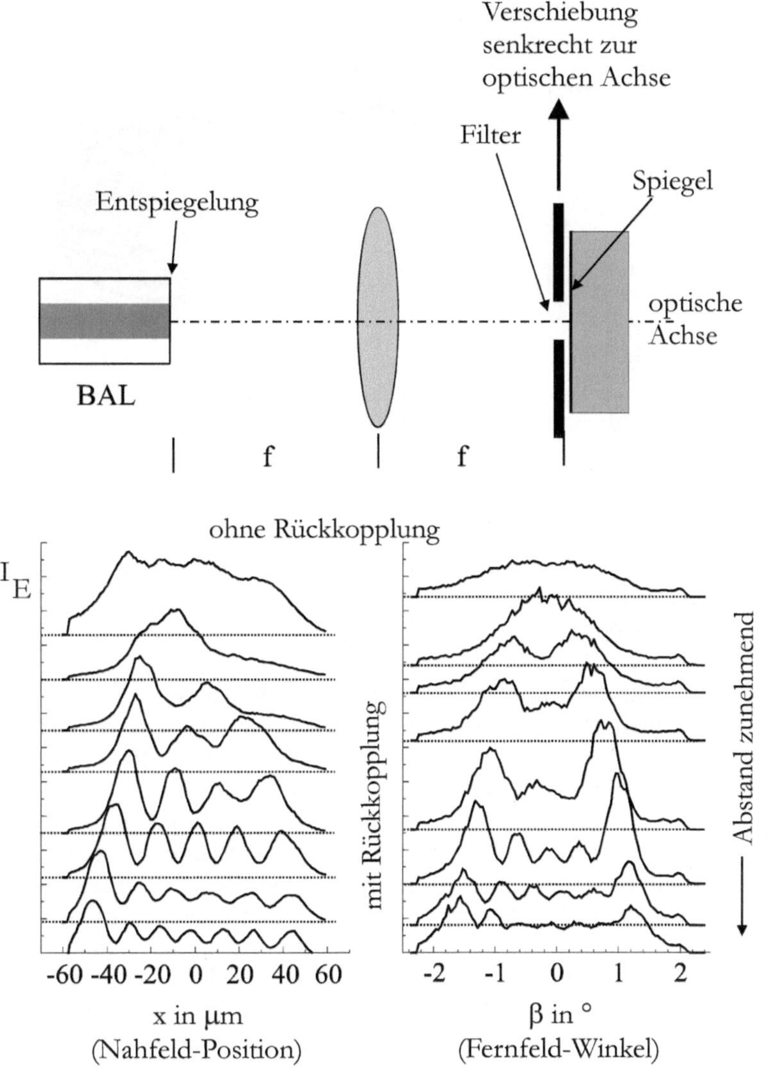

Abbildung 15.1.: Skizze eines $4f$-Aufbaus, ausgelegt als $2f$-Aufbau mit Reflexion, mit Ergebnissen: Nah- (links) und Fernfeld-Intensitätsverteilungen (rechts), bei Verschiebung des reflektierenden Filterspalts transversal zur optischen Achse zur Auswahl einer Transversalmode - dicht oberhalb der Laserschwelle im Fall einer schwach entspiegelten BAL-Facette, nach [WOL 02]. Die Asymmetrie der Intensitätsverteilungen rührt von der einseitigen transversalen Verschiebung des Spalts her

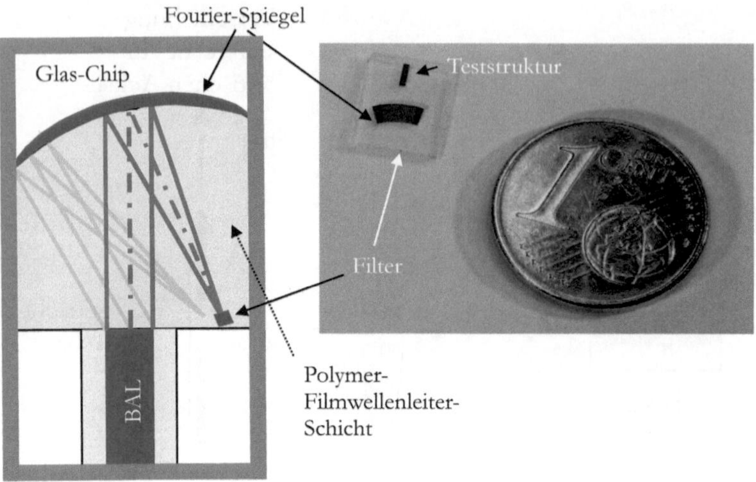

Abbildung 15.2.: Skizze und Foto eines externen Transversalmodenformer-Chips mit Polymer-Wellenleiterfilm auf Glassubstrat nach [WOL 02]. Fourier-Spiegel und Filterelement werden durch in den Wellenleiterfilm eingelassene Metallisierungen realisiert

Die Transversalmodenselektion bei einseitig teil- beziehungsweise schwach entspiegelten BAL ist nur bei einem Pumpstrom knapp oberhalb der Laserschwelle möglich. Wird jedoch ein einseitig hochentspiegelter BAL eingesetzt, ist eine erfolgreiche Selektion bis zu Pumpströmen des 2- bis 3-fachen der Laserschwelle von der Gruppe gezeigt worden [WOL 02]. Der BAL konnte durch den externen $4f$-Resonator ($2f$ plus Rückweg nach Reflexion) gezwungen werden, 66 bis 80% der Ausgangsleistung im Nahfeld in der transversalen Grundmode (statt 5% ohne Entspiegelung und ohne externen Resonator) und etwa 99% der Leistung im Fernfeld in einer Gauß-Verteilung zu emittieren[1]. Es ergibt sich also eine Verbesserung um einen Faktor von mindestens $13 \approx 66/5$, da die relative Leistung in der transversalen Grundmode von 5% auf mindestens 66% erhöht wird. Für die Gesamtbilanz muss aber berücksichtigt werden, dass der BAL, einseitig entspiegelt, mit externem Resonator nur etwa 50% der Leistung emittiert, die er ohne Entspiegelung und ohne externen Resonator abstrahlen würde. Daher ergibt sich eine Gesamtverbesserung von mindestens immerhin noch 13/2.

Prinzipiell kann bei jeder Art von Breitstreifenlaser - unabhängig von Material und Wellenlänge - Transversalmodenselektion realisiert werden.

Das Konzept der Arbeitsgruppe mit reflektierendem $4f$-Aufbau ($2f$ plus Rückweg nach Reflexion) wurde erfolgreich in eine funktionierende integriert-optische Anordnung (Polymer Benzocyclobuten BCB auf Glas, Benzocyclobuten (BCB) als wellenleitender Film)

---

[1]Die Nahfeld-Angabe ist aussagekräftiger; denn höhere Transversalmoden tragen auch deutlich zu der im Fernfeld gegebenenfalls gemessenen Gauß-ähnlichen Intensitätsverteilung bei.

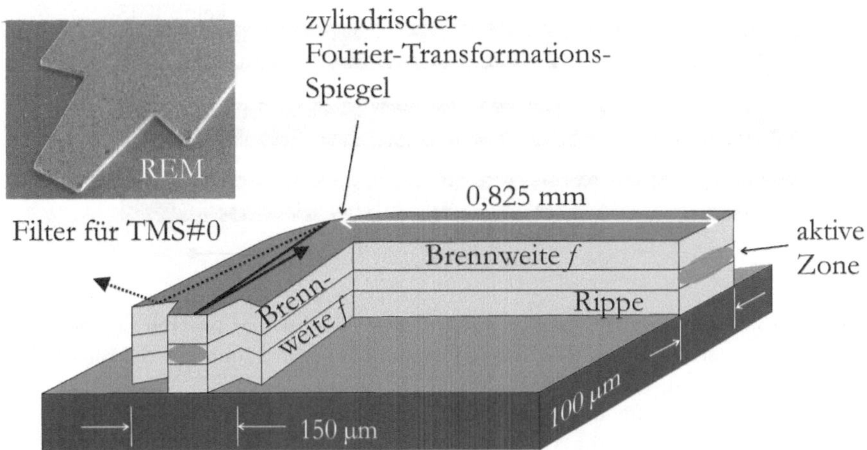

Abbildung 15.3.: Skizze eines $4f$-Aufbaus ($2f$ mit Reflexion) bei gemeinsamer Integration von Breitstreifenlaser (BAL) und Transversalmodenselektor (TMS) [HOF 10] inklusive Rasterelektronenmikroskopie (REM)-Bild des Filterbereichs

übertragen. Der integriert-optische Chip zur Transversalmodenselektion war dabei noch externer Resonator zum Breitstreifenlaser. Dabei wurde der gekrümmte Fourier-Transformationsspiegel durch eine trockengeätzte Flanke mit Al-Metallisierung realisiert. In Abb. 15.2 sind eine Anordnungsskizze und ein Foto des Transversalmodenselektor-Wellenleiter-Chips in dem Polymer BCB auf Glas wiedergegeben [WOL 02].

In Abb. 15.3 wird ein Ansatz der Gruppe skizziert, bei dem der Breitstreifenlaser (BAL) *monolithisch resonatorintern* mit einem Transversalmodenselektor (TMS) versehen wird [HOF 10]. Der Resonator verläuft geknickt. Bei der Anordnung kann nicht mehr nach BAL- und TMS-Teil des Chips unterschieden werden, da der gesamte Bereich sowohl zur Verstärkung genutzt wird als auch den Fourier-Transformationsaufbau darstellt. - Der durch Trockenätzen realisierte zylindrische Totalreflexionsspiegel (ein Wellenleiterknick mit fokussierender Wirkung) vollzieht - siehe Skizze in Abb. 15.3 - eine Fourier-Transformation von der rechten Resonatorendfacette zur vorderen Resonatorendfläche, die gleichzeitig die Filterelemente enthält. Beide Ebenen sind im Abstand der Brennweite f von dem Spiegel angesiedelt. Es handelt sich also wieder um einen $2f$-Aufbau in Reflexion. Durch die reflektierende Funktion des Filters läuft das Licht denselben Weg zurück, so dass letztlich eine $4f$-Anordnung vorliegt. Die gekrümmte Spiegelfläche braucht nicht metallbedampft zu werden, da die Neigung des Spiegels (in der Aufsicht) von 45° gegen die optische Achse eine Totalreflexion zur Folge hat (der Grenzwinkel der Totalreflexion liegt bei nur 17°). Im Fall elektrischen Pumpens wird eine Rippe mit einer Breite um 100 µm prozessiert. Die aktive Zone ist in die Rippe vollständig eingebettet. Die Rippe wird oben metallisiert, der Pumpstrom so injiziert.

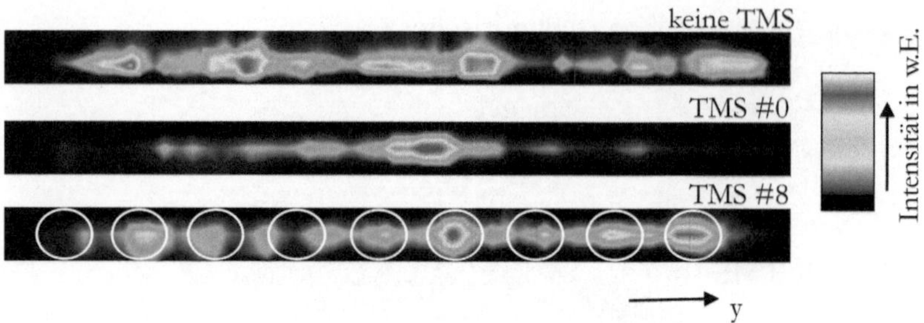

Abbildung 15.4.: Nahfeld-Intensitätsverteilungen, hier in Grauwerten codiert, dreier Breitstreifenlaser (BAL) mit internem Transversalmodenselektor (TMS):
oben: im Fall ohne TMS-Filter ('keine TMS'),
Mitte: für die Mode #0 (TMS #0) und
unten: für die Mode #8 (TMS #8 mit 9 (erwarteten) Maxima),
in allen drei Fällen beim 1,2-fachen des Schwellstroms. Die entsprechenden
farbigen Graphiken finden sich im Internet unter
http://www.viewegteubner.de/Privatkunden/OnlinePLUS.html

In Abb. 15.3 ist zu erkennen, wie die Filterelemente aussehen - und zwar für den Fall
der beabsichtigten Unterstützung der transversalen Grundmode. Das reflektierende Filterelement, das senkrecht auf der optischen Achse steht, ($\rightarrow$ Tiefpassfilter) arbeitet mit
der üblichen Fresnel-Reflexion mit einer Reflektivität von $\approx$30% beim Übergang vom
Halbleiter auf Luft; bei der großen Verstärkungslänge (von hier 1,65 mm) ist diese relativ geringe Reflektivität kein Problem. Die schrägen Flanken stellen Bereiche in der
Filterebene dar, aus denen möglichst kein Licht in den Resonator zurückreflektiert, sondern durch Totalreflexion und Brechung zur Seite weggelenkt wird (gepunktete Linie mit
Pfeil). Daher wurde die eigenwillige Form der Flanken gewählt. Im Fall des TMS #0-
Filters (zur Unterstützung der transversalen Grundmode) werden Strahlen, die unter re-
lativ großem Winkel zur optischen Achse laufen und daher großen Raumfrequenzen, also
den höheren Transversalmoden, entsprechen, weggelenkt. Abbildung 15.3 zeigt auch eine
Rasterelektronenmikroskopie (REM)-Aufnahme eines TMS #0-Laser[2]-Filterbereichs. -
Im Fall eines Lasers mit Unterstützung einer höheren Mode, etwa der Mode #8 (TMS
#8), werden auf beiden Seiten der optischen Achse Flanken senkrecht zur optischen
Achse benötigt, dazwischen und jenseits davon ablenkende Flanken ($\rightarrow$ Bandpassfilter).

Abbildung 15.4 gibt experimentelle Ergebnisse wieder, die für den Fall ohne Transversalmodenselektion ('keine TMS') sowie den TMS #0- und den TMS #8-Laser-Fall erzielt
wurden. Durch den Einsatz des internen Transversalmodenselektors ist von 'keine TMS'

---

[2]Der Laser wurde im Materialsystem AlGaInAsSb von Dirk Hoffmann konzipiert und hergestellt:
Breite der aktiven Zone: um 100 μm, Länge der aktiven Zone: 1,65 mm (mit geknicktem Resonator),
Emissionswellenlänge: $\lambda_0 \approx$ 2,0 μm, Laserschwelle: <98 mA, Schwellstromdichte: $<\eta_i \cdot$ 42 A/cm^2,
emittierte Pulsleistung pro Facette an der Laserschwelle: 0,2 mW, differenzieller Quantenwirkungsgrad: >8%, gepulst emittierend bis 150 K (400 ns Pulsdauer, 20 kHz Folgefrequenz).

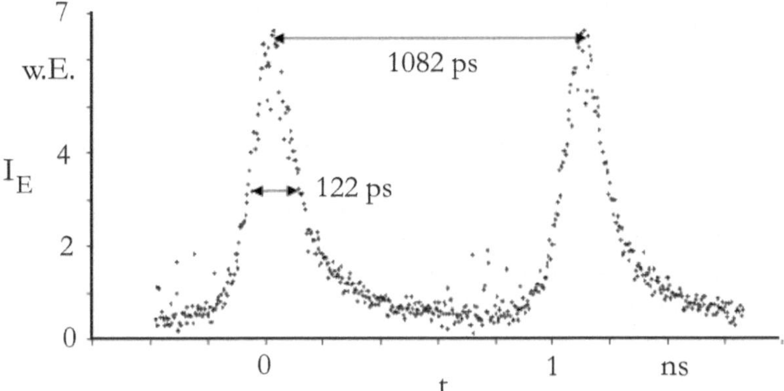

Abbildung 15.5.: Zeitverlauf eines longitudinalmodengekoppelten Pulses eines Breitstreifenlasers, einseitig entspiegelt, mit externem Resonator der Länge $d \approx 15\,\mathrm{cm}$ (Umlauffrequenz bei etwa $1\,\mathrm{GHz}$), nach [DOE07]

zum TMS #0-Fall eine deutliche Verbesserung zu verzeichnen; ohne Filter ist die BAL-Emission weit weg vom Fall der transversalen Grundmode, mit Filter liegt letztere vor.

Aber auch mit Filter kann die Filamentation bisher nicht ganz unterdrückt werden, so dass zum Beispiel beim TMS #8-Laser das vierte Maximum von links unterdrückt ist. Gleichwohl wird die gewünschte Transversalmode stabil von dem BAL emittiert, hier bei einem Pumpstrom, der dem 1,2-fachen Schwellstrom entspricht.

Im TMS #0-Fall ergibt sich ein Strahlqualitätsparameter von $M^2 = 2,4$ in der transversalen Richtung.[3]

15.2.3. Longitudinal-Modenkopplung mit FO-TMS

zunächst generell zur Longitudinal-Modenkopplung bei 'narrow stripe'-Halbleiterlasern:

Longitudinal-Modenkopplung bei Lasern allgemein und bei Halbleiterlasern im Speziellen ist ein weites Feld, das hier auch nicht nur halbwegs vollständig wiedergegeben werden kann. Longitudinal-Modenkopplung ist eine Möglichkeit, um kurze Pulse zu erzeugen; siehe auch Unterkapitel 12.3 . Durch die Kopplung der Moden wird erreicht, dass

---

[3]Der Strahlqualitätsparameter

$$M^2 = \frac{\pi r_0 \beta / 2}{\lambda} \tag{15.1}$$

gibt Auskunft darüber, wie weit ein Strahlprofil von dem beugungsbegrenzten Idealfall mit $M^2 = 1$ abweicht; die Größen r_0, β und λ sind der Radius beziehungsweise im eindimensionalen Fall die halbe Breite ($1/\mathrm{e}^2$-Intensitätsabfall) der Strahltaille, der ebene Öffnungswinkel des Strahlenbündels und die Wellenlänge.

sie zu bestimmten periodisch wiederkehrenden Zeitpunkten alle dieselbe Phase haben. Wenn sich die Feld-Maxima vieler Longitudinalmoden zu bestimmten Zeitpunkten überlagern, kommt es zur Ausbildung eines sehr leistungsstarken Pulses.

Bei Halbleiterlasern von $d = 0,5\,\mathrm{mm}$ Länge ergäbe sich bei aktiver Modenkopplung eine notwendige Modulationsfrequenz von etwa $85\,\mathrm{GHz}$ - das wäre nur mit großem Aufwand machbar. Aus diesem Grunde wird der Halbleiterlaser einseitig entspiegelt und ein externer Spiegel in circa $15\,\mathrm{cm}$ Abstand platziert; dies entspricht in erster Näherung der neuen Resonatorlänge. (Große Teile d_{passiv} der Resonatorlänge $d = d_{aktiv} + d_{passiv}$ sind also nicht aktiv.) Es handelt sich um eine Freistrahl-Anordnung. Bei $d = 15\,\mathrm{cm}$ liegt die notwendige Modulationsfrequenz bei $1\,\mathrm{GHz}$ - das ist gut machbar.

nun zur Longitudinal-Modenkopplung bei Breitstreifenlasern:

Für die Longitudinal-Modenkopplung kann der Aufbau nach Abb. 15.1 genutzt werden. Der reflektierende Spalt stellt den externen Spiegel dar. Dadurch dass es sich um eine $2f$-Anordnung mit Reflexion (also eine $4f$-Anordnung) handelt, bildet die Ebene mit dem exteren Spiegel aber auch die Fourier-Transformationsebene, in der Raumfrequenzfilter zur Transversalmodenselektion eingesetzt werden können. Sitzt der reflektierende Spalt auf der optischen Achse, handelt es sich auch um eine Tiefpassfilterung und die transversale Grundmode wird automatisch unterstützt. Dieser Aufbau wurde in der Gruppe des Autors für einen $15\,\mathrm{cm}$ langen externen Resonator und einen AlGaAs-Breitstreifenlaser bei $800\,\mathrm{nm}$-Emissions-Wellenlänge realisiert. Die Messungen ergaben Pulsdauern um $100\,\mathrm{ps}$ ($\pm 25\,\mathrm{ps}$ je nach Laserexemplar, Justage und genauen Parametern), wie in Abb. 15.5 zu sehen [DOE 07].

Höhere Transversalmoden werden für Anwendungen kaum gebraucht. Aber sie können hier genutzt werden, um das Funktionsprinzip des Aufbaus zu verifizieren: die Kombination aus Longitudinal-Modenkopplung und Transversalmodenselektion. Denn die Longitudinal-Modenkopplung funktioniert auch, wenn der reflektierende Spalt transversal von der optischen Achse versetzt ist, also eine höhere Transversalmode selektiert wird. Dies wird durch Abb. 15.6 offenkundig, in der links die Pulsverläufe zu sehen sind. Die Pulsdauer ändert sich kaum mit der selektierten Transversalmode. In Abb. 15.6 finden sich rechts auch die entsprechenden Nahfeld-Intensitätsverteilungen; jeweils eine bestimmte Transversalmode wird selektiert.

15.3. Einige Hinweise zu Laserdiodenarrays

Bei Laserdiodenarrays ('laser diode arrays', LDA) bestehen aus mehreren (sagen wir M') transversal nebeneinander angeordneten und gekoppelten Streifenwellenleitern. Da Teile der transversal evaneszenten Feldausläufer des einen Streifens noch in die benachbarten aktiven Zonen (dort nicht evaneszent) hineinragen, fallen die Gesamtverstärkung und damit die gesamte emittierte Lichtleistung höher aus als es der simplen Ver-M'-fachung dieser Größen für einen 'narrow stripe'-Einzelemitter entspricht. Anders als beim Breitstreifenlaser zeigt die Intensität im Fernfeld von Laserdiodenarrays zwar eine glocken-

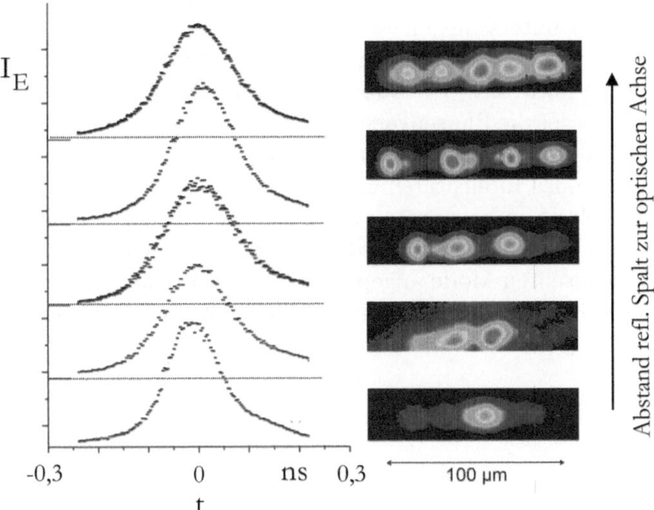

Abbildung 15.6.: Zeitverläufe von Pulsen durch Longitudinal-Modenkopplung eines Breit-streifenlasers bei gleichzeitiger Transversalmodenselektion. Die Transversal-mode wird ausgewählt, indem der Spalt aus Abb. 15.1 senkrecht zur op-tischen Achse versetzt wird. Daneben sind die entsprechenden Nahfeld-Intensitätsverteilungen zu sehen, hier in Grauwerten codiert; die farbigen Darstellungen finden sich im Internet unter
http://www.viewegteubner.de/Privatkunden/OnlinePLUS.html

förmige Einhüllende, aber immer eine interferenzbedingte Feinstruktur [EBE 92]. Diese Interferenz*fein*struktur lässt sich - wenn der Phasensprung ϕ von Streifen zu Streifen des Arrays konstant ist und damit über alle Streifen linear ansteigt - generell schreiben:

$$I_{fein}(\beta) = \frac{\sin^2\left[\frac{M'}{2}\left(\phi + \frac{2\pi g_y}{\lambda_0}\sin\beta\right)\right]}{\sin^2\left[\frac{1}{2}\left(\phi + \frac{2\pi g_y}{\lambda_0}\sin\beta\right)\right]} \qquad (15.2)$$

mit dem Streifenabstand g_y, der Emissionswellenlänge λ_0 und dem Fernfeld-Beugungs-winkel β sowie ϕ als Längsphasensprung zwischen benachbarten aktiven Streifen. Die Einhüllende der Intensitätsverteilung im Fernfeld wird wegen der Beugung an jedem ein-zelnen Emitterstreifen durch das Quadrat der sinc-Funktion gegeben, wie in Gl. (3.10) beziehungsweise in Gl. (3.15).

Die Transversalmoden von Laserdiodenarrays, auch Supermoden genannt, können durch den Längsphasensprung ϕ unterschieden werden. Diejenige Supermode, deren Intensitätsverteilung am besten mit der Pumpstrom(dichte)verteilung übereinstimmt, wird die größte Netto-Verstärkung aufweisen. Die Supermode mit der größten Netto-Verstärkung ist oft diejenige Mode, bei der die Phasenverschiebung von Streifen zu Streifen π beträgt. Sie zeigt im Fernfeld leider kein Intensitätsmaximum auf der optischen Achse. In der Praxis ist häufig ein zentrales Intensitätsmaximum auf der optischen Achse erwünscht. Um eine entsprechende Mode zu bevorzugen (zum Beispiel diejenige ohne Längsphasensprung zwischen den Nachbarstreifen) muss das Pumpstrom(dichte)profil an die Intensitätsverteilung der gewünschten Mode angepasst werden. Dies kann durch verschiedene Methoden erfolgen, zum Beispiel durch unterschiedlich starkes elektrisches Pumpen der Einzelstreifen.

16. Literaturverzeichnis

[ALO 83]   Alonso, M.; Finn, E. J.: Fundamental university physics -
Volume II Fields and waves.
Addison-Wesley (1983)

[ASH 07]   Ashcroft, N. W.; Mermin, D. N.: Festkörperphysik. Oldenbourg (2007)

[ASP 85]   Aspnes, D. E.; Studna, A. A.: Anisotropies
in above-band-gap optical spectra of cubic semiconductors.
Phys. Rev. Lett. 54 (1985) 1956-1959

[ASP 88]   Aspnes, D. E.; Harbison, J. P.; Studna, A. A.; Florez, L. T.:
Application of reflectance difference spectroscopy
to molecular-beam epitaxy growth of GaAs and AlAs.
J. Vac. Sci. Technol. A-6 (1988) 1327-1332

[BEN 91]   Beneking, H.: Halbleitertechnologie. Teubner (1991)

[BER 61]   Bernard, M. G. A.; Duraffourg, G.: Laser conditions in semiconductors.
Phys. Stat. Solidi 1 (1961) 699-703

[BER 85]   Berkovits, V. L.; Ivantsov, L. F.; Kiselev, V.A.; Makarenko, I. V.;
Minashvili, T. A.; Safarov, V. I.:
Polarization spectra of optical transitions at a clean GaAs (110) surface.
JETP Lett. 41 (1985) 551-553

[BIM 99]   Bimberg, D.; Grundmann, M.; Ledentsov, N. N.:
Quantum dot heterostructures.
Wiley (1999)

[BIM 04]   Bimberg, D.; Ledentsov, N. N.; Shchukin, V. A.:
Epitaxy of nanostructures (nanoscience and technology).
Springer (2004)

[BOR 99]   Born, M.; Wolf, E.: Principles of Optics -
theory of propagation, interference and diffraction of light.
Cambridge University Press (1999)

[BRO 97]   Bronstein, I. N.; Semendjajew, K. A.; Hirsch, K. A.:
Handbook of mathematics.
Springer (1997)

[BRÜ 05]   Brütting, W. (Ed.): Physics of organic semiconductors. Wiley-VCH (2005)

[BYK 72]   Bykov, V. P.: Spontaneous emission in a periodic structure.
Sov. Phys. - JETP 35 (1972) 269–273

[BYK 75]   Bykov, V. P.: Spontaneous emission from a medium with a band spectrum.
Sov. J. Quant. Electron. 4 (1975) 861–871

[CAS 78]   Casey, H. C. Jr.; Panish, M. B.:
Heterostructure lasers - Part A Fundamental principles.
Academic Press (1978)

[COL 95]   Coldren, L. A.; Corzine, S. W.:
Diode lasers and photonic integrated circuits.
Wiley (1995)

[DEU 04]   Deubel, M.; von Freymann, G.; Wegener, M.; Pereira, S.; Busch, K.;
Soukoulis, C. M.: Direct laser writing of three-dimensional
photonic crystal templates for telecommunications.
Nature Materials 3 (2004) 444-447

[DOE 07]   Döring, Chr.: Transversalmodenselektion, Kurzpuls-Erzeugung
und Pulsformung bei Breitstreifen-Halbleiterlasern.
Dissertation Physik Technische Universität Kaiserslautern (2007) und
Verlag Dr. Hut (2007)

[DRU 05]   Drumm, J. O.: Mikroskopische Beschreibung und spektoskopische
Untersuchungen an epitaktischen Antimonid-Heterostrukturen und
Antimonid-Lasern.
Dissertation Physik Technische Universität Kaiserslautern (2005) und
Shaker-Verlag (2005)

[DUG 86]   Duguay, M. A.; Kokubun, Y.; Koch, T. L.; Pfeiffer, L.: Antiresonant
reflecting optical waveguides in SiO_2-Si multilayer structures.
Appl. Phys. Lett. 49 (1986) 13-15

[EBE 92]   Ebeling, K. J.: Integrierte Optoelektronik. Springer (1992)

[ESA 70]   Esaki, L.; Tsu, R.: Superlattice and
negative differential conductivity in semiconductors.
IBM J. Res. Dev. 14 (1979) 61-65

[FAI 94]   Faist, J.; Capasso, F.; Sivco, D. L.; Sirtori, C.;
Hutchinson, A. L.; Cho, A. Y.: Quantum casade laser.
Science 264 (1994) 553-556

[FEI 80]   Feit, M. D.; Fleck, J. A. Jr..: Computation of mode eigenfunctions
in graded-index optical fibers by the propagating beam method.
Appl. Opt. 19 (1980) 2240-2246

[FLI 00]   Fließbach, T.: Quantenmechanik. Spektrum Akademischer Verlag (2000)

[FRA 58]   Franz, W.:
Einfluss eines elektrischen Felds auf eine optische Absorptionskante.
Z. Naturforschg. 13a (1958) 484-489

[FRE 95]   Freye, R.; Delonge, Th.; Fouckhardt, H.: Two-dimensional ARROWs.
J. Opt. Commun. 16 (1995) 42-47

[GER 10]   Meschede, M.: Gerthsen Physik. Springer (2010)

[GMA 01]   Gmachl, C.; Capasso, F.; Sivco, D. L.; Cho, A. Y.:
Recent progress in quantum cascade lasers and applications.
Rep. Prog. Phys. 64 (2001) 1533-1601

[GOO 96]   Goodman, J. W.: Introduction to Fourier optics. McGraw Hill (1996)

[GRU 06]   Grundmann, M.: The physics of semiconductors -
an introduction including devices and nanophysics.
Springer (2006)

[HAD 91]   Hadley, G. R.: Transparent boundary condition for beam propagation.
Opt. Lett. 16 (1991) 624-626

[HAD 92]   Hadley, G. R.: Transparent boundary condition for the beam propagation
method. IEEE J. QE-28 (1992) 363-370

[HAK 04]   Haken, H.; Wolf, H. C.: Atom- und Quantenphysik -
Einführung in die experimentellen und theoretischen Grundlagen.
Springer (2004)

[HEC 02]   Hecht, E.; Zajac, A.: Optics. Pearson Education / Addison-Wesley (2002)

[HEN 82]   Henry, C. H.: Theory of the linewidth of semiconductor lasers.
IEEE J. QE-18 (1982) 259-264

[HEN 07]   Henzler, M.; Göpel, W.: Oberflächenphysik des Festkörpers. Teubner (2007)

[HER 89]   Herman, M. A.; Sitter, H.: Molecular beam epitaxy -
fundamentals and current status.
Springer (1989)

[HER 07]   Hermatschweiler, M.; Ledermann, A.; Ozin, G. A.; Wegener, M.;
von Freymann, G.: Fabrication of silicon inverse woodpile photonic crystals.
Adv. Func. Mat. 17 (2007) 2273–2277

[HER 08]   Herhammer, N.: Untersuchungen zu semimetallischen Injektionsbereichen
           für Antimonid-Halbleiterlaser auf GaSb-Substraten.
           Dissertation Physik Technische Universität Kaiserslautern (2008) und
           Verlag Dr. Hut (2008)

[HES 97]   Hess, O.: Raum-zeitliche Dynamik gekoppelter Halbleiterlaser
           und deren Kontrolle.
           Habilitationsschrift Universität Stuttgart (1997)

[HOF 10]   Hoffmann, D.: Antimonid-Breitstreifenlaser
           mit integrierter Fourier-optischer Transversalmodenselektion.
           Dissertation Physik Technische Universität Kaiserslautern (2010) und
           Verlag Dr. Hut (2010)

[HUF 06]   Tatebayashi, J.; Khoshakhlagh, A.; Huang, S. H.; Dawson, L. R.;
           Balakrishnan, G.; Huffaker, D. L.:
           Formation and optical characteristics of strain-relieved and
           densely stacked GaSb/GaAs quantum dots.
           Appl. Phys. Lett. 89 (2006) 203116

[HUN 02]   Hunsperger, R. G.: Integrated optics - theory and technology.
           Springer (2002)

[JOA 95]   Joannopoulos, J. D.; Meade, R. D.; Winn, J. N.:
           Photonic crystals - molding the flow of light.
           Princeton University Press (1995)

[JOH 87]   John, S.: Strong localization of photons
           in certain disordered dielectric superlattices.
           Phys. Rev. Lett. 58 (1987) 2486–2489

[KAP 99]   Kapon, E. (Ed.): Semiconductor Lasers I&II. Academic Press (1999)

[KAZ 71]   Kazarinov, R. F.; Suris, R. A.: Possibility of the amplification
           of electromagnetic waves in a semiconductor with a superlattice.
           Sov. Phys. Semicond. 5 (1971) 707-709

[KLI 07]   Klingshirn, C. F.: Semiconductor optics. Springer (2007)

[KNE 08]   Kneubühl, F. K.; Sigrist, M. W.: Laser. Teubner (2008)

[KOK 86]   Kokubun, Y.; Baba, T.; Sakaki, T.; Iga, K.:
           Low-loss antiresonant reflecting optical waveguide
           on Si substrate in visible-wavelength region.
           El. Lett. 22 (1986) 892-893

[KOW 94]   Kowalsky, W.: Dielektrische Werkstoffe der Elektronik und Photonik.
           Teubner (1994)

[KRE 02]   Krenn, J. R.; Aussenegg, F. R.: Nanooptik mit metallischen Strukturen - über den Umgang mit Licht jenseits des Abbe-Limits. Physik Journal 1 (2002) 39-45

[LAU 02]   Lauterborn, W.; Kurz, Th.: Coherent optics - fundamentals and applications. Springer (2002)

[LI 03]   Li, H.; Iga, K. (Eds.): Vertical-cavity surface-emitting laser devices. Chapter 3 by Michalzik, R.; Ebeling, K. J.: Operating principles of VCSELs. Springer (2003)

[MAR 96]   Marciante, J. R.; Agrawal, G. P.: Nonlinear mechanism of filamentation in broad area semiconductor lasers. IEEE J. QE-32 (1996) 590-596

[MAT 74/75]   Matthews, J. W.; Blakeslee, A. E.: Defects in epitaxial multilayers: I. Misfit dislocations. J. Cryst. Growth 27 (1974) 118-125 & II. Dislocation pile-ups, threading dislocations, slip lines and cracks. J. Cryst. Growth 29 (1975) 273-280

[MEY 74]   Meyer, E.; Guicking, D.: Schwingungslehre. Vieweg (1974)

[MEY 96]   Meyer, J. R.; Vurgaftman, I.; Yang, R. Q.; Ram-Mohan, L. R.: Type-II and type-I interband cascade lasers. Electron. Lett. 32 (1996) 45-46

[MRO 96]   Mroziewicz, B.: Broad area diode lasers with laterally controlled farfield pattern. Electron. Technol. 29 (1996) 15-28

[NAK 06]   Nakamura, S.; Fasol, G.; Pearton, S.: The blue laser diode - the complete story. Springer (2000)

[NOV 06]   Novotny, L.; Hecht, B.: Principles of nano-optics. Cambridge University Press (2006)

[PAP 68]   Papoulis, A.: Systems and transforms with applications in optics. McGraw Hill (1968)

[PAU 01]   Paul, S. F.-P.: Entwicklung praxisorientierter numerischer Werkzeuge für das Design von III-V-Halbleiterlasern im Materialsystem AlGaInAsSb. Dissertation Physik Technische Universität Kaiserslautern (2001) und Shaker-Verlag (2001)

[PEO 85]   People, R.; Bean, J. C.: Calculation of critical layer thickness versus lattice mismatch for Ge_xSi_{1-x}/Si strained-layer heterostructures.
Appl. Phys. Lett. 47 (1985) 322-324

[PRE 89]   Press, W. H.; Flannery, B. P.; Teukolsky, S. A.; Vetterling, W. T.:
Numerical Recipes in Pascal.
Cambridge University Press (1989)

[SAL 85]   Salzman, J.; Venkatesan, T.; Lang, R.; Mittelstein, M.; Yariv, A.:
Unstable resonator cavity semiconductor lasers.
Appl. Phys. Lett. 46 (1985) 218-220

[SAR 74]   Sargent, M. III; Scully, M. O.; Lamb, W. E. Jr.: Laser physics.
Addison-Wesley (1974)

[SCHA 90] Schaumburg, H.: Werkstoffe. Teubner (1990)

[SCHL 90] Schlachetzki, A.: Halbleiter-Elektronik -
Grundlagen und moderne Entwicklung.
Teubner (1990)

[SHA 66]   Shaklee, K. L.; Cardona, M.; Pollak, F. H.:
Electroreflanctance and spin-orbit splitting in III-V semiconductors.
Phys. Rev. Lett. 16 (1966) 48-50

[SHI 85]   Shigihara, J. K.; Nagai, Y.; Kakimoto, S.; Ikeda, K.: Achieving broad-area laser diodes with high output power and single-lobe far-field patterns in the lateral direction by loading a modal reflector.
IEEE J. QE-30 (1985) 1683-1689

[SIL 86]   Silberberg, Y.; Smith, P.W.:
Subpicosecond pulses from a mode-locked semiconductor laser.
IEEE J. QE-22 (1986) 759-761

[STE 63]   Stern, F.: Elementary theory of the optical properties of solids.
Solid State Phys. 15 (1963) 299-408

[STO 99]   Stößl, W.: Fourier-Optik. Springer (1993)

[STR 05]   Streetman, B. G.; Banerjee, S.: Solid state electronic devices.
Prentice Hall (2005)

[TAM 95]   Tamir, T. (Ed.): Guides-wave optoelectronics -
device characterization, analysis, and design.
Springer (1995)

[TET 06]   Tetreault, N.; von Freymann, G.; Deubel, M.; Hermatschweiler, M.;
Perez-Willard, F.; John, S.; Wegener, M.; Ozin, G. A.:
New route to three-dimensional photonic bandgap materials:
silicon double inversion of polymer templates.
Adv. Mater. 18 (2006) 457-460

[TU 92]   Tu, K.-N.; Mayer, J. W.; Feldman, L. C.: Electronic thin film science -
for electrical engineers and material scientists.
Macmillan (1992)

[UNG 90/92]   Unger, H.-G.: Optische Nachrichtentechnik I&II. Hüthig-Verlag
(1990&1992)

[VER 95]   Verdeyen, J. T.: Laser electronics. Prentice Hall (1995)

[VOG 80]   Vogel, A.: Ein Praktikumsversuch
zur optischen Fourieranalyse und kohärenten Filterung.
Staatsexamensarbeit Universität Göttingen (1980)

[WAL 89]   van de Walle, C. G.:
Band lineups and deformation potentials in the model-solid theory.
Phys. Rev. B-39 (1989) 1871-1883

[WAL 92]   Walther, M.; Kapon, E.; Christen, J.; Hwang, D. M.; Bhat, R.:
Carrier capture and quantum confinement in GaAs/AlGaAs
quantum wire lasers grown on V-grooved substrates.
Appl. Phys. Lett. 60 (1992) 521-523

[WEB 85]   Weber, H.; Herziger, G.: Laser - Grundlagen und Anwendungen.
Nachdruck Wiley VCH (1985)

[WOL 02]   Wolff, S.: Freistrahl- und integriert-optische
Transversalmodenformer für Breitstreifen-Halbleiterlaser.
Dissertation Elektrotechnik Technische Universität Braunschweig (2002)
und online-Verlag dissertation.de (2002)

[YAB 87]   Yablonovitch, E.: Inhibited spontaneous emission
in solid-state physics and electronics.
Phys. Rev. Lett. 58 (1987) 2059-2062

[YAN 96]   Yang, R. Q.; Pei, S. S.: Novel type-II quantum cascade lasers.
J. Appl. Phys. 79 (1996) 8197-8203

[ZEN 79]   Zengerle, R.: Lichtausbreitung in ebenen periodischen Wellenleitern.
Dissertation Universität Stuttgart (1979)

[ZEN 87]   Zengerle, R.: Light propagation
in singly and doubly periodic planar waveguides.
J. Mod. Opt. 34 (1987) 1589–1617

Index

Aus dem Programm Physik

Dobrinski, Paul / Krakau, Gunter / Vogel, Anselm
Physik für Ingenieure
12., akt. Aufl. 2010. 703 S. mit Periodensystem der Elemente,
Spektraltafel 4c. Geb. EUR 44,95
ISBN 978-3-8348-0580-5

Mechanik - Wärmelehre - Elektrizität und Magnetismus - Strahlenoptik
- Schwingungs- und Wellenlehre - Atomphysik - Festkörperphysik -
Relativitätstheorie

Neben den klassischen Gebieten der Physik werden auch moderne
Themen, z.B. makroskopische Quanten-Effekte wie Laser, Quanten-Hall-
Effekt und Josephson-Effekte, die in der Anwendung immer wichtiger
werden, ausführlich dargestellt. Zahlreiche Beispiele stellen immer
wieder den Bezug zur Praxis heraus. Für eine optimale Unterstützung
des Selbststudiums enthält das Buch ca. 300 Aufgaben mit Lösungen.

VIEWEG+
TEUBNER

Abraham-Lincoln-Straße 46
65189 Wiesbaden
Fax 0611.7878-400
www.viewegteubner.de

Stand Juli 2011.
Änderungen vorbehalten.
Erhältlich im Buchhandel oder im Verlag.